机电设备安装与调试
（第5版）

主　编　许光驰
副主编　陈　亮　杨海峰
主　审　王新年

北京航空航天大学出版社

内容简介

本书2020年被评为“十三五”职业教育国家规划教材，2023年被评为“十四五”职业教育国家规划教材。本书以广泛应用的机床等设备为载体，依照国家关于机电设备安装与调试的相关规范和通用技术标准，结合国家职业标准要求，系统介绍机电设备的装配安装基本知识、机电设备的生产性安装（典型机械结构、液压、气动及电气系统的装配安装与调试）、典型机电设备的安装实例、机电设备的使用现场安装、机电设备的验收和机电设备安装调试的注意事项六方面内容，突出知识的实用性、综合性和时效性特点，强调实践能力的培养和岗位技能训练。

本教材适用于高等职业技术学院机电设备安装与调试专业、机电一体化专业、机械制造及自动化专业和机电设备相关专业，也可作为高等专科院校、成人高校、民办高校及本科院校举办的二级职业技术学院的机电设备类专业的学习用书，并可供专业教师及工程技术人员参考使用。

图书在版编目(CIP)数据

机电设备安装与调试 / 许光驰主编. --5版. --北京：北京航空航天大学出版社，2021.12

ISBN 978-7-5124-3658-9

Ⅰ.①机… Ⅱ.①许… Ⅲ.①机电设备—设备安装—高等职业教育—教材②机电设备—调试方法—高等职业教育—教材 Ⅳ.①TH17

中国版本图书馆CIP数据核字(2021)第250858号

版权所有，侵权必究。

机电设备安装与调试(第5版)

主　编　许光驰

副主编　陈　亮　杨海峰

主　审　王新年

策划编辑　董　瑞　　责任编辑　董　瑞

*

北京航空航天大学出版社出版发行

北京市海淀区学院路37号(邮编100191)　http://www.buaapress.com.cn

发行部电话：(010)82317024　传真：(010)82328026

读者信箱：goodtextbook@126.com　邮购电话：(010)82316936

北京时代华都印刷有限公司印装　各地书店经销

*

开本：787×1 092　1/16　印张：18　字数：461千字

2022年1月第5版　2025年2月第10次印刷　印数：21 001～24 000册

ISBN 978-7-5124-3658-9　定价：49.80元

若本书有倒页、脱页、缺页等印装质量问题，请与本社发行部联系调换。联系电话：(010)82317024

前　言

本教材依照《机械设备安装工程施工及验收通用规范》和《中华人民共和国职业技能鉴定规范》等相关规定，在第4版的基础上，更新了技术信息并增加了技能考核，同时将教学内容模块化，增加了各学习单元的教学视频、习题等内容。本教材结合相应岗位工作任务和核心能力的培养需求来规划本课程的知识和能力目标，并形成本教材的理论主体及技能核心。

本教材的主要特点发如下：

① 在结构设计方面，以培养装配钳工、机修钳工、维修电工和电气设备安装工等实践技能岗位的学生的综合性专业能力为目标，形成立体化的教材模式，以各次课为单元，配备课件、教学视频、习题等内容。

② 在内容选择上强调机电设备生产现场和使用现场的装配、安装与调试，突出安装过程的注意事项和故障排除方法，综合讲述机电设备的机械、气动、液压、电气等相关学科中机电设备安装方面的知识。

③ 实践性强，与企业生产实践联系紧密，在注重基础理论的同时，突出实践性教学环节和扩展性知识；内容丰富，图文并茂，深入浅出，层次分明，详略得当。

④ 强调理论的先进性，将实践工作任务的全面性和系统性作为教材构造理念，以认知规律和知识迁移为理论基础，使教材更适合高等职业教育改革的需要。

本教材主要包括机电设备的装配安装与调试的基本知识、机电设备生产性安装、典型机电设备的安装实例、机电设备的使用现场安装、机电设备的验收和机电设备安装调试的注意事项。结合机电设备研制开发企业的实际工作情况，重点介绍机电设备装配、安装及调试过程中的操作要点、调试步骤和故障排除方法等。

本教材由黑龙江农业工程职业学院的许光驰任主编，四川航天职业技术学院的陈亮和哈尔滨职业技术学院的杨海峰任副主编，编写分工如下：哈尔滨职业技术学院的陈强、韩东和黑龙江农业工程职业学院的艾明慧编写第1章；黑龙江农业工程职业学院的许光驰编写第2章；哈尔滨职业技术学院的杨海峰编第3章；黑龙江农业工程职业学院的党金顺、詹俊钢和王立波编写第4章；四川航天职业技术学院的陈亮编写第5章；黑龙江农业职业技术学院的梁军生和韩明辉编写第6章及附录。本教材由黑龙江农业工程职业学院王新年老师担任主审。

本书在编写过程中,得到黑龙江农业工程职业学院机械制造及自动化教研室的大力支持,哈尔滨工业大学机器人研究所的李瑞峰、吕伟新等老师也提出了许多宝贵建议,在此表示衷心感谢。

由于作者水平所限,书中的错误和不妥之处,恳请读者批评指正。

编　者

2019年1月

1. 重点章节配有教学视频和单元测试,供读者预习和复习,可使用浏览器扫描二维码观看。
2. 教学视频著作权归本书作者所有,未经授权不得复制、转载。
3. 本书配有教学课件和单元测试答案,使用本书的任课老师,可发邮件至 goodtextbook@126.com 申请索取。若需要其他帮助,可拨打 010-82317037 联系我们。

目　　录

第1章　机电设备安装与调试的基本知识……………………………………………………… 1
1.1　机电设备安装与调试概述 ……………………………………………………………… 1
1.1.1　机电设备的分类及特点 ………………………………………………………… 1
1.1.2　机电设备的安装与调试过程 …………………………………………………… 5
1.1.3　机电设备安装与调试的发展方向 ……………………………………………… 7
1.1.4　机电设备安装与调试的职业要求 ……………………………………………… 9
1.2　机电设备安装与调试的分类及内容…………………………………………………… 10
1.2.1　按机电设备安装与调试的内容分类…………………………………………… 10
1.2.2　按机电设备安装与调试的时间阶段分类……………………………………… 10
1.3　机电设备的安装工具与测量工具……………………………………………………… 11
1.3.1　机电设备的安装工具及使用…………………………………………………… 11
1.3.2　机电设备的测量工具及使用…………………………………………………… 16
1.4　机电设备的起重搬运工具……………………………………………………………… 22
1.4.1　常用的起重、运输方法 ………………………………………………………… 22
1.4.2　起重机械………………………………………………………………………… 23
1.5　机电设备安装与调试的相关规定……………………………………………………… 26
1.5.1　机电设备安装与维修的标准体系……………………………………………… 26
1.5.2　最新《特种设备安全监察条例》的内容和规定………………………………… 28
1.5.3　机电设备安装工程监理的主要相关标准规范………………………………… 28
思考与练习题 ……………………………………………………………………………… 30
第2章　机电设备的生产性安装 ………………………………………………………… 31
2.1　机电设备安装的装配精度……………………………………………………………… 31
2.1.1　尺寸链…………………………………………………………………………… 33
2.1.2　装配尺寸链……………………………………………………………………… 33
2.1.3　装配方法………………………………………………………………………… 35
2.2　机械结构的装配………………………………………………………………………… 39
2.2.1　螺纹、挡圈、键和销的装配……………………………………………………… 39
2.2.2　过盈连接的装配………………………………………………………………… 53
2.2.3　轴承和导轨的分类与装配……………………………………………………… 55
2.2.4　带、链、齿轮、螺旋传动机构的分类与装配 …………………………………… 67
2.2.5　联轴器的分类与装配…………………………………………………………… 78
2.2.6　离合器与制动器的分类与装配………………………………………………… 86
2.3　气动系统的安装………………………………………………………………………… 93
2.3.1　气动系统的组成及工作原理…………………………………………………… 93
2.3.2　气动系统的装配安装…………………………………………………………… 98

2.3.3 气动系统的调试 …… 99
2.3.4 气动系统的使用与维护 …… 101
2.3.5 气动系统的常见故障和排除方法 …… 101
2.4 液压系统的安装 …… 102
2.4.1 液压系统的组成及工作原理 …… 103
2.4.2 液压系统的安装 …… 105
2.4.3 液压系统的调试 …… 106
2.4.4 液压传动系统的故障分析和排除 …… 107
2.4.5 液压元件的拆装实训 …… 115
2.5 电气系统的安装 …… 118
2.5.1 电气控制系统的发展 …… 118
2.5.2 电气控制系统的组成 …… 119
2.5.3 电气系统的安装要求 …… 124
2.5.4 电气系统原理图的识读 …… 126
2.5.5 常用电器件的选用 …… 127
2.5.6 典型电器件的安装 …… 132
2.5.7 电气系统的调试 …… 134
2.5.8 电气系统接线的案例 …… 134
思考与练习题 …… 138
第3章 典型机电设备的安装实例 …… 140
3.1 装配工艺规程 …… 140
3.1.1 装配工艺规程的适用范围 …… 140
3.1.2 装配工艺规程的设计 …… 141
3.1.3 设备装配工艺性的评价 …… 143
3.1.4 装配工艺规程的实施 …… 144
3.1.5 卷扬启闭机装配工艺卡的编写实例 …… 144
3.2 普通机床的安装与调试 …… 148
3.2.1 零件的检查 …… 148
3.2.2 零件的清洗 …… 151
3.2.3 普通车床装配与调整过程 …… 153
3.2.4 总体装配后的检测和试车 …… 166
3.3 数控机床的安装与调试 …… 168
3.3.1 数控机床的类型和典型结构 …… 168
3.3.2 主轴部件的结构与装配调整 …… 170
3.3.3 主轴箱与床身的装配 …… 171
3.3.4 传动部件的结构与装配调整 …… 172
3.3.5 导轨的装配与调整 …… 176
3.3.6 检测件的装配与调整 …… 181
3.3.7 自动换刀装置的结构与调整 …… 182
3.3.8 液压系统的识读与调整 …… 183

3.3.9　电气系统的安装 …… 185
3.4　矿井提升设备的装配实例 …… 188
3.4.1　矿井提升设备的结构及工作原理 …… 188
3.4.2　矿井提升设备的装配 …… 191
3.4.3　矿井提升设备的检修 …… 198
思考与练习题 …… 198
第4章　机电设备的使用现场安装 …… 201
4.1　机电设备的现场安装条件 …… 201
4.1.1　机电设备的安装地基 …… 201
4.1.2　地脚固定方式的选用与安装 …… 204
4.1.3　一次灌浆和二次灌浆 …… 210
4.1.4　使用现场的安装环境要求 …… 213
4.2　机电设备的现场安装步骤 …… 214
4.2.1　安装方案的确定 …… 214
4.2.2　技术和物质准备 …… 214
4.2.3　合理组织安装过程 …… 215
4.2.4　进行现场技术培训和提供必要的技术资料 …… 224
4.3　数控机床的使用现场安装调试 …… 224
4.3.1　安装的环境要求 …… 224
4.3.2　数控机床的安装 …… 224
4.3.3　数控机床的调试 …… 225
思考与练习题 …… 226
第5章　机电设备的验收 …… 227
5.1　机电设备验收概述 …… 227
5.1.1　机电设备验收的必要性 …… 228
5.1.2　机电设备验收的分类 …… 228
5.1.3　机电设备验收的常见标准 …… 230
5.2　数控机床的验收准备 …… 231
5.2.1　数控机床的供货检查及外观检查 …… 231
5.2.2　数控机床的场地安装质量检查 …… 232
5.2.3　数控机床验收工具的准备 …… 234
5.3　数控机床的精度验收 …… 238
5.3.1　数控机床的几何精度检验 …… 239
5.3.2　数控机床的定位精度检验 …… 248
5.3.3　数控机床的切削精度检验 …… 254
5.4　数控机床的性能与功能验收 …… 258
5.4.1　数控机床的性能检验 …… 258
5.4.2　数控机床的功能检验 …… 259
5.4.3　数控机床的空载运行检验 …… 260
5.5　数控系统的验收 …… 260

5.5.1 控制柜内元器件的紧固检查 …… 261
5.5.2 输入电源的确认 …… 261
5.5.3 数控系统与机床的接口确认 …… 262
5.5.4 数控系统的参数设定确认 …… 262
5.5.5 接通电源状态下的机床状态检查 …… 263
5.5.6 手轮进给检查各轴运转情况 …… 264
5.5.7 机床精度检查 …… 264
5.5.8 机床性能及数控功能检查 …… 264
5.5.9 验收记录 …… 264
思考与练习题 …… 265
第6章 机电设备安装调试的注意事项 …… 266
6.1 机械部分安装调试的注意事项 …… 266
6.1.1 主轴箱安装调试的注意事项 …… 266
6.1.2 滚珠丝杠螺母副安装调试的注意事项 …… 268
6.1.3 直线滚动导轨安装调试的注意事项 …… 268
6.2 数控机床液压系统的安装调试注意事项 …… 269
6.2.1 清洗液压系统的注意事项 …… 269
6.2.2 安装液压件的注意事项 …… 270
6.2.3 液压系统调试的注意事项 …… 270
6.2.4 包装与运输要求 …… 271
6.3 数控机床气动系统的安装调试注意事项 …… 271
6.3.1 气动系统安装的注意事项 …… 271
6.3.2 气动系统调试的注意事项 …… 272
6.3.3 气动系统维护的注意事项 …… 273
6.4 数控机床数控系统的安装调试注意事项 …… 273
6.4.1 数控系统安装调试的注意事项 …… 273
6.4.2 电气接线注意事项 …… 274
6.5 数控机床机电联调的注意事项 …… 275
6.6 数控机床安装环境的注意事项 …… 276
6.6.1 工作环境的要求 …… 276
6.6.2 数控机床就位的注意事项 …… 276
思考与练习题 …… 276
附 录 …… 277
附录1 螺栓的拧紧力矩值 …… 277
附录2 《机械设备安装工程施工及验收通用规范》注解 …… 278
附录3 装配操作考核题 …… 278
参考文献 …… 279

第1章 机电设备安装与调试的基本知识

教学目的和要求

了解机电设备的分类、机电设备安装调试人员的知识和能力构成以及机电设备安装调试的相关规范。掌握安装调试的基本内容、常用安装工具与测量工具的使用方法以及机电设备安装调试相关的基本概念。

教学内容摘要

① 机电设备的种类及调试安装内容。

② 常用机电设备测量工具与安装工具的使用方法。

③ 机电设备安装的相关规范。

教学重点、难点

重点:掌握机电设备安装与调试的内容和相关概念。

难点:应用机电设备安装的相关规定。

教学方法和使用教具

教学方法:讲授法,演示法。

使用工具:测量工具及安装工具。

建议教学时数

8学时理论课。

1.1 机电设备安装与调试概述

1.1.1 机电设备的分类及特点

1. 机电设备分类方法与类型

(1) 按设备与能源关系分类

这种分类通常将机电设备分为电工设备和机械设备。

教学视频

电工设备一般分为电能发生设备、电能输送设备和电能应用设备。机械设备一般分为机械能发生设备、机械能转换设备和机械能工作设备。

(2) 按部门需要分类

按原国家轻工业部标准,将机电设备按工作类型分为10个大类(见表1-1)。

表1-1 机电设备按工作类型分类

序 号	类 别	序 号	类 别
1	金属切削机床	4	木工、铸造设备
2	锻压设备	5	起重运输设备
3	仪器仪表	6	工业窑炉

续表 1-1

序　号	类　别	序　号	类　别
7	动力设备	9	专业生产设备
8	电器设备	10	其他设备

(3) 按设备管理部门分类

根据设备管理部门的需要，将机电设备分为2大项，即机械设备和动力设备。每大项又分若干个大类，每大类又分10个中类(见表1-2)，每中类又分10个小类。例如，图1-1(a)、(b)所示的CA6140普通卧式车床和数控车床，分别属于机械设备分项中0大类(金属切削机床)中的1中类(车床)和0中类(数控金属切削机床)；火车(见图1-2)和传送设备(见图1-3)分属于机械设备分项中2大类(起重运输设备)中的4中类(运输车辆)和3中类(传送机械)；轧钢机(见图1-4)属于机械设备分项中1大类(锻压设备)中的4中类(碾压机)。

(a) CA6140普通卧式车床

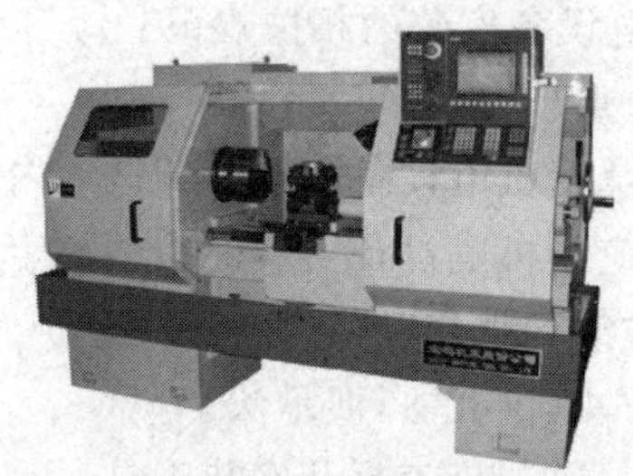

(b) 数控车床

图1-1　金属切削机床

图1-2　火　车

图1-3　传送设备

图1-4　轧钢机

2. 机电类特种设备

特种设备是指涉及生命安全、危险性较大的承压、载人和吊运设备或设施，包括锅炉、压力容器(含气瓶)、压力管道、电梯、起重机械、客运索道、大型游乐设施、场(厂)内机动车辆8个种类。其中锅炉、压力容器(含气瓶)、压力管道为承压类特种设备；电梯、起重机械、客运索道、大型游乐设施、场(厂)内机动车辆为机电类特种设备。特种设备包括其附属的安全附件、安全保护装置和与安全保护装置相关的设施。

(1) 锅　炉

锅炉是指利用各种燃料、电或者其他能源，将所盛装的液体加热到一定的参数温度，并承载一定压力的密闭设备，外观如图1-5所示。其范围规定为：容积大于或者等于30 L的承压蒸汽锅炉；出口水压大于或者等于0.1 MPa(表压)，且额定功率大于或者等于0.1 MW的承压热水锅炉；有机热载体锅炉。

表 1－2　设备分类与编号

分项	大类别	编号									
		0	1	2	3	4	5	6	7	8	9
机械设备	0 金属切削机床	数控金属切削机床	车床	钻床及镗床	研磨机床	联合及组合机床	齿轮及螺纹加工机床	铣床	刨、插、拉床	切断机床	其他金属切削机床
	1 锻压设备	数控锻压设备	锻锤	压力机	铸造机	碾压机	冷作机	剪切机	整形机	弹簧加工机	其他冷作设备
	2 起重运输设备		起重机	卷扬机	传送机械	运输车辆			船舶		其他起重运输设备
	3 木工铸造设备		木工机械	铸造设备							
	4 专业生产设备		螺钉专用设备	汽车专用设备	轴承专用设备	电线、电缆专用设备	电瓷专用设备	电池专用设备			其他专用设备
	5 其他机械设备		油漆机械	油处理机械	管用机械	破碎机械	土建材料	材料试验机	精密度量设备		其他专用机械
动力设备	6 动能发生设备	电站设备	氧气站设备	煤、保护气发生设备	乙炔发生设备	空气压缩设备	二氧化碳设备	工业泵	锅炉房设备	操作机械	其他动能发生设备
	7 电炉设备		变压器	高、低压配电设备	变频、高频变流设备	电气检测设备	焊切设备	电气线路	弱电设备	蒸汽及内燃机设备	其他电器设备
	8 工业炉窑		熔铸炉	加热炉	热处理炉（窑）	干燥炉	溶剂竖窑				其他工业炉窑
	9 其他动力设备		通风采暖设备	恒温设备	管道	电镀设备及工艺用槽	除尘设备		涂漆设备	容器	其他动力设备

(2) 压力容器

压力容器指盛装气体或者液体，承载一定压力的密闭设备。其范围规定如下：最高工作压力大于或者等于 0.1 MPa（表压），并且压力与容积的乘积大于或者等于 2.5 MPa·L 的气体、液化气体和最高工作温度高于或者等于标准沸点的液体的固定式容器和移动式容器；盛装公称工作压力大于或者等于 0.2 MPa（表压），并且压力与容积的乘积大于或者等于 1.0 MPa·L 的气体、液化气体和标准沸点等于或者低于 60 ℃液体的气瓶和氧舱等。

(3) 压力管道

压力管道指利用一定的压力,用于输送气体或者液体的管状设备。其范围规定如下:最高工作压力大于或者等于0.1 MPa(表压)的气体、液化气体、蒸汽介质或者可燃、易爆、有毒、有腐蚀性、最高工作温度高于或者等于标准沸点的液体介质,且公称直径大于25 mm的管道。

(4) 电　梯

电梯指动力驱动,利用沿刚性导轨运行的箱体或者沿固定线路运行的梯级(踏步),进行升降或者平行运送人、货物的机电设备,包括载人(货)电梯、自动扶梯、自动人行道等。

(5) 起重机械

起重机械指用于垂直升降,或在垂直升降时能水平移动重物的机电设备。其范围规定如下:额定起重质量大于或者等于0.5 t的升降机;额定起重质量大于或者等于1 t,且提升高度大于或者等于2 m的起重机和承重形式固定的电动葫芦等。

(6) 客运索道

客运索道指动力驱动,利用柔性绳索牵引箱体等运载工具运送人员的机电设备,包括客运架空索道(见图1-6)、客运缆车、客运拖牵索道等。

图1-5　燃油燃气锅炉

图1-6　客运架空索道

(7) 大型游乐设施

大型游乐设施指用于经营目的、承载乘客游乐的机电设备。其范围规定如下:设计最大运行线速度大于或者等于2 m/s,或者运行高度距地面高于或者等于2 m的载人大型游乐设施。

3. 现代机电设备的特点

随着社会的发展和科技的进步,机电设备的具体结构、控制技术、设计及调试方法等已发生了较大变化。

① 控制技术的改进。由于控制技术日趋成熟,单片机、PLC、工控机等控制核心部件已被各生产厂家广泛采用。传统的依靠中间继电器等组成的控制电路不再被看好,取而代之的是更为灵活方便的控制程序,其控制和调试过程更为简化、可靠和人性化。

② 机械结构的变化。由于控制日益先进,传统的机械结构已趋于简单化,原有的变速箱已被变频调速器和伺服电机的控制器所取代,从而大大降低了机械结构成本和调试成本。

③ 机电系统的多元化。很多机电设备系统,已不仅包括机械和电器部分,气动和液压系统也已越来越广泛地被各制造企业所应用。

④ 结构的模块化。由于社会分工的细化,很多机械结构已规格化,可以方便地在市场上购买到,如滚珠丝杠、直线导轨、气动元件、液压元件等,作为标准化的部件,全世界已有较多公

司可生产和供货。这不仅有利于缩短设计、制造和调试周期,而且可以提高产品的质量。

⑤ 检测传感技术得到广泛应用。传感器和传感技术的发展使得高性能的自动化控制成为可能,并推动了控制技术的发展。目前较广泛采用的传感器有:与位置有关的传感器(位置传感器、速度传感器、加速度传感器)、温度传感器和湿度传感器等。

1.1.2　机电设备的安装与调试过程

1. 基本概念

(1) 装　配

装配是指在设备制造过程中最后一个环节,按照规定的技术要求,将零件或部件进行配合和连接,使之成为半成品或成品的过程。由若干零件配合、连接在一起,成为机械产品的某一组成部分(部件),这一装配工艺过程称为部件装配(简称部装)。把零件和部件进一步装配成最终产品的过程称为总体装配(简称总装)。

部件进入装配是有层次的。通常把直接进入产品总装配的部件称为组件;直接进入组件装配的部件称为第一级分组件;直接进入第一级分组件装配的部件称为第二级分组件;依此类推。机械产品结构越复杂,分组件的级数就越多。

装配是整个机械制造工艺过程中的最后一个环节,对产品质量影响很大。常见的装配工作包括:清洗、连接、校正调整与配作、平衡、验收试验以及油漆、包装等内容。若装配不当,即使所有零件都合格,也不一定能装配出合格的、高质量的机械产品。反之,若零件制造精度并不高,但在装配中采用适当的工艺方法,如进行选配、修配、调整等,也可能会使产品达到规定的技术要求。

(2) 零　件

零件是指在装配中不能拆分的最小单元,如轴、螺钉等,在装配图中的标题栏中示出。

(3) 合　件

合件也称套件,是若干零件永久连接或连接在某个基准零件上的少数几个零件的组合,是最小的装配单元,如图 1-7 所示。合件由以下几种情况形成:两个以上零件,由不可拆卸的连接方法(如铆、焊、热压装配等)连接在一起;少数零件组合后还需要合并加工,如齿轮减速箱体与箱盖、柴油机连杆与连杆盖,都是组合后镗孔的,零件之间对号入座,不能互换;以一个基准零件和少数零件组合在一起。

(4) 组　件

组件是在一个基准零件上,安装上若干个零件及合件构成的。图 1-8 所示的组件为车床的主轴组件。

(5) 部　件

部件是在一个基准零件上,装上若干组件、套件和零件而构成的,如车床的主轴箱、进给箱等。部件的特征是在设备中能够完成一定的、完整的功能。

(6) 设　备

设备属于工业产品,是指全部装配单元结合后形成的整体。

2. 机电设备安装的基本要求

机电设备安装必须按照国家相关规范要求和企业安装标准进行,并注意利用以下技术文件。

① 机械装配图及零件图。在进行机械部分装配时，应研究装配图及技术要求、零件间的配合关系、零件图的尺寸精度，选择正确的装配顺序，或依照装配工艺进行。

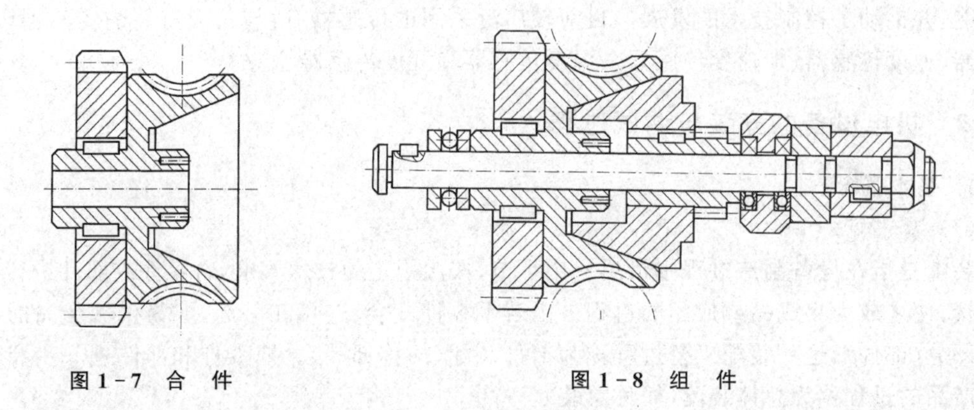

图1-7　合　件　　　　图1-8　组　件

② 电气原理图和接线图。在进行电气部分的装配和调试时，应先读懂电气原理图，并依照接线图进行安装。

③ 气动原理图和液压原理图。在进行气动系统和液压系统安装时，主要依据气动原理图和液压原理图中的元件型号、接口位置等进行，并应注意系统压力值、连接部位强度和密封性。

④ 调试程序框图及源程序资料。主要用于在机电设备调试时，提供调试步骤和方法等重要信息。

3. 机电设备安装的组织形式

(1) 单件生产的装配

单件生产的装配应用于单个制造的不同结构的机电产品或设备(该装配过程很少重复)，也常用于十分复杂的小批量生产性装配。在此过程中，一个或一组装配工人在一个装配地点，完成从开始到结束的全部装配过程。该装配形式的特点是装配具有灵活性，但生产周期长，修配调整工作量大，互换性差。

(2) 成批生产的装配

成批生产的装配用于在一定的时间内，成批制造相同或相似的机电设备或产品。成批生产时的装配一般分为部件装配和总装配，每个部件由一个或一组工人来完成，然后进行总体装配，其特点是效率较高。

(3) 大量生产的装配

大量生产的装配应用于产品制造数量相当大，在每个工作地点长期完成某一个工序，装配工作需按严格的节拍进行。大量生产普遍采用装配生产线。图1-9(a)所示为装配生产线的自动上料单元，图1-9(b)所示为汽车的自动焊接生产线，图1-9(c)所示为汽车装配生产线。

大量生产中的装配，是将产品装配过程划分为部件、组件进行装配，使一个工序只由一个或一组工人来完成。特点是产品质量好、效率高、生产成本低，是一种先进的装配组织形式，现代汽车装配多采用此形式。

(4) 使用现场的装配

使用现场的装配是指设备在生产厂家完成装配调试后，运输至使用现场后所需完成的装配过程。使用现场装配的内容如下：

(a) 装配生产线的自动上料单元

(b) 自动焊接生产线

(c) 汽车装配生产线

图1-9　装配生产线

① 现场进行部分制造、调试和装配。

② 与现场设备有直接关系的零件必须在工作现场进行装配。

4. 机电设备装配的内容

设备的装配是设备制造过程中的最后一个环节，包括装配、调整、检验和试验等工作。装配过程使零件、合件、组件和部件间获得一定的相互位置关系。

(1) 选择保证装配精度的装配方法.

机械零件的装配方法按现有生产条件、生产批量、装配精度等具体情况，分为互换装配法、选择装配法、修配装配法和调整装配法等。此部分内容详见2.1节。

(2) 装配工艺规程的制定

装配工艺规程指用以指导装配工作的文件资料，包括装配工艺过程卡、工序卡和工艺守则等。按设计装配工艺规程需要依次完成的工作分为：研究产品装配图和装配技术条件，确定装配的组织形式，划分装配单元，确定装配顺序，绘制装配工艺系统图，划分装配工序，进行工序设计，编制装配工艺文件。此部分内容详见3.1节。

5. 机电设备的装配合理性

对于复杂的机电设备，在装配中应划分成几个独立的装配单元。这样不仅便于组织平行装配流水作业，缩短装配周期，也便于组织不同企业之间的协作生产，还便于组织专业化生产，以利于设备的维护修理和运输。在装配过程中应合理选用工具和装配方法，此外，还应尽量减少装配过程中的修配劳动量和机械加工劳动量，并应考虑设备的装配和拆卸问题。

1.1.3　机电设备安装与调试的发展方向

1. 机电设备安装的发展历史

早期，零件的制造及装配和组装是由人工来完成的，生产效率低。

19世纪初提出了互换性的要求，装配效率得到极大提高，使规模化生产成为可能。

20世纪初提出“公差”的概念，利用尺寸、形状和位置公差，使公差的互换性得到充分保证，提高了产品的装配精度。

“二战”后，装配过程自动化得到充分发展。20世纪50年代，国外开始发展自动化装配技术；20世纪60年代发展数控装配机、自动装配生产线；20世纪70年代机器人已应用于装配过程中。

自动装配包括装配过程的储运系统自动化、装配作业自动化、装配过程信息流自动化等。自动装配线的技术涵盖面很广，主要涉及拧紧技术、压装技术、测量技术、机器人技术、流体技术、激光技术、照相技术、电控技术、计算机控制和管理技术等,是多学科集成的系统技术。生产线集机械、电气、气动、液压等于一体,是典型的机电一体化产品。

近年来,出现了柔性装配系统(Flexible Assembling System,FAS)。该装配系统由控制计算机、若干工业机器人、专用装配机、自动传送线和传送线间的运载装置(包括无人搬运小车、滚道式传送器)等组成。

柔性装配系统分为模块积木式FAS和以装配机器人为主体的可编程序FAS,后者如图1-10所示。

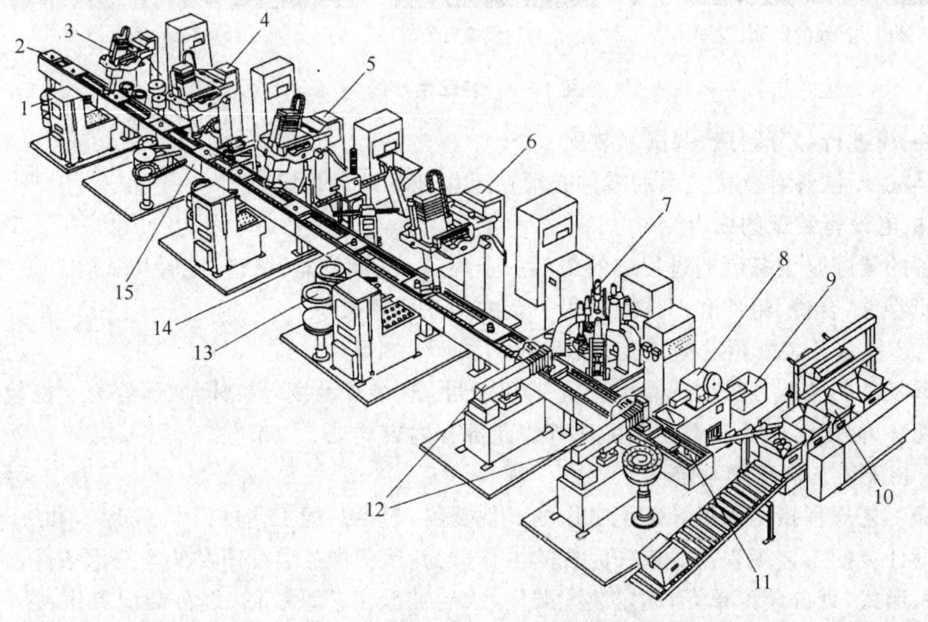

1—料仓;2—夹具提升装置;3,4,5,6—机器人;7—八工位回转试验机;8—贴标签机;9—不合格品斗;10—包装机;11—夹具下降装置;12—气动机械手;13—振动料斗;14—随行夹具;15—传送装置

图1-10 以机器人为主体的气体调节阀的柔性装配系统

柔性装配技术是一种能适应快速研制和生产及低成本制造要求、模块化可重组的先进装配技术,具有自动化、数字化、集成化的特点。柔性装配技术现已应用于飞机装配生产中,现代化装配正在由传统的刚性、固定、基于手工化的装配,向着自动化、可移动、数字化的柔性装配方向转变。

2. 机电设备安装与调试发展的现阶段特征和人员需求

当今,世界高科技的竞争和突破正在创造着新的生产方式和经济秩序,高新技术渗透到传统产业,引起传统产业的深刻变革。机电设备安装与调试技术正是在这场新技术革命中产生的新兴领域。机电产品除了要求有精度、动力、快速性功能外,更需要自动化、柔性化、信息化和智能化,并逐步实现自适应、自控制、自组织、自管理,向智能化过渡。从典型的机电产品来看,如数控机床、加工中心、机器人和机械手等,无一不是机械类、电子类、计算机类、电力电子类等技术的集成融合。

随着行业结构的调整和优化组合,各行业的发展进入了一个新的快速发展阶段,机电设备安装与调试技术也得到了更为广泛的应用。机电设备生产企业、食品加工企业、家具厂、造纸厂、印刷厂、交通运输部门等都离不开机电设备装配、安装与调试。近年来,社会对机电设备安装与调试专业人才的需求增长迅速，并提出了更高的要求。装配技术的快速发展，必然需要大量懂得多学科知识的机电设备安装、调试、维修、检测、操作及管理的专业技术人员。

1.1.4　机电设备安装与调试的职业要求

1. 职业面向

本专业的毕业生面向多种行业，主要从事机电设备的安装、操作、维修维护和管理工作。机电设备安装人员指在生产一线从事机电设备装配、安装、调试检测的工作人员；机电设备操作人员指利用机电设备进行生产或服务的工作人员；机电设备维修维护人员指从事机电设备的保养、维修的工作人员；机电设备管理人员指负责管理机电设备订货、运行和使用保养的人员。另外，本专业学生也可从事机电产品的营销和与技术服务等相关的工作。

2. 机电设备安装专业的知识结构及能力结构

依照装配钳工等职业的国家职业标准，并结合综合能力培养的需要，确定本课程相应岗位的知识结构、能力结构和素质结构。

(1) 知识结构

① 具有机械基础知识、公差与配合知识、机械制图和 CAD 绘图知识等。

② 掌握气动、液压的基本原理。

③ 掌握电工与电子技术、自动控制等基本知识。

④ 掌握机电设备的性能、结构、调试和使用的基本知识。

⑤ 掌握典型机电设备的结构与工作原理。

⑥ 掌握机电设备安装、维修、保养的基本知识。

⑦ 具有工程材料及其加工的初步知识。

⑧ 了解《机械设备安装工程施工及验收通用规范》《中华人民共和国合同法》等相关内容。

⑨ 具备计算机应用的基本知识和初步的设备技术经济分析及现代化设备管理等基本知识。

(2) 能力结构

① 具备机电设备装配、安装和调试能力；具备机修钳工、维修电工所必需的基本操作技能。例如，能按照装配的精度要求进行画线，钻、铰孔、攻螺纹等装配操作。

② 具备判断设备故障的能力及维修能力。

③ 具有一般机电设备的操作能力。例如，能进行普通车床、数控车床等设备的操作。

④ 具有编制常用机电设备安装、施工方案和操作规程等技术文件的能力，例如，编制装配工艺规程等。

⑤ 具有简单机电设备改造的能力。

⑥ 具备正确使用相关手册、标准和与本专业有关技术资料的能力。

⑦ 具有利用工具书、查阅设备说明书及本专业一般外文资料的初步能力。

通过对本课程的学习，有利于毕业生面向相关行业，从事机电设备的安装、调试、保养、维修和设备管理等工作。

为配合机电设备安装与调试课程的学习，建议先进行以下课程的学习：机械工程制图、公差配合与技术测量、机械制造技术、电工学与工业电子学、电气运行与控制、液压与气动原理等，并应配合相应的实训课程，如机械加工实习、机修钳工实习、维修电工实习、机电设备安装和调试实习、机电设备拆装和保养实习、机电设备大修或中修实习、毕业综合实习等。

(3) 素质结构

① 思想道德素质:具有正确的世界观、人生观和价值观,爱国守法、明礼诚信、团结友善、勤俭自强、敬业奉献。

② 文化素质:具有一定的文化品位、审美情趣、人文素养和科学素质。

③ 职业素质:具有严格执行操作规范、吃苦耐劳的优良品质、严谨细致的工作作风、熟练的工作技能和科学的创新精神。

④ 身心素质:掌握体育运动和科学锻炼身体的方法与技能,养成良好的生活和体育锻炼习惯,具备一定体能,有良好的心理素质,能够经受困难和挫折,适应各种复杂多变的工作环境和社会环境。

3. 相关技能证书

2015年10月,《中华人民共和国职业分类大典(2015版)》正式颁布并施行,按"以工作性质相似为主,技能水平相似为辅"的分类原则,将我国职业分类体系调整为8个大类,75个中类,434个小类,1 481个职业,并列出2 670个工种,较原有大典更全面客观地反映了当下我国社会职业结构状况。在8个大类中,与本课程有关的2类为:专业技术人员;生产、运输设备操作人员及有关人员。

目前,国家人力资源和社会保障部对87个工种实行就业准入制度,其中与本课程有关的工种有:装配钳工、锅炉设备装配工、电机装配工、机修钳工、锅炉设备安装工、电工仪器仪表装配工和高低压电器装配工等。

我国将相应的职业资格证书分为5个等级:初级(五级)、中级(四级)、高级(三级)、技师(二级)和高级技师(一级)。具有相应等级证书的人员一般被称为初级工、中级工、高级工、技师和高级技师,其中技师为中级职称,高级技师为高级职称(也称副高)。

1.2 机电设备安装与调试的分类及内容

1.2.1 按机电设备安装与调试的内容分类

按机电设备安装与调试内容可分为机械部分装配、电气部分安装和控制部分调试三个部分,其中机械部分的装配又包括气动系统和液压系统的安装与调试。机械部分的安装调试是从零件的生产完成开始的,由零件装配成部件,再由部件装配成完整的机械设备。电气部分的安装主要包括电器件的固定、布线和连接等。而控制部分主要是在机械和电气系统等安装之后进行。对于传统的机电设备,主要的调试是由中间继电器等组成的逻辑电路,保证连接电路的正确性和可靠性;而现代的机电设备主要由单片机、单板机、PLC、工控机等控制,以调试程序为主,其控制和调试方式也更具灵活性。

1.2.2 按机电设备安装与调试的时间阶段分类

按机电设备安装与调试的时间次序,可将机电设备安装与调试分为生产企业的装配安装与使用现场的安装调试两大部分。

对于使用厂家,机电设备从订购至交付使用的过程(见图1-11)中不包括生产厂家的装配、安装与调试等内容,所以不能完整表示机电设备安装调试的全过程。因此,本书按照机电设备安装的阶段性以及实施场地的不同，将机电设备安装与调试分为生产企业的装配安装和使用现场的安装调试两个阶段，并分别进行阐述。机电设备生产的全过程，如图1-12所示。

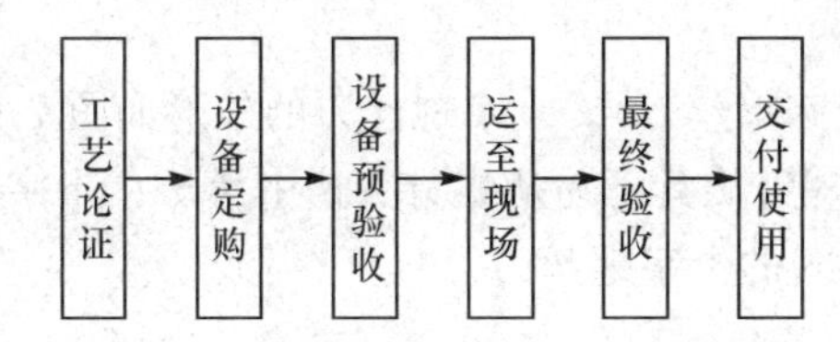

图1-11　机电设备从订购至交付使用的过程

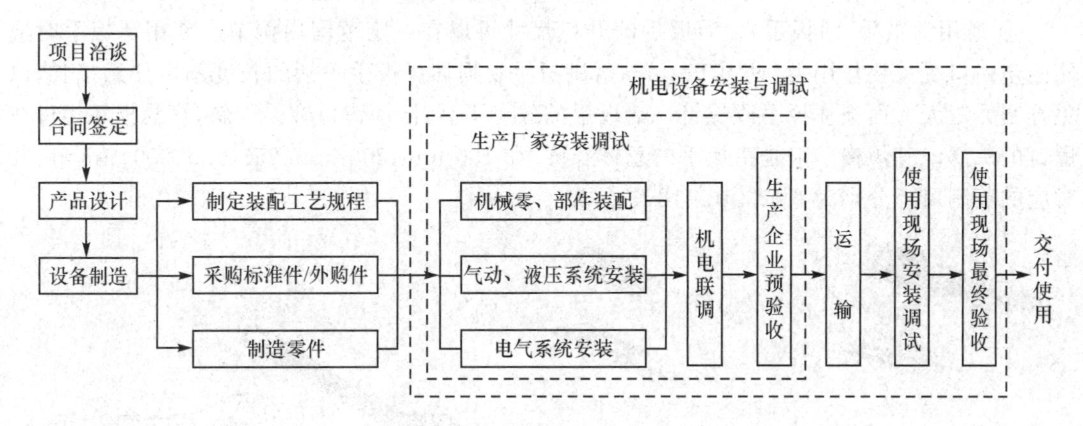

图1-12　机电设备的生产全过程

1. 机电设备的生产现场安装

机电设备的生产现场安装是指在生产厂家进行的产品装配安装和调试，是从零件开始的装配、安装、调试到装箱的全过程。由于在此过程中，新加工出的零件为第一次装配，所以往往需要将零件进行反复地拆卸和安装，或进行修配等操作。在设备调整完成后，还需装配定位销等定位件，及对零件调整后的位置进行固定。

2. 机电设备的使用现场安装

单元测试

机电设备使用现场安装是指将已包装好的机电设备运输至使用厂家后，进行卸货、搬运、拆箱，并安装到指定位置，调整水平和进行必要的外部连线后，进行调试、试运转、试生产，并完成产品验收的全过程。此过程可能包括部分装配工作。

1.3　机电设备的安装工具与测量工具

1.3.1　机电设备的安装工具及使用

1. 手工工具

(1) 常用螺钉旋具(螺丝刀)

教学视频

螺钉旋具用于拧紧或松开头部带沟槽的螺钉。常用的螺钉旋具有以下两种：

① 一字槽螺钉旋具(一字螺丝刀)。一字螺丝刀外形如图1-13(a)所示，可根据螺钉直径和沟槽宽度来选用。螺钉旋具的规格以刀体部分的长度来代表，

常用规格有100 mm(4″)、150 mm(6″)、200 mm(8″)、300 mm(12″)及400 mm(16″)等(英寸可用in或″表示)。例如:一字螺丝刀4×200,表示刀头宽度为4 mm,杆长为200 mm的一字螺丝刀。

② 十字槽螺钉旋具(十字螺丝刀)。十字螺丝刀的外形如图1-13(b)所示,用于拧紧头部带十字槽的螺钉,其优点是螺钉旋具不易从螺钉头槽中滑出。十字螺丝刀5×75,表示刀杆的直径为5 mm,杆长为75 mm的十字螺丝刀。

(2) 常用扳手

扳手用来拧紧或松开六角形、正方形螺钉和各种螺母。扳手分通用、专用和特殊扳手三类。

① 通用活扳手(活扳手)。活扳手的开口尺寸可以在一定范围内调节。使用活扳手时应使固定钳口受主要作用力(见图1-14),否则扳手易损坏。扳手手柄的长度不可任意接长,以免拧紧力矩太大而损坏扳手或螺钉。活扳手的效率不高,活动钳口容易歪斜,容易损坏螺母或螺钉的头部。其规格一般是指扳手的总体长度,如150 mm、200 mm、250 mm、300 mm等,其对应的英制尺寸分别为6″、8″、10″、12″等。

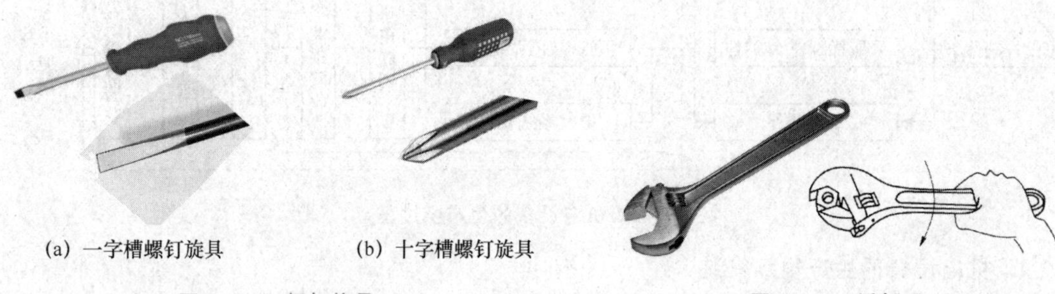

(a) 一字槽螺钉旋具　(b) 十字槽螺钉旋具

图1-13　螺钉旋具

图1-14　活扳手

② 专用扳手。专用扳手只能扳动一种规格的螺母或螺钉,根据用途不同分为下列几种。

➢ 呆扳手(板扳子)　呆扳手有单头和双头之分。双头呆扳手如图1-15所示。其规格指其开口尺寸,并与螺母或螺钉的对边距离的尺寸相对应。

➢ 梅花扳手　双梅花扳手的外形如图1-16所示,常用于操作受限制的场合。只需留有30°以上旋转角度的操作空间,就可以方便地使用。

双头呆扳手和双头梅花扳手的型号都是指扳手的开口尺寸,有4×5,5.5×7,8×10,9×11,12×14,14×17,17×19,19×22,22×24,30×32,32×36,41×46,50×55,65×75(单位均为mm×mm)等多种。比如M10六角螺母,其两个对边距离尺寸是17 mm,应该用开口为17的扳手(常说17的扳手)。常用螺母或螺栓对应的扳手为:M5-8,M6-10,M8-14,M10-17,M12-19,M14-22,M16-24。

➢ 套筒扳手　套筒扳手的外形如图1-17所示。套筒扳手是由一套尺寸不等的梅花套筒和手柄组成。使用时,弓形的手柄可连续转动,工作效率高。

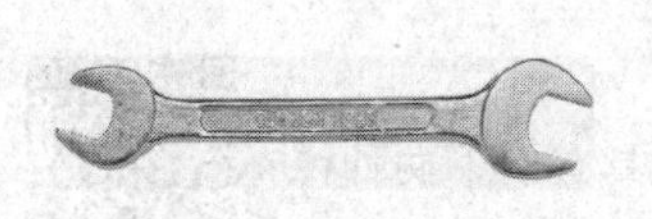

图1-15　呆扳手

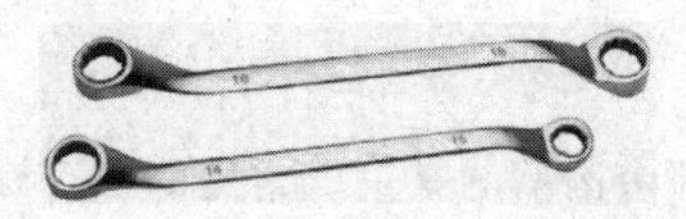

图1-16　梅花扳手

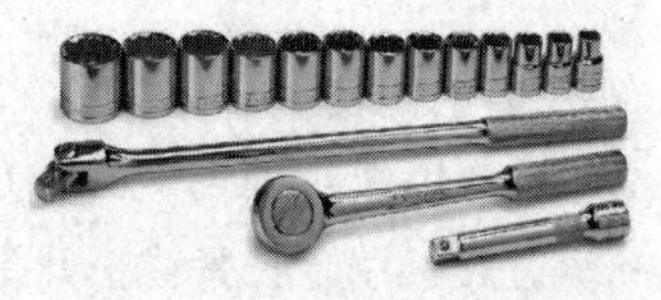

图1-17　成套的套筒扳手

➢ 钩扳手　钩扳手的外形和使用方法如图 1-18 所示。钩扳手主要用于旋转圆螺母，进行各种圆螺母的安装与拆卸。

➢ 内六角扳手　内六角扳手的外形如图 1-19 所示。内六角扳手用于拆装内六角螺钉，其型号是指扳手六方的对边尺寸。

图 1-18　钩扳手

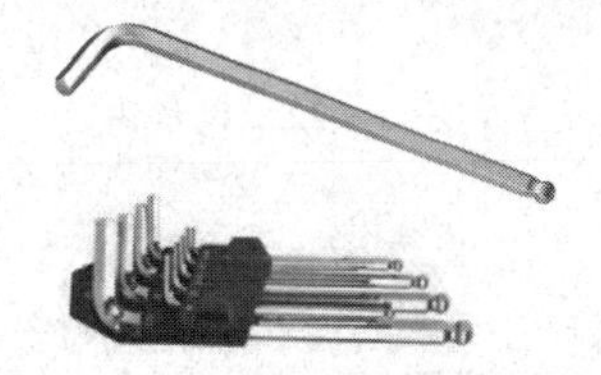

图 1-19　内六角扳手

③ 力矩扳手。力矩扳手用于需控制安装力矩的场合，一般分为定力矩扳手和测力矩扳手。

➢ 测力矩扳手　其使用情况如图 1-20 所示，用于旋紧力矩为某一值的场合。

➢ 定力矩扳手　其外观如图 1-21 所示，用在旋紧力恒定的场合，通常其旋紧力可以在工作前很方便地进行调整。

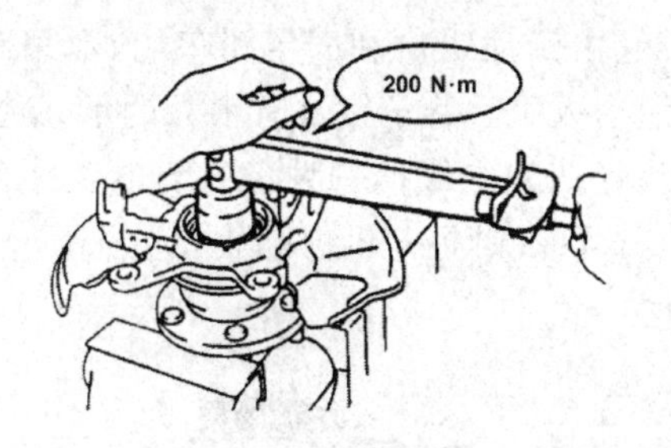

图 1-20　测力矩扳手

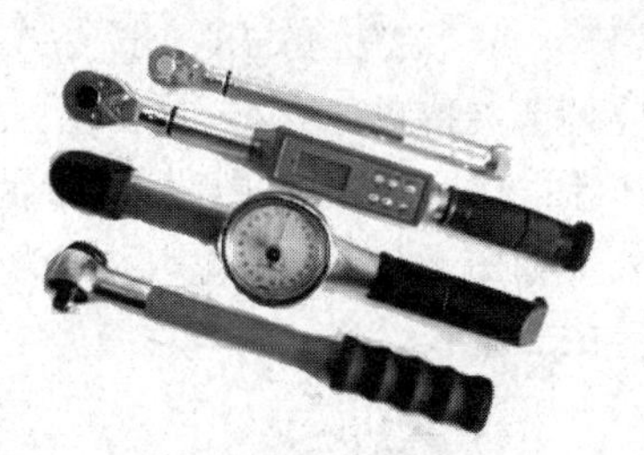

图 1-21　定力矩扳手

(3) 钳　子

① 钢丝钳。钢丝钳的外观和使用方法如图 1-22 所示。钢丝钳一般是用右手操作，将钳口朝内侧，便于控制钳切部位，用小指伸在两钳柄中间来抵住钳柄，张开钳头。电工常用的钢丝钳有 160 mm、180 mm 及 200 mm 等多种规格(指钢丝钳的总体长度)。钢丝钳的齿口可用来紧固或拧松螺母；钢丝钳的刀口可用来剖切软电线的橡胶或塑料绝缘层，也可用来切剪电线、铁丝等。钢丝钳的绝缘塑料管耐压 500 V 以上。

② 尖嘴钳。尖嘴钳也称修口钳，外观如图 1-23 所示。尖嘴钳的头部尖细，适用于在狭小的工作空间中操作，是电工(尤其是内线电工)常用的工具之一；主要用来剪切线径较小的单股与多股线，以及给单股导线接头弯圈、剥塑料绝缘层等。尖嘴钳的绝缘柄耐压值为 500 V，其规格以全长表示，有 130 mm、160 mm、180 mm 和 200 mm 共 4 种规格。

③ 挡圈钳。挡圈钳用于拆装弹性挡圈，其规格按长度有 125 mm、175 mm、225 mm 等多种。挡圈分为孔用挡圈和轴用挡圈两种(见图 1-24)，对应挡圈钳分为轴用挡圈钳和孔用挡圈钳，如图 1-25(a)、(b)所示。为便于挡圈的拆装，挡圈钳又分为直嘴式和弯嘴式。图 1-25(c)、(d)分别为直嘴轴用挡圈钳和直嘴孔用挡圈钳的使用方法。

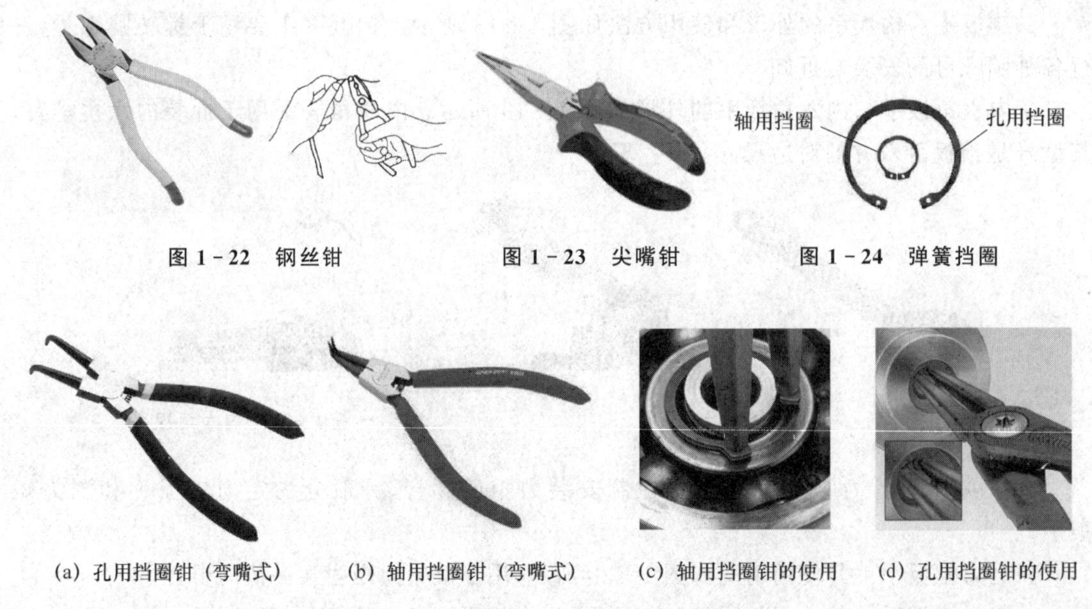

图1-22　钢丝钳　　图1-23　尖嘴钳　　图1-24　弹簧挡圈

(a) 孔用挡圈钳（弯嘴式）　(b) 轴用挡圈钳（弯嘴式）　(c) 轴用挡圈钳的使用　(d) 孔用挡圈钳的使用

图1-25　挡圈钳

④ 管子钳。管子钳的外观如图1-26所示,是主要用于夹持生产及生活用管道的夹持式钳,其规格分为10″、12″、14″、18″、24″、36″、48″等。它由活动钳口和固定钳口组成,可根据管件的粗细相应调节夹持口的大小,其工作方式类似活动扳手。管子钳具有很大的承载能力。

⑤ 斜口钳。斜口钳又称断线钳,钳柄有铁柄、管柄和绝缘柄三种形式。电工用的绝缘柄斜口钳的外形如图1-27所示,其耐压为1 000 V。斜口钳是专供剪断较粗的金属丝、线材及电线电缆等的工具。

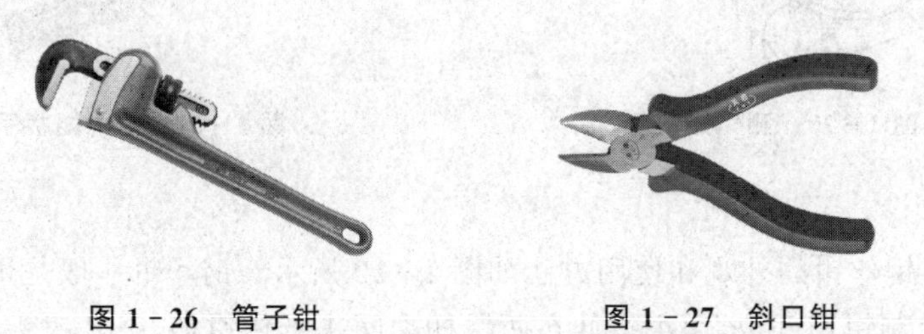

图1-26　管子钳　　图1-27　斜口钳

⑥ 剥线钳。剥线钳分为自动剥线钳(见图1-28)、鹰嘴剥线钳(见图1-29)等,是用来剥去6 mm^2 以下电线端部塑料或橡胶绝缘的专用工具。自动剥线钳由钳头和手柄两部分组成。钳头部分由压线口和切口组成,分别有直径0.5～3 mm等的多个规格切口,以适应不同规格的线芯。使用时,电线必须放在大于其线芯直径的切口上剥,否则会切伤线芯。

2. 电动工具

(1) 电　钻

电钻是利用电能做动力的钻孔机具,是电动工具中的常规产品,也是需求量最大的电动工具类产品,每年的产销数量占中国电动工具的35%。电钻主要规格有4、6、8、10、13、16、19、23、32、38、49等(单位:mm),数字指在抗拉强度为390 N/mm^2 的钢材上钻孔,钻头的最大允许直径。由于有色金属、塑料等材料较软,其最大钻孔直径可比原规格大30%～50%。

电钻一般分为3类:手电钻(见图1-30)、冲击钻和锤钻(电锤)。其中,冲击钻有钻和冲击两种工作方式，主要使用硬质合金钻头，产生旋转冲击运动。能在砖、砌块、混凝土等脆性材料上钻孔，效果不及锤钻。锤钻可在任何材料上钻洞，使用范围较广。与电镐不同，锤钻既能钻且又有较强力的锤击，而电镐则只做锤击并不能钻。

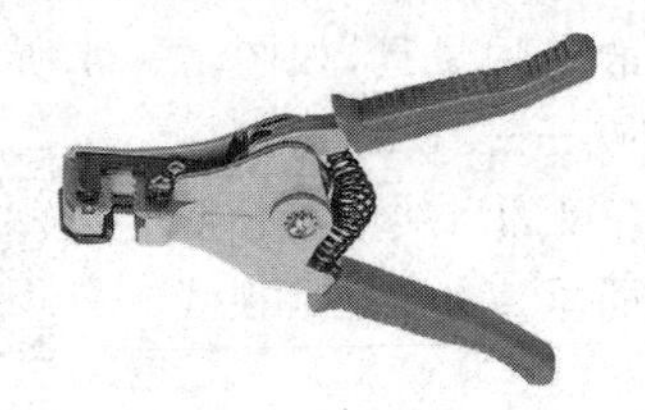

图 1-28　自动剥线钳

图 1-29　鹰嘴剥线钳

(2) 电动扳手

电动扳手一般分为以下 3 种：

① 定扭矩电动扳手。定扭矩电动扳手是装配螺纹及螺栓的机械化施工工具，具有自动控制扭矩功能。

② 扭剪型电动扳手。扭剪型电动扳手是扭剪型螺栓进行拧紧作业的必备工具。

③ 冲击电动扳手(见图 1-31)。其工作头采用冲击式结构，反力矩小，降低了劳动强度。

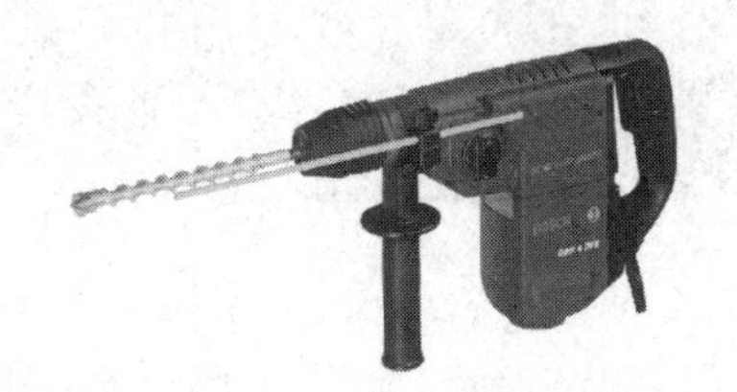

图 1-30　手电钻

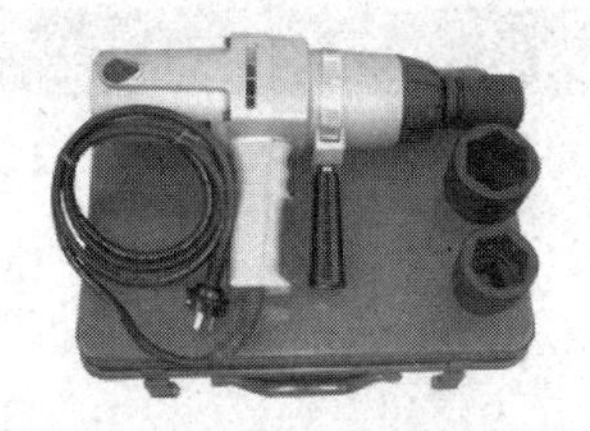

图 1-31　冲击电动扳手

(3) 电动角向磨光机

电动角向磨光机也称角磨机，装上磨光片可用于磨光，装上切割片也可用于切割。

3. 装配类气动工具

装配类气动工具包括气动扳手(见图 1-32)、气动螺丝刀(见图 1-33)、气动研磨机、气锤等。

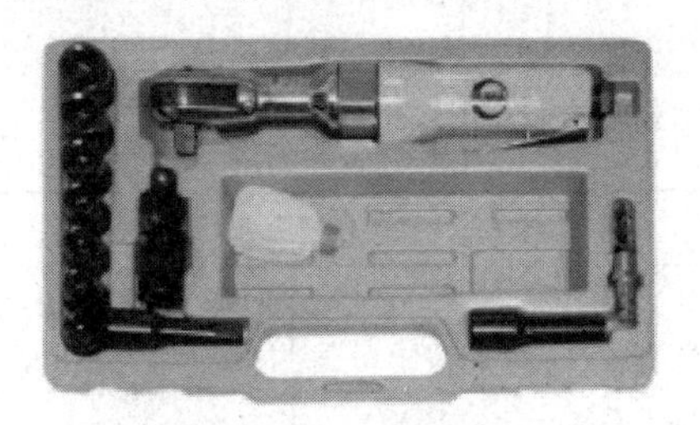

图 1-32　气动扳手

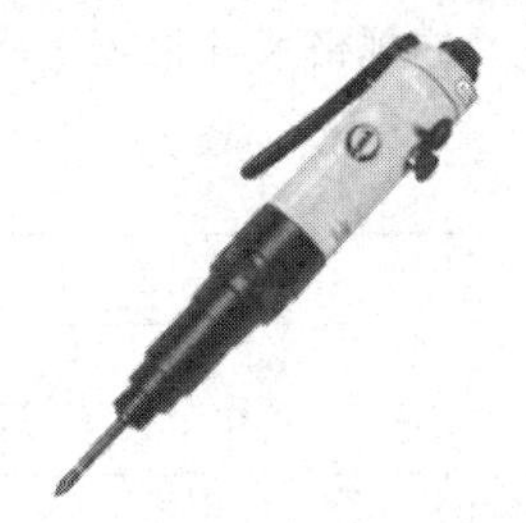

图 1-33　气动螺丝刀

4. 装配类液压工具

装配类液压工具包括各种用于装配的液压动力安装工具，如液压扭矩扳手等。此类工具的出力或力矩较气动类工具大，原因在于液压系统的压强远远大于气动系统的压强。

单元测试

1.3.2 机电设备的测量工具及使用

1. 钢直尺

钢直尺是用来测量直线尺寸(如长、宽、高)和距离的一种量具,如图1-34所示。钢直尺用薄的不锈钢板制成,规格有150 mm、300 mm、500 mm、1 000 mm、1 500 mm、2 000 mm共6种。使用钢直尺测量时,钢直尺的零线应与被测量工件的边缘相重合。读数时,视线应与钢直尺的尺面垂直,避免因视线歪斜而造成读数误差。

教学视频

2. 塞 尺

塞尺由一些不同厚度的薄钢片组成,每一片上都标有厚度数值,如图1-35所示。塞尺是用来检验两结合面之间间隙的一种精密量具,常用来测量装配后零件之间的间隙及直线度等误差。图示为检查行星齿轮和行星架之间的间隙。

使用塞尺时,要将塞尺表面和被测量的间隙内部清理干净,选择适当厚度的塞尺插入间隙内进行测量,用力不要过大,松紧要适宜。如果没有合适厚度的塞片,可同时组合几片(一般不超过3片)来测量,根据插入塞尺的厚度即可得出间隙的大小。

图1-34 钢直尺

图1-35 塞 尺

3. 铸铁平尺

铸铁平尺(也称平尺)用于检验工件的直线度和平面度。检验的方法有光隙法、直线偏差法和斑点法。常用的铸铁平尺有Ⅰ字、Ⅱ字形平尺和桥形平尺三种,如图1-36所示。Ⅰ字、Ⅱ字形平尺用于检验狭长导轨平面的直线度,也可作为过桥来检验两导轨平面的平行度等。桥形平尺不仅可检查狭长导轨平面的直线度,还可作为刮削狭长导轨面时涂色研点(将被刮削平面涂色后与平面度较高的基准研具进行对研,然后找出高点,进行人工铲刮)的基准研具。各种铸铁平尺的规格尺寸见表1-3。

表1-3 不同铸铁平尺的规格尺寸(GB 6318—1986)

单位:mm

规 格	Ⅰ字形和Ⅱ字形平尺				桥形平尺			
	L	*B*	*C*(不小于)	*H*(不小于)	*L*	*B*	*C*(不小于)	*H*(不小于)
400	400	30	8	75	—	—	—	—
500	500	30	8	75	—	—	—	—
630	630	35	10	80	—	—	—	—
800	800	35	10	80	—	—	—	—
1 000	1 000	40	12	100	1 000	50	16	180
1 250	1 250	40	12	100	1 250	50	16	180
1 600	1 600 *	45	14	150	1 600	60	24	300

续表1-3

规　格	Ⅰ字形和Ⅱ字形平尺				桥形平尺			
	L	B	C (不小于)	H (不小于)	L	B	C (不小于)	H (不小于)
2 000	2 000 *	45	14	150	2 000	80	26	350
2 500	2 500 *	50	16	200	2 500	90	32	400
3 000	3 000 *	55	20	250	3 000	100	32	400
4 000	4 000 *	60	20	280	4 000	100	38	500
5 000	—	—	—	—	5 000	110	40	550
6 300	—	—	—	—	6 300	120	50	600

注：1. 长度为带 * 号尺寸时，制成Ⅱ型截面结构。

2. 图1-36中 E 为最佳支承距离，$E=\frac{2}{9}L$，由此可确定平尺被检验时的标准支承位置。

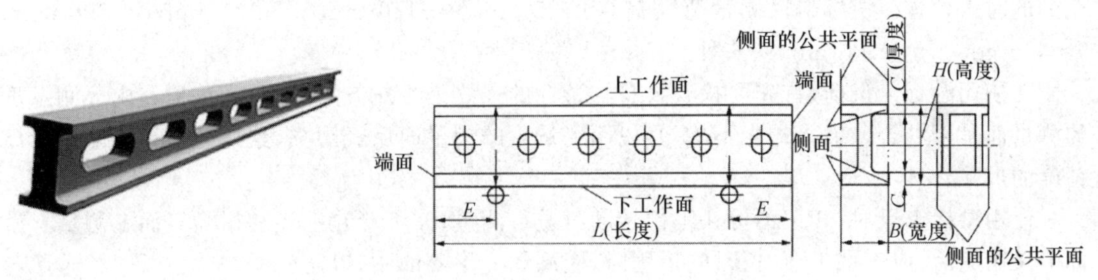

(a) Ⅰ字、Ⅱ字形平尺（左侧图为Ⅰ字形平尺的外观）

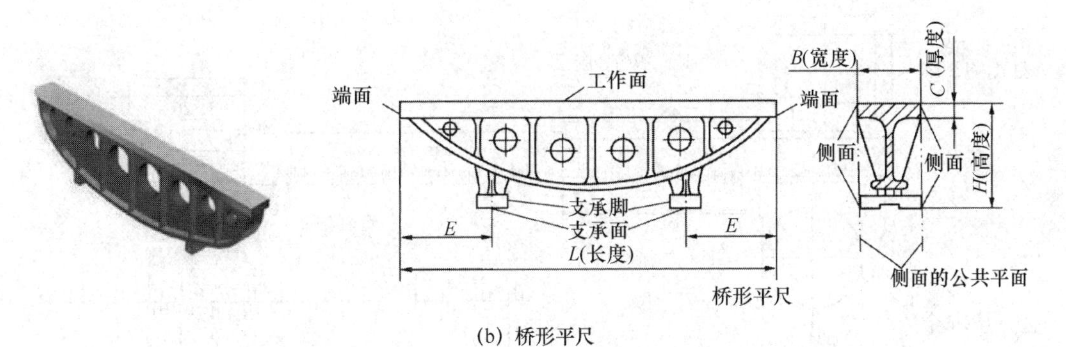

(b) 桥形平尺

图1-36　铸铁平尺

4. 90°角尺

90°角尺分为宽座角尺、刃口形角尺和铸铁角尺等，如图1-37所示。90°角尺一般用于检验工件的垂直度及机床纵、横向导轨相对位置的垂直度等，也可以用来画线。90°角尺由长边和短边构成，长边的前后面为测量面，短边的上下面为基面。测量时，将90°角尺的一个基面靠在工件的基准面上，使一个测量面慢慢地靠向工件的被测表面，根据透光间隙的大小，来判断工件两邻面间的垂直情况。如果需要知道误差的具体数值，可用塞尺测量出工件与角尺基面间的间隙后，计算得到角度的大小。90°角尺是一种精密量具，使用时要特别小心，不要使角尺的尖端、边缘与工件表面相磕碰。90°角尺的规格表示其两个直角边的长度，如90°刃口形角尺的规格有50×32、63×40、80×50、100×63、125×80、160×100、200×125，单位均为mm×mm。

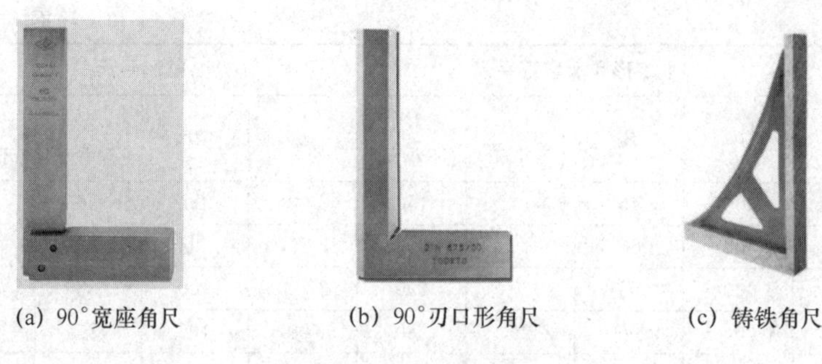
(a) 90°宽座角尺　(b) 90°刃口形角尺　(c) 铸铁角尺

图1-37　90°角尺

5. 游标卡尺

游标卡尺是用于测量工件长度、宽度、深度和内外径的一种精密量具,其构造如图1-38所示,由主尺、副尺等组成。游标卡尺用膨胀系数较小的钢材制成,内外测量卡脚经过淬火和充分的时效处理。游标卡尺测量范围有0～125 mm,0～150 mm,0～200 mm,0～300 mm,0～500 mm,0～1 000 mm共6种。

在使用游标卡尺前,首先要检查尺身与游标的零线是否对齐,并用透光法检查内外测量爪的测量面是否贴合。如果透光不均匀,说明测量爪的测量面已经磨损,这样的卡尺不能测量出精确的尺寸。

使用游标卡尺时,切记不可在工件转动时进行测量,亦不可在毛坯和粗糙表面上测量。游标卡尺用完后,应擦拭干净,长时间不用时,应涂上一层薄油脂,以防生锈。

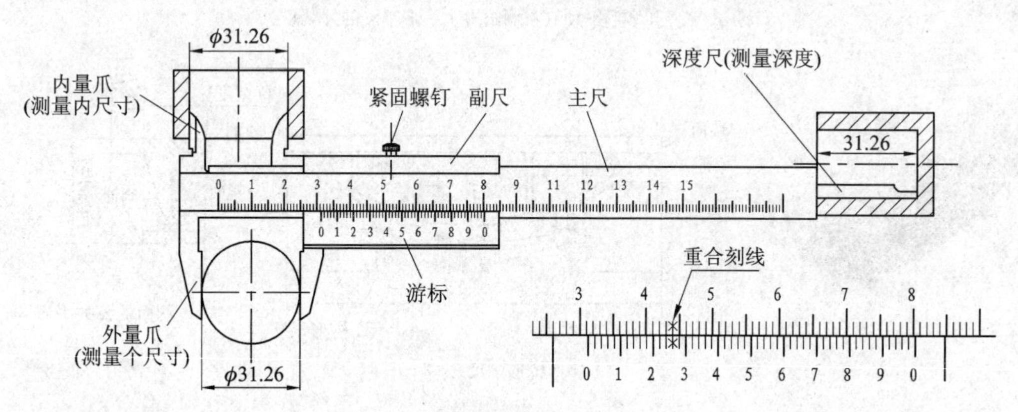

图1-38　游标卡尺

6. 外径千分尺

外径千分尺用于测量精密工件的外形尺寸,通过它能准确读出0.01 mm,并能估读到0.001 mm。外径千分尺的外观如图1-39所示。使用外径千分尺前,应先将校对量杆置于测砧和测微螺杆之间,检查它的固定套管中心线与微分筒的零线是否重合,如不重合,应及时进行调整。测量时,两测量面接触工件后,测力装置棘轮空转,并发出“轧轧”声时,此时才可读尺寸。如果受条件限制,不能在测量工件的同时读出尺寸,可以旋紧锁紧装置,取下外径千分尺后读出尺寸。

使用外径千分尺时,不得强行转动微分筒,要尽量使用测力装置。千万不要把外径千分尺先固定好再用力向工件上卡,这样会损伤测量表面或撞弯测微螺杆。外径千分尺用完后,要擦

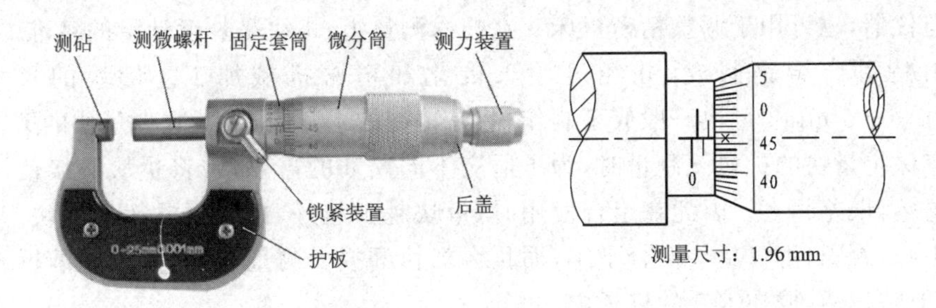

图 1-39　外径千分尺

净后再放入盒内，并定期检查校验，以保证其精度。

7. 百分表

百分表用于测量工件的各种几何形状误差和相互位置的正确性，并可借助于量块对零件的尺寸进行比较测量。其优点是准确、可靠、方便，外观如图 1-40(a)所示。百分表可用于测量跳动和零件内径，分别如图 1-40(b)、(c)所示。

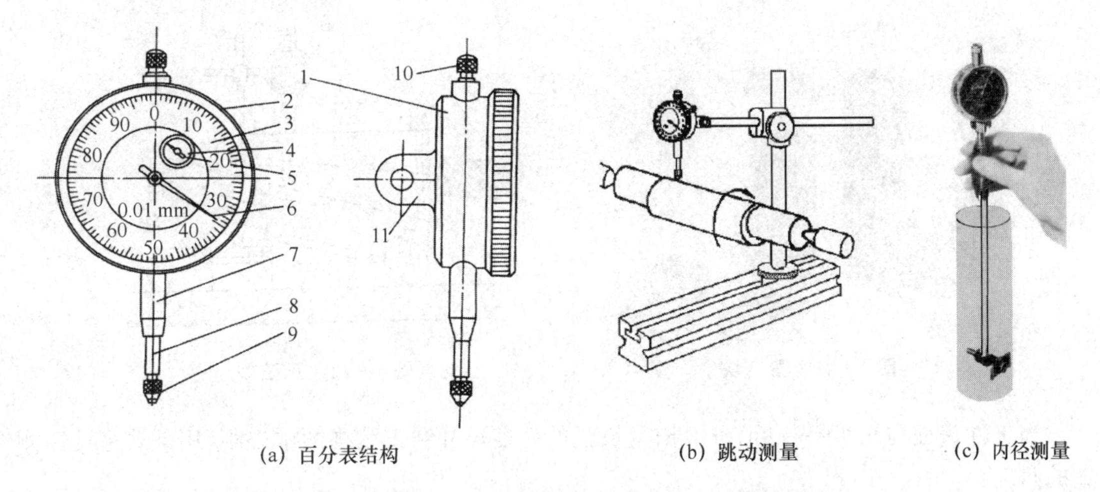

(a) 百分表结构　(b) 跳动测量　(c) 内径测量

1—表体；2—表圈；3—表盘；4—转数指示盘；5—转数指针；
6—主指针；7—轴套；8—量杆；9—测量头；10—挡帽；11—耳环

图 1-40　百分表

百分表的测量范围有 0～3 mm，0～5 mm 和 0～10 mm 三种，分度值为 0.01 mm，精度等级有 0 级和 1 级。量杆的下端有测量头。测量时，当测量头触及零件的被测表面后，量杆能上下移动。量杆每移动 1 mm，主指针转动一周。表盘圆周分成 100 等份，每等份为 0.01 mm，即主指针每摆动一格时，量杆移动 0.01 mm，所以百分表的测量精度为 0.01 mm。

在使用百分表时可将其装在表架上，把零件放在平板上，使百分表的测量头压到被测零件的表面，再转动刻度盘，使主指针对准零位(调零)，然后移动百分表，就可测出零件的直线度或平行度。或将需要检测的轴装在顶尖上，使百分表的测量头压到被测零件表面，用手转动轴，就可测出轴的径向跳动。百分表不用时，应解除所有负荷，用软布把表面擦净，并在容易生锈的表面上涂一层工业凡士林，然后装入匣内。

8. 量　块

量块原称块规，外观如图 1-41 所示，是极精密的量具。量块常用于测量精密零件或校验其他量具与仪器,也可用于调整精密机床。在技术测量上,量块是长度计量的基准。

量块由特种合金钢制成,并经过淬火硬化和精密机械加工。量块的尺寸精度为0.000 1～0.000 5 mm。量块一般成套制作,装在特制的木盒内,为了减少量块的磨损,每套量块中都备有保护量块的护块。测量时,为了适应不同尺寸的需要,常将量块叠接使用,但是叠接的量块越多,误差越大。因此在组合使用时,量块越少越好,最好不要超过四块。叠接量块时要特别小心,否则,不仅量块贴合不牢,而且会加快磨损。测量完毕后,应立即拆开量块,洗擦干净,涂上防护油,放在木盒的格子内。

9. 正弦规

正弦规用于检验精密工件和量规的角度。在机床上加工带角度的零件时,也可用其进行精密定位。正弦规的测量结果必须通过计算得出。

正弦规由精密的钢质长方体和两个精密圆柱体组成。两个圆柱体的直径相等,其中心连线与长方体的平面互相平行。在测量时,将正弦规放在平板上,圆柱的一端用量块组垫高,然后用百分表检验,如图1-42所示。

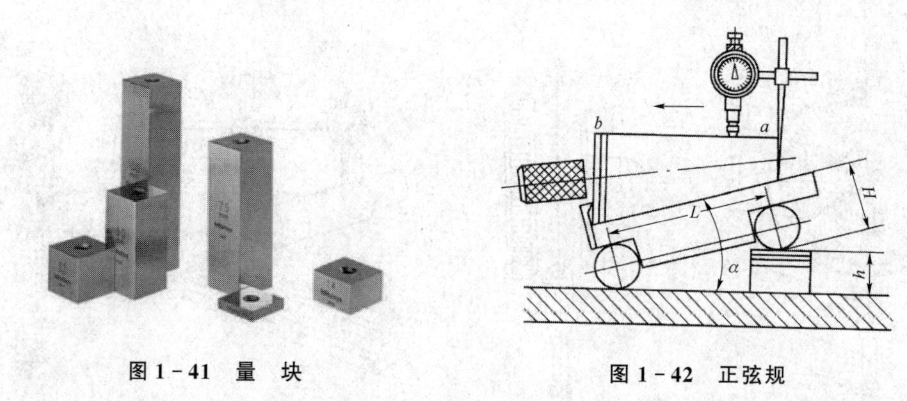

图1-41 量 块　　**图1-42 正弦规**

当工件表面与平板平行后,可根据量块组的高度尺寸和正弦规的中心距,用下式来计算测量的角度:

$$\sin\alpha = h/L \tag{1-1}$$

式中:α——工件的锥度,(°);

h——量块的高度,mm;

L——正弦规的中心距,mm。

【例1-1】 已知:h为5 mm,L为100 mm,求α。

解:

$$\sin\alpha = h/L = 5/100 = 0.05$$

查三角函数表可知

$$\alpha = 2°52'$$

此外,正弦规还可用来测量内锥体、外锥体的大小端直径和校正水平仪等。

10. 水平仪

水平仪是检验平面对水平或垂直位置偏差的仪器,主要用于检查零件平面的平面度、机件相互位置的平行度和设备安装的相对水平位置等。

(1) 水平仪的种类

机械设备安装工作中常用的水平仪分为条式水平仪和框式水平仪两种,分别如图1-43

(a)、(b)所示。目前，电子水平仪也较为常用，如图1-43(c)所示。

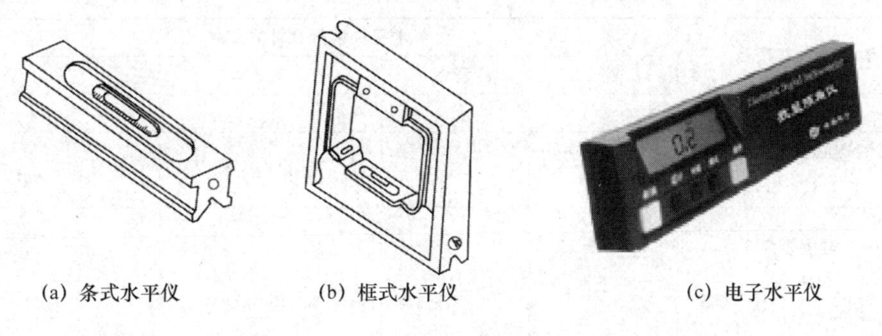

(a) 条式水平仪　　(b) 框式水平仪　　(c) 电子水平仪

图1-43　水平仪

① 条式水平仪：它由V形的工作底面和与工作底面平行的水准器两部分组成。当水准器的底平面准确地处于水平位置时，水准器的气泡正好处于中间位置。当被测平面稍有倾斜时，水准器的气泡就向高的一方移动，在水准器的刻度上可读出两端高低的差值。刻度值为0.02 mm/m的条式水平仪，表示气泡每移动一格时，在被测长度为1 m的两端上，高低相差0.02 mm。

② 框式水平仪：它有四个相互垂直的都是工作面的平面，并有纵向、横向两个水准器。因此，它除了具有条式水平仪的功能外，还能检验机件的垂直度。常用框式水平仪的刻度值为0.02 mm/m和0.05 mm/m。

(2) 水平仪的技术规格

水平仪按刻度值可分为三组，见表1-4。每组用于测量不同的直线斜度或角度。

表1-4　水平仪的组别及刻度值(JB 3239—1983)

组　别	Ⅰ	Ⅱ	Ⅲ
刻度值/($mm \cdot m^{-1}$)	0.02	0.03～0.05	0.06～0.15
规格系列尺寸/mm	100,150,200,250,300		

(3) 水平仪的使用方法

测量前，须将被测量表面与水平仪工作表面擦干净，以免测量不准或损坏工作表面。

测量机床导轨的水平度时，一般将水平仪在起端位置时的读数作为零位，然后依次移动水平仪，记下每一位置的读数。根据水准器中的气泡移动方向与水平仪的移动方向来评定被检查导轨面的倾斜方向。如方向一致，读数为正值，表示导轨平面向上倾斜；如方向相反，则读数为负值，表示导轨平面向下倾斜。

为了测量得准确，找水平时，可在被测量面上原地旋转180°，再测量一次，利用两次读数的结果进行计算，从而得出测量的数据。具体计算方法见表1-5。

11. 万用表

万用表分为指针式万用表和数字万用表两种，外形分别如图1-44(a)、(b)所示。万用表是用来测量交流或直流电压、电阻、直流电流等的多用仪表，是电工和无线电制作的必备工具。其主要由电流表(表头)、量程选择开关、表笔等组成。表笔如图1-44(c)所示。

表1-5 水平仪测量数据的计算方法

测量及计算项目	水平仪读数及计算结果			
	例1	例2	例3	例4
第一次测量	0	0	x_1	x_1
第二次测量 (转180°后)	0	x_2	x_2(方向与x_1相反)	x_2(方向与x_1相同)
a——被测表面水平仪偏差 b——水平仪误差	$a=b=0$	$a=\frac{1}{2}x_2$ $b=\frac{1}{2}x_2$ $a=b$	$a=\frac{x_1-x_2}{2}$ $b=\frac{x_1+x_2}{2}$	$a=\frac{x_1+x_2}{2}$ $b=\frac{x_1-x_2}{2}$

(a) 指针式万用表

(b) 数字万用表

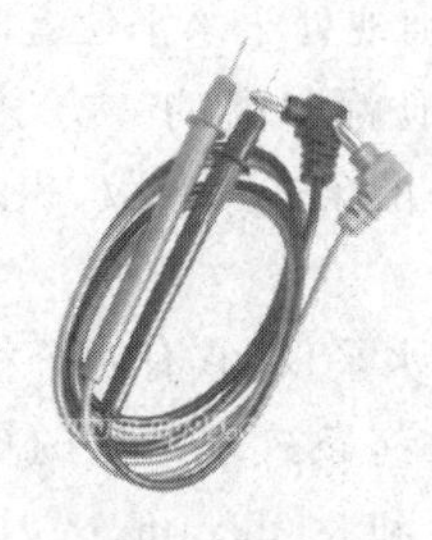
(c) 表　笔

图1-44　万用表

指针式万用表在使用之前,应先进行“机械调零”,即在没有被测电量时,使万用表指针指在零电压或零电流的位置上。在使用万用表过程中,不能用手去接触表笔的金属部分,这样一方面可以保证测量的准确性,另一方面保证了人身安全。在测量某一电量时,不能在测量的时候换挡,尤其在测量高电压或大电流时更应注意,否则会使万用表毁坏。如需换挡,应先断开表笔,换挡后再去测量。万用表在使用时应水平放置,以免造成误差,在使用时还要注意避免外界磁场对万用表的影响。万用表使用完毕,应将转换开关置于交流电压的最大挡。如果长期不使用 ,还应将万用表内部的电池取出来,以免电池腐蚀表内其他器件。

单元测试

1.4 机电设备的起重搬运工具

1.4.1 常用的起重、运输方法

机电设备常用的起重方法较多,一般是利用千斤顶、手动葫芦、自行式起重机、桥式起重机、桅杆式起重机等进行起重。

机电设备常用的运输方法主要有陆地运输、轮船运输和空中运输等。以陆地运输较为广泛采用,包括汽车运输和火车运输等,汽车运输以其灵

教学视频

活性的特点被各厂家看好，通常将此运输方式称为空车配货。

1.4.2　起重机械

起重机械是完成起重作业的重要装备，是提升工作效率、减轻劳动强度、保证生产顺利进行和确保安全的重要手段。起重机械分为简单起重机械和起重机两大类，具体分类如图 1－45 所示。

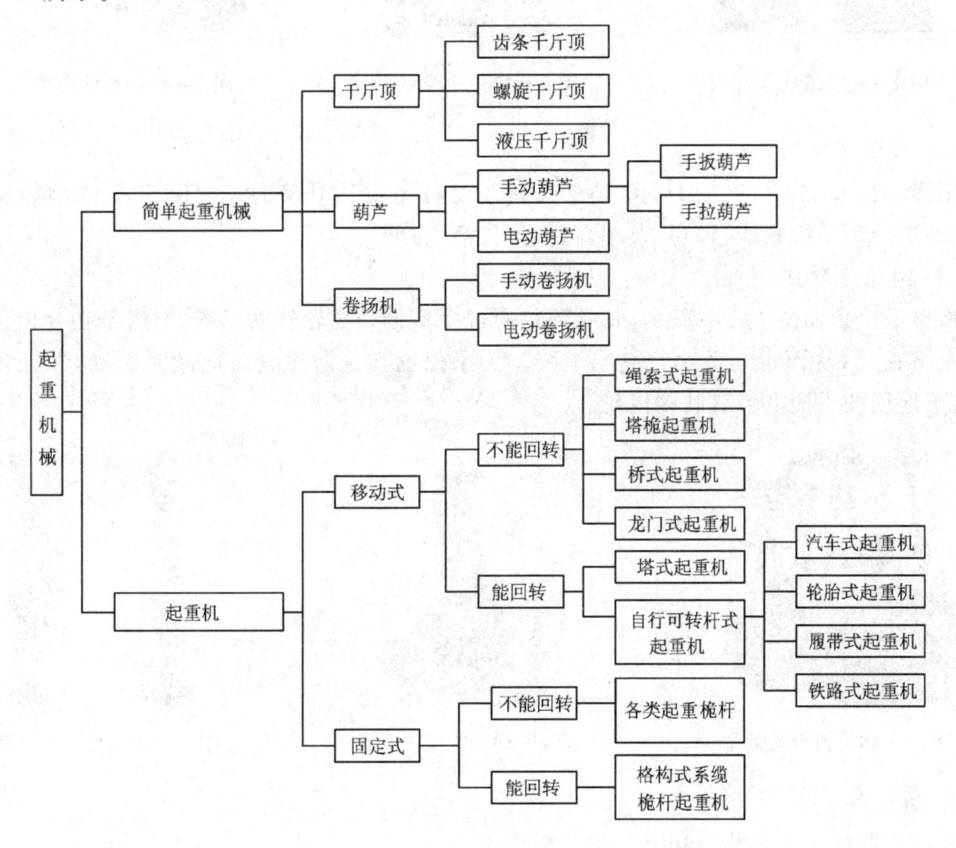

图 1－45　起重机械的分类

起重设备的选用应重点参考施工现场已有的起重设备、现场的施工条件、所需吊装设备的质量及外形尺寸等因素，并在考虑工作效率的前提下减少使用起重机械的种类和数量。

1. 千斤顶

千斤顶是一种用较小的力即可使重物升高或降低的起重机械。由于其结构简单、使用方便的特点，在设备安装工作中广泛应用。千斤顶分为三种类型：液压千斤顶、螺旋千斤顶和齿条千斤顶，前两种应用较为广泛。

（1）液压千斤顶

液压千斤顶是利用液压泵将液压油压入油缸内，推动活塞将重物顶起。安装工作中常用的是 YQ 型液压千斤顶，如图 1－46 所示。它是一种手动式千斤顶，效率高，质量小，搬运和使用均很方便，分为固定式和移动式两种。

由液压千斤顶派生的起重机械有升降平台千斤顶（见图 1－47）、手动插车（见图 1－48）和自行式插车（见图 1－49）等。

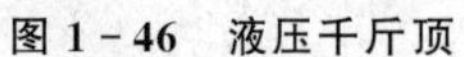

图1-46　液压千斤顶

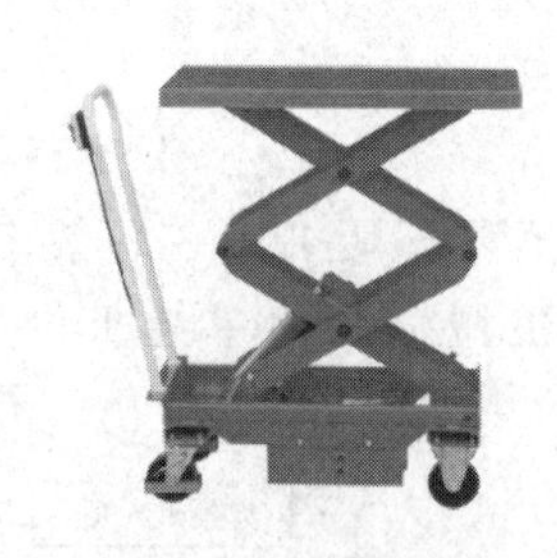

图1-47　升降平台

图1-48　手动插车

(2) 螺旋千斤顶

螺旋千斤顶如图1-50所示,是通过转动螺杆使重物升降的。常用的是Q型螺旋千斤顶,这种千斤顶结构紧凑、轻巧,效率高,操作灵活、方便。

(3) 齿条千斤顶

齿条千斤顶如图1-51所示,其原理是通过手柄带动齿轮转动,齿轮与齿条啮合传动并使齿条上下移动,从而带动重物升起或下降。为了保证在顶起重物时能随时制动,保证顶升安全,在千斤顶的手柄上装有制动齿轮。

图1-49　自行式插车

图1-50　螺旋千斤顶

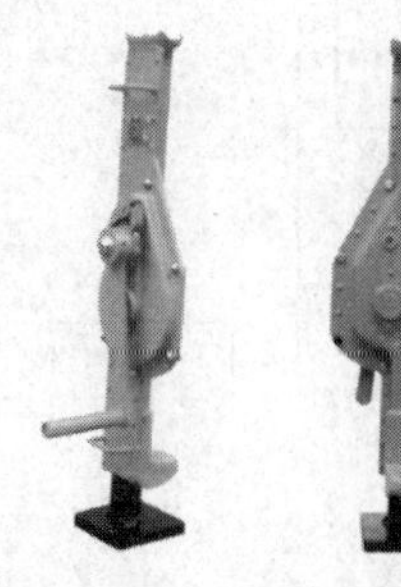

图1-51　齿条千斤顶

2. 葫　芦

葫芦一般分为手拉葫芦和电动葫芦两种。

(1) 手动葫芦

手动葫芦是一种使用简单、携带方便的手动起重机械,也称“环链葫芦”或“倒链”,如图1-52所示。其适用于小型设备和货物的短距离吊运,起重量一般不超过10 t。采用棘轮摩擦片式单向制动器,在载荷下能自行制动,棘爪在弹簧的作用下与棘轮啮合,保证制动器安全工作。

(2) 电动葫芦

电动葫芦常与吊臂等连接使用,形成摇臂吊等产品,如图1-53所示。

3. 卷扬机

卷扬机分为手动卷扬机和电动卷扬机两种。手动卷扬机也称手摇绞车,按牵引力分为0.5 t、1 t、2 t、3 t、5 t、8 t、10 t等多种。电动卷扬机是平面和垂直升吊作业中的主要吊装机械,由于起重量大、速度快、操作方便,所以广泛应用于打桩、装卸、拖拉或起重机和升降机的驱动装置。其按滚筒形式分为单筒和双筒两种,按速度分为快速和慢速两种,按传动形式分为可逆式和摩擦式两种,按牵引力分为0.5 t、1 t、2 t、3 t、5 t、10 t和15 t等多种。

4. 自行可转杆式起重机

自行可转杆式起重机具有独立的动力装置,能原地回旋 360°,机动灵活性大,调动方便,能在整个施工场地或车间内承担大部分起重工作,所以在安装工程中经常使用。常用的自行可转杆式起重机有:汽车式起重机、轮胎式起重机、履带式起重机、铁路式起重机等。

(1) 汽车式起重机

如图 1-54 所示,汽车式起重机是装在标准的或特制的汽车底盘上的起重设备,多用于露天装卸各种设备与物料,其行驶驾驶室与起重操纵室分开设置。

图 1-52 手动葫芦

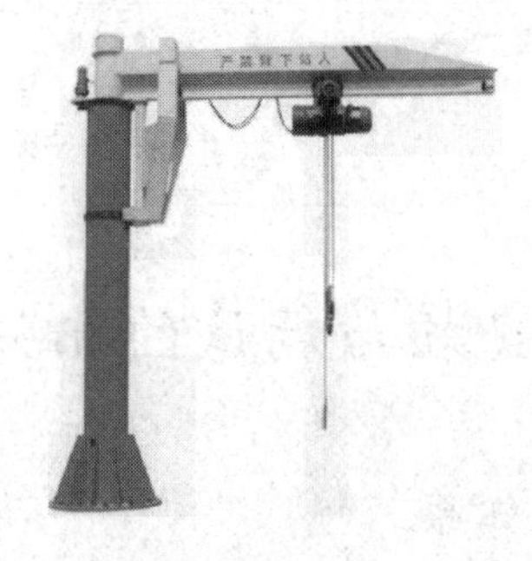

图 1-53 摇臂吊

图 1-54 汽车式起重机

(2) 轮胎式起重机

如图 1-55 所示,轮胎式起重机是装在特制的轮胎底盘上的起重设备,主要用于建筑工程中。起重机的工作状态如图 1-56 所示。

(3) 履带式起重机

如图 1-57 所示,履带式起重机操作灵活,使用方便,在一般平整坚实的道路上即可行驶和工作,是安装工程中的重要起重设备。

(4) 铁路式起重机

如图 1-58 所示,铁路式起重机主要用于机车车辆颠覆和脱轨事故救援,亦可用于吊运建筑构件及重型货物。

图 1-55 轮胎式起重机

图 1-56 起重机的工作状态

图 1-57 履带式起重机

5. 桥式起重机

桥式起重机如图 1-59 所示,是横架于车间、仓库和料场上空进行物料吊运的起重设备。由于其两端坐落在高大的水泥柱或者金属支架上,形状似桥而得名。桥式起重机的桥架沿铺设在两侧高架上的轨道纵向运行,可以充分利用桥架下面的空间吊运物料,不受地面设备的阻碍，是使用范围最广、数量最多的一种起重机械。

图 1-58 铁路式起重机

图 1-59 桥式起重机

1.5 机电设备安装与调试的相关规定

1.5.1 机电设备安装与维修的标准体系

1. 按管理层次分类

(1) 国家标准 GB

举例:《机械设备安装工程施工及验收通用规范》(GB 50231—2009)。

(2) 行业标准 AQ、MT、LD、JB、JGJ 等

举例:《钢结构高强度螺栓连接的设计施工及验收规程》(JGJ 82—1991)。

(3) 地方标准 DG、DB 等

举例:《建设工程监理施工安全监督规程》(DG/TJ 08—2035—2014)。

《北京市建设工程安全监理规程》(DB 11/382—2006)。

(4) 企业标准 QB

企业标准由企业制定，由企业法人代表或法人代表授权的主管领导批准、发布。企业标准一般以“Q”作为企业标准的开头。

企业购买大型机电设备一般需双方签订购货合同，并依照《合同法》执行。《合同法》第六十二条指出，当事人就有关合同内容约定不明确，依照本法第六十一条的规定仍不能确定的，适用下列规定：

① 质量要求不明确的，按照国家标准、行业标准履行；没有国家标准、行业标准的，按照通常标准或者符合合同目的的特定标准履行。

② 价款或者报酬不明确的，按照订立合同时履行地的市场价格履行；依法应当执行政府定价或者政府指导价的，按照规定履行。

③ 履行地点不明确，给付货币的，在接收货币一方所在地履行；交付不动产的，在不动产所在地履行；其他标的，在履行义务一方所在地履行。

④ 履行期限不明确的，债务人可以随时履行，债权人也可以随时要求履行，但应当给对方必要的准备时间。

⑤ 履行方式不明确的，按照有利于实现合同目的的方式履行。

⑥ 履行费用的负担不明确的，由履行义务一方负担。

2. 按属性分类

机电设备安装的相关标准分为强制性标准和推荐性标准。

(1) 强制性标准

① 2000 年 3 月，建设部组织 150 名专家对 700 多项工程建设标准进行摘录，标准中的强制执行条文(简称《强条》)包括城乡规划、城市建设、工业电器等 15 个部分，内容直接涉及人民生命财产安全，确保公共利益、环境保护及节约能源等。

例如:《强条》工业建筑部分中，《第三篇 工业设备安装》涉及通用设备、专用设备、电气设备、自动化仪表设备安装工程施工及验收等内容。

②《强条》是参与建设活动各方执行工程建设强制性标准和政府对执行情况实施监督的依据。

③ 不执行《强条》，就是违法并受相应处罚。

例如:《建设工程安全生产管理条例》第十四条中规定:工程监理单位应当审查施工组织设计中的安全技术措施或者专项施工方案是否符合工程建设强制性标准。

工程监理单位和监理工程师应当按照法律、法规和工程建设强制性标准实施监理，并对建设工程安全生产承担监理责任。

(2) 推荐性标准

推荐性标准又称非强制性标准或自愿性标准，是指生产、交换、使用等方面，通过经济手段或市场调节而自愿采用的一类标准。

① 标准的特点如下：

➢ 不具有强制性，任何单位均有权决定是否采用。

➢ 违反这类标准，不构成经济或法律方面的责任。

➢ 应当指出的是，推荐性标准一经接受并采用，或各方商定同意纳入经济合同中，就成为各方必须共同遵守的技术依据，具有法律上的约束性。

② 推荐性标准在以下的情况下必须执行：

➢ 法律法规引用的推荐性标准，在法律法规规定的范围内必须执行。

➢ 强制性标准引用的推荐性标准，在强制性标准适用的范围内必须执行。

➢ 企业使用的推荐性标准，在企业范围内必须执行。

➢ 经济合同中引用的推荐性标准，在合同约定的范围内必须执行。

➢ 在产品或其包装上标注的推荐性标准，则产品必须符合。

➢ 获得认证并标示认证标志销售的产品，必须符合认证标准。

3. 国际标准

GB　　中华人民共和国标准

ISO　　国际标准化组织

IEC　　国际电工委员会

EN　　欧洲标准

CEN　　欧洲标准化委员会

ANSI　　美国国家标准

ASME　　美国机械工程师协会

ASTM　　美国材料和实验协会标准

BSI　　英国标准
JIS　　日本标准

1.5.2 最新《特种设备安全监察条例》的内容和规定

1. 2009 年 5 月 1 日实施的《特种设备安全监察条例》(以下称新《条例》)集中修改了两个方面的内容

① 增加了关于高耗能特种设备节能监管的规定。

② 增加特种设备事故分级和调查的相关制度。此外,责任下放:县级以上地方负责特种设备安全监督管理的部门对本行政区域内特种设备实施安全监察。

将场(厂)内专用机动车辆、移动式压力容器充装、特种设备无损检测的安全监察明确纳入条例调整范围,鼓励实行特种设备责任保险;进一步完善法律责任,加大对违法行为的处罚力度等。新《条例》共修改变动 61 条,其中新增加 14 个条款,删除 3 个条款,修改 44 个条款。

2. 赋予了新内涵,明确了新目标

原《特种设备安全监察条例》于 2003 年 6 月 1 日实施。随着我国经济社会的快速发展,特种设备数量迅猛增长,从 2002 年底到 2008 年底,特种设备数量从 292 万台增加到 605 万台,其安全管理问题和节能管理问题日益突出。

3. 新《条例》的重要意义

① 确立了特种设备安全性与经济性相统一的新工作目标。

② 完善了特种设备全过程、全方位安全监察的基本制度。

③ 指明了特种设备安全监察工作改革创新的方向。

例如,在下放行政许可项目和分级管理方面,新《条例》第 102 条规定,国家市场监督管理总局可以根据工作需要,将行政许可下放到省级质监部门实施,方便行政相对人办理行政许可事项。

质检总局将把现行委托省级局实施的特种设备许可项目,全部下放省级质监局自主实施。被依法授权的省级质监局将以自己名义实施特种设备行政许可,并对实施的行政许可行为后果承担法律责任。

在事故分类、分级方面,新《条例》突破了安全生产事故分类分级的一般原则,不仅以死亡人数和直接经济损失因素来划分事故等级,而且还结合特种设备事故的特殊性,按照设备中断运行时间长短、高空滞留人数、转移人员数量、设备爆炸或者倾覆等因素综合划分事故等级。

1.5.3 机电设备安装工程监理的主要相关标准规范

(1)《机械设备安装工程施工及验收通用规范》(GB 50231—2009)

自 2009 年 10 月 1 日起施行。此规范适用于各类机械设备安装工程施工及验收的通用性部分,由中国机械工业联合会主编,中华人民共和国住房和城乡建设部批准。

(2)《锻压设备安装工程施工及验收规范》(GB 50272—2009)

自 2009 年 10 月 1 日起施行。此规范适用于机械压力机、液压机、自动锻压机、空气锤、锻机、剪切机、弯曲校正机的安装工程施工及验收。

(3)《锅炉安装工程施工及验收规范》(GB 50273—2009)

自 2009 年 10 月 1 日起施行。此规范适用于工业、民用、区域供热额定工作压力小于或等于3.82 MPa的固定式蒸汽锅炉，额定出水压力大于0.1 MPa的固定式热水锅炉和有机热载体炉安装工程的施工及验收。

(4)《输送设备安装工程施工及验收规范》(GB 50270—2010)

此规范适用于带式输送机、板式输送设备、垂直斗式提升机、螺旋输送机、辊子输送机、悬挂输送机、振动输送机、埋刮板输送机、气力输送设备、矿井提升机和绞车安装工程的施工及验收。

(5)《破碎、粉磨设备安装工程施工及验收规范》(GB 50276—2010)

自2010年12月1日起施行。此规范适用于矿石、煤炭、耐火材料、建筑材料、化工材料、粮食、饲料和药材用的破碎、粉磨设备安装工程的施工及验收。

(6)《起重设备安装工程施工及验收规范》(GB 50278—2010)

自2010年12月1日起施行。此规范适用于电动葫芦、梁式起重机、桥式起重机、门式起重机和悬臂起重机安装工程的施工及验收。

(7)《制冷设备、空气分离设备安装工程施工及验收规范》(GB 50274—2010)

自2011年2月1日起施行。此规范是对制冷设备、空气分离设备安装要求的统一技术规定，以保证设备的安装质量和安全运行，同时将不断提高工程质量和促进安装技术的发展。

(8)《铸造设备安装工程施工及验收规范》(GB 50277—2010)

自2011年2月1日起施行。此规范适用于通用的砂处理设备、造型制芯设备、落砂设备、清理设备、金属型铸造、熔模和熔炼设备安装工程的施工及验收。

(9)《风机、压缩机、泵安装工程施工及验收规范》(GB 50275—2010)

自2011年2月1日起施行。此规范适用于风机、压缩机、泵安装工程的施工及验收。

(10)《锅炉安全技术监察规程》(TSG G0001—2012)

自2013年6月1日起施行。本规程适用于符合《特种设备安全监察条例》要求的固定式承压蒸汽锅炉、承压热水锅炉、有机热载体锅炉等。对此类锅炉的设计、制造、安装调试、使用、检验、修理和改造做出了相关规定。

(11)《压力管道安全技术监察规程》(TSG D0001—2009)

自2009年8月1日起施行。此规程适用于同时具备最高工作压力大于或者等于0.1 MPa、公称直径大于25 mm、输送介质为气体、蒸汽、液化气体、最高工作温度高于或者等于其标准沸点的液体或者可燃、易爆、有毒、有腐蚀性的液体等条件的工艺装置、辅助装置以及界区内公用工程所属的工业管道。

(12)《建设工程监理规范》(GB 50319—2013)

自2014年3月起施行。此规范适用于建设工程的监理工作。

(13)《设备工程监理规范》(GB/T 26429—2010)

自2011年7月1日起施行。此标准规定了设备监理单位提供设备工程监理服务的基本要求，适用于设备监理单位的设备工程监理活动。

单元测试

(14)《机械设备安装工程术语标准》(GB/T 50670—2011)

自2011年10月1日起施行。此标准适用于金属切削机床、锻压设备、风机、压缩机、泵、制冷设备、空气分离设备、起重设备、锻造设备、破碎设备、粉磨设备、输送设备、锅炉等的安装工程。

思考与练习题

1. 机电设备安装与调试的主要工作内容是什么?
2. 机电设备安装与调试专业与哪些就业岗位有关?
3. 常用的机电设备测量工具有哪些?并简述其测量方法。
4. 简述常用的安装工具的分类和使用情况。
5. 常用的起重及搬运方法有哪些?
6. 起重机械是如何分类的?
7. 简述强制性标准与推荐性标准的区别,其各自的特点是什么?
8. 如何看待机电设备安装与调试的相关规范和标准的地位和作用?
9. 若要从事机电设备安装与调试工作,应达到的能力目标和素质目标是什么?
10. 学习二维码的内容,说明其对装配岗位工作的重要意义。

职业道德

职责要求

操作安全

第 2 章　机电设备的生产性安装

教学目的和要求

了解装配精度和装配尺寸链的相关概念，掌握装配精度的内容、保证装配精度的装配方法及特点。具备典型机械结构的装配能力，能正确安装常见的气动系统、液压系统和电气系统单元。具备合理选择和使用装配方法的初步能力。

教学内容摘要

① 装配尺寸链的应用。

② 保证装配精度的装配方法分类、特点和应用。

③ 典型机械结构、气动系统、液压系统及电气系统的安装方法。

教学重点、难点

重点：掌握保证装配精度的装配方法，学会典型机械结构、气动系统、液压系统及电气系统的安装方法及内容。

难点：机械装配方法的选择和应用。

教学方法和使用教具

教学方法：讲授法，案例法，实验法。

使用教具：机械及电气图纸，机电设备，气动、液压、电气元件及系统。

建议教学时数

18 学时理论课；8 学时实践课。

2.1　机电设备安装的装配精度

生产性安装是相对于使用现场安装而言的，是指在生产企业完成的装配、安装和调试工作。一般指从零件装配到整体设备安装调试完成的全过程，如车床等在出厂前的装配生产。

教学视频

在设备装配前需认真研究设备装配图（总装图和部装图）的内容，分析装配精度和装配技术要求等。在装配图的技术要求中对装配过程和结果都作出了相关规定。例如，在图 2 - 1 所示的一级圆柱齿轮减速器的装配图中，对减速器的装配和调试要求作出了明确规定。为便于装配，可在装配工艺文件中提供产品的实体图，如图 2 - 2(a)、(b)所示的一级圆柱齿轮减速器的外观图和爆炸图。在产品的装配过程中，企业应根据产品的生产批量、机械结构复杂程度及产品外形尺寸等来制定相应的装配工艺规范，即装配工艺规程。用装配工艺规程来指导装配生产过程，便于提高产品的装配质量和装配效率。

在机电设备安装前，必须保证零件的精度符合图纸要求，否则不但会给装配带来很大困难，有时甚至无法装配出合格产品。另外，在零件精度符合要求的前提下，如果不能很好地制定装配工艺、选定装配方法，也会影响装配的质量和效率，甚至无法达到装配的质量要求。

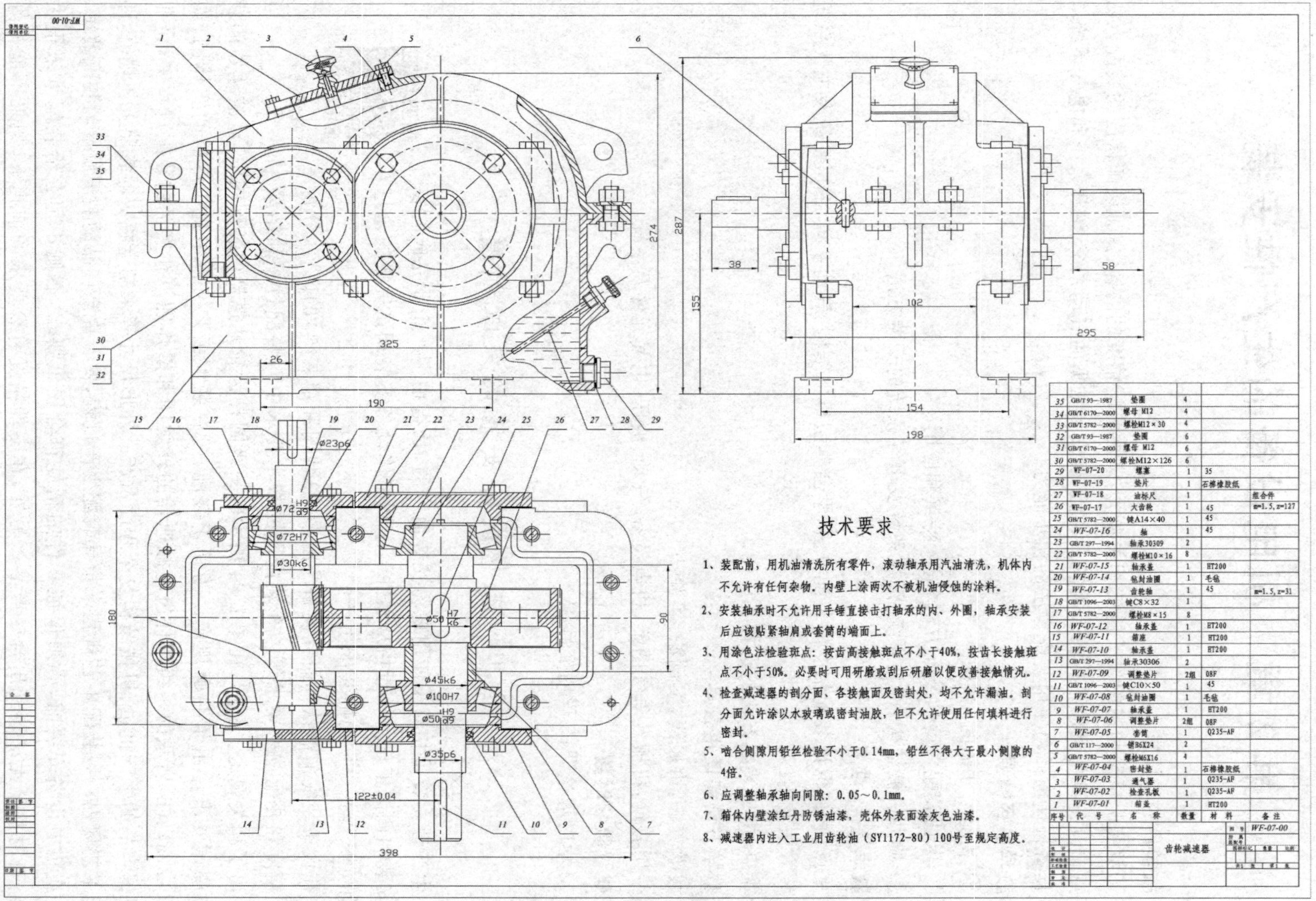

技术要求
1、装配前，用机油清洗所有零件，滚动轴承用汽油清洗，机体内不允许有任何杂物。内壁上涂两次不被机油侵蚀的涂料。
2、安装轴承时不允许用手锤直接击打轴承的内、外圈，轴承安装后应该贴紧轴肩或套筒的端面上。
3、用涂色法检验斑点：按齿高接触斑点不小于40%，按齿长接触斑点不小于50%。必要时可用研磨或刮后研磨以便改善接触情况。
4、检查减速器的剖分面、各接触面及密封处，均不允许漏油。剖分面允许涂以水玻璃或密封油胶，但不允许使用任何填料进行密封。
5、啮合侧隙用铅丝检验不小于0.14mm，铅丝不得大于最小侧隙的4倍。
6、应调整轴承轴向间隙：0.05～0.1mm。
7、箱体内壁涂红丹防锈油漆，壳体外表面涂灰色油漆。
8、减速器内注入工业用齿轮油（SY1172-80）100号至规定高度。
35 GB/T 93—1987 垫圈 4
34 GB/T 6170—2000 螺母 M12 4
33 GB/T 5782—2000 螺栓M12×30 4
32 GB/T 93—1987 垫圈 6
31 GB/T 6170—2000 螺母 M12 6
30 GB/T 5782—2000 螺栓M12×126 6
29 WF-07-20 螺塞 1 35
28 WF-07-19 垫片 1 石棉橡胶纸
27 WF-07-18 油标尺 1 组合件
26 WF-07-17 大齿轮 1 45 m=1.5, z=127
25 GB/T 5782—2000 键A14×40 1 45
24 WF-07-16 轴 1 45
23 GB/T 297—1994 轴承30309 2
22 GB/T 5782—2000 螺栓M10×16 8
21 WF-07-15 轴承盖 1 HT200
20 WF-07-14 毡封油圈 1 毛毡
19 WF-07-13 齿轮轴 1 45 m=1.5, z=31
18 GB/T 1096—2003 键C8×32 1
17 GB/T 5782—2000 螺栓M8×15 8
16 WF-07-12 轴承盖 1 HT200
15 WF-07-11 箱座 1 HT200
14 WF-07-10 轴承盖 1 HT200
13 GB/T 297—1994 轴承30306 2
12 WF-07-09 调整垫片 2组 08F
11 GB/T 1096—2003 键C10×50 1 45
10 WF-07-08 毡封油圈 1 毛毡
9 WF-07-07 轴承盖 1 HT200
8 WF-07-06 调整垫片 2组 08F
7 WF-07-05 套筒 1 Q235-AF
6 GB/T 117—2000 销B6X24 2
5 GB/T 5782—2000 螺栓M6X16 4
4 WF-07-04 密封垫 1 石棉橡胶纸
3 WF-07-03 通气器 1 Q235-AF
2 WF-07-02 检查孔板 1 Q235-AF
1 WF-07-01 箱盖 1 HT200
序号 代号 名称 数量 材料 备注
齿轮减速器
图号 WF-07-00
325
190
26
274
287
398
180
90
122±0.04
38
58
102
135
154
198
295
ø23p6
ø72 H9/d9
ø72H7
ø30k6
ø50 H7/k6
ø45k6
ø100H7
ø50 H9/d9
ø35p6

图 2-1　一级圆柱齿轮减速器的装配图

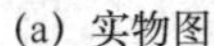
(a) 实物图

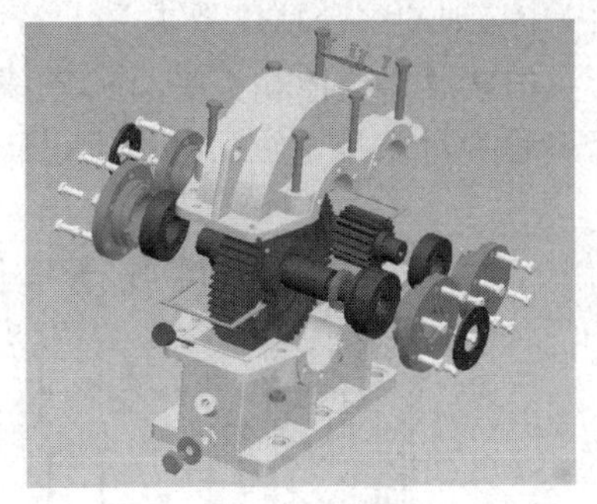
(b) 爆炸图

图 2-2　一级圆柱齿轮减速器的实体图

2.1.1　尺寸链

尺寸链是指由一些相互联系的尺寸，按一定顺序连接成的一个封闭尺寸组。尺寸链常用于保证零件的加工尺寸和设备的安装精度，尺寸链一般分为工艺尺寸链和装配尺寸链等。工艺尺寸链是指零件加工过程中形成的尺寸链，其全部组成环为同一零件的设计尺寸所形成的尺寸链。以下重点讨论装配尺寸链。

装配尺寸链是指在产品和设备装配时形成的尺寸链，其全部组成环由不同零件的设计尺寸所形成。装配尺寸链由组成环（包括补偿环）和封闭环组成。

1. 封闭环

在加工、检测和装配中，装配封闭环是最后得到或间接形成的尺寸。在装配尺寸链中，封闭环指装配完成后，形成的最后一环，一般指需要保证的带有公差的尺寸，如齿轮箱装配后，齿轮允许的轴向少量移动量。

2. 组成环

在装配尺寸链中，除封闭环之外的尺寸称为组成环，其分为增环和减环。如果某一组成环的尺寸增加（减小）会带来封闭环的尺寸同样增加（减小），就称其为增环；如果某一组成环的尺寸增加（减小）使封闭环的尺寸减小（增加），就称其为减环。

3. 补偿环

在装配中，为了保证封闭环公差，经常采用垫圈和垫片等作为尺寸补偿件，其厚度被称为补偿环。补偿环也是组成环的一种，是预先选定的一个组成环。

2.1.2　装配尺寸链

1. 装配精度

（1）装配精度

装配精度是指装配后的质量指标与在产品设计时所规定的技术要求相符合的程度，装配质量必须满足产品的使用性能要求。装配精度不仅影响机器或部件的工作性能，而且影响它们的使用寿命。装配精度主要包括尺寸精度、位置精度、相对运动精度和表面接触精度等。

① 尺寸精度。尺寸精度包括配合精度和距离精度。配合精度也称配合性质，不仅指零件装配时的间隙、过渡和过盈的关系，还指其配合的公差。例如：齿轮轴装配结构，如图 2-3 中

所示的齿轮内孔与轴的配合精度要求为 H7/k6。距离精度指不同基准间定位尺寸的公差,如图 2-1 中所示的减速器箱体相互平行的轴线间距离 122 mm 的距离精度为±0.04 mm。卧式车床前、后两顶尖对床身导轨的等高度也属于距离精度。

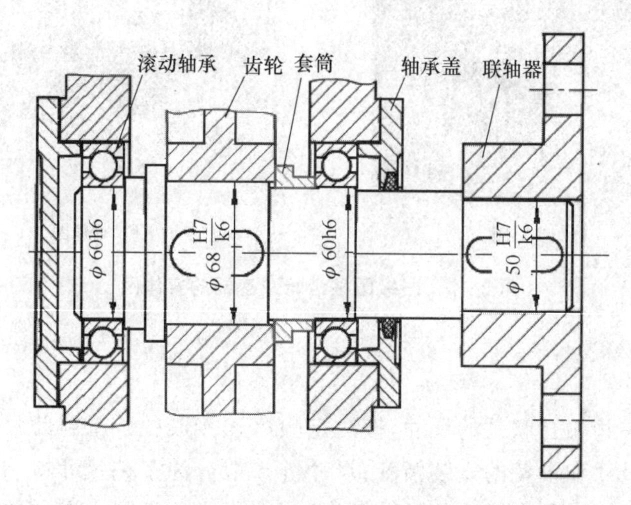

图 2-3　齿轮轴的装配结构

② 位置精度。位置精度是指相关零件的平行度、垂直度和同轴度等方面的要求。例如:齿轮减速器的各传动轴间的平行度(或垂直度),台式钻床主轴对工作台台面的垂直度等。

③ 相对运动精度。相对运动精度是指产品中有相对运动的零、部件间在运动方向上和运动位置上的精度。例如滚齿机滚刀与工作台的传动精度。

④ 表面接触精度。表面接触精度是指两配合表面、接触表面和连接表面间达到规定的接触面积大小和接触点分布情况。例如齿轮啮合、锥体配合以及导轨之间的接触精度。表面接触精度可用实际接触面积占理论上应接触面积的比例表示,表示接触的可靠性。

(2) 装配精度的相互关系

① 相互位置精度是相对运动精度的基础。

② 尺寸精度影响了相互位置精度和相对运动精度的可靠性和稳定性。

③ 表面接触精度不仅影响接触刚度,还影响尺寸精度和配合性质的稳定性。

(3) 零件精度与装配精度的关系

零件的精度包括尺寸精度、形状与位置精度和粗糙度。设备和部件由多个零件组成,因此零件的精度,特别是关键零件和关键尺寸的精度直接影响装配精度。

① 零件配合面的尺寸精度和形状精度影响装配的配合性质。

② 零件的相关位置精度直接影响运动精度。

③ 零件配合表面的粗糙度影响表面接触精度和配合性质的稳定性。

2. 装配尺寸链

首先根据装配精度的要求确定封闭环,再取封闭环两端的任一零件为起点,沿装配精度要求的位置方向,以装配基准面为查找线索,分别找出影响装配精度要求的零件(组成环),直至找到同一基准零件或同一基准表面为止。

齿轮与轴部件装配的轴向间隙要求如图 2-4 所示。在轴固定和齿轮回转情况下,要求齿轮与挡圈之间的间隙为 $A_0=0.1\sim0.35$ mm,在设计时应考虑如何由装配图确定有关零件的尺寸公差。又如图 2－5 所示，在普通车床装配中，要求尾架中心线比主轴中心线高 0～0.06 mm，在装配时应考虑如何达到该装配精度。

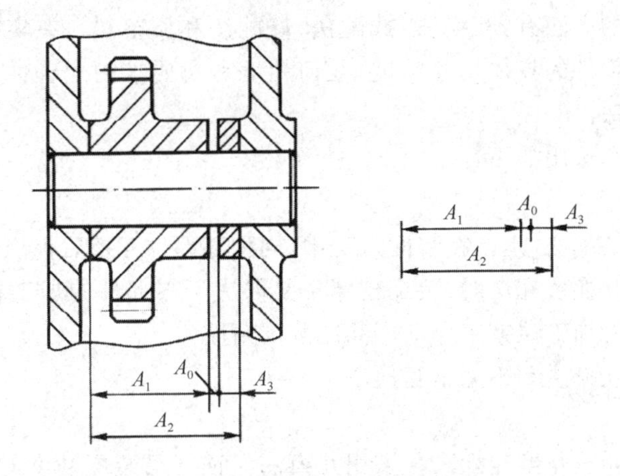

图 2－4　控制齿轮轴向装配间隙的装配尺寸链

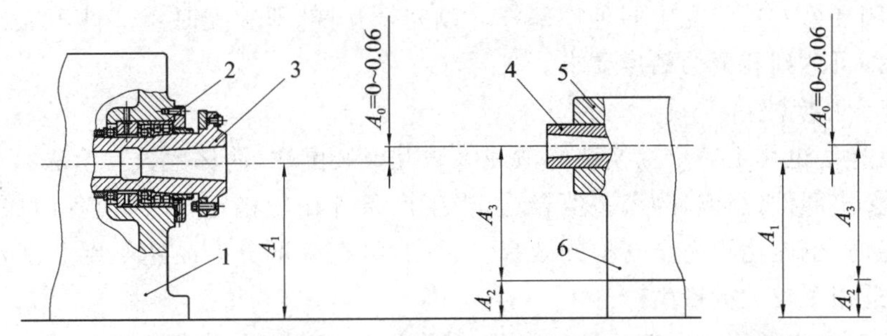

1—主轴箱；2—主轴轴承；3—主轴；4—尾套筒；5—尾座；6—尾座底板

图 2－5　控制车床主轴与尾座中心等高的装配尺寸链

查找装配尺寸链应注意的问题：装配尺寸链应进行必要的简化；应遵循最短路线原则；装配尺寸链的方向性。

在装配中，应正确利用装配尺寸链来保证装配精度。

① 机械产品是由多个零、部件组成，显然装配精度首先取决于相关零部件精度，尤其是关键零部件的精度。例如，卧式车床的尾座移动对溜板移动的平行度就主要取决于床身导轨的平行度；车床主轴中心线与尾座套筒中心线的等高度 A_0 主要取决于主轴箱、尾座底板及尾座的 A_1、A_2 及 A_3 尺寸精度，如图 2－5 所示。

② 装配精度还取决于装配方法。图 2－5 所示的等高度 A_0 的精度要求是很高的，靠控制尺寸 A_1、A_2 及 A_3 的精度来达到 A_0 的精度是很不经济的。实际生产中常按经济精度（放大公差）来制造相关零部件尺寸 A_1、A_2 及 A_3，装配时可采用修配尾座底板 6 的工艺措施，保证等高度 A_0 的精度。

单元测试

2.1.3　装配方法

选择装配方法时应充分考虑机械装配的经济性和可行性，在满足装配精度要求的前提下，应将零件的公差尽量放大。机械产品的精度要求最终是靠装配实现的,而产品的装配精度要求、结构和生产类型不同,采用的装配方法也不相同。生产中保证装配精度的方法有:互换法、选配法、修配法和调整法。在实际装配中应根据零件及部件的具体尺寸精度、几何精度和所要求的配合性质等选择具体的装配方法。

教学视频

装配方法的分类和选用如下:

1. 互换法

互换法也称互换装配法,是指在装配过程中,同种零部件互换后仍能达到装配精度要求的一种方法。产品采用互换装配法时,装配精度主要取决于零部件的加工精度。互换法的实质就是通过控制零部件的加工误差来保证产品的装配精度。

互换法分为完全互换法和不完全互换法。

(1) 完全互换法

完全互换法也称完全互换装配法。采用互换法保证产品装配精度时,零部件公差的确定有两种方法:极值法和概率法。采用极值法时,各有关零部件(组成环)的公差之和小于或等于装配公差(封闭环公差),装配中同种零部件可以完全互换,即装配时零部件不需经任何选择、修配和调整,即可达到装配的精度要求。

(2) 不完全互换法

不完全互换法也称不完全互换装配法或大数互换装配法(简称大数互换法)。采用概率法时,如果各有关零部件(组成环)公差值合适,当生产条件比较稳定,从而使各组成环的尺寸分布也比较稳定时,也能达到完全互换的效果。否则,将有一部分产品达不到装配精度的要求。显然,概率法适用于较大批量生产。

用不完全互换法比用完全互换法对各组成环的加工要求低,降低了各组成环的加工成本。但装配后可能会有少量的产品达不到装配精度要求,这一问题可通过更换组成环中的1~2个零件加以解决。

采用完全互换法进行装配,可以使装配过程简单,生产率高,易于组织流水作业及自动化装配,也便于采用协作方式组织专业化生产。因此,只要能满足零件加工的经济精度要求,无论何种生产类型都应首先考虑采用完全互换法装配。但是当装配精度要求较高,尤其是组成环数较多时,零件就难以按经济精度制造。在较大批量生产条件下,可考虑采用不完全互换法装配。

2. 选配法

选配法也称选择装配法。在大量或成批生产条件下,当装配精度要求很高且组成环数较少时,可考虑采用选配法。选配法是将尺寸链中组成环的公差放大到经济可行的程度来加工,装配时选择适当的零件配套进行装配,以保证装配精度要求的一种装配方法。

选配法分为直接选配法、分组选配法和复合选配法。

(1) 直接选配法

直接选配法是指在装配时,由工人从许多待装的零件中,直接选取合适的零件进行装配,来保证装配精度的要求。这种方法的特点是:装配过程简单,但装配质量和时间很大程度上取决于工人的技术水平。由于装配时间不易准确控制,所以不宜用于节拍要求较严的大批大量生产中。

（2）分组选配法

分组选配法又称分组互换法。它是将组成环的公差相对于完全互换法的计算值放大数倍，使其能按经济精度进行加工。装配时先测量零件尺寸，根据尺寸大小将零件分组，然后按对应组分别进行装配，来达到装配精度的要求。使用分组选配法时，各组内的零件装配是完全互换的。

（3）复合选配法

复合选配法是直接选配法与分组装配法两种方法的复合。即零件公差可适当放大，加工后先测量分组，装配时再在各对应组内由工人进行直接选配。这种方法的特点是：配合件的公差可以不等，且装配质量高、速度较快，能满足一定生产节拍要求。如发动机气缸与活塞的装配多采用这种方法。

3. 修配法

修配法是将装配尺寸链中各组成环按经济精度进行制造，装配时依据多个零件累积的实际误差，通过修配某一预先选定的补偿环尺寸来减少产生的累积误差，使封闭环达到规定精度的一种装配工艺方法。

在单件小批或成批生产中，当装配精度要求较高，而装配尺寸链的组成环数较多时，常采用此方法来保证装配精度要求。

修配法分为单件修配法、合并加工修配法和自身加工修配法。

（1）单件修配法

单件修配法是指在装配时，选定某一个固定零件作为修配件进行修配，以保证装配精度的方法。此法在生产中应用最广。

（2）合并加工修配法

合并加工修配法是将两个或多个零件合并在一起，当作一个零件进行修配。这样，减少了组成环的数目，从而也减少了修配量。合并加工修配法虽有上述优点，但由于零件合并要对号入座，因而给加工、装配和生产组织工作带来不便，所以多用于单件小批生产中。

（3）自身加工修配法

自身加工修配法常用于机床制造中，其利用机床本身的切削加工能力，用自己加工自己的方法，方便地保证某些装配精度要求。这种方法在机床制造中应用极广。

修配法最大的优点是各组成环均可按经济精度制造，而且可获得较高的装配精度。但由于产品需逐个修配，所以没有互换性，且装配劳动量大，生产效率低，对装配工人的技术水平要求高，因而修配法主要用于单件、小批生产和中批生产中装配精度要求较高的情况。

4. 调整法

调整法也称调整装配法，是将尺寸链中各组成环按经济精度加工，在装配时，通过更换尺寸链中某一预先选定的组成环零件，或调整其位置来保证装配精度的方法。装配时进行更换或调整的组成环零件叫调整件，该件的调整尺寸称调整环。调整法和修配法在原理上是相似的，但具体方法不同。

调整法可分为可动调整法、固定调整法和误差抵消调整法三种。

（1）可动调整法

可动调整法指在装配时，通过调整、改变调整件的位置来保证装配精度的方法。在产品装配中，可动调整法的应用较多。如图2-6(a)所示为通过调整楔块3的上下位置来调整丝杠与螺母轴向螺纹的间隙；图2-6(b)所示为调整镶条的位置以保证导轨副的配合间隙；图2-6(c)

所示为调整套筒的轴向位置以保证齿轮轴向间隙 Δ 的要求。

可动调整法不仅能获得较理想的装配精度,而且在产品使用中,由于零件磨损使装配精度下降时,可重新进行调整,使产品恢复原有的精度。所以,该法在实际生产中应用较广。

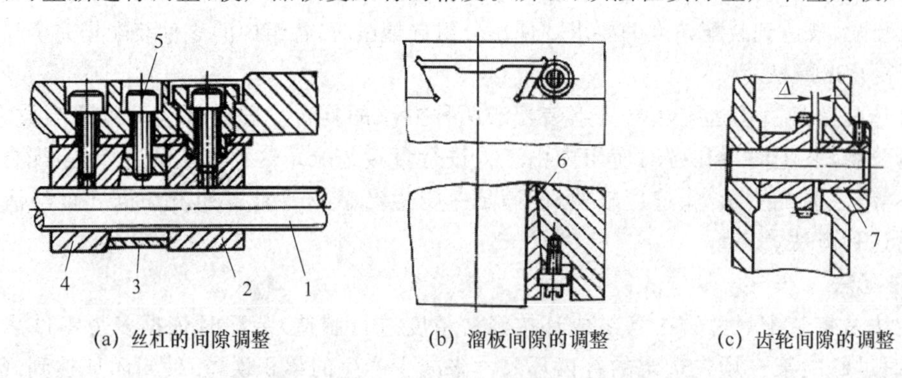

(a) 丝杠的间隙调整　(b) 溜板间隙的调整　(c) 齿轮间隙的调整

1—丝杠;2,4—螺母;3—楔块;5—螺钉;6—镶条;7—套筒

图2-6　CA6140车床的可动调整法应用实例

(2) 固定调整法

固定调整法是指在装配时,通过更换尺寸链中某一预先选定的组成环零件来保证装配精度的方法。预先选定的组成环零件称为调整件,需要按一定尺寸间隔制成一组专用零件,以备装配时根据各组成环所形成累积误差的大小进行选择。选定的调整件应形状简单,制造容易,便于装拆。常用的调整件有垫片(见图2-4)、套筒等。固定调整法常用于大批大量生产和中批生产中装配精度要求较高的多环尺寸链。

(3) 误差抵消调整法

误差抵消调整法是指在产品或部件装配时,通过调整有关零件的相互位置,使其加工误差相互抵消一部分,以提高装配精度的方法。该方法在机床装配时应用较多,如在机床主轴装配时,通过调整前后轴承的径向跳动方向来控制主轴的径向跳动。

总之,在机械产品装配时,应根据产品的结构、装配精度要求、装配尺寸链环数的多少、生产类型及具体生产条件等因素合理选择装配方法。一般情况下,只要组成环的加工比较经济可行,就应优先采用完全互换法;若生产批量较大,组成环又较多时应考虑采用不完全互换法。当采用互换法装配使组成环的加工比较困难或不经济时,可考虑采用其他方法:大批量生产,且组成环数较少时可以考虑采用分组装配法,组成环数较多时应采用调整法、单件小批生产常用修配法,成批生产也可根据情况采用修配法。

单元测试

常用装配方法的适用范围和应用实例如表2-1所列。

表2-1　常用装配方法的适用范围和应用实例

装配方法	工艺特点	适用范围	应用举例
完全互换法	配合件公差之和小于或等于规定装配公差;装配操作简单,便于组织流水作业和维修工作	适用于零件数较少、批量很大、零件可用经济精度加工时,或零件数较多但装配精度要求不高时	汽车、拖拉机、中小型柴油机及小型电机的部分部件

续表 2 - 1

装配方法	工艺特点	适用范围	应用举例
不完全互换法	配合件公差平方和的平方根小于或等于规定的装配公差；装配操作简单，便于流水作业；会出现极少数超差件	适用于零件数稍多、批量大、零件加工精度可适当放宽时	机床（包括普通车床、铣床等）、仪器仪表中的某些部件
分组法	零件按尺寸分组，将对应尺寸组零件装配在一起；零件误差较完全互换法可以大数倍	适用于成批或大量生产中，装配精度有一定要求，零件数很少，又不采用调整装配时	中小型柴油机的活塞与缸套、活塞与活塞销、滚动轴承的内外圈与滚子
修配法	预留修配量的零件，在装配过程中通过手工修配或机械加工，达到装配精度	单件小批生产中，装配精度要求高且零件数较多的场合	车床尾座垫板、滚齿机分度蜗轮与工作台装配后精加工齿形
调整法	装配过程中调整零件之间的相互位置，或选用尺寸分级的调整件，以保证装配精度	动调整法多用于对装配间隙要求较高并可以设置调整机构的场合；静调整法多用于大批量生产中零件数较多、装配精度要求较高的场合	机床导轨的楔形镶条、滚动轴承调整间隙的间隔套、垫圈

2.2　机械结构的装配

2.2.1　螺纹、挡圈、键和销的装配

1. 螺纹的装配

教学视频

常用螺纹按用途分为普通螺纹（也称紧固螺纹）、传动螺纹和紧密螺纹（也称密封螺纹）三大类。紧固螺纹的牙型为三角形，用于将两个以上零件进行固定连接，其性能指标为可旋合性和连接的可靠性；传动螺纹的牙型主要为梯形、矩形等，用于运动和动力的传递，如机床中丝杠螺母副，其性能指标为传递运动和动力的准确性、可靠性；紧密螺纹的牙型以三角形为主，主要用于水、油、气的密封，如管道连接螺纹，这类螺纹配合应具有一定的过盈，以保证具有足够的连接强度和密封性。

螺纹连接是一种可拆卸的紧固连接，具有结构简单、连接可靠、装拆方便等优点，在固定连接中应用广泛。

（1）螺纹连接的种类

普通螺纹连接的基本类型有螺栓连接、双头螺柱连接和螺钉连接。除此以外的螺纹连接称为特殊螺纹连接，如圆螺母连接等。常用的螺纹连接件如图 2 - 7 所示。

螺栓的性能等级标号由两个数字组成，如 4.8，其中，4 表示抗拉强度为 400 MPa，8 表示螺栓材料的屈强比为 0.8，所以屈服强度为 400×0.8＝320 MPa，常用的有 4.8、8.8 和 10.9（高强度）级等。

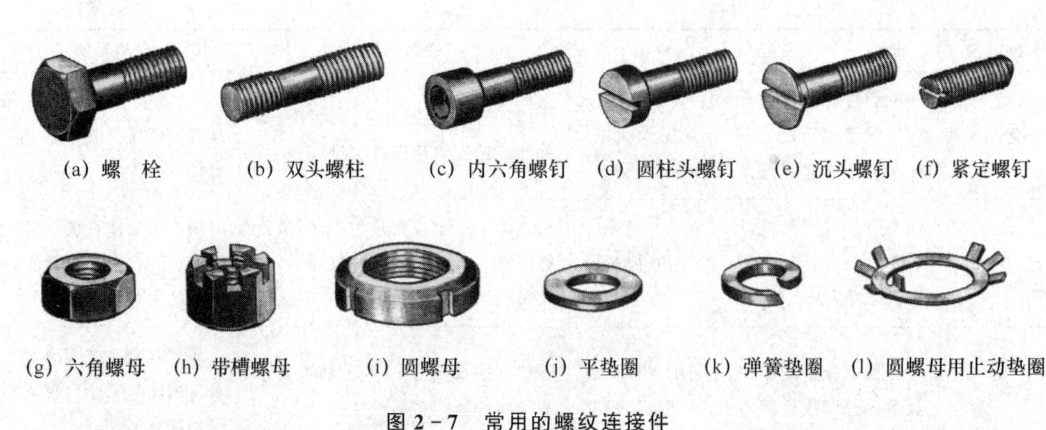

(a) 螺　栓　(b) 双头螺柱　(c) 内六角螺钉　(d) 圆柱头螺钉　(e) 沉头螺钉　(f) 紧定螺钉

(g) 六角螺母　(h) 带槽螺母　(i) 圆螺母　(j) 平垫圈　(k) 弹簧垫圈　(l) 圆螺母用止动垫圈

图 2-7　常用的螺纹连接件

(2) 螺纹连接的拧紧力矩(参见附录1)

① 拧紧力矩的确定。在螺纹连接装配时应保证有一定的拧紧力矩,使螺纹副产生足够的预紧力,保证螺纹副具有一定的摩擦阻力矩,目的是增强连接的刚性、紧密性和防松能力等。

拧紧力矩的大小与螺纹连接件材料、预紧应力的大小和螺纹直径有关。预紧力不得大于其材料屈服点的80%。对于规定预紧力的螺纹连接,常采用一定方法来保证预紧力的准确性。对于预紧力要求不严格的螺纹连接,可使用普通扳手拧紧,凭借操作者的经验来判断预紧力是否适当。

② 拧紧力矩的控制。拧紧力矩的控制方法主要有以下三种:

➤ 控制力矩法　可使用指针式扭力扳手,使预紧力达到给定值。指针式扭力扳手如图2-8所示,有一个长的扳手弹性杆5,其一端装有手柄1,另一端装有带四方头或六角头的柱体3,四方头或六角头上套装一个可更换的套筒,用钢球4卡住。在柱体3上还装有一个长指针2,刻度板7固定在柄座上,刻度单位为N·m。在工作时,扳手弹性杆5和刻度板一起随旋转的方向位移,指针尖6在刻度板上指出拧紧力矩的大小。

控制转矩也可使用定力矩扳手,结构如图2-9所示,其操作简单,在每次使用前,应根据需要调整具体的转矩数值。当顺时针旋转调整螺钉时,弹簧被压缩,扳手的设定力矩增加。

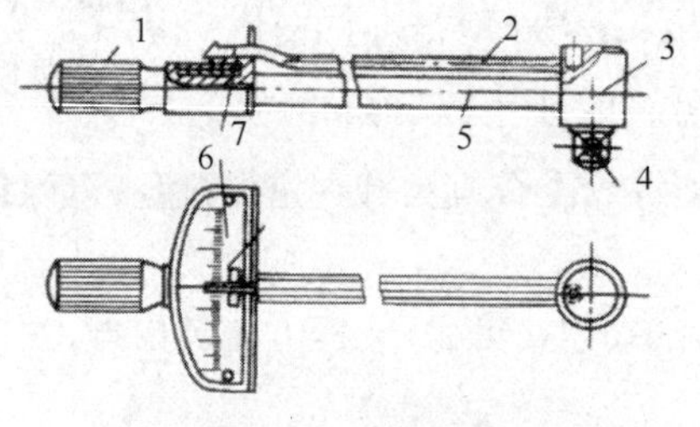

1—手柄; 2—长指针; 3—柱体; 4—钢球;
5—扳手弹性杆; 6—指针尖; 7—刻度板

图 2-8　指针式扭力扳手

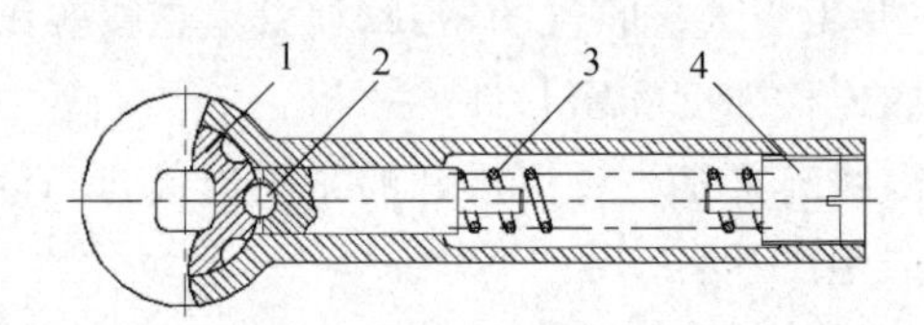

1—卡盘; 2—圆柱销; 3—弹簧; 4—调整螺钉

图 2-9　定力矩扳手

➤ 控制螺栓弹性伸长法　如图2-10所示,螺母拧紧前,螺栓的原始长度为L_1,按规定的预紧力拧紧后,螺栓的长度变为L_2,测定L_1和L_2的差值,即可计算出拧紧力矩的大小。此法对检测部分的精度要求较高。

控制螺栓弹性伸长法的螺栓紧固后长度可按下式计算:

$$L_2=L_1+\frac{P_0}{C_L} \tag{2-1}$$

式中：L_2——螺栓紧固后的长度，mm；

L_1——螺栓紧固前的原始长度，mm；

P_0——预紧力，N；

C_L——螺栓的刚度值，N/mm。

➢ 控制螺母扭角法　如图 2-11 所示，此法的原理和测量螺栓弹性伸长法相似，在螺母拧紧到各被连接件消除间隙后，对此时螺母所在角度作一标记；螺母在旋紧后转到另一角度，通过测量此角度值确定预紧力。此法在有自动旋转设备时，可得到较高精度的预紧力。

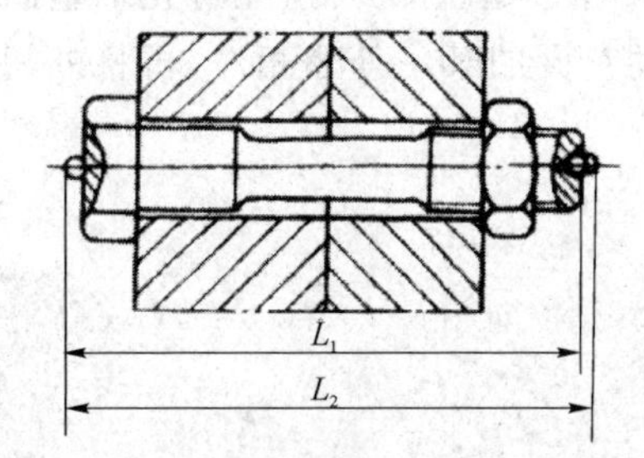

L_1—螺栓未紧固时的初始长度；L_2—螺栓的紧固后长度

图 2-10　螺栓伸长量的测量

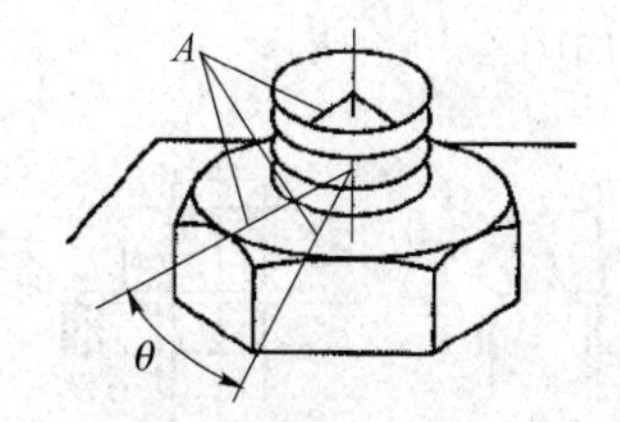

θ—螺母转角法的角度值；A—转角标记

图 2-11　控制螺母转角法

螺母转角法的螺母旋转角度可按下式计算：

$$\theta=\frac{360}{t}\frac{P_0}{C_L} \tag{2-2}$$

式中：θ——螺母转角法的角度值，(°)；

t——螺距，mm；

P_0——预紧力，N；

C_L——螺栓的刚度值，N/mm。

(3) 螺纹的防松

螺纹连接一般都具有自锁性，在受静载荷和工作温度变化不大时，不会自行松脱。但在冲击、振动和变载荷的作用下，以及工作温度变化很大时，为了确保连接可靠，防止松动，必须采取可靠的防松措施。

常用的螺纹防松装置有以下几种：

① 弹簧垫圈防松。这种防松方法是靠摩擦力来可靠防止螺纹回松，应用较普遍，如图 2-12 所示。

② 钢丝防松。对成对或成组使用的螺钉，可以用钢丝穿过螺钉头互相绑住，以防止回松，如图 2-13 所示。用钢丝绑住的时候，必须用钢丝钳或尖嘴钳拉紧钢丝，钢丝旋转的方向必须与螺纹旋转方向相同，以使螺钉不松动。

③ 双耳止动垫圈防松。这种防松用于边缘连接或带槽孔连接部位，如图 2-14 所示。将螺母旋紧后，应使双耳止动垫圈的短边翘起固定于螺母，长边固定于被连接件的边缘或槽中。

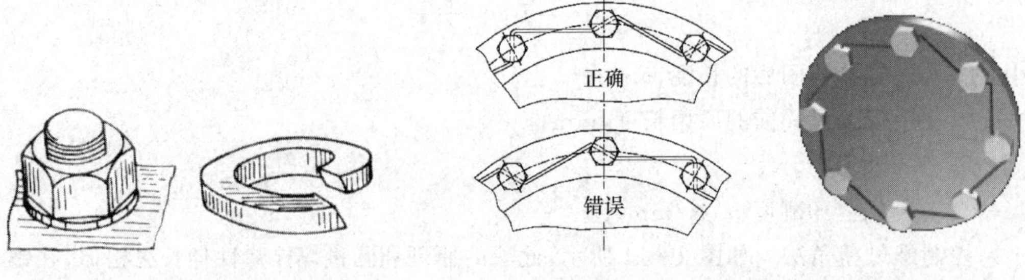

图 2-12　弹簧垫圈防松法　　　　图 2-13　用钢丝防止螺纹回松

④ 圆螺母和止动垫圈防松。使用止动垫圈（又称带翅垫圈）时，先将止动垫圈的内翅插入轴的槽中，在圆螺母旋紧后，应使圆螺母槽与止动垫圈的某一外翅相对，再将外翅插入圆螺母槽内，如图 2-15 所示。

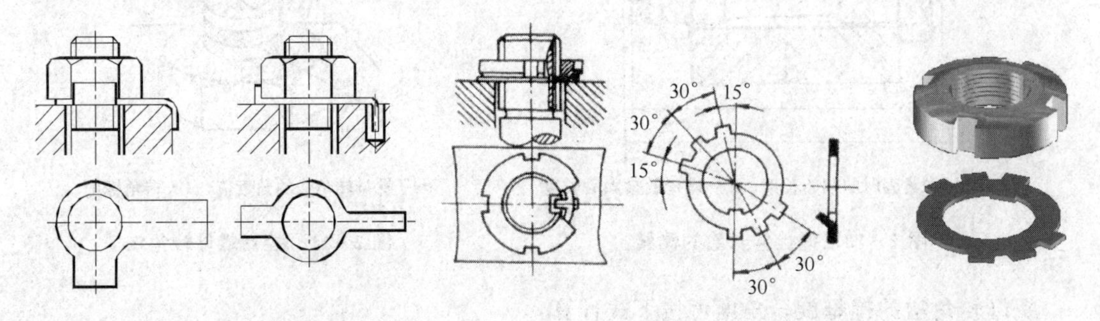

图 2-14　双耳止动垫圈防松方法　　　　图 2-15　圆螺母和止动垫圈组合的防松方法

⑤ 点铆法防松。当螺钉或螺母被拧紧后，用点铆法可以防止螺钉或螺母松动。样冲在螺钉头直径上的点铆如图 2-16 所示，样冲在螺母侧面上的点铆如图 2-17 所示。当螺纹外径 $d>8$ mm 时，铆 3 点，$d\leqslant 8$ mm 时，铆 2 点。这种方法防松比较可靠，但拆卸后连接零件不能再用，故仅用于特殊需要的防松场合。

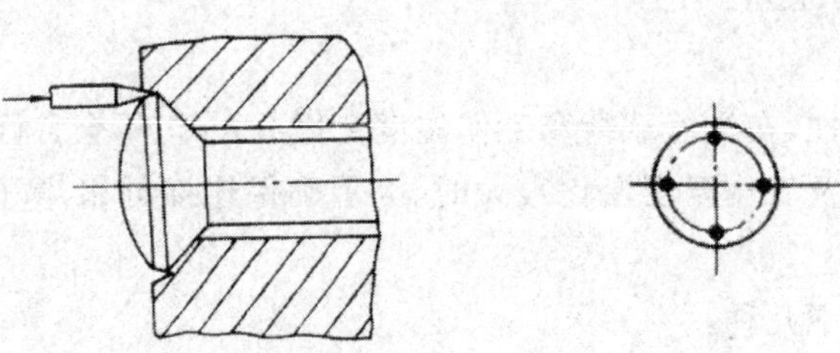

图 2-16　用样冲在螺钉头上点铆

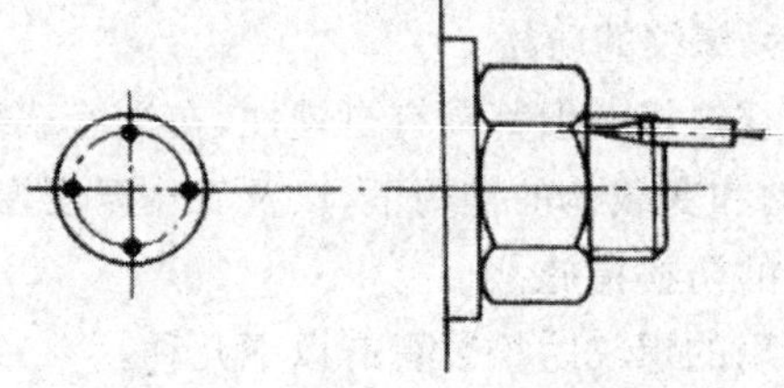

图 2-17　用样冲在螺母侧面点铆

⑥ 黏接法防松。在螺纹的接触表面涂上厌氧胶后，拧紧螺母或螺钉。一段时间后，螺纹接触面处的黏结剂会硬化，防松效果良好。厌氧胶的特性是其在没有氧气的情况下才能固化，而在有氧状态下呈现液态。

⑦ 双螺母防松。双螺母防松的原理如图 2-18 所示，它是依靠两螺母，即主、副螺母间在螺母端面上所产生的摩擦力来防松的。

⑧ 开槽螺母与开口销防松。在开槽螺母旋紧时，应使开槽螺母的开槽处正对螺栓的销钉

孔，然后将开口销插入螺栓的销钉孔内，并将其尾端翘起，以限制开槽螺母的回松，如图 2－19 所示。

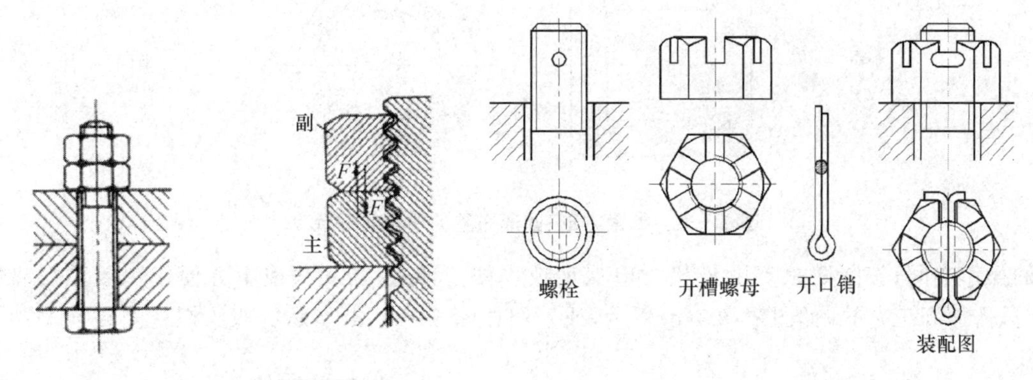

图 2－18　双螺母防松

图 2－19　开槽螺母与开口销防松

(4) 螺纹连接的装配

① 螺栓、螺钉及螺母的装配要求。

➢ 螺栓、螺钉或螺母与贴合的表面要光洁、平整，贴合处的表面应为机械加工表面，否则容易使连接件受力面积过小或使螺栓发生弯曲。

➢ 螺栓应露出螺母 2～3 个螺距，螺栓、螺钉或螺母和接触的表面之间应保持清洁，螺纹表面的脏物应当清理干净，并注意不要使螺纹部分接触油类物质，以免影响防松的摩擦力。

➢ 螺栓连接时应注意拧紧力的控制。当拧紧力矩过大时，会出现螺栓或螺钉被拉长，甚至断裂和机件变形的现象。螺钉在工作中断裂，常常引起严重事故。而拧紧力矩太小，则不可能保证设备工作的可靠性。螺栓紧固时，宜采用呆扳手(尽量不用活扳手)，不得使用打击法，不得超过螺栓的许用应力。

➢ 拧紧成组多点螺纹时，必须按一定的顺序进行，并做到分次逐步拧紧(重要连接一般分三次拧紧)，否则会使零件或螺杆产生松紧不一致现象，甚至变形。在拧紧长方形布置的成组螺母时，应从中间开始，逐渐向两边对称地扩展，按如图 2－20 所示的标号顺序进行。在拧紧方形或圆形布置的成组螺母时，也必须对称进行拧紧，如图 2－21 所示。当有定位销时，应从靠近定位销的螺栓或螺钉开始拧紧。

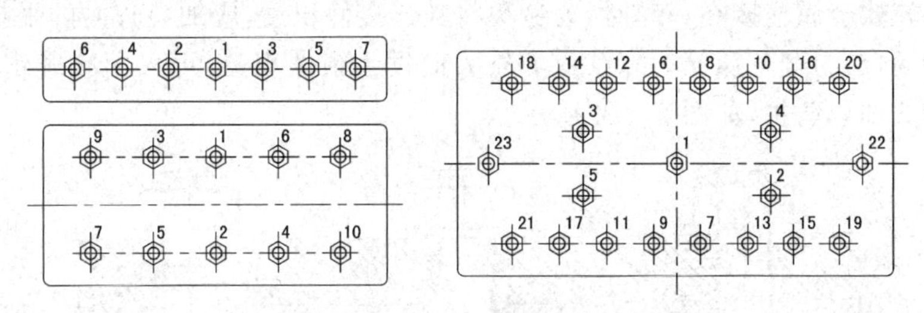

图 2－20　拧紧长方形布置的多点成组螺母顺序

➢ 连接件要有一定的夹紧力，紧密牢固。在工作中有振动、冲击，或有其他防松或锁紧要求时，为了防止螺钉和螺母松动，必须采用可靠的防松装置。

➢ 螺栓连接应该保证安装的可能性和拆装方便，注意留有足够的拆装工具操作空间，如图 2－22 所示。螺栓的连接方法参见图 2－23。螺栓按图 2－23(a)连接时容易保证扳手有足

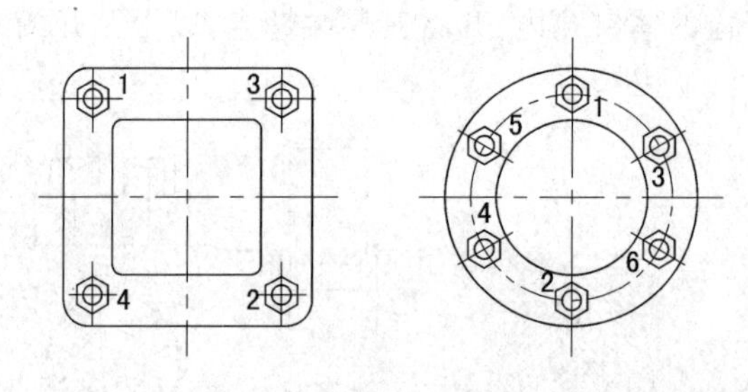

图 2-21 拧紧方形、圆形布置的成组螺母顺序

够的操作空间;按图 2-23(b)连接时应保证扳手便于伸入;当无法或不方便使用扳手安装螺栓时,需加开工艺孔,如图 2-23(c)所示,或采用如图 2-23(d)所示的双头螺柱安装方式。

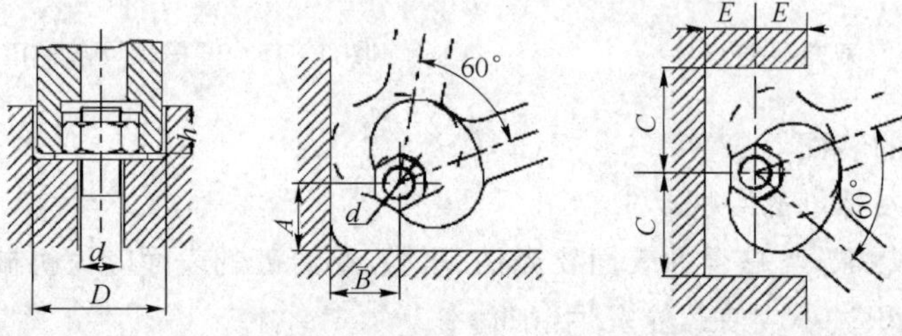

d—螺钉直径; D—套筒扳手所需的最小操作孔直径; A、B、C、E—呆扳手所需的最小安装操作空间

图 2-22 扳手的最小操作空间

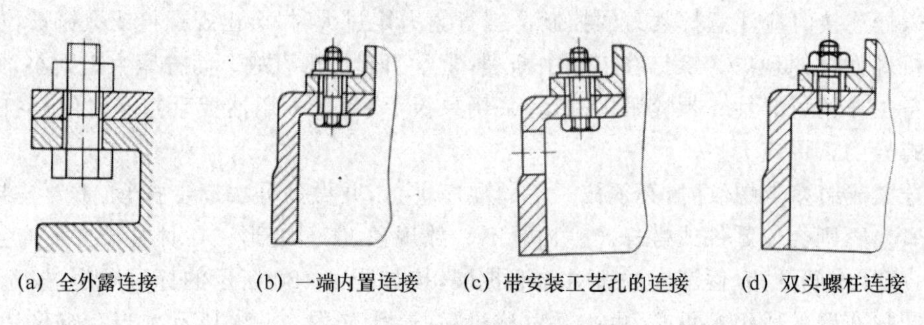

(a) 全外露连接 (b) 一端内置连接 (c) 带安装工艺孔的连接 (d) 双头螺柱连接

图 2-23 螺栓连接的典型方法

➢ 螺栓将较软金属连接在一起时,为避免将被连接件压溃,应加装较大的平垫圈。

➢ 在有些场合,为避免螺栓的螺纹受力较大而发生损坏现象,可采用减载销、减载套筒和减载键条的方式加以防护,如图 2-24 所示。

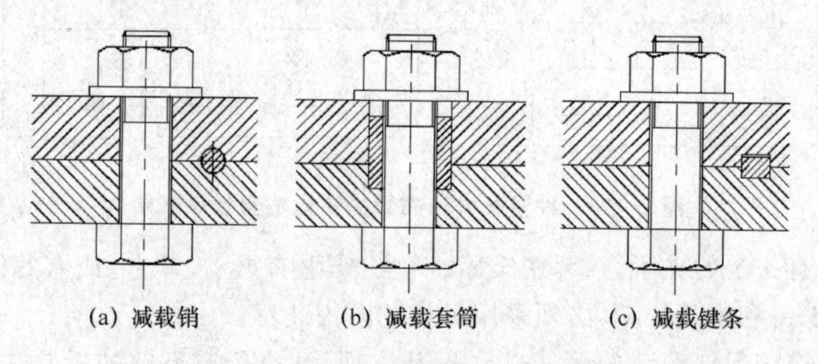

(a) 减载销 (b) 减载套筒 (c) 减载键条

图 2-24 螺栓连接避免螺纹受力损坏的连接方法

➢ 在如压力容器等连接场合，要求螺栓具有一定的预紧，需计算出螺栓所需的预紧力。另外，为防止高压容器的泄漏，工作压力越大，螺栓的间距应越小，如表 2－2 所列。

表 2－2　螺栓所承受工作压强与螺栓间距的关系

t_0　D	工作压强/MPa					
	≤1.6	1.6～4	4～10	10～16	16～20	20～30
	螺栓间距 t_0/mm					
	$7d$	$4.5d$	$4.5d$	$4d$	$3.5d$	$3d$

➢ 不锈钢、铜、铝等材质在进行螺栓连接时，应在螺纹部分涂抹防咬合剂。

② 双头螺柱的装配要求如下：

➢ 应保证双头螺柱与机体螺纹的配合有足够的紧固性（在装拆螺母的过程中，双头螺柱不能有任何松动现象）。为此，螺柱的紧固端应采用过渡配合，保证配合后中径有一定过盈量；也可利用台肩面或最后几圈较浅的螺纹，以达到配合的紧固性。当螺柱装入软材料机体时，应适当增加其过盈量。

➢ 双头螺柱的轴线必须与机体表面垂直，通常用 90°角尺进行检验，如图 2－25(a)所示。当双头螺柱的轴线有较小的偏斜时，可把螺柱拧出采用丝锥校准螺孔，或把装入的双头螺柱校准到垂直位置，如偏斜较大时，不得强行修正，以免影响连接的可靠性。

➢ 装入双头螺柱时，必须用油润滑，以免拧入时产生咬住现象，同时可使以后拆卸、更换较为方便。拧紧双头螺柱的专用工具见图 2－25(b)和(c)，采用两个螺母拧紧时，应先将两个螺母相互锁紧在双头螺柱上，然后扳动后面的一个螺母，把双头螺柱拧入螺孔中。

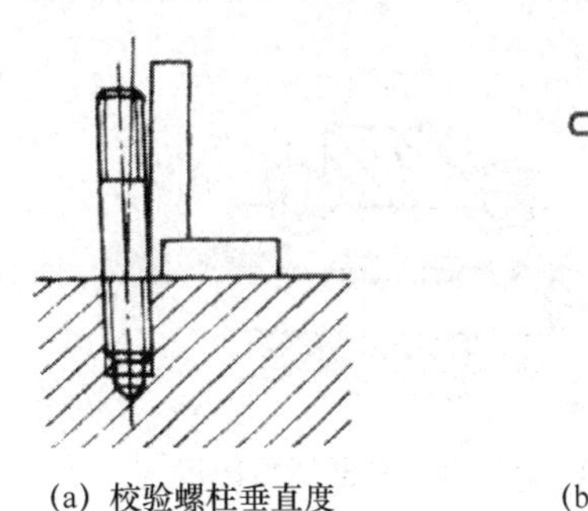

(a) 校验螺柱垂直度　　(b) 双螺母拧紧

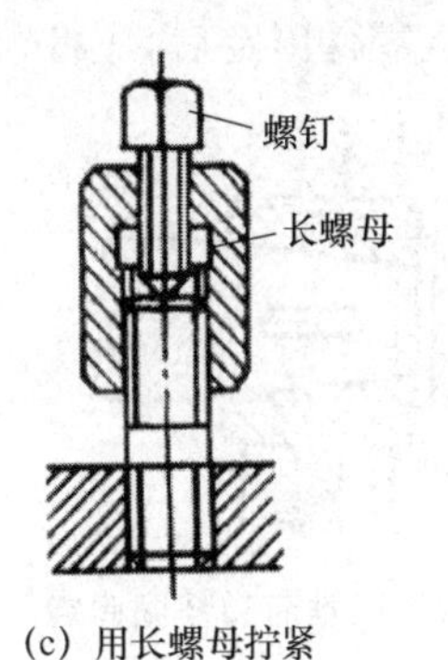

(c) 用长螺母拧紧

图 2－25　拧紧双头螺柱的专用工具

单元测试

2. 挡圈的装配

挡圈是紧固在轴或套上的圈形零件，用于防止轴和轴上的零件相对移动。轴上零件的固定分为轴向固定和周向固定，挡圈主要是起到轴向固定的作用。

教学视频

常用的挡圈有以下几种：

(1) 轴端挡圈

轴端挡圈外形如图 2－26(a)所示，适用于对轴端零件的定位和固定，可承受较强的振动和冲击载荷，需采取必要防松措施，如加装弹簧垫圈等。

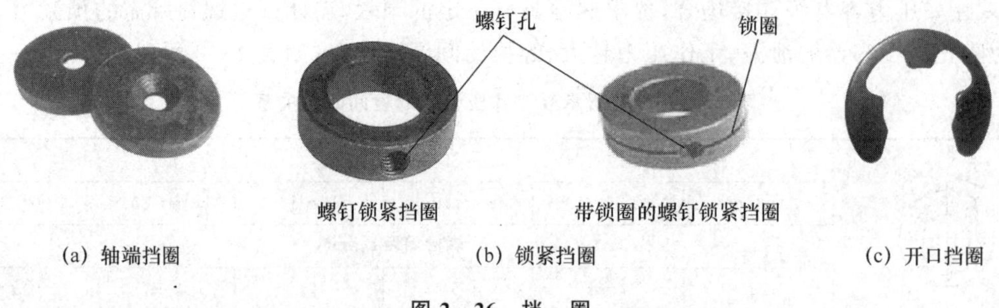

(a) 轴端挡圈　(b) 锁紧挡圈　(c) 开口挡圈

图 2-26　挡　圈

(2) 弹簧挡圈

弹簧挡圈分为轴用弹簧挡圈和孔用弹簧挡圈两种,利用孔用或轴用挡圈钳来进行安装。

① 轴用弹簧挡圈:用来固定轴上的零件,如齿轮、轴承内圈等。

② 孔用弹簧挡圈:用来固定孔上的零件,如轴承外圈等。

(3) 锁紧挡圈

锁紧挡圈分为螺钉锁紧挡圈和带锁圈的螺钉锁紧挡圈,如图 2-26(b)所示。锁圈用于卡入紧定螺钉头部的直槽内,以防止螺钉旋转退出,起到防松作用。

(4) 开口挡圈

开口挡圈一般用于小轴的轴向定位,挡圈外形如图 2-26(c)所示。

轴向固定的方法有:轴肩或轴环固定、轴端挡圈和圆锥面固定、轴套固定、圆螺母固定和挡圈固定等。其中圆锥面和轴端挡圈固定具有较高的定心性,如图 2-27 所示。螺钉锁紧挡圈的固定方法如图 2-28 所示。带锁圈的螺钉锁紧挡圈的固定方法具有防松的功能,即旋紧挡圈上的螺钉,使轴上零件固定后,应将锁圈(弹簧钢丝)锁入螺钉的槽中,防止螺钉回松。

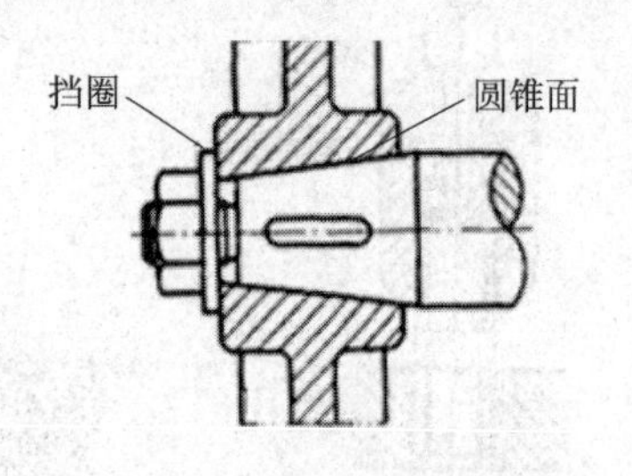

图 2-27　圆锥面和挡圈固定

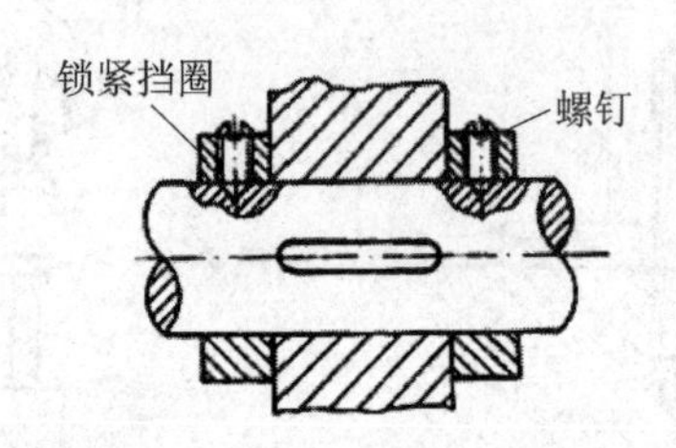

图 2-28　螺钉锁紧挡圈固定

3. 键的分类与装配

键是标准零件,在机械装配中,键经常用于将轴和轴上的零件(如齿轮、皮带轮、联轴器等)进行连接,用以传递力和力矩,一些类型的键也可以实现轴上零件的轴向固定或轴向移动的导向。

(1) 键的分类

键的类型主要有平键、半圆键、楔键等,分别如图 2-29(a)、(b)和(c)所示。平键按用途不同,又分为普通平键、导向平键和滑键三种。其中普通平键用于静连接,导向平键用于移动距离较小的动连接,滑键用于移动距离较大的动连接。普通平键的型号、尺寸对应的标记方法见表 2-3。普通平键分为 A 型、B 型、C 型三种,如图 2-30 所示。

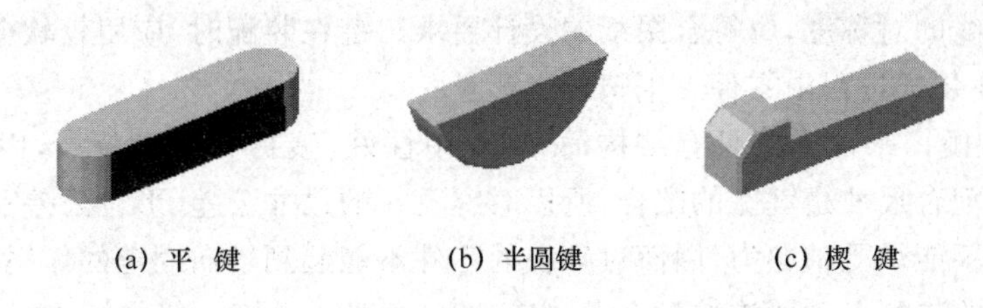

图 2-29　常用键的外形

表 2-3　普通平键的标记方法

普通平键的型号	尺寸/mm	标记方法
圆头普通平键(A型)	$b=10,h=8,L=80$	键 10×80 GB/T 1096—2003
平头普通平键(B型)	$b=5,h=5,L=40$	键 B5×40 GB/T 1096—2003
单圆头普通平键(C型)	$b=16,h=10,L=100$	键 C16×100 GB/T 1096—2003

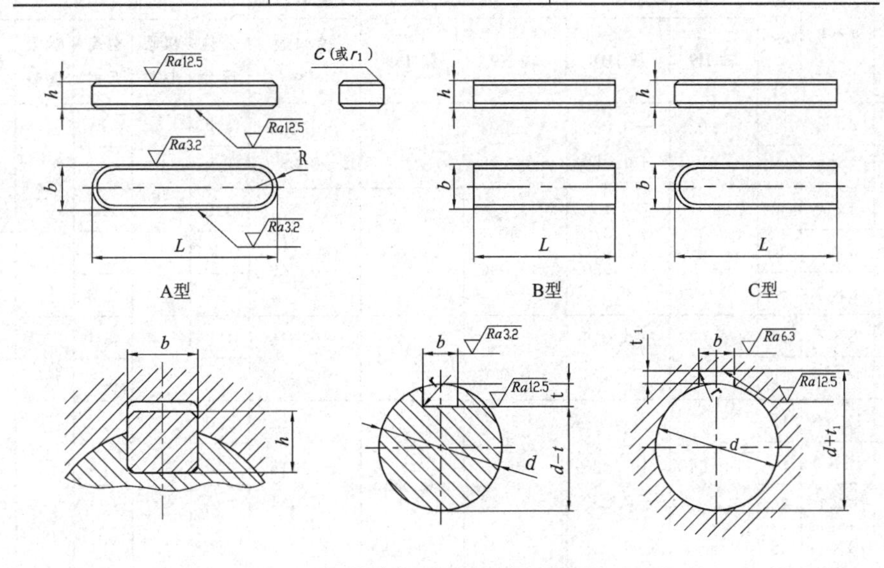

图 2-30　平键的种类及键槽

平键连接和半圆键连接称为松键连接，其连接过盈量相对较小或不依靠其过盈量传递运动；楔键连接和切向键连接称为紧键连接，其为过盈连接，过盈量相对较大，过盈量的大小取决于传递力矩的大小。

在松键连接中，键的两侧面是工作面，在工作时靠键与键槽侧面的挤压来传递转矩，对此工作表面的尺寸精度和粗糙度的要求较高。键的上表面和轮毂的键槽底面间留有间隙。松键连接的对中性好，装拆方便，应用也最为广泛。

紧键连接用于静连接，键上、下面是工作表面，对此表面的加工精度要求较高。紧键连接的对中性差，一般不用于齿轮与轴等有较高运动精度要求的连接。

(2) 键的装配

键装配的一般要求：键在装配前，需检查键和键槽的平面度、粗糙度等指标，重点检查键和键槽的工作表面的质量，如松健连接的键侧面，紧键连接的上、下表面。在装配时，轴键槽及轮毂键槽相对轴心线的对称度,应符合图纸的设计要求。键在装配时,应用较软金属(如紫铜棒)将键打入,避免在装配过程中零件发生塑性变形。

① 平键的装配。平键连接具有结构简单、对中性好、装拆方便等特点,因而得到广泛应用。平键的主要配合尺寸是键宽的配合,所以对键宽 b 的尺寸公差、形位公差及粗糙度有较高要求。平键连接不能承受轴向力,因而对轴上的零件不能起到轴向固定的作用。

➢ 普通平键的装配　键的连接配合参见表 2-4。普通平键一般与轴连接相对较紧,与毂连接较松。当键的连接部位承受较大载荷或冲击载荷时,应选用较紧连接,否则选用一般连接

表 2-4　键的连接配合表

单位:mm

轴	键	键槽											
公称直径 d	公称尺寸 $b\times h$	公称尺寸 b	宽度 b 极限偏差 较松键连接 轴 H9	较松键连接 毂 D10	一般键连接 轴 N9	一般键连接 毂 JS9	较紧键连接 轴和毂 P9	深度 轴 t 公称尺寸	轴 t 极限偏差	毂 t_1 公称尺寸	毂 t_1 极限偏差	半径 r 最大	半径 r 最小
6~8	2×2	2	+0.025 0	+0.060 +0.020	−0.004 −0.029	±0.0125	−0.006 −0.031	1.2	+0.1 0	1	+0.1 0	0.08	0.16
>8~10	3×3	3						1.8		1.4			
>10~12	4×4	4	+0.030 0	+0.078 +0.030	0 −0.030	±0.015	−0.012 −0.042	2.5		1.8			
>12~17	5×5	5						3.0		2.3		0.16	0.25
>17~22	6×6	6						3.5		2.8			
>22~30	8×7	8	+0.036 0	+0.098 +0.040	0 −0.036	±0.018	−0.015 −0.051	4.0	+0.2 0	3.3	+0.2 0		
>30~38	10×8	10						5.0		3.3		0.25	0.40
>38~44	12×8	12	+0.043 0	+0.120 +0.050	0 −0.043	±0.0215	−0.018 −0.061	5.0		3.3			
>44~50	14×9	14						5.5		3.8			
>50~58	16×10	16						6.0		4.3			
>58~65	18×11	18						7.0		4.4			
>65~75	20×12	20	+0.052 0	+0.149 +0.065	0 −0.052	±0.026	−0.022 −0.074	7.5		4.9		0.40	0.60
>75~85	22×14	22						9.0		5.4			
>85~95	25×14	25						9.0		5.4			
>95~110	28×16	28						10.0		6.4			
>110~130	32×18	32	+0.062 0	+0.180 +0.080	0 −0.062	±0.031	−0.026 −0.088	11.0		7.4			
>130~150	36×20	36						12.0	+0.3 0	8.4	+0.3 0	0.70	1.0
>150~170	40×22	40						13.0		9.4			
>170~200	45×25	45						15.0		10.4			
>200~230	50×28	50						17.0		11.4			
键的长度系列	6、8、12、14、16、18、20、22、25、28、32、36、40、45、50、56、63、70、80、90、100、110、125、140、160、180、200、250、280、320、360												

公差配合；载荷较轻和传动精度不高场合选用较松配合。在装配时，先将平键用铜棒打入轴的键槽孔中，确认键与键槽底部接触可靠后，再将毂打入，保证毂的底部与键的上表面间留有间隙。对于精度高、转速高或受冲击载荷的机构，键连接还应检查键对轴心的对称度和键侧的直线度，这样有利于平稳传递转矩，延长轴的使用寿命。其连接方法如图 2－31 所示，装配图见图 2－32。

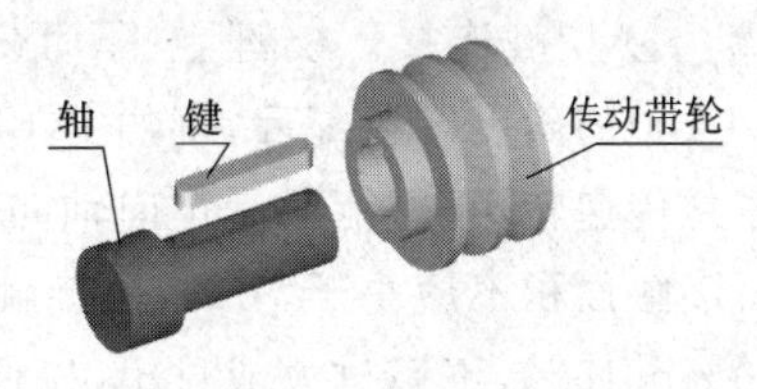

图 2－31　平键的连接爆炸图

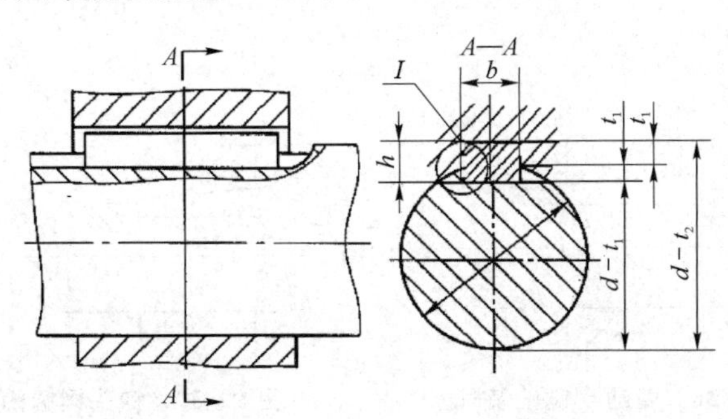

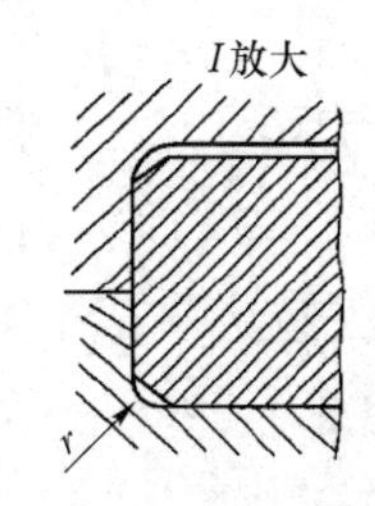

图 2－32　平键的装配图

➤ 导向平键的装配　当被连接的轮毂类零件在工作过程中，在轴上作较小距离的轴向移动时，则采用导向平键，如图 2－33 所示的变速箱中的滑移齿轮连接。导向平键的两侧面应与键槽紧密接触，与轮毂键槽底面留有间隙。装配时应保证配合件之间滑动自如，不应有松紧不均匀现象。

导向平键较长，一般用螺钉固定在轴上的键槽中。为了便于拆卸，键上制有起键螺孔，在该螺孔中拧入螺钉后可使键退出键槽。

➤ 滑键的装配　如图 2－34 所示，当轴上零件滑移距离较大时，因所需导向键的尺寸过长，制造困难，所以应采用滑键连接。滑键固定在轮毂上，轮毂带动滑键在轴上的键槽中作轴向滑移，这样只需在轴上铣出较长的键槽，而键可以做得较短。此装配应保证配合件之间滑动自如，不应有松紧不均匀现象。

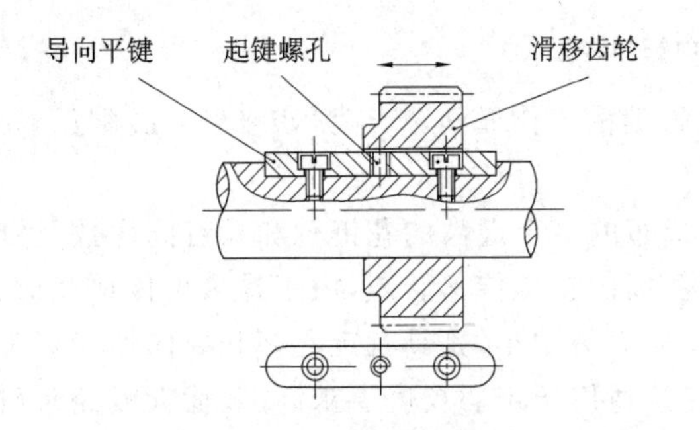

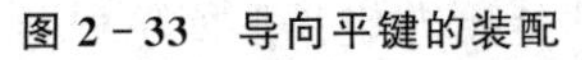

图 2－33　导向平键的装配

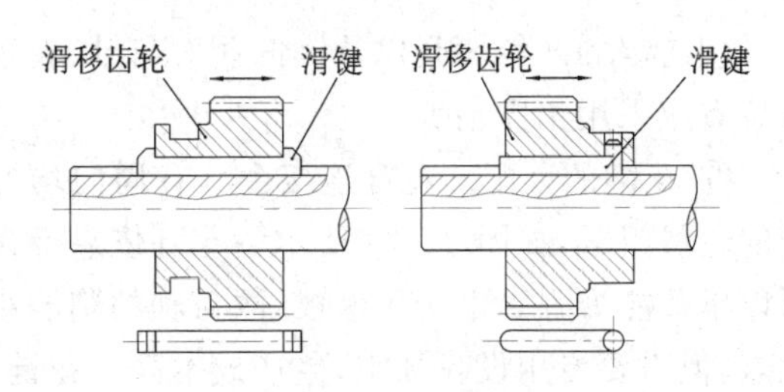

图 2－34　滑键的装配

② 半圆键连接。半圆键连接如图 2－35 所示。半圆键能在轴的键槽内摆动，以适应轮毂键槽底面的斜度，特别适合锥形轴端的连接。它的缺点是键槽对轴的削弱较大，只适合于轻载连接。半圆键的两侧面应与键槽紧密接触，与轮毂键槽底面留有间隙。

③ 楔键连接。楔键上、下面是工作表面,上表面有1∶100的斜度,轮毂键槽底面也有1∶100的斜度。装配后,键的上下表面与轮毂和轴上的键槽底面压紧,工作时靠工作表面的摩擦力传递转矩,并能承受单向轴向力且起轴向固定作用。楔键的上、下表面与轴和毂的键槽底面接触面积不应小于70%,且接触部分不得集中于一段。外露部分的长度应为斜面总长度的10%~15%,不宜过大或过小,以便于传递力矩和装配调整。

楔键分为普通楔键和钩头楔键两种,其连接形式分别如图2-36和图2-37所示。楔键连接由于在工作表面产生很大预紧力,轴和轮毂的配合产生偏心和偏斜,因此主要用于轮毂类零件定心精度要求不高和低转速的场合。

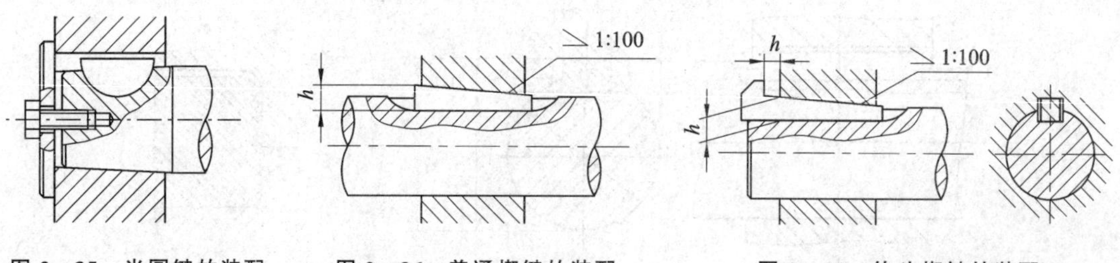

图2-35 半圆键的装配　　图2-36 普通楔键的装配　　图2-37 钩头楔键的装配

④ 切向键连接。切向键是由一对斜度为1∶100的楔键组成。装配时,两个键分别由轮毂两端楔入;装配后,两个相互平行的窄面是工作面;工作时,依靠工作面的挤压传递转矩。一对切向键只能传递单向转矩。传递双向转矩时,应装两对相互成120°~130°的切向键,如图2-38所示。切向键能传递很大的转矩,常用于重型机械。

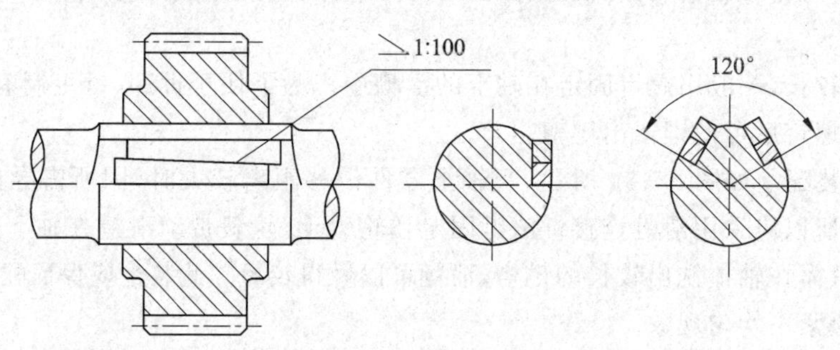

图2-38 切向键的装配

切向键的两斜面间以及键的侧面与轴、轮毂的键槽工作面间,均应紧密接触。装配后,相互位置应采用销固定。

⑤ 花键的装配。花键连接由具有周向均匀分布的多个键齿的花键轴和具有同样数目键槽的轮毂组成,如图2-39所示。花键依靠键齿侧面的挤压传递转矩,由于是多齿传递载荷,所以承载能力强。由于齿槽浅,故对轴的削弱小,应力集中小,且具有定心好和导向性能好等优点,但需要专用设备加工,生产成本高。花键连接适用于定心精度要求高、载荷大或经常滑移的连接中。花键按齿形分为矩形花键和渐开线花键,其中矩形花键齿形简单,易于制造。

花键在装配时,应保证同时接触的齿数不少于总齿数的2/3,接触率在键齿的长度和高度方向不少于50%。间隙配合的花键的配合件之间应滑动自如,不应有松紧不均匀现象和卡阻现象。

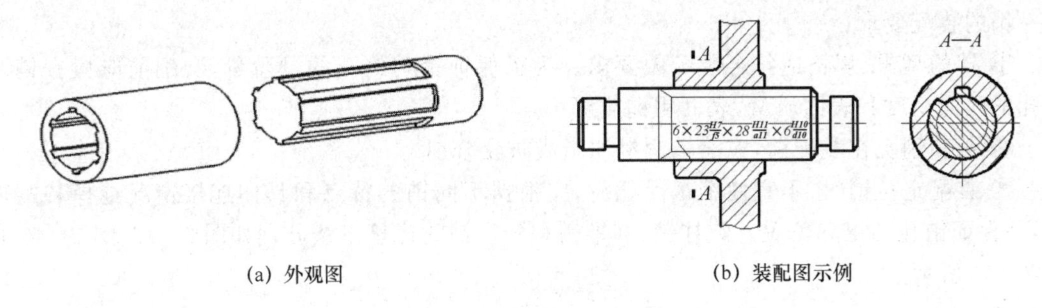

(a) 外观图　　(b) 装配图示例

图 2-39　花键的装配

4. 销的装配

销起到连接、定位和防松等作用,常用于固定零件间的相互位置,并可传递不大的转矩,也可作为安全装置中的过载剪断元件。销的种类较多,如图 2-40 所示,按销的形状不同,可分为圆柱销和圆锥销。圆柱销利用过盈配合固定,多次拆卸会降低定位精度和可靠性;圆锥销常用的锥度为 1∶50,装配方便,定位精度高,多次拆卸不会影响定位精度。销的装配一般采用击装法或压装法(见图 2-41)。

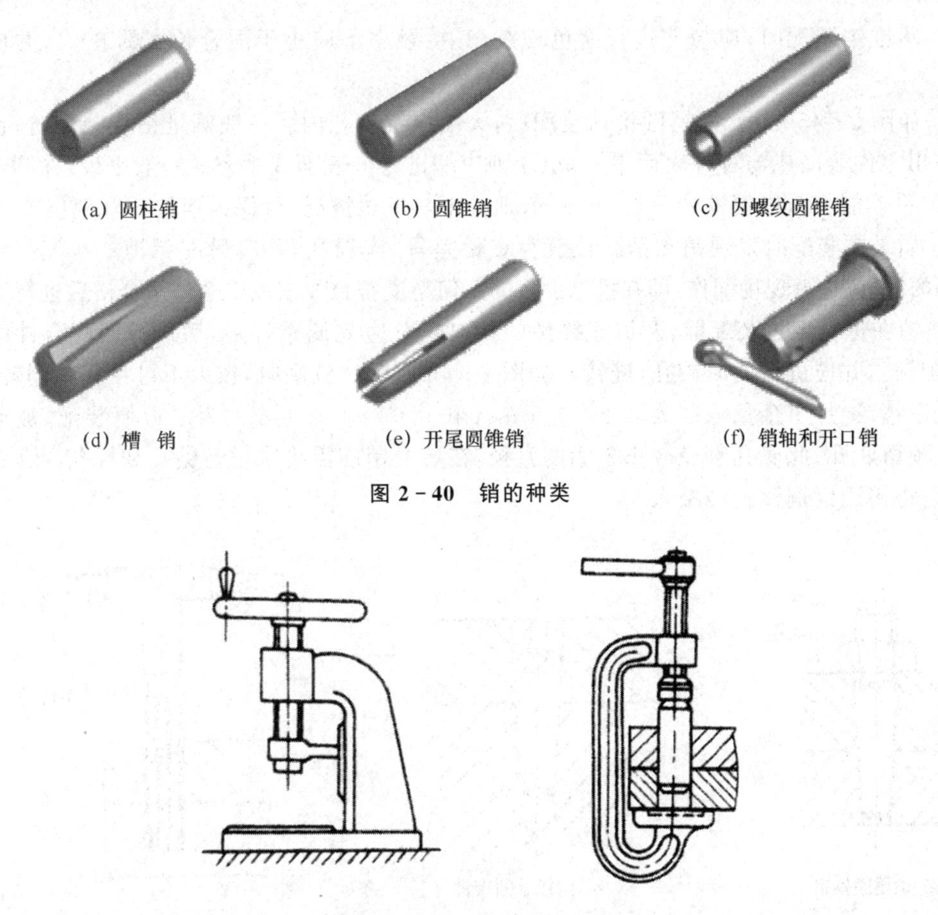

(a) 圆柱销　　(b) 圆锥销　　(c) 内螺纹圆锥销

(d) 槽　销　　(e) 开尾圆锥销　　(f) 销轴和开口销

图 2-40　销的种类

图 2-41　圆柱销的压装法

销的装配要求：

① 销的型号、规格应符合装配图要求。为了保证销与销孔的过盈量，装配前应检查销及销孔的几何精度和表面质量，表面粗糙度要小。

② 销和销孔在装配前，应涂抹润滑油脂或防咬合剂。

③ 装配定位销时，不宜使销承受载荷，应根据不同销的特点和具体连接情况选择装配方法，并保证销孔的正确位置。圆柱销、圆锥销和开口销的连接方法分别如图 2－42、图 2－43 和图 2－44 所示。

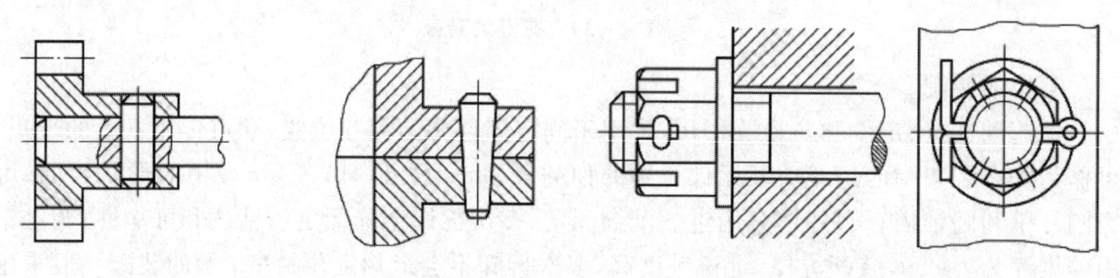

图 2－42 圆柱销的装配　　图 2－43 圆锥销的装配　　图 2－44 开口销的装配

④ 圆锥销装配时，应与孔进行涂色检查，其接触率不应小于配合长度的 60%，并应分布均匀。

⑤ 如图 2－45 所示，螺尾圆锥销装配后，大端应沉入孔内。一般圆锥销在装配时，销的大端应露出零件表面或与零件表面平齐，小端则应缩进零件表面或平齐。一般来说，在圆锥孔铰孔后，如手工能将圆锥销推入 80%～85%，则是正常过盈情况，可保证连接的合理位置。

⑥ 如果在装配时发现销和销孔位置存在偏差等，应铰孔，并应另配新销。对配制定位精度较高的销，应进行现场配作，即在机电设备的几何精度符合要求或空载试车合格后进行。

⑦ 销在进行定位装配前，两被连接件的相对位置应先调整好，然后进行两配合件的同时钻孔(配钻)，并应进行同时铰孔(配铰)，如图 2－46 所示。铰削时，铰刀不可在孔中倒转、铰削分粗铰和精铰、加工余量分别为 0.2～0.6 mm 和 0.05～0.2 mm。为了方便装配，被连接件上可以预留底孔，此底孔直径应小于销的直径，在装配销前需再次进行钻孔和铰孔。在铰孔完成后，应将销用紫铜棒轻轻敲入。

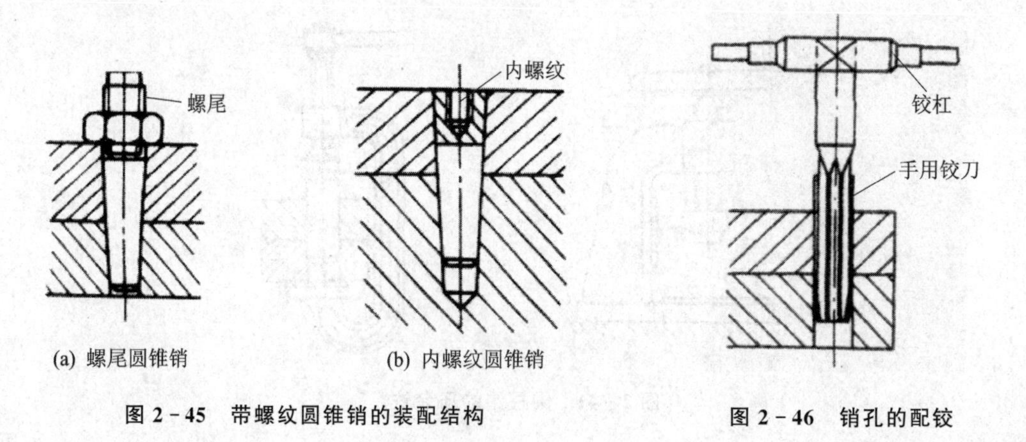

(a) 螺尾圆锥销　　(b) 内螺纹圆锥销

图 2－45 带螺纹圆锥销的装配结构　　图 2－46 销孔的配铰

⑧ 在盲孔安装销钉或不便于拆卸时，应选用和装配带有螺纹的销，其装配结构如图 2－45

所示。如果选用带有内螺纹的销，可使用专用工具——拔销器(外观如图 2-47 所示)完成销的拆卸工作；如果选用带有外螺纹的销，则可以通过顺时针(螺尾一般为右旋螺纹)旋转螺母的方法将销拉出，完成拆卸。

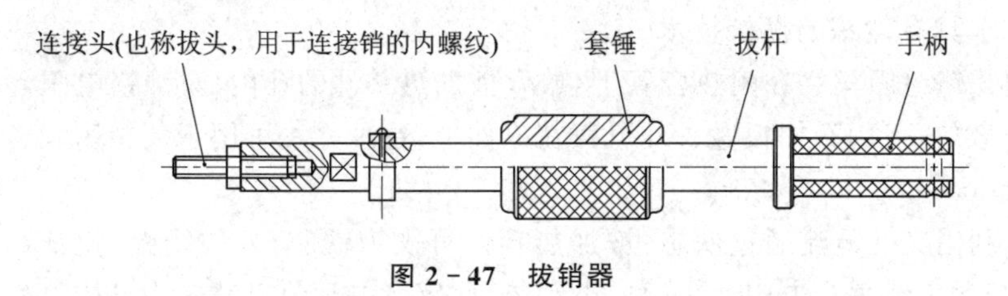

图 2-47　拔销器

单元测试

2.2.2　过盈连接的装配

教学视频

1. 过盈连接的装配方法

按孔和轴配合后产生的过盈量和装配要求，可采用击装法、压装法、温差装配法和液压无键连接装配等。选用温差法或液压无键连接可比压装法多承受 3 倍的转矩和轴向力，且不需另加紧固件。

(1) 击装法

击装法指用锤子等工具敲击来进行装配的方法，如图 2-48 所示。这种装配方法简单易行，但导向性不好，适用于 H/m、H/h、H/j、H/js 等过渡配合、小间隙配合或配合长度较短的连接件，装配时容易发生歪斜，多用于单件生产。

(2) 压装法

压装法适用于配合尺寸较小和过盈量不大的装配，在常温下将配合的两零件压到配合位置。压装法使用的工具：螺旋压力机、齿条压力机和气动杠杆压力机，分别如图 2-49(a)、(b)和(c)所示。用这些设备进行压装时，导向性比击装法好，装配精度也易于保证。另外，油压机、气液增力缸也是重要的压装工具，在现代装配中应用越来越广泛。

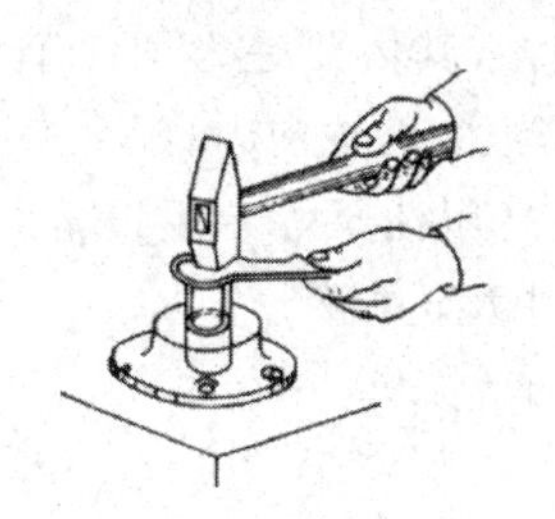

图 2-48　击装法

(a) 螺旋压力机　(b) 齿条压力机

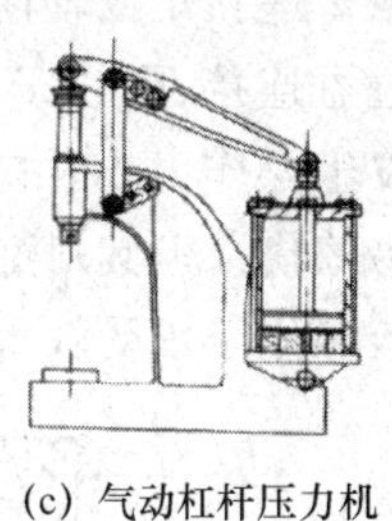

(c) 气动杠杆压力机

图 2-49　压装法

(3) 温差装配法

温差装配法包括热装法和冷装法，多用于过盈量较大的连接，目的是减小装配时的实际过盈量。

① 热装法。包括：

➢ 热浸加热法　常用于尺寸及过盈量相对较小的连接件，此方法是将机油放在铁盒内加热，再将需加热的零件放入油内即可。如用油煮法装配轴承时，是将轴承放在加热油中的网架上，到预定时间后取出，用干净不脱毛的布巾将其油迹等清除后，尽快套到轴上。操作时应戴干净的手套，防止烫伤或脱手后砸脚。对于忌油的连接件，则可采用沸水或蒸气加热。

➢ 火焰加热法　使用乙炔等可燃气体进行加热，多用于较小零件的装配。这种加热方法简单，但易于过烧，故要求具有熟练的操作技术。

➢ 电阻加热法　用镍铬电阻丝绕在耐热瓷管上，放入被加热零件的孔内，对镍铬电阻丝通电便可加热。为了防止散热，可用石棉板做一外罩盖在零件上，这种方法可用于装精密设备和有易燃易爆物品的场所。

➢ 电感应加热法　利用交变电流通过铁芯(被加热零件可视为铁芯)外的线圈，使铁芯产生交变磁场，在铁芯内与磁力线垂直方向产生感应电动势，此感应电动势以铁芯为导体产生电流。这种电流在铁芯内形成涡流，在铁芯内电能转化为热能，使铁芯变热。此方法操作简单，加热均匀，最适合于装精密设备和有易爆易燃物品的场所。

② 冷装法。冷装法是将被包容件(轴类零件)用冷却剂冷却使之缩小，再把包容件(套类零件)套装到配合位置的装配方法。如小过盈量的小型配合件和薄壁衬套等，可采用干冰冷缩(可冷却至－78 ℃)，操作比较简便。对于过盈量较大的配合件，如发动机连杆衬套等，可采用液氮冷缩(可冷却至－195 ℃)，其冷缩时间短，生产效率较高。

冷装法与热装法相比，收缩变形量较小，因而多用于过渡配合，有时也用于过盈配合。冷却前应将被冷却件的尺寸进行精确测量，并按冷却的工序及要求在常温下进行试装演练，目的是准备好操作和检查的必要工具、量具及冷藏运输容器，检查操作工艺是否可行。冷装配合要特别注意操作安全，稍不小心便会冻伤人体。

(4) 液压无键连接装配法

液压无键连接是一种先进的连接技术，对于高速重载、拆装频繁的连接，具有操作方便、使用安全可靠等优点。此装配方法在国外普遍应用于重型机械的装配，在国内随着加工技术的提高和高压技术的进步，也得到了较好地推广。

液压无键连接的原理是利用钢的弹性膨胀和收缩，使套件紧箍在轴上，通过过盈所产生的摩擦力来传递扭矩或轴向力的一种连接方式。图 2－50(a)所示为直接在轴上加工出锥度的圆锥面过盈连接；图 2－50(b)所示为采用了过渡锥套的圆锥面过盈连接，其主要是为了便于加工和发生操作事故时易于更换修理。利用液压装拆过盈连接时，不需很大的轴向力，配合表面也不易擦伤。但其对配合面接触精度要求较高，工艺要求严格，需要高压油泵等专用设备。这种连接多用于承受较大载荷且需要多次装拆的场合，尤其适用于大、中型连接件。

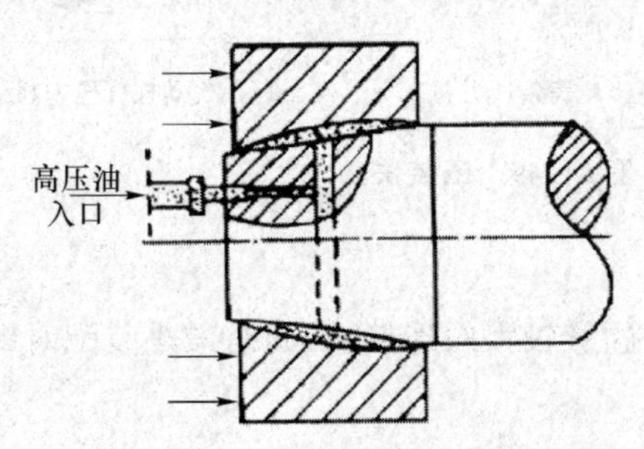

(a) 直接在轴上加工出锥度的圆锥面过盈连接

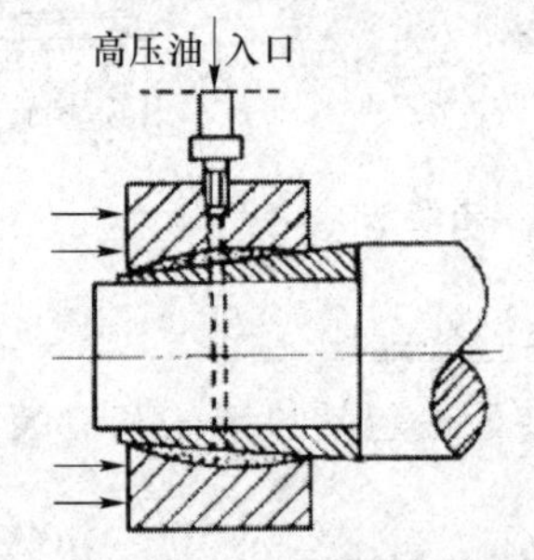

(b) 采用过渡锥套的圆锥面过盈连接

图 2－50　圆锥面过盈连接

2. 过盈连接的装配要求

① 装配前，应先确定装配零件的结构是否符合装配工艺要求，相配合的两零件在同一方向上只能有一对配合表面(或称为接触面)，如图 2-51 所示。为避免装配不到位，应采取在轴肩处加工退刀槽，在孔端加工出倒角或倒圆等方法，如图 2-52 所示。

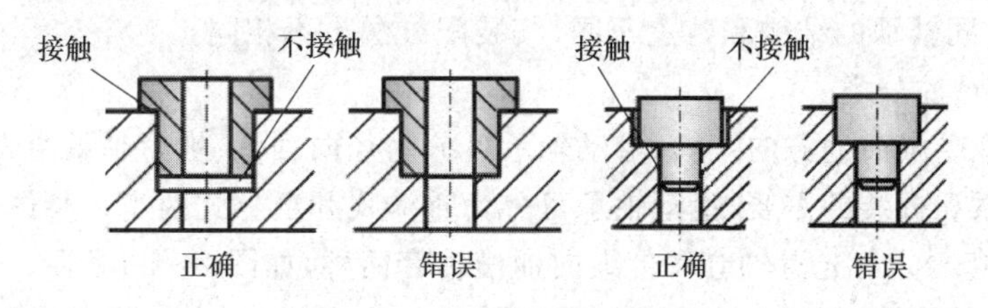

图 2-51　装配的定位要求

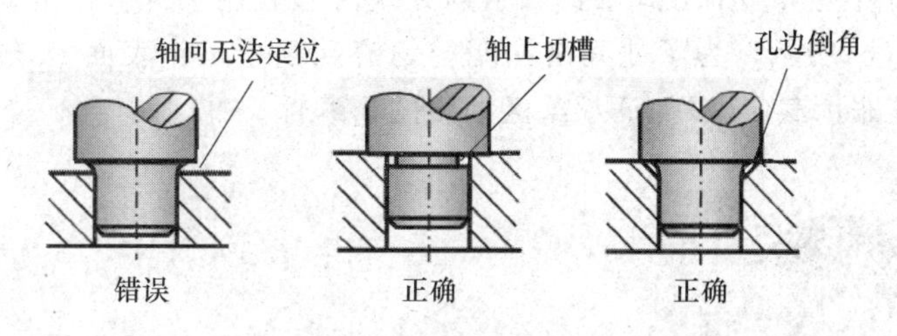

图 2-52　轴肩的轴向定位方式

② 在常温下装配时，应将配合件清洗干净，并涂一薄层不含二硫化钼添加剂的润滑油；装入时用力应均匀，应用紫铜棒等打击装配件。

③ 采用压装法的压入力可通过计算或试验法获得。压装设备的压力，宜为压入力的 3.25～3.75 倍；压入过程应连续，压入速度通常为 2～4 mm/s，不宜大于 5 mm/s。压入后 24 h 内，不得使装配件承受载荷。压装时，还要用 90°角尺检查轴孔的中心线位置是否正确，以保证同轴度要求。

④ 采用温差法时，包容件应加热均匀，不得产生局部过热。未经热处理的装配件，加热温度应小于 400℃；热处理的装配件，加热温度应小于其回火温度。

⑤ 采用温差法装配时，应检查装配件的相互位置及相关尺寸。加热或冷却均不得使其温度变化过快，并应采取防止火灾和人员被灼伤或冻伤的防范措施。

单元测试

⑥ 采用液压无键连接装配法时，配合面的粗糙度应符合设计要求，一般取 $Ra=1.6\sim0.8$ μm；压力油应清洁；对油沟、棱边应刮修倒圆；装配后应用螺塞将油孔封闭。

2.2.3　轴承和导轨的分类与装配

教学视频

轴承和导轨都属于导向定位部件，是保持机电设备各运动部件相互间运动关系和相对位置的重要保证，其自身精度和装配精度直接影响机电设备的传动精度和使用性能。

1. 滑动轴承的装配

轴承是用来支撑轴和轴上旋转件的重要部件,种类很多。根据轴承与轴工作表面间摩擦性质的不同,轴承可分为滑动轴承和滚动轴承两大类。滑动轴承是指在工作时轴承和轴颈的支撑面间形成直接或间接活动摩擦的轴承,而滚动轴承的内、外圈间存在滚动体,形成的是滚动摩擦。由于不同轴承的结构和特点不同,其装配方法也不相同。

(1) 滑动轴承的分类

① 根据所承受载荷的方向不同,滑动轴承可分为径向轴承、推力轴承两大类。

② 根据轴系和拆装的需要,滑动轴承可分为整体式和剖分式两类。整体式轴承采用整体式轴瓦(又称轴套),分为光滑轴套和带纵向油槽轴套两种,如图2-53所示。剖分式轴承采用剖分式轴瓦,如图2-54所示。为了使轴承与轴瓦结合牢固,可在轴瓦基体内壁制出沟槽,使其与合金轴承衬结合更牢。剖分式轴瓦分为剖分式薄壁轧制轴瓦和剖分式厚壁轴瓦两种,分别如图2-55(a)、(b)所示。为了使润滑油能均匀流到整个工作表面上,轴瓦上要开出油沟,油沟和油孔应开在非承载区,以保证承载区油膜的连续性。

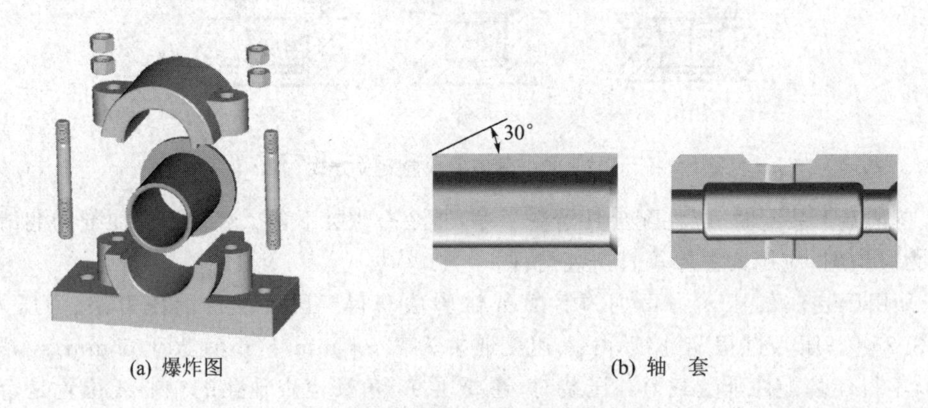

(a) 爆炸图　　(b) 轴　套

图2-53　整体式径向滑动轴承

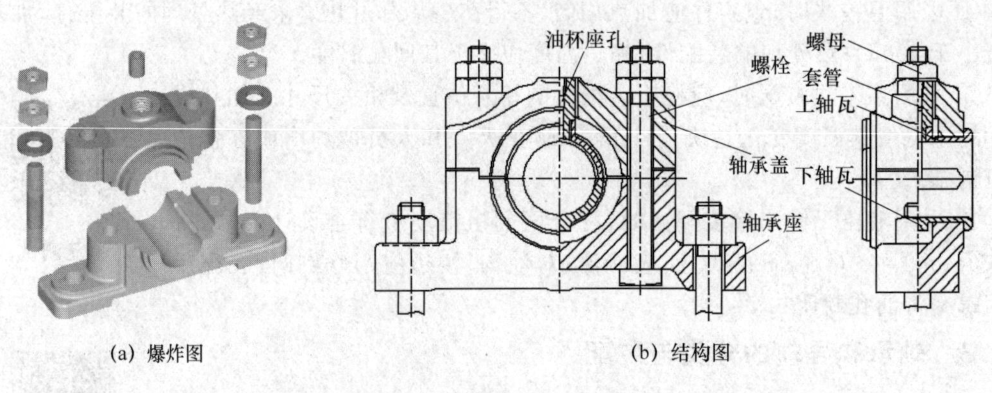

(a) 爆炸图　　(b) 结构图

图2-54　剖分式径向滑动轴承

③ 根据颈和轴瓦间的摩擦状态不同,滑动轴承可分为液体摩擦滑动轴承和非液体摩擦滑动轴承。根据工作时相对运动表面间油膜形成原理的不同,液体摩擦滑动轴承又分为液体动压润滑轴承(简称动压轴承)和液体静压润滑轴承(简称静压轴承)。

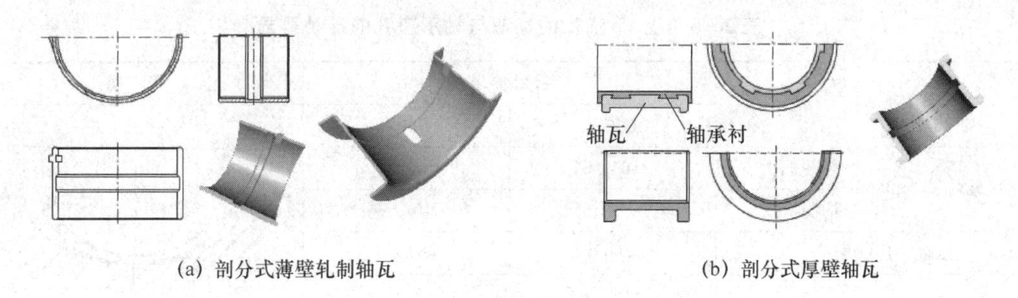

(a) 剖分式薄壁轧制轴瓦　　(b) 剖分式厚壁轴瓦

图 2-55　剖分式轴瓦

(2) 滑动轴承的特点

滑动轴承具有结构简单、制造方便、径向尺寸小、润滑油膜的吸振能力强等优点，能承受较大的冲击载荷，因而工作平稳，无噪声，在保证液体摩擦的情况下，轴可长期高速运转，适合于精密、高速及重载的转动场合。由于轴颈与轴承之间应获得所需的间隙才能正常工作，因而影响了回转精度的提高；即使在液体润滑状态，润滑油的滑动阻力摩擦因数一般仍在 0.08～0.12 之间，故其温升较高，润滑及维护较困难。

整体式和剖分式径向滑动轴承一般应用在低速、轻载或间歇性工作的设备中。整体式径向滑动轴承结构简单，成本低廉，其缺点是因磨损而造成的间隙无法调整，并且只能沿轴向装入或拆出。剖分式径向滑动轴承结构相对复杂、可以调整因磨损而产生的间隙、安装方便。

(3) 滑动轴承的装配

滑动轴承装配的主要技术要求是在轴颈与轴承之间获得合理的间隙，保证轴颈与轴承的良好接触和充分的润滑，使轴颈在轴承中的旋转平稳可靠。轴瓦的合金层与瓦壳的结合应牢固紧密，不得有分层现象；合金层表面和半轴瓦的中分面应光滑平整，无气孔、夹渣等缺陷。

① 整体式滑动轴承的装配如下：

➢ 装配前，将轴套和轴承座孔去毛刺，清理干净后在轴承座孔内涂润滑油。

➢ 根据轴套尺寸和配合时过盈量的大小，采取击装法或压装法将轴套装入轴承座孔内，并进行固定。

➢ 轴套装入轴承座孔后，易发生尺寸和形状变化，可采用铰削或刮削的方法对内孔进行修整并检验，以保证轴颈与轴套之间有良好的间隙配合。

➢ 圆锥轴承应用着色法检查其内孔与轴颈的接触长度，其接触长度应大于 70%，并应靠近大端。

➢ 轴套装配后，紧定螺钉或定位销应埋入轴承端面内。

➢ 装配含油轴承轴套时，轴套端部应均匀受力，并且不得直接敲击轴套；轴套与轴颈间隙宜为轴颈直径的 1‰～2‰；含油轴承装入轴承座内时，其清洗油宜与轴套内润滑油相同，不得使用能溶解轴套内润滑油的任何物质。

② 剖分式滑动轴承的装配如下：

剖分式滑动轴承的装配次序是，先将下轴瓦装入轴承座内，再依次装垫片和上轴瓦，最后装轴承盖并用螺母固定。

➢ 上、下轴瓦的瓦背与轴承座孔应接触良好，其接触要求应符合设计要求，无规定时，按表 2-5 中的要求执行。

表2-5　上、下轴瓦的瓦背与轴承座孔的接触要求

项目		接触要求 上轴瓦	接触要求 下轴瓦	简图
接触角 a	稀油润滑	130°±5°	150°±5°	
	油脂润滑	120°±5°	140°±5°	
接触角内接触率		≥60%	≥70%	
瓦侧间隙 b		D≤200 mm时,0.05 mm塞尺不得塞入 D>200 mm时,0.10 mm塞尺不得塞入		

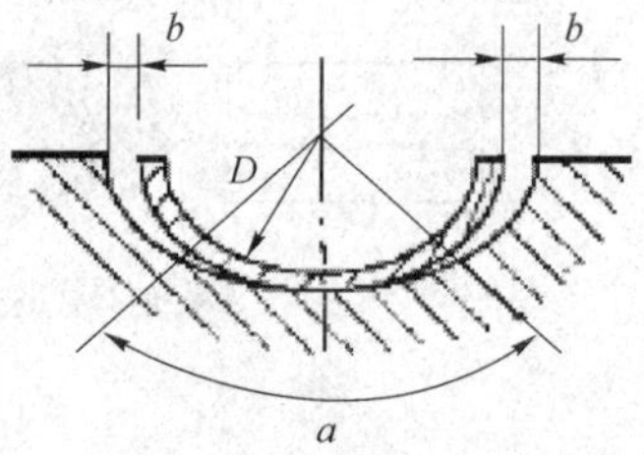

➢ 轴承单侧间隙应为顶间隙的1/2～2/3。

➢ 轴瓦的台肩应紧靠轴承座两端面。

➢ 为提高配合精度,厚壁轴瓦孔应与轴进行研点配刮。

➢ 上、下瓦内孔与轴颈应良好接触,其接触点数应符合设计要求。如无规定时,按表2-6中的要求执行。

表2-6　上、下瓦内孔与轴颈的接触点数

轴承直径/mm	机床或精密机械的主轴轴承			锻压设备、通用机械和动力机械的轴承		冶金设备和建筑工程机械的轴承	
	高精度	精　密	普　通	重　要	一　般	重　要	一　般
	每25 mm×25 mm尺寸范围内的接触点数						
≤120	20	16	12	12	8	8	5
>120	16	12	10	8	6	5～6	2～3

➢ 上、下轴瓦内孔与轴颈接触角以外部分的油楔,应从瓦口开始由大逐渐过渡到零,油楔最大尺寸符合表2-7的规定。

表2-7　上、下轴瓦的油楔最大尺寸

油楔最大尺寸		
稀油润滑	$C_1=C$	
油脂润滑	距瓦两端面10～15 mm $C_1\approx C$	
	中间部位 $C_1\approx 2C$	

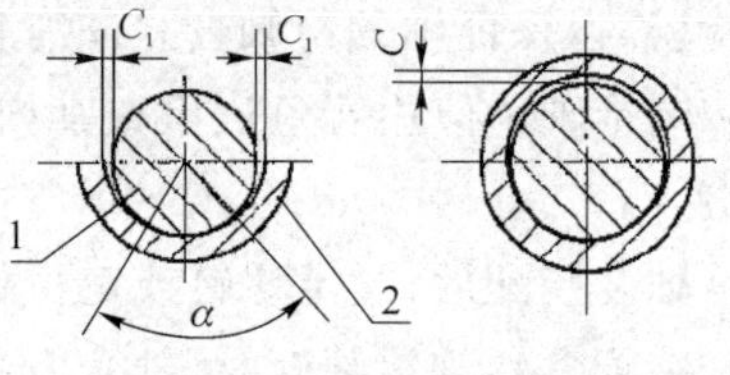

➢ 为实现紧密配合,保证有合适的过盈量,薄壁轴瓦的剖分面应比轴承座的剖分面高一些。薄壁轴瓦的顶间隙应符合表2-8的规定。

表2-8　薄壁轴瓦的顶间隙

转速/(r·min^{-1})	<1 500	1 500～3 000	>3 000
顶间隙/mm	(0.8～1.2)d/1 000	(1.2～1.5)d/1 000	(1.5～2)d/1 000

③ 静压轴承的装配如下:

空气静压轴承在装配前，检查轴承内、外套的配合尺寸和精度，内、外套应有 30′的锥度；压入应紧密无泄漏；轴承外圆与轴承座孔的配合间隙宜为 0.003～0.005 mm。

液体静压轴承在装配前，其油孔、油腔应完好，油路畅通；节油器及轴承间隙不应堵塞；轴承两端的油封槽不应与其他部位相通，并应保持与主轴颈的配合间隙。

④ 动压轴承的装配如下：

动压轴承的顶间隙，宜按表 2－9 执行。此表适用于最大圆周速度小于 10 m/s 的场合，如活塞式发动机轴承、油膜轴承等。

表 2－9　动压轴承的顶间隙

单位：mm

轴承直径	最小间隙	平均间隙	最大间隙	轴承直径	最小间隙	平均间隙	最大间隙
＞30～50	0.025	0.050	0.075	＞320～340	0.30	0.34	0.38
＞50～80	0.030	0.060	0.090	＞340～360	0.32	0.36	0.42
＞80～120	0.072	0.117	0.161	＞360～380	0.34	0.38	0.42
＞120～130	0.085	0.137	0.188	＞380～400	0.36	0.40	0.44
＞130～140	0.085	0.137	0.188	＞400～420	0.38	0.42	0.46
＞140～150	0.12	0.15	0.19	＞420～450	0.41	0.45	0.49
＞150～160	0.13	0.16	0.20	＞450～480	0.44	0.48	0.52
＞160～180	0.15	0.18	0.21	＞480～500	0.46	0.50	0.54
＞180～200	0.17	0.20	0.23	＞500～530	0.49	0.53	0.57
＞200～220	0.19	0.22	0.25	＞530～560	0.52	0.56	0.60
＞220～240	0.21	0.24	0.27	＞560～600	0.56	0.60	0.64
＞240～250	0.22	0.25	0.28	＞600～630	0.59	0.63	0.67
＞250～260	0.23	0.26	0.29	＞630～670	0.62	0.67	0.72
＞260～280	0.25	0.28	0.31	＞670～710	0.66	0.71	0.76
＞280～300	0.27	0.30	0.33	＞710～750	0.70	0.75	0.80
＞300～320	0.28	0.32	0.36	＞750～800	0.75	0.80	0.85

（4）滑动轴承的修理

滑动轴承的损坏形式有工作表面的磨损、烧熔、剥落和裂纹等。造成这些缺陷的主要原因是油膜因某种原因被破坏，从而导致轴颈与轴承表面产生直接摩擦。对于不同形式轴承的损坏，采取的修理方法也不同。

① 整体式滑动轴承的修理，一般采用更换轴套的方法。

② 剖分式滑动轴承轻微磨损，可通过调整垫片、重新修刮的方法处理。

③ 内柱外锥式滑动轴承，当工作表面没有严重擦伤，仅作精度修整时，可以通过螺母来调整间隙；当工作表面有严重擦伤时，应将主轴拆卸，重新刮研轴承，恢复其配合精度。当没有调整余量时，可采用喷涂法等加大轴承外锥圆直径，或车去轴承小端部分圆锥面，加长螺纹长度以增加调整范围等方法。当轴承变形、磨损严重时，则必须更换。

④ 对于多瓦式滑动轴承，当工作表面出现轻微擦伤时，可通过研磨的方法对轴承的内表面进行研抛修理。当工作表面因抱轴烧伤或磨损较严重时，可采用刮研的方法对轴承的内表面进行修理。

2. 滚动轴承的装配

滚动轴承一般由内圈、外圈、滚动体和保持架四部分组成。滚动轴承的内外圈和滚动体应具有较高的硬度和接触疲劳强度、良好的耐磨性和冲击韧性。受纯径向载荷或受径向载荷和较小的轴向载荷联合作用的轴，一般采用深沟球轴承。受径向、轴向载荷联合作用的轴，多采用角接触球轴承和圆锥滚子轴承，且成对使用。

(1)滚动轴承的分类及特点

① 滚动轴承按所能承受载荷的方向或公称接触角的不同可分为向心轴承和推力轴承。向心轴承分为径向接触轴承和向心角接触轴承。径向接触轴承主要承受径向载荷,可承受较小的轴向载荷;向心角接触轴承可同时承受径向载荷和轴向载荷。推力轴承分为推力角接触轴承和轴向接触轴承。推力角接触轴承主要承受轴向载荷,可承受较小的径向载荷;轴向接触轴承只能承受轴向载荷。

② 滚动轴承按滚动体的种类可分为球轴承、滚子轴承等。在外廓尺寸相同的条件下,滚子轴承比球轴承的承载能力和耐冲击能力都好。球轴承摩擦小,并适用于较高转速。

③ 滚动轴承按工作时能否调心可分为调心轴承和非调心轴承。

④ 滚动轴承按安装轴承时其内、外圈可否分别安装,分为可分离轴承和不可分离轴承。

⑤ 滚动轴承按公差等级可分为0、6、5、4、2级,其中2级精度最高,0级为普通级。另外,有用于圆锥滚子轴承的6X公差等级。

(2) 滚动轴承的固定和调整方法

① 滚动轴承的轴向固定。滚动轴承轴向固定的作用是保证轴上零件在受到轴向力时,轴和轴承不产生轴向相对位移。轴承外圈在座孔中的轴向位置通常采用座孔挡肩、轴承盖和弹性挡圈等固定,分别如图2-56(a)、(b)、(c)所示。座孔挡肩和轴承盖用于承受较大的轴向载荷,弹性挡圈用于轴向载荷较小情况下。轴承内圈多采用轴肩和挡圈固定。

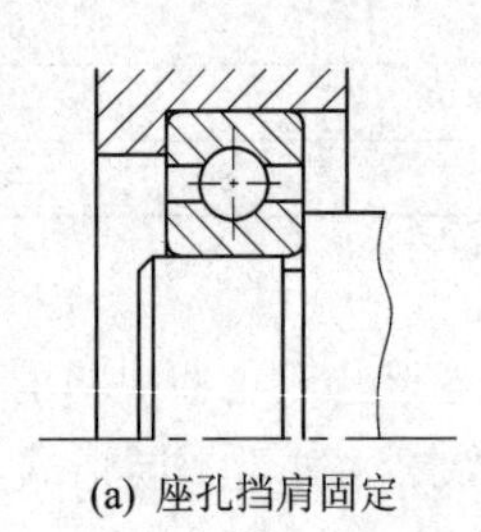
(a) 座孔挡肩固定

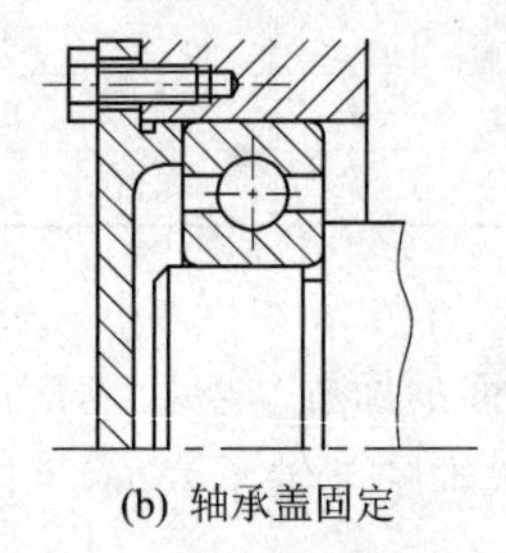
(b) 轴承盖固定

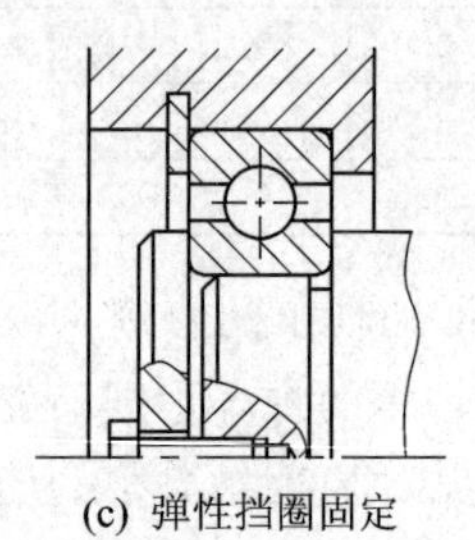
(c) 弹性挡圈固定

图2-56 外圈的轴向固定装置

② 滚动轴承支承的调整。轴承在装配时一定要留有适当的间隙,以利于轴承的正常运转。常用的间隙调整方法有：垫片调整、螺钉调整及调整环调整。如图2-57(a)所示为增减轴承端盖与机座结合面之间的调整垫片厚度进行调整;图2-57(b)所示为用螺钉调节压盖的轴向位置;图2-57(c)所示为增减轴承端面与压盖间的调整环厚度进行调整。

③ 轴系位置的调整。在某些设备中,轴上零件需要准确的轴向位置,这可以通过调整移动轴承的轴向位置来达到。如图2-58所示,一圆锥齿轮、轴、轴承的组合,利用调整垫片来补偿圆锥齿轮传动的锥顶点的不重合误差。为了保证调整到理想的啮合传动位置,此结构将轴承装在套筒中,用改变垫片1厚度的方法调整该套筒的位置,以调整锥齿轮的轴向位置。端盖和套杯间的另一组垫片2则用来调整轴承的游隙。

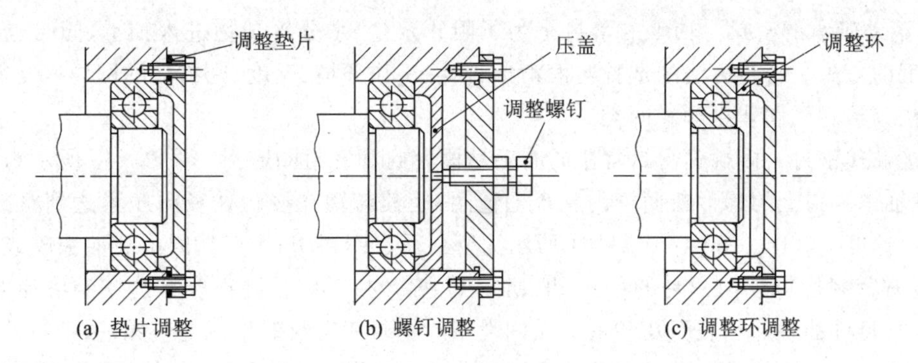

图 2－57　轴向间隙调整

④ 轴承的预紧。轴承预紧是在安装时使轴承受到一定的轴向力，以消除轴承内部游隙，并使滚动体和内、外圈之间产生一定的预变形。其目的是增加轴承的刚性，使轴运转时径向和轴向跳动量减小，提高轴承的旋转精度，减少振动和噪声。预紧力要适当，过小达不到预紧目的，过大影响轴承寿命。预紧的方法有加金属垫片、磨窄套圈和分别安装厚度不同的套筒等，分别如图 2－59(a)、(b)、(c)所示。

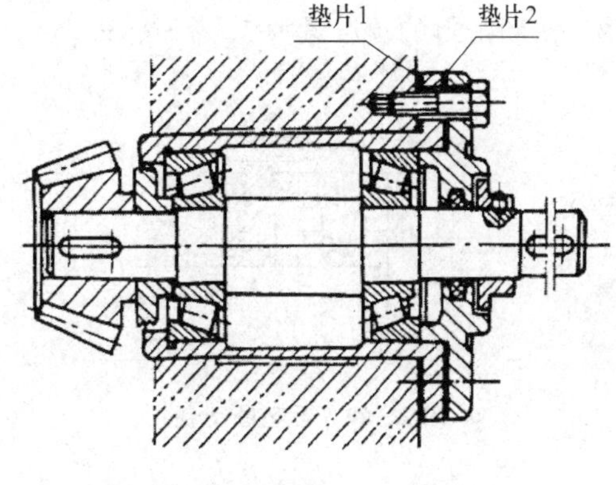

图 2－58　圆锥齿轮啮合位置的调整

(3) 滚动轴承的润滑与密封

① 滚动轴承的润滑。滚动轴承润滑的目的是减少摩擦和磨损，同时也有冷却、吸震、防锈和降低噪声的作用。当轴颈圆周速度 $v<4\sim5$ m/s 时，可采用润滑脂润滑，其优点为：润滑脂不易流失，便于密封和维护，一次填充可运转较长时间。装填润滑脂时一般不超过轴承空隙的 1/3～1/2，以免因润滑脂过多而引起轴承发热，影响轴承正常工作。当轴颈速度过高时，应采用润滑油润滑，这不仅使摩擦阻力减小，而且可起到散热、冷却作用。润滑方式常用油浴或飞溅润滑。油浴润滑时油面不应高于最下方滚动体中心，以免因搅油而使能量损失较大，使轴承过热。高速轴承可采用喷油或油雾润滑。

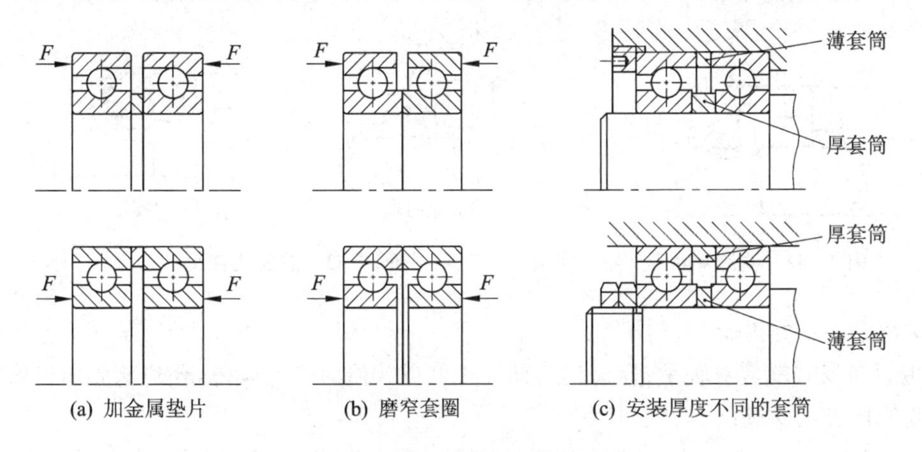

图 2－59　角接触轴承的预紧方法

② 滚动轴承的密封。轴承的密封是为了阻止灰尘、水分等杂物进入轴承，同时也为了防止润滑剂的流失。密封方法的选择与润滑剂种类、工作环境、温度、密封处的圆周速度等有关。密封方法分接触式和非接触式两类。

➢ 接触式密封　接触式密封常用的有毛毡圈密封和密封圈密封。图2-60所示为毛毡圈密封，在轴承端盖上的梯形断面槽内装入毛毡圈，使其与轴在接触处径向压紧达到密封，密封处轴颈的速度 $v \leqslant 4 \sim 5$ m/s；图2-61所示为密封圈(油封)密封，密封圈由耐油橡胶或皮革制成，安装时密封唇应朝向密封的部位，即朝向压力高的一侧，否则很容易造成润滑油的泄漏。装配时，密封件的唇部和表面及轴上应涂润滑脂。密封圈密封效果比毛毡圈好，密封处轴颈的速度 $v \leqslant 7$ m/s。接触式密封要求轴颈接触部分表面光滑，无飞边毛刺，粗糙度值一般取 $Ra <$ 1.6～0.8 μm，否则易刮伤密封圈。当采用O形密封圈密封时，静密封的预压量为20%～25%，动密封的预压量为10%～15%。

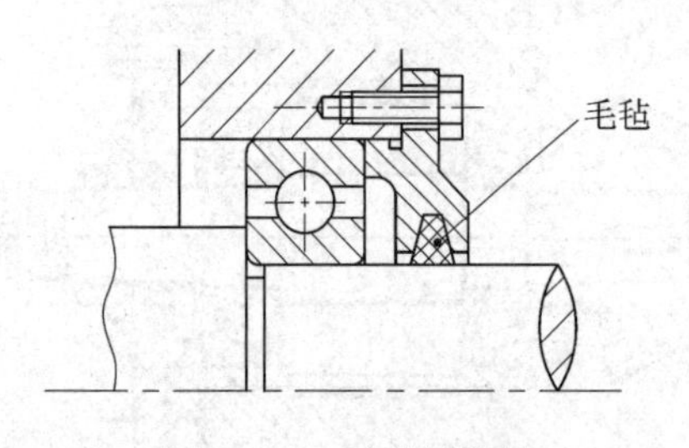

图2-60　毛毡圈密封

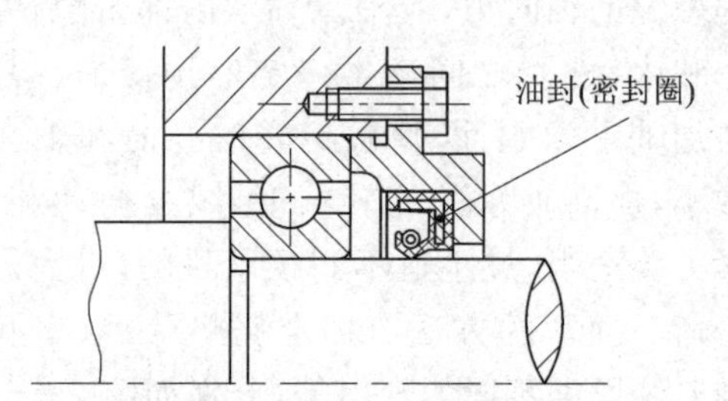

图2-61　密封圈密封

➢ 非接触式密封　非接触式密封一般分为油沟密封和迷宫式密封。油沟密封如图2-62所示，在油沟内填充润滑脂，端盖与轴颈的间隙为0.1～0.3 mm。油沟密封结构简单，适用于轴颈速度 $v \leqslant 5 \sim 6$ m/s。

迷宫式密封如图2-63所示。这种密封的静止件与转动件之间有几道弯曲的隙缝，隙缝宽度为0.2～0.5 mm，缝中填满润滑脂。由于迷宫式密封也是非接触密封，其同样适用于高速场合。迷宫式密封分为轴向式和径向式两种，其中轴向式迷宫密封只用于剖分结构，否则无法安装。

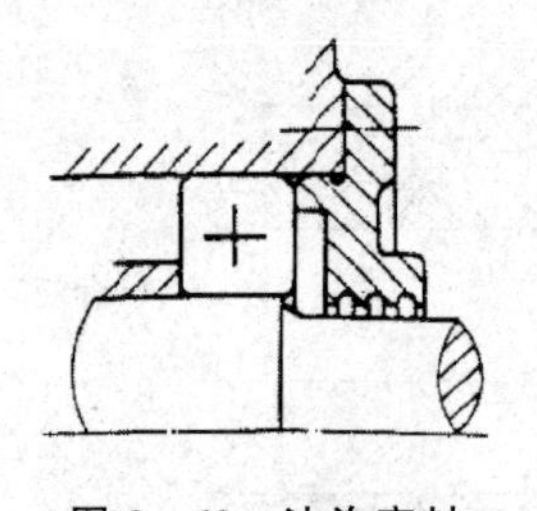

图2-62　油沟密封

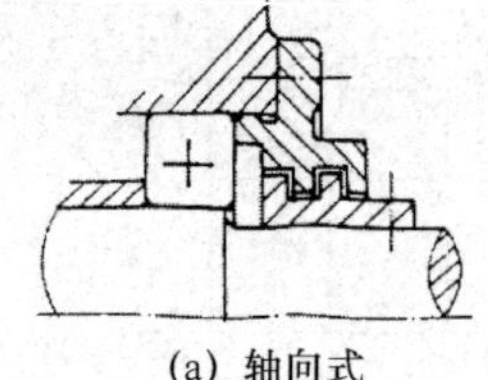
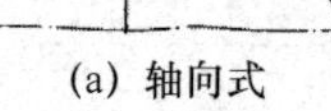

(a) 轴向式

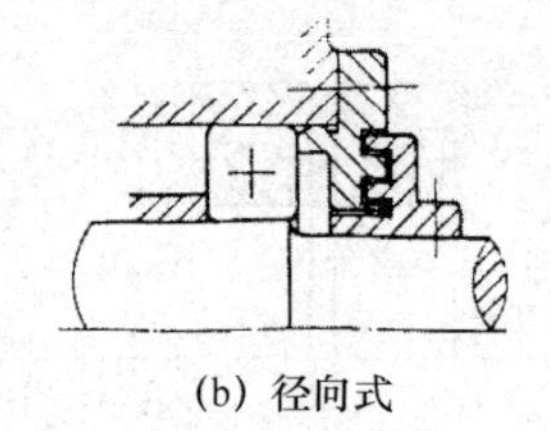

(b) 径向式

图2-63　迷宫式密封

(4) 滚动轴承的检验

机电设备安装前应对轴承进行检验，而在中修或大修时除检验外，还应将轴承彻底清洗干净。检验的内容主要有以下三个方面。

① 外观检视。检视内外圈滚道、滚动体有无金属剥落及黑斑点，有无凹痕，保持架有无裂纹，磨损是否严重，铆钉是否有松动现象。

② 空转检验。手拿内圈旋转外圈，检查轴承是否转动灵活，有无噪声、阻滞等现象。

③ 游隙检验。测量轴承的径向游隙方法如图2-64所示，将轴承放在平台上，使百分表的测头抵住外圈，一手压住轴承内圈，另一手往复推动外圈，则百分表指针指示的最大与最小数值之差，即为轴承的径向游隙。所测径向游隙值一般不应超过0.1～0.15 mm。

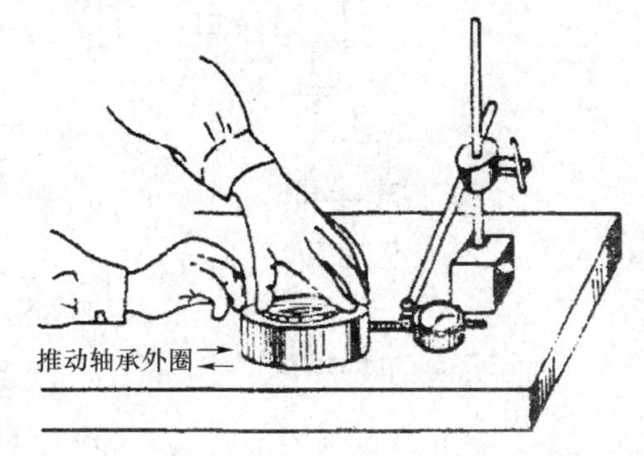

图2-64　检查轴承径向游隙

(5) 滚动轴承的防尘密封性能选用

轴承为了使其内部能长期储存润滑脂或防止外界污染物进入，在外露场合下需选用带有防尘、密封性能的轴承，即轴承的两端面部分嵌入有防尘盖(钢板)或密封盖。接触式橡胶密封圈具有更好的防尘效果，但其产生摩擦较大，高速转动时容易产生大量的热量，因此有最高转速的限制。而钢板防尘效果虽不如橡胶密封圈，但适用于高速转动。轴承防尘形式的标注，是在轴承型号后加密封方式后缀，如轴承6004—2RS的后缀2RS表示深沟球承带有两侧接触式橡胶密封圈。

常用轴承密封形式的符号表示如下：

- TT　两侧带挡圈接触式特富龙密封圈，外观如图2-65(a)所示。此类密封圈主要用于微型轴承，把加入玻璃纤维的特富龙密封圈用弹簧紧圈固定在轴承外圈上。
- ZZ　两侧钢板防尘盖，外观如图2-65(b)所示。挡圈式钢板轴承防尘盖仅微型轴承用，冲压加工的金属钢板用弹簧紧圈固定在外圈上，防尘盖可减少油脂渗出。
- 2RS　两侧接触式橡胶密封圈，可有效防止外部异物的侵入。橡胶密封圈嵌入轴承外圈，密封圈与内圈轻微接触，外观参见图2-65(c)。

另外，轴承的后缀标注T、Z、RS表示一侧密封，RZ与RS同样表示采用橡胶密封圈，区别在于RZ表示非接触式橡胶密封圈。

(a) 两侧接触式特富龙密封圈的轴承

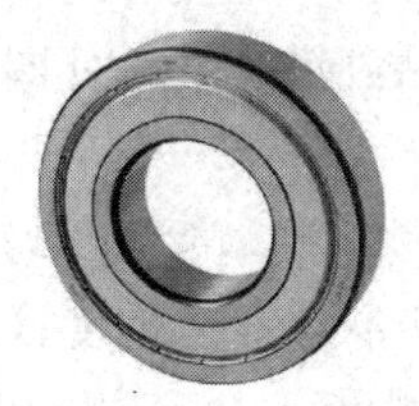

(b) 两侧钢板防尘盖的轴承

(c) 带橡胶密封圈的带座轴承

图2-65　密封轴承

(6) 滚动轴承的装配

① 应通过研究装配图来考虑轴承装配和拆卸的工艺性。轴承的安装和拆卸方法应根据轴承的装配结构、尺寸及配合性质来确定。装配与拆卸轴承的作用力应直接加在紧配合的轴承内圈或外圈端面上，如图2-66所示。不允许通过滚动体传递装拆的压力或冲击力，以免在轴承滚动体或内、外圈沟槽表面出现压痕，影响轴承的正常工作。轴承内圈通常与轴颈配合较紧，对于小型轴承一般可用压装法，直接将轴承的内圈压入轴颈，也可使用手锤进行安装。

对于尺寸较大的轴承，且过盈量又较大时，宜采用温差法进行装配。轴承的温差法装配可

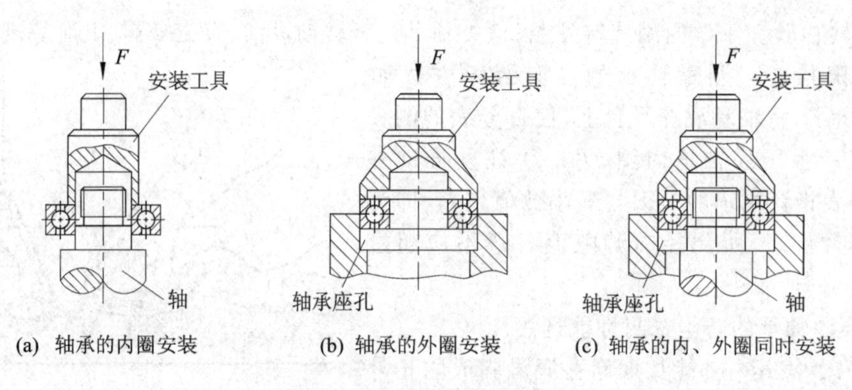

(a) 轴承的内圈安装　(b) 轴承的外圈安装　(c) 轴承的内、外圈同时安装

图 2-66　滚动轴承的安装

采用以下几种形式：

➢ 油浴加热法　可先将轴承放在80～100 ℃的热油中预热，如图2-67(a)所示，然后进行安装。采用温差法进行装配时，应均匀改变轴承温度，轴承自身温度不应高于120 ℃，最低温度不应低于－80 ℃。此方法不适合对内部充满润滑油脂的带防尘盖轴承或带密封圈轴承加热。

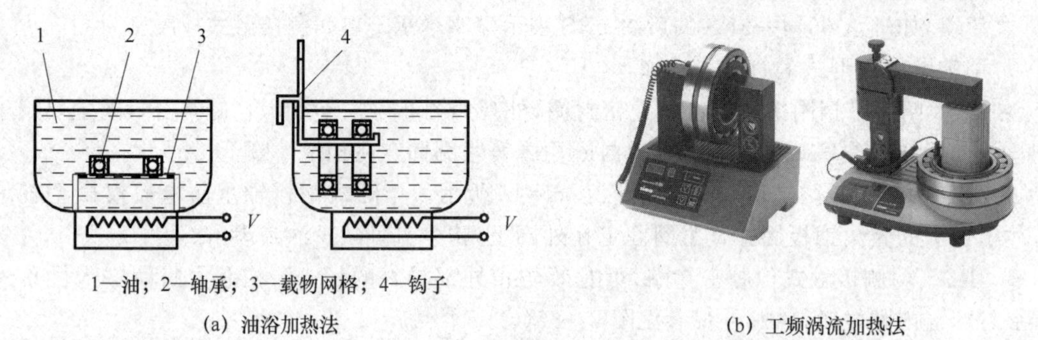

1—油；2—轴承；3—载物网格；4—钩子

(a) 油浴加热法　(b) 工频涡流加热法

图 2-67　滚动轴承的预热

➢ 工频涡流加热法　将轴承套在工频加热器的衔铁上，然后接通加热器的工频交流电源，如图2-67(b)所示。轴承会因电磁感应而在内、外圈中产生涡流(电流)，从而产生热量使其膨胀。

➢ 电磁炉加热法　将轴承放在电磁炉上加热，比较适用于尺寸较小的轴承。所用电磁炉为专业厂家生产的产品，在条件不具备且安装精度较低时可使用家用的普通电磁炉。应将轴承放在一块铁板上加热，因为将轴承直接放在电磁炉上可能不会加热，如电磁炉屏幕显示E1表示无加热元器件。在操作中应注意控制温度，如选择最低温度一挡C1，加热到一定时间后，应尽快将轴承套在轴上的预定位置。操作时应戴手套。

拆卸轴承一般可用压力机或拆卸工具(见图2-68)。为拆卸方便，设计时应留出拆卸高度，或在轴肩上预先开槽，以便安装拆卸工具，使钩爪能钩住内圈。

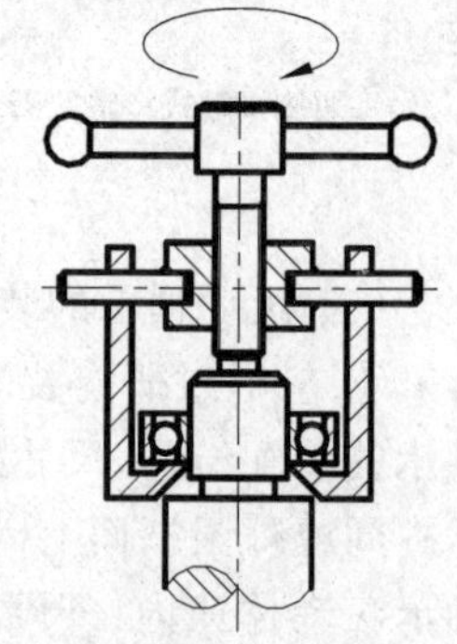

图 2-68　滚动轴承的拆卸

② 轴承外圈与轴承座或箱体孔的配合应符合设计要求。剖分式轴承座或箱体的接合面应无间隙；轴承外圈与轴承座孔在对称于中心线120°范围内、与轴承盖孔在对称于中心线的90°范围内应均匀接触，

用0.03 mm的塞尺检查时，不得塞入轴承外圈宽度的1/3；轴承外圈与轴承座孔等不得有卡阻现象，当轴承座孔等需要修整时，其尺寸宜符合表2-10的规定。

表2-10　轴承座孔和轴承盖孔的修整尺寸

单位：mm

轴承外径	b	h	简　图
≤120	≤0.10	≤10	90°　h　h　120°　b　b
>120～260	≤0.15	≤15	
>260～400	≤0.20	≤20	
>400	≤0.25	≤30	

③ 轴承与轴肩或轴承座挡肩应靠紧，圆锥滚子轴承或向心推力球轴承与轴肩的间隙不应大于0.05 mm，其他轴承与轴肩的间隙不应大于0.10 mm。轴承盖和垫圈必须平整，并应均匀紧贴在轴承外圈上（当有特定要求时，按规定留间隙）。

④ 装配在轴两端的径向间隙不可调，且轴的轴向位移是以两端端盖限制的向心轴承在装配时，其一端轴承外圈应紧靠端盖，如图2-69所示，另一端轴承外圈与端盖之间的间隙应符合相应规定，或按下式计算得出：

$$c = La\Delta t + x_{\min} \quad (2-3)$$

式中：c——轴承外圈与端盖之间的间隙，mm；

L——两轴承的中心距，mm；

a——轴材料的线膨胀系数；

Δt——轴工作时的最高温度与环境温度的差值，℃；

$x_{\min}$——轴热胀伸长后，应留有的最小间隙值，此值按实际需要选取，mm。

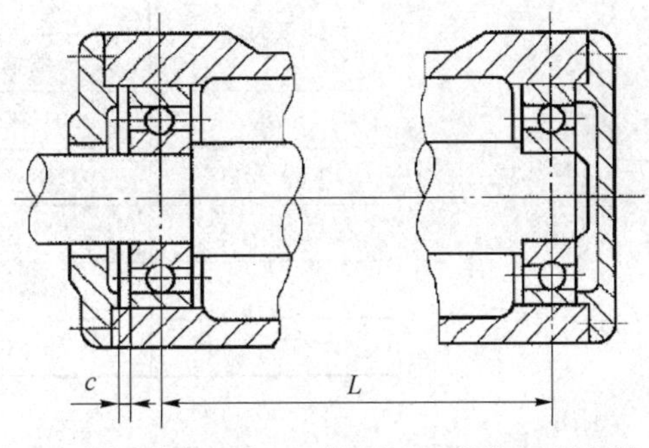

L—两轴承的中心距；c—轴承外圈与端盖之间的间隙

图2-69　向心轴承装配间隙

⑤ 装配两端可调头的轴承时，应将有编号的一端朝外；装配可拆卸的轴承时，必须按内外圈和对应标记安装，不得装反或与其他轴承内外圈混装；有方向性要求的轴承应按装配图进行装配。

⑥ 角接触轴承、单列圆锥滚子轴承、双向推力球轴承的轴向游隙应按表2-11进行调整；双列和四列圆锥滚子轴承在装配时，应分别符合表2-12和表2-13的规定。

表2-11　角接触轴承、单列圆锥滚子轴承、双向推力球轴承的轴向游隙

单位：mm

轴承内径	角接触球轴承的轴向游隙		单列圆锥滚子轴承的轴向游隙		双向推力球轴承的轴向游隙	
	轻系列	中及重系列	轻系列	轻宽、中及中宽系列	轻系列	中及重系列
≤30	0.02～0.06	0.03～0.09	0.03～0.10	0.04～0.10	0.03～0.08	0.05～0.11
>30～50	0.03～0.09	0.04～0.10	0.04～0.11	0.05～0.13	0.04～0.10	0.06～0.12
>50～80	0.04～0.10	0.05～0.12	0.05～0.13	0.06～0.15	0.05～0.12	0.07～0.14

续表 2-11

轴承内径	角接触球轴承的轴向游隙		单列圆锥滚子轴承的轴向游隙		双向推力球轴承的轴向游隙	
	轻系列	中及重系列	轻系列	轻宽、中及中宽系列	轻系列	中及重系列
>80~120	0.05~0.12	0.06~0.15	0.06~0.15	0.07~0.18	0.06~0.15	0.10~0.18
>120~150	0.06~0.15	0.07~0.18	0.07~0.18	0.08~0.20	—	—
>150~180	0.07~0.18	0.08~0.20	0.09~0.20	0.10~0.22	—	—
>180~200	0.09~0.20	0.10~0.22	0.12~0.22	0.14~0.24	—	—
>200~250	—	—	0.18~0.30	0.18~0.30	—	—

表 2-12 双列圆锥滚子轴承的轴向游隙

单位:mm

轴承内径	轴承游隙	
	一般情况	内圈比外圈温度高 25~30 ℃
≤80	0.01~0.20	0.30~0.40
>80~180	0.15~0.25	0.40~0.50
>180~225	0.20~0.30	0.50~0.60
>225~315	0.30~0.40	0.70~0.80
>315~560	0.40~0.50	0.90~1.00

表 2-13 四列圆锥滚子轴承的轴向游隙

单位:mm

轴承内径	轴向间隙	轴承内径	轴向间隙
>120~180	0.15~0.25	>500~630	0.30~0.40
>180~315	0.20~0.30	>630~800	0.35~0.45
>315~400	0.25~0.35	>800~1 000	0.35~0.45
>400~500	0.32~0.40	>1 000~1 250	0.40~0.50

⑦ 滚动轴承在装配后应转动灵活。当轴承采用润滑脂润滑时,应在轴承约 1/2 空腔内加注符合规定规格的润滑脂;采用稀油润滑的轴承,不应加注润滑脂。

⑧ 装在轴上和轴承孔内的轴承,其轴向预过盈量,应符合轴承标准或相关规定。

3. 导轨的装配

导轨作为导向的重要结构,其作用是保证相应的机械部件沿着规定的直线或曲线进行移动,并应保证其运动精度要求。导轨按导轨组件的工作表面间摩擦性质的不同,分为滑动导轨和滚动导轨两种,其中滚动导轨如图 2-70 所示,其滚动体多采用球形滚珠。由于滚动导轨与滚动轴承具有很多相似性,所以已标准化并且可以成套订购的直线运动滚动导轨也被称为直线轴承或直线导轨。滑动导轨和滚动导轨的结构和使用场合不同,其装配方法也不相同。

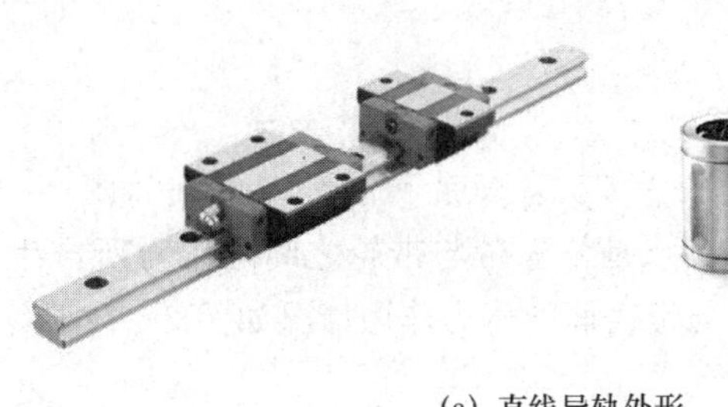

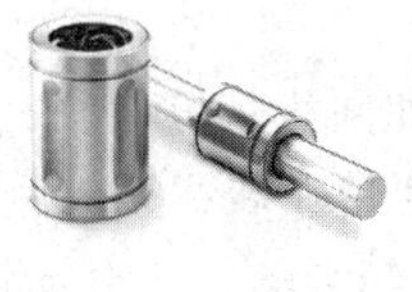

(a) 直线导轨外形

(b) 直线导轨的内部结构

图 2－70　直线滚动导轨

(1) 滑动导轨的装配

由于滑动导轨在设备运行时直接或间接参与摩擦,所以要求其工作表面具有较高的耐磨性和较高的硬度。一般导轨多采用铸铁和淬火钢,铸铁具有很好的储油性,在导轨摩擦时能很好地润滑工作表面,并且其尺寸稳定性和抗震性也较好,所以应用较为广泛。

滑动导轨的装配要求如下:

➢ 应保证导轨工作平面的平面度或直线度,一般要求粗糙度 Ra 在 1.6～0.4 μm 之间。

➢ 导轨的结合面需要润滑,所以应具有润滑结构,并保证油路通畅。

➢ 导轨工作面间应保证一定的间隙,且间隙不能过大或过小,以免影响运动的精度和灵活性,避免出现卡阻现象,装配后应对间隙量进行测量。

(2)直线滚动导轨的装配

早期的机电设备多采用滚动轴承或直接采用相应的滚动体作为滚动介质,实现导轨的灵活运动,其成本相对较低。但由于其运动精度不高,并且装配工艺性差,装配精度很难保证等原因,再加上直线滚动导轨的标准化实施,其使用已大受限制。取而代之的直线滚动导轨已被广泛应用。

① 直线滚动导轨的安装精度比滑动导轨低,这是由于其精密传动部件已实现标准化,并可直接购买。对于直线滚动导轨的安装表面和定位表面应有平面度或直线度要求,表面粗糙度 Ra 在 12.5～6.3 μm 之间即能满足装配要求。

② 直线滚动导轨有较高间隙要求时,需在订货时提出。成对安装的精度要求较高的直线滚动导轨需成对订货,以保证安装高度及承载力的一致性。

单元测试

③ 直线滚动导轨的安装方法较多,装配时应保证多根导轨间的平行度要求。

④ 直线滚动导轨采用润滑脂进行润滑时,需定期对导轨工作表面磨损情况和润滑情况进行检查,通过直线滚动导轨的滑块注油口注入规定的润滑脂。

2.2.4　带、链、齿轮、螺旋传动机构的分类与装配

教学视频

传动机构包括带传动、链传动、齿轮传动、螺旋传动、蜗轮蜗杆传动机构等。装配人员应重点掌握常用传动机构的作用、特点及装配方法。

1. 带传动

(1)带传动的分类和带传动的应用

① 带的分类和特性:

带分为平带、V 带、多楔带、圆带和同步带等,其中 V 带、多楔带和同步带分别如图 2-71(a)、(b)和(c)所示。除同步带外,其他带在装配完成后,是依靠带与带轮之间的压力所产生的摩擦力,使主动带轮带动从动带轮一同转动的。带轮与带表面的压力作用情况如图 2-72 所示。

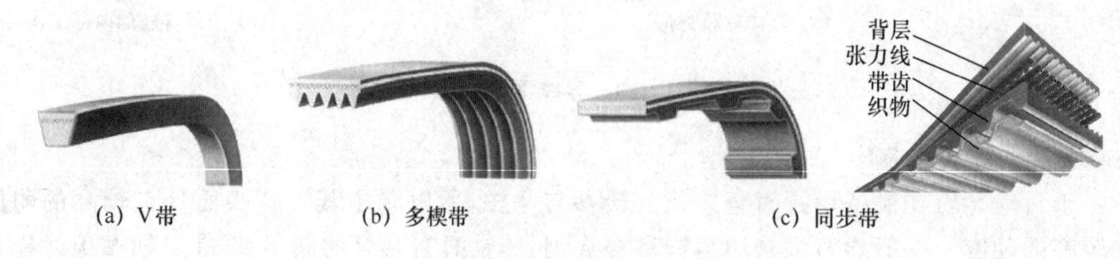

(a) V带　(b) 多楔带　(c) 同步带

图 2-71　带的种类

同步带传动是以齿啮合形式实现力和力矩传递的。同步带是以钢丝绳或玻璃纤维为强力层,外覆以聚氨酯或氯丁橡胶的环形带,带的内周制成齿状,可与同步带轮啮合。同步带传动时,传动比准确,对轴作用力小,结构紧凑,耐油、耐磨性好,抗老化性能好,一般使用温度在 -20~80 ℃之间、速度小于 50 m/s、功率小于 300 kW、传动比小于 1∶10 的场合。

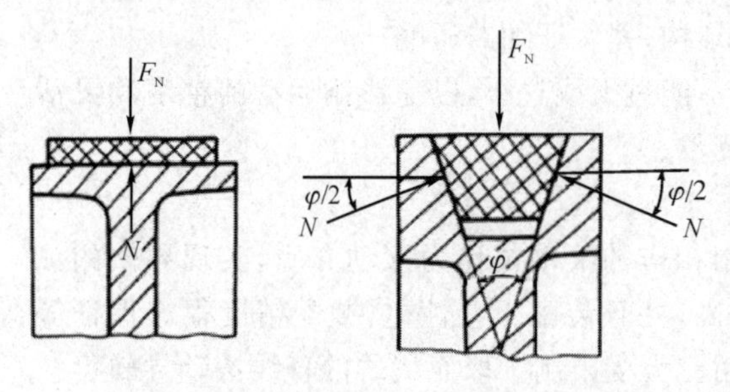

图 2-72　带轮与带表面的压力作用情况

同步带齿有梯形齿和弧齿两类,弧齿又有三种系列:圆弧齿(H 系列,又称 HTD 带)、平顶圆弧齿(S 系列,又称为 STPD 带)和凹顶抛物线齿(R 系列)。梯形齿同步带有两种尺寸制:节距制和模数制。我国采用节距制,并根据 ISO 5296 制定了同步带传动相应标准 GB/T 11361~11362—1989 和 GB/T 11616—1989。

同步带及带轮的外形、同步带轮、同步带传动方式分别如图 2-73(a)、(b)和(c)所示。同步带和带轮的型号及尺寸应根据设计要求选择,主要依据传动力及力矩、减速比、中心距、传动轴及键槽尺寸、安全系数、使用寿命和环境等确定。

(a) 同步带　(b) 同步带轮　(c) 同步带传动方式

图 2-73　同步带传动的组件

同步带型号分别表示齿型代号、型号、节距和节圆长度,例如 HTD 5005M14 型号的同步带,HTD 表示齿型代号是圆弧齿,5M 表示型号(节距是 2.06),14 表示同步带的宽度(mm),500 表示带的节圆长度(mm)。同步带轮在订货时需说明带轮的外形及安装尺寸等要求(可附图纸说明)，如总宽度或槽宽、有无挡边、凸台参数及内孔和键槽尺寸等。带轮外径与齿数和齿距有关，例如同步带型号是750H150，表示带轮的齿形是H形，节距是12.7 mm。当40齿时，齿顶直径是160 mm；当35齿时，齿顶直径为140 mm。

② 带传动的应用和特点：

带传动被广泛应用在两轴平行、同向转动的设备上，常用于中小型功率电机与工作机之间的动力传递。带传动机构一般由固联于主动轴上的带轮(主动轮)、固联于从动轴上的带轮(从动轮)和紧套在两轮上的传动带组成，如图2－74所示。

带传动适用于中心距较大的传动。带具有良好的挠性，可缓和冲击、吸收振动。除同步带传动外，其他带传动在过载时带与带轮之间会出现打滑现象，可有效避免零件的损坏。带传动结构简单、装配方便，成本较低。另外，除同步带传动可保证固定的传动比外，其他带传动由于带与带轮之间的相对滑动作用，不能保证恒定的传动比。

(2) 带传动的装配

① 平行传动轴带轮的装配。带轮与轴装配时，应端面靠紧、无倾斜，保证径向圆跳动量小于(0.5‰～2.5‰)D，轴向圆跳动量小于(0.1‰～0.5‰)D，D为带轮直径，单位为毫米(mm)。两个带轮的中心面p必须对齐，其轴向偏移量a应不大于0.5 mm，如图2－75所示。否则会造成三角胶带单边工作，磨损严重，降低三角胶带使用寿命，或发生串槽现象；两轴平行度的偏差$\tan\theta$值，不应大于其中心距的0.15‰；偏移和平行度的检查，宜以带轮的边缘为测量基准。

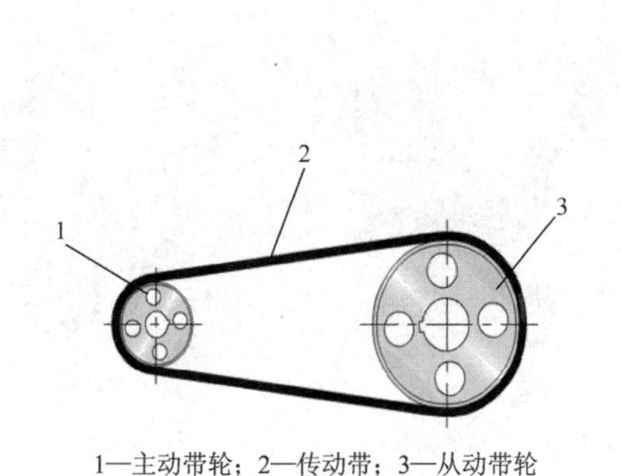

1—主动带轮；2—传动带；3—从动带轮

图2－74　带的传动结构

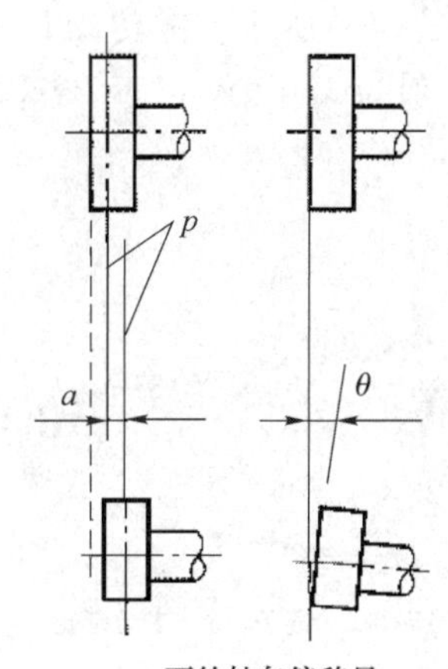

a— 两轮轴向偏移量；
θ— 两轴不平行的夹角；p— 轮宽的中央平面

图2－75　两平行带轮的位置偏差

② 带的安装。带的安装应考虑带传动的结构和张紧方式。常见的带传动张紧方式如图2－76所示。如果两轴中心距可以调整，装配前应该先将中心距缩短，把带装好以后再按要求调整中心距和张紧度，使中心距复位。若有张紧轮时，需先把张紧轮放松，装上带后再调整张紧轮的张紧程度。

禁止用工具硬撬、硬拽来安装带，以防胶带伸长或过松、过紧现象。对于三角带的安装，当两轴中心距不可调整时，可将三角带先套入一轮槽中，然后转动另一个皮带轮，将三角胶带装上，然后用同样的办法把一组三角胶带都装上。

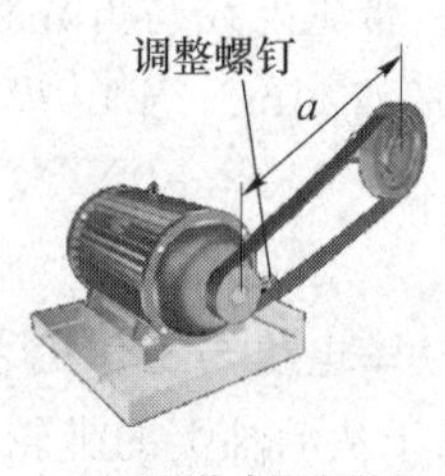

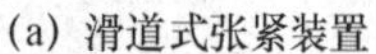
(a) 滑道式张紧装置

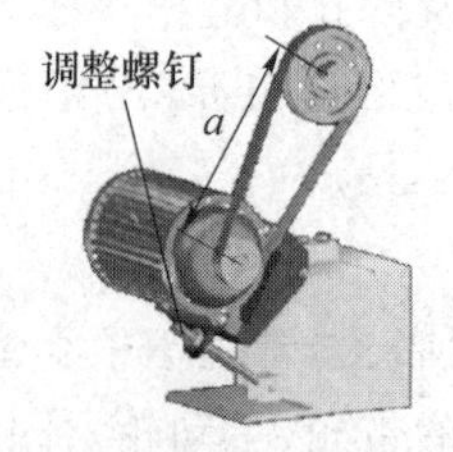

(b) 摆架式张紧装置

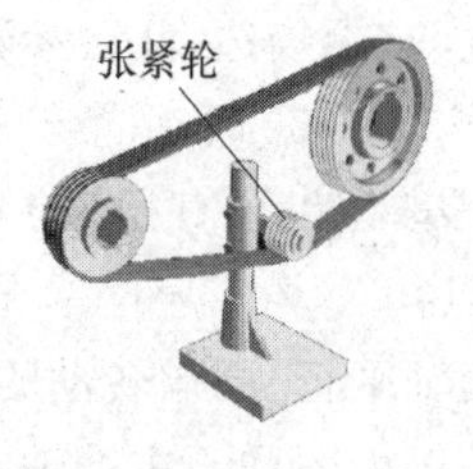

(c) 张紧轮张紧装置

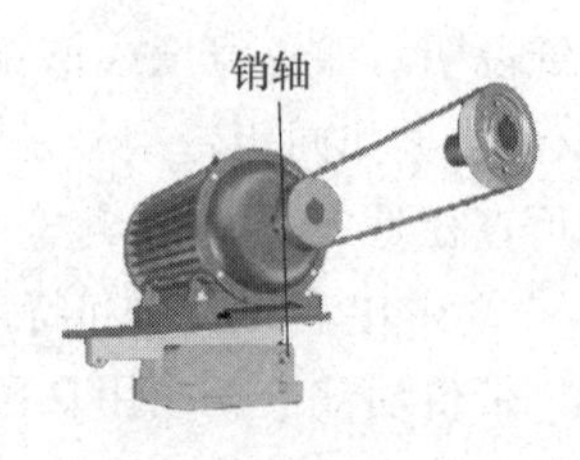

(d) 自动张紧装置

图 2-76　带传动的张紧方式

③ 初拉力的控制。三角胶带的松紧度必须经常检查和调整,使之符合要求。过松不仅容易打滑,也增加三角带损耗,甚至不能传递动力;过紧不仅会使三角带拉长变形,容易损坏,同时也会造成发动机主轴承和离合器轴承受力过大。

④ 张紧力的检查和调整。确定带的安装正确后,用相应工具或手在每条带中部,施加2 kg左右的垂直压力,下沉量为20～30 mm为宜,不合适时要及时进行调整。调整张紧力的方法是通过调整中心距或使用张紧机构,使皮带张紧力符合使用要求。

⑤ 传动带需预拉时,预紧力宜为工作拉力的1.5～2倍,预紧持续时间宜为24 h。

2. 链传动

(1)链传动的分类和应用

链传动由主动链轮、从动链轮和在两轮上安装的链条组成,如图2-77(a)所示,其张紧方式如图2-77(b)、(c)所示。链传动是依靠链条和链轮齿啮合来传递运动和动力的,其特点是:传动功率一般为100 kW以下,效率在0.92～0.98之间,传动比 i 不超过1∶7,传动速度一般小于15 m/s。

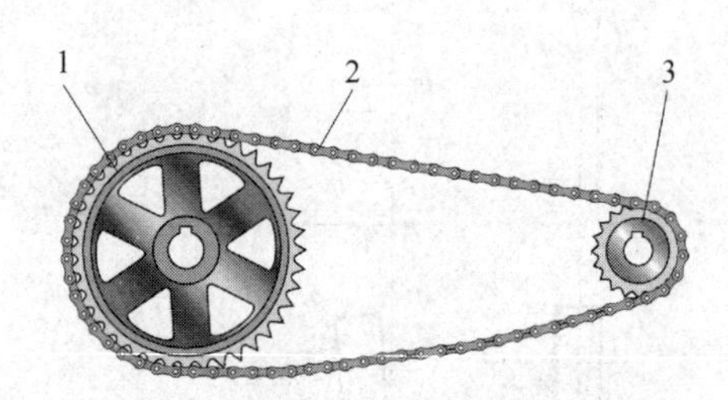

1—从动链轮；2—链条；3—主动链轮

(a) 链传动结构

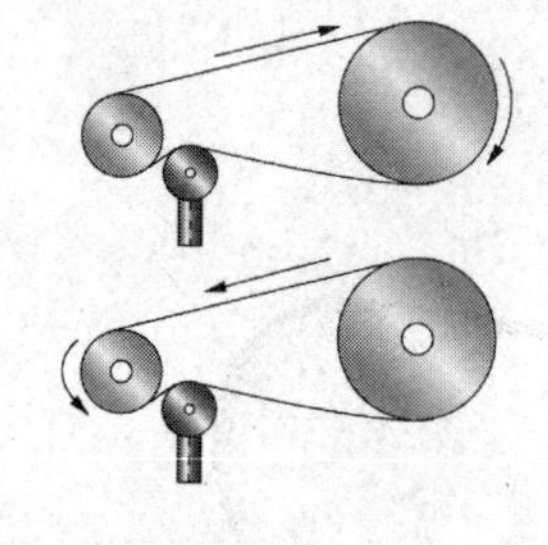
(b) 水平传动的张紧方式

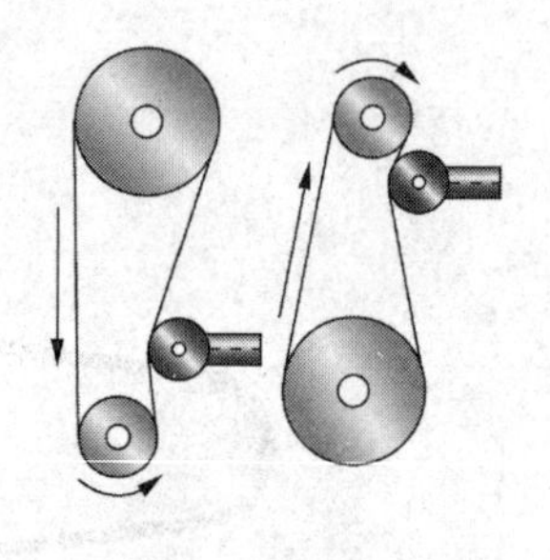
(c) 垂直传动的张紧方式

图 2-77　链传动的装配

链按用途可分为传动链、输送链和起重链。按结构分为滚子链和齿形链,如图2-78所示。链传动广泛应用于矿山机械、冶金机械、运输机械、机床传动及石油化工等行业。

链传动属刚性传动,其工作可靠,效率高;传递功率大,过载能力强,相同工况下的传动尺寸较小(与带传动相比);所需张紧力小,作用于轴上的压力小;能在高温、潮湿、多尘、有污染等恶劣环境下工作。链传动的缺点是:仅能用于两平行轴间的传动;易磨损,易伸长;平均传动比准确,但传动比不为常数;传动平稳性差,运转时会产生附加动载荷、振动、冲击和噪声,不宜用在急速反向的传动中。

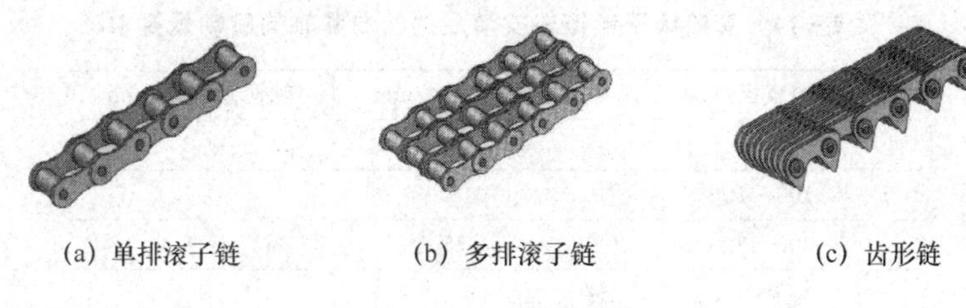

(a) 单排滚子链　　(b) 多排滚子链　　(c) 齿形链

图 2－78　链的种类

滚子链的结构如图 2－79(a)所示,由内链板、外链板、销轴、套筒和滚子组成,实体如图 2－79(b) 所示。滚子链的使用多为封闭的环形结构,所以需要进行接头连接。其连接方式分为开口销连接、弹簧卡连接和过渡链节连接,分别如图 2－80(a)、(b)和(c)所示,其中过渡链节连接适用于奇数链节。

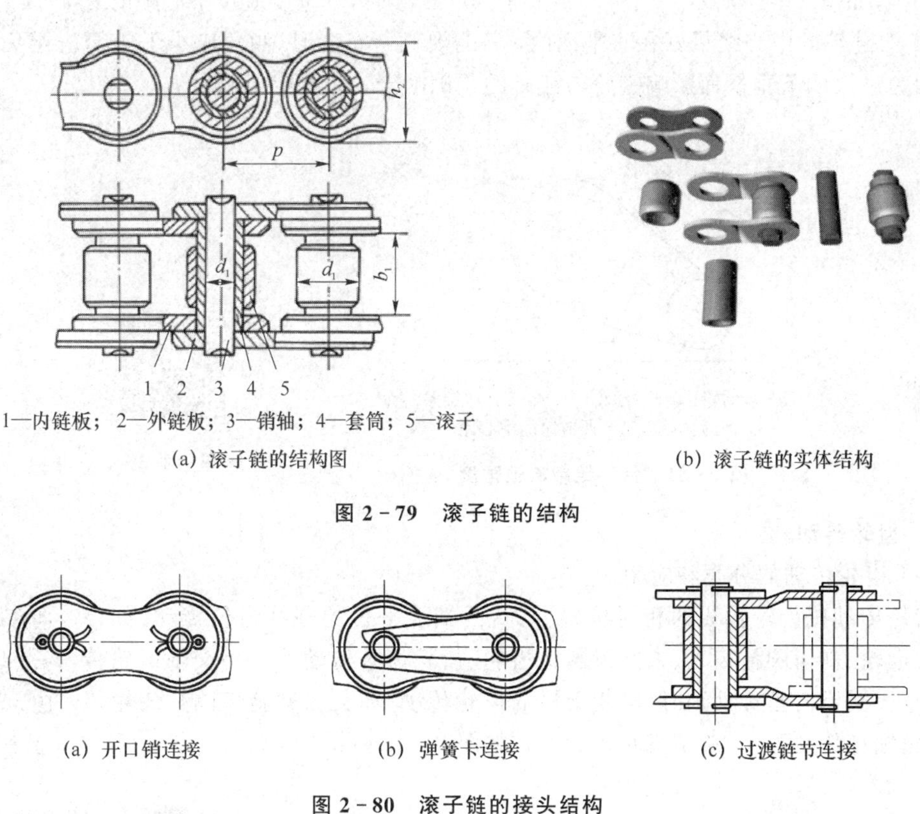

1—内链板；2—外链板；3—销轴；4—套筒；5—滚子

(a) 滚子链的结构图　　(b) 滚子链的实体结构

图 2－79　滚子链的结构

(a) 开口销连接　　(b) 弹簧卡连接　　(c) 过渡链节连接

图 2－80　滚子链的接头结构

(2) 链传动的装配

① 链轮安装后,不允许有轴向窜动。其径向和轴向跳动量要求如表 2－14 所列。

② 链传动在装配时,为了保证良好的啮合性能,两链轮轴线应平行,并使链轮在同一垂直平面内转动,安装时应使两轮中心平面的轴向位置误差不大于中心距的 2‰。

③ 两轮旋转平面间夹角 $\Delta\theta \leqslant 0.006$ rad,若误差过大,易导致脱链现象或使磨损严重。

④ 在链的水平传动中,链传动最好紧边在上, 松边在下, 以防止松边下垂量过大使链条与链轮轮齿发生干涉,或松边与紧边相碰。

表 2-14　套筒滚子链链轮安装后的径向和轴向跳动量要求

链轮直径/mm	径向圆跳动/mm	轴向圆跳动/mm
<100	0.25	0.3
100～200	0.5	0.5
200～300	0.75	0.8
300～400	1	1
>400	1.2	1.5

⑤ 张紧调整方法：调整中心距；当中心距不可调时，可通过设置张紧轮张紧；当链条因使用而变得过长时，需更换新链条，或者将链条拆掉 1～2 节。

⑥ 链条工作边张紧时，其非工作边的弛垂度 f 应符合规定，或宜取两轮中心距 L 的 1%～5%，如图 2-81 所示。当中心距大于 500 mm 时，下垂度应按中心距的 1%～2%调整。

⑦ 两链轮的中心线最好在水平面内，若需要倾斜布置时，倾角应小于 45°，应避免垂直布置时因为过大的下垂量而影响链轮与链条的正确啮合，降低传动能力。

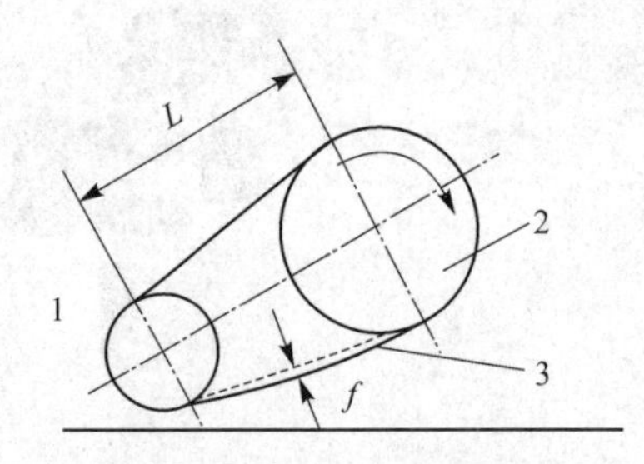

1—从动轮；2—主动轮；3—非工作边链条；
f—弛垂度；L—两链轮的中心距

图 2-81　传动链条的弛垂度

单元测试

3. 齿轮传动

(1) 齿轮传动的分类和应用

教学视频

齿轮传动按齿轮轴线的相对位置分为：两轴线平行的圆柱齿轮传动(如外啮合直齿轮、斜齿圆柱齿轮、人字齿圆柱齿轮、齿轮齿条传动等)、相交轴齿轮传动(如直齿圆锥齿轮传动)和两轴相交错的齿轮传动(如交错轴斜齿圆柱齿轮传动、蜗轮蜗杆传动等)。典型齿轮传动形式如图 2-82 所示。

(a) 平行轴直齿圆柱齿轮传动

(b) 相交轴圆锥齿轮传动

(c) 交错轴蜗轮蜗杆传动

图 2-82　典型齿轮传动形式

齿轮传动是利用两齿轮的轮齿相互啮合传递动力和运动的机械传动。齿轮传动的特点是传动比稳定(具有中心距可分性)、传动效率高、工作可靠、结构紧凑、使用寿命长等;缺点是制造和安装精度要求较高,制造成本高,不适宜用于两轴间的较大距离传动等。

(2) 齿轮传动的装配

齿轮传动或蜗轮传动在装配时,其作为基准面的端面与轴肩或定位套端面应紧密贴合,且用 0.05 mm 塞尺应不能塞入;基准面与轴线的垂直度应符合要求。齿轮与齿轮、蜗轮与蜗杆装配后应盘车检查,其转动应平稳、灵活且无异常声响。

用着色法检查传动齿轮啮合的接触斑点时,应将颜色涂在小齿轮或蜗杆上,在轻微制动下,用小齿轮驱动大齿轮,使大齿轮转动 3～4 圈。圆柱齿轮和蜗轮的接触斑点,应趋于齿侧面中部;圆锥齿轮的接触斑点,应趋于齿侧面的中部或接近小端,如图 2－83 所示,齿顶和齿端棱边不应有接触。

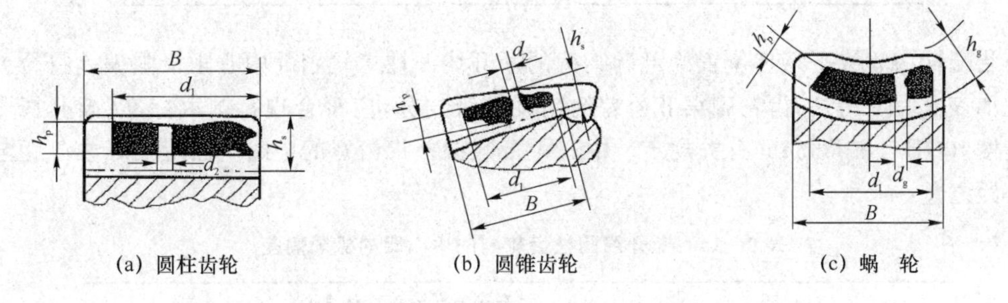

(a) 圆柱齿轮　(b) 圆锥齿轮　(c) 蜗　轮

图 2－83　着色法检查传动齿轮啮合的接触斑点

接触斑点的百分率计算公式为

$$n_1=\frac{d_1-d_2}{B}\times100\% \qquad (2-4)$$

$$n_2=\frac{h_p}{h_g}\times100\% \qquad (2-5)$$

式中：n_1——齿长方向的百分率,%;

n_2——齿高方向的百分率,%;

d_1——接触痕迹极点间的距离,mm;

d_2——超过模数值的断开距离,mm;

B——齿全长,mm;

h_p——圆柱齿轮和蜗轮副的接触痕迹平均高度或圆锥齿轮副的齿长中部接触痕迹的高度,mm;

h_g——圆柱齿轮和蜗轮副的工作高度或圆锥齿轮副相应于 h_p 处的有效齿高,mm。

接触斑点百分率不应小于表 2－15 中的规定,宜采用透明胶带取样,并贴在坐标纸上保存、备查。可逆转的齿轮副,齿的两面均应检查。

① 圆柱齿轮传动的装配方法如下：

➢ 齿轮装配顺序一般都是从最后一根被动轴开始,逐级装配。

➢ 齿宽小于或者等于 100 mm 时,轴向错位应小于或者等于齿宽的 5%,齿宽大于 100 mm 时,轴向错位应小于或者等于 5 mm。

表 2-15　传动齿轮啮合的接触斑点百分率

%

<table>
<tr><th rowspan="2">精度等级</th><th colspan="2">圆柱齿轮</th><th colspan="2">圆锥齿轮</th><th colspan="2">蜗　轮</th></tr>
<tr><th>沿齿高</th><th>沿齿长</th><th>沿齿高</th><th>沿齿长</th><th>沿齿高</th><th>沿齿长</th></tr>
<tr><td>5</td><td>55</td><td>80</td><td>65～85</td><td>60～80</td><td rowspan="2">65</td><td rowspan="2">60</td></tr>
<tr><td>6</td><td>50</td><td>70</td><td rowspan="2">55～75</td><td rowspan="2">50～70</td></tr>
<tr><td>7</td><td>45</td><td>60</td><td rowspan="2">55</td><td rowspan="2">50</td></tr>
<tr><td>8</td><td>40</td><td>50</td><td rowspan="2">40～70</td><td rowspan="2">30～65</td></tr>
<tr><td>9</td><td>30</td><td>40</td><td rowspan="2">45</td><td rowspan="2">40</td></tr>
<tr><td>10</td><td>25</td><td>30</td><td rowspan="2">30～60</td><td rowspan="2">25～55</td></tr>
<tr><td>11</td><td>20</td><td>30</td><td colspan="2">30</td></tr>
</table>

➢ 装配轴中心线平行且位置为可调结构的渐开线圆柱齿轮副的中心距极限偏差符合设计要求或如表 2-16 所列,齿轮副第Ⅱ公差组精度等级划分,应符合现行国家标准《渐开线圆柱齿轮精度》(GB/T 10095)的有关规定。中心距极限偏差指齿宽的中间平面上实际中心距与公称中心距之差。

表 2-16　渐开线圆柱齿轮副的中心距的极限偏差

齿轮副公称中心距/mm	齿轮副第Ⅱ公差组精度					
	1～2	3～4	5～6	7～8	9～10	11～12
	极限偏差/μm					
>6～10	2	4.5	7.5	11	18	45
>10～18	2.5	5.5	9	13.5	21.5	55
>18～30	3	6.5	10.5	16.5	26	65
>30～50	3.5	8	12.5	19.5	31	80
>50～80	4	9.5	15	23	37	90
>80～120	5	11	17.5	27	43.5	110
>120～180	6	12.5	20	31.5	50	125
>180～250	7	14.5	23	36	57.5	145
>250～315	8	16	26	40.5	65	160
>315～400	9	18	28.5	44.5	70	180
>400～500	10	20	31.5	48.5	77.5	200
>500～630	11	22	35	55	87	220
>630～800	12.5	25	40	62	100	250
>800～1 000	14.5	28	45	70	115	280
>1 000～1 250	17	33	52	82	130	330
>1 250～1 600	20	39	62	97	155	390
>1 600～2 000	24	46	75	115	185	460
>2 000～2 500	28.5	55	87	140	220	550
>2 500～3 150	34.5	67.5	105	165	270	675

➢ 齿轮的接触精度可用涂红丹粉等方法进行检验。

➢ 装配后齿轮的合理齿侧隙参见表 2－17。

表 2－17　圆柱齿轮的最小法向极限侧隙

轮箱温差/℃	侧隙种类	齿轮中心距 a/mm						
		≤80	80～125	125～180	180～250	250～315	315～400	400～500
		最小法向极限侧隙						
0	h	0	0	0	0	0	0	0
6	e	30	35	40	46	52	57	63
10	d	46	54	63	72	81	89	97
16	c	74	87	100	115	130	140	155
25	b	120	140	160	185	210	230	250
40	a	190	220	250	290	320	360	400

➢ 用加热齿轮的热装法装配时，齿轮的加热温度一般为 120 ℃左右，且不宜超过 180 ℃。

➢ 用压铅法检查齿轮啮合间隙时，铅条直径不宜超过间隙的 3 倍，铅条长度不应小于 5 个齿距，沿齿宽方向应均匀放置不少于 2 根铅条。

➢ 齿轮传动部件的装配工序包括两步，先将齿轮装到轴上，再将齿轮及轴组件装入箱体。

齿轮在轴上的装配方法如下：

在轴上装配空套或滑移的齿轮，一般采用间隙配合，装配精度主要取决于零件本身的制造精度，装配时要注意检查轴、孔的尺寸公差和精度。

在轴上装配固定的齿轮，其与轴一般为过渡配合或过盈量较小的过盈配合。当过盈量较小时，可用手工工具敲入。对于低速重载的齿轮，一般过盈量很大，可用温差法装配。齿轮装到轴上时要避免偏心、歪斜等安装误差。对于精度要求高的齿轮，装到轴上后需检查其径向跳动和端面跳动量。

齿轮及轴组件装入箱体的方法如下：

齿轮、轴组件在箱体上的装配精度除受齿轮在轴上的装配精度影响外，还与箱体的几何精度有关，如与箱体孔间的同轴度、轴线间的平行度，以及孔的中心距偏差等有关，同时还可能与相邻轴上的齿轮相对位置有关。

装配齿轮、轴组件前应对箱体进行检验，应检查箱体上的孔距、孔系的平行度、轴线与基准面的尺寸距离及平行度、孔轴线与端面的垂直度、孔轴线的同轴度等精度要求。为了保证齿轮副的装配精度，在装配时要进行调整，必要时还要进行修配。使用滑动轴承时，箱体等零件的有关加工误差可用刮研轴瓦孔的方法来补偿。使用滚动轴承时，必须严格控制箱体加工精度，有时也可用加偏心套调整或加配衬板法来提高齿轮的接触精度。

➢ 高运动精度的装配调整：首先要保证齿轮的加工精度，并可以通过定向装配法来得到高装配精度。在装配传动比为 1∶1 或其他整数的一对啮合时，应根据其齿距累积误差的分布状况，将一个齿轮的累积误差最大相位与另一齿轮的累积误差最大相位相对应，使齿轮的加工误差得到一定程度的补偿。对于齿轮的径向跳动误差和端面跳动误差，可以分别测定齿轮定位面、轴承定位面及其他相关零件的误差相位，装配时通过相位的适当调整抵消有关零件的误差。

② 锥齿轮传动的装配方法如下:

➢ 应保证啮合齿轮处于正确位置。装配中必须使啮合齿轮中心线相交,并有正确的夹角,啮合齿的端面应齐平。

➢ 应保证合理的齿轮间隙。可以通过固定一齿轮,而将另一个齿轮沿轴向移动的方法进行调整,当达到准确啮合位置时,将该齿轮位置进行固定。

➢ 齿面接触精度可用涂红丹粉等方法进行检验。

➢ 锥齿轮装配对侧隙的要求可按照分度圆大端至锥顶的距离,即锥顶距的不同值,对照圆柱齿轮中心距所对应的最小法向极限侧隙选取,参见表 2-17。锥齿轮的齿侧间隙可以用塞尺、压铅丝或千分尺进行检查。

③ 蜗轮蜗杆传动的装配方法如下:

➢ 应保证相啮合的蜗轮与蜗杆处于正确位置,使蜗杆中心轴线处于蜗轮中心平面内。

➢ 蜗轮和蜗杆轴心线间的中心距应依据装配图尺寸及公差确定。中心距可调整的蜗轮蜗杆副,其中心距的极限偏差应符合表 2-18 的规定。蜗轮与蜗杆传动最小法向侧间隙,应符合文件规定,或按表 2-19 的规定执行(蜗轮转动最小法向侧隙大小分 8 种,a 等最大,h 等最小为 0,侧间隙种类与精度等级无关,侧间隙要求应依工作条件和使用要求而定)。

➢ 蜗轮、蜗杆轴心线应垂直交叉成 90°,轴心线倾斜度应符合设计要求。

➢ 装配质量的综合检查,可以通过在齿面上涂抹红丹粉进行检查。

表 2-18 蜗轮和蜗杆中心距的极限偏差

<table>
<tr><th rowspan="3">传动中心距
/mm</th><th colspan="12">精密等级</th></tr>
<tr><th>1</th><th>2</th><th>3</th><th>4</th><th>5</th><th>6</th><th>7</th><th>8</th><th>9</th><th>10</th><th>11</th><th>12</th></tr>
<tr><th colspan="12">极限偏差/μm</th></tr>
<tr><td>≤30</td><td>3</td><td>5</td><td>7</td><td>11</td><td colspan="2">17</td><td colspan="2">26</td><td colspan="2">42</td><td colspan="2">65</td></tr>
<tr><td>>30~50</td><td>3.5</td><td>6</td><td>8</td><td>13</td><td colspan="2">20</td><td colspan="2">31</td><td colspan="2">50</td><td colspan="2">80</td></tr>
<tr><td>>50~80</td><td>4</td><td>7</td><td>10</td><td>15</td><td colspan="2">23</td><td colspan="2">37</td><td colspan="2">60</td><td colspan="2">90</td></tr>
<tr><td>>80~120</td><td>5</td><td>8</td><td>11</td><td>18</td><td colspan="2">27</td><td colspan="2">44</td><td colspan="2">70</td><td colspan="2">110</td></tr>
<tr><td>>120~180</td><td>6</td><td>9</td><td>13</td><td>20</td><td colspan="2">32</td><td colspan="2">50</td><td colspan="2">80</td><td colspan="2">125</td></tr>
<tr><td>>180~250</td><td>7</td><td>10</td><td>15</td><td>23</td><td colspan="2">36</td><td colspan="2">58</td><td colspan="2">92</td><td colspan="2">145</td></tr>
<tr><td>>250~315</td><td>8</td><td>12</td><td>16</td><td>26</td><td colspan="2">40</td><td colspan="2">65</td><td colspan="2">105</td><td colspan="2">160</td></tr>
<tr><td>>315~400</td><td>9</td><td>13</td><td>18</td><td>28</td><td colspan="2">45</td><td colspan="2">70</td><td colspan="2">115</td><td colspan="2">180</td></tr>
<tr><td>>400~500</td><td>10</td><td>14</td><td>20</td><td>32</td><td colspan="2">50</td><td colspan="2">78</td><td colspan="2">125</td><td colspan="2">200</td></tr>
<tr><td>>500~630</td><td>11</td><td>16</td><td>22</td><td>35</td><td colspan="2">55</td><td colspan="2">87</td><td colspan="2">140</td><td colspan="2">220</td></tr>
<tr><td>>630~800</td><td>13</td><td>18</td><td>25</td><td>40</td><td colspan="2">62</td><td colspan="2">100</td><td colspan="2">160</td><td colspan="2">250</td></tr>
<tr><td>>800~1 000</td><td>15</td><td>20</td><td>28</td><td>45</td><td colspan="2">70</td><td colspan="2">115</td><td colspan="2">180</td><td colspan="2">280</td></tr>
<tr><td>>1 000~1 250</td><td>17</td><td>23</td><td>33</td><td>52</td><td colspan="2">82</td><td colspan="2">130</td><td colspan="2">210</td><td colspan="2">330</td></tr>
<tr><td>>1 250~1 600</td><td>20</td><td>27</td><td>39</td><td>62</td><td colspan="2">97</td><td colspan="2">155</td><td colspan="2">250</td><td colspan="2">390</td></tr>
<tr><td>>1 600~2 000</td><td>24</td><td>32</td><td>46</td><td>75</td><td colspan="2">115</td><td colspan="2">185</td><td colspan="2">300</td><td colspan="2">460</td></tr>
<tr><td>>2 000~2 500</td><td>29</td><td>39</td><td>55</td><td>87</td><td colspan="2">140</td><td colspan="2">220</td><td colspan="2">350</td><td colspan="2">550</td></tr>
</table>

表 2-19　蜗轮和蜗杆中心距的最小法向侧间隙

传动中心距/mm	侧间隙种类							
	h	*g*	*f*	*e*	*d*	*c*	*b*	*a*
	最小法向间隙/μm							
≤30	0	9	13	21	33	52	84	130
>30～50	0	11	16	25	39	62	100	160
>50～80	0	13	19	30	46	74	120	190
>80～120	0	15	22	35	54	87	140	220
>120～180	0	18	25	40	63	100	160	250
>180～250	0	20	29	46	72	115	185	290
>250～315	0	23	32	52	81	130	210	320
>315～400	0	25	36	57	89	140	230	360
>400～500	0	27	40	63	97	155	250	400
>500～630	0	30	44	70	110	175	280	440
>630～800	0	35	50	80	125	200	320	500
>800～1000	0	40	56	90	140	230	360	560
>1 000～1 250	0	46	66	105	165	260	420	660
>1 250～1 600	0	54	78	125	195	310	500	780
>1 600～2 000	0	65	92	150	230	370	600	920
>2 000～2 500	0	77	110	175	280	440	700	1100

4. 螺旋传动的装配

(1) 螺旋传动的分类和应用

螺旋传动是指利用螺杆和螺母的啮合来传递动力和运动的机械传动。按工作特点的不同,螺旋传动可分为传力螺旋、传导螺旋和调整螺旋 3 种。

① 传力螺旋。以传递动力为主,用较小的转矩产生较大的轴向推力,一般为间歇工作,工作速度不高,而且通常要求自锁,例如螺旋压力机和螺旋千斤顶上的螺旋。

② 传导螺旋。以传递运动为主,常要求具有高的运动精度,一般在较长时间内连续工作,工作速度也较高,如机床的进给螺旋,即丝杠螺母副,通常称其进行"丝杠传动"。

③ 调整螺旋。用于调整并固定零件或部件之间的相对位置,一般不经常转动,要求自锁,个别时候要求具有很高精度,如机器和精密仪表微调机构的螺旋。

按螺纹间摩擦性质的不同,螺旋传动可分为滑动螺旋传动和滚动螺旋传动。滑动螺旋传动又可分为普通滑动螺旋传动和静压螺旋传动。传导螺纹又分为滑动螺旋传动、静压螺旋传动和滚动螺旋传动。一般称滚动螺旋传动机构为滚珠丝杠,外观如图 2-84 所示。

图 2-84　滚珠丝杠

滚珠丝杠与滑动丝杠副相比,由于其丝杆与螺母之间有很多滚珠做滚动,而且由专门厂家保证了其加工及装配精度,所以其产生的摩擦力矩小(一般仅为滑动丝杠的1/3)、传动效率高,易保证高精度无侧隙、刚性高,可以实现微进给及高速进给,因而广泛用于伺服和高速传动系统中。滚动丝杠传动的缺点是运动不能自锁,因此在需要制动的场合,应另设制动机构,也可直接选用带有制动装置的电机。

(2) 滚珠丝杠副的安装方式

① 双推-自由方式。安装方式为丝杠一端固定,另一端自由,固定端轴承同时承受轴向力和径向力。这种支承方式用于行程小的短丝杠。

② 双推-支承方式。安装方式为丝杠一端固定,另一端支承。固定端轴承同时承受轴向力和径向力;支承端轴承只承受径向力,而且能作微量的轴向移动,可以避免或减少丝杠因自重而发生的弯曲现象。另外,丝杠在热变形情况下可以自由地向一端伸长。

③ 双推-双推方式。安装方式为丝杠两端均固定。两个固定端的轴承都可以同时承受轴向力和径向力,这种支承方式可以产生对丝杠适当的预拉力,提高丝杠的支承刚度,也可以部分补偿丝杠的热变形,但不适合丝杠有较大的热变形情况。

④ 采用丝杠固定、螺母旋转的传动方式。其特点为螺母一边转动、一边沿固定的丝杠做轴向移动。由于丝杠不动,可避免受临界转速的限制,避免了细长滚珠丝杠高速运转时出现的振动等问题。螺母惯性小、运动灵活,可实现高转速。此种方式可以对丝杠施加较大的预拉力,提高丝杠支承刚度,补偿丝杠的热变形。

(3) 滚珠丝杠副的装配方法

滚珠丝杠副应当仅承受轴向负荷。径向力、弯矩会使滚珠丝杠副产生附加表面接触力,从而可能造成丝杠的永久性损坏。因此,滚珠丝杠副在设备上安装时,应注意以下几点:

① 安装前应检查其外观和型号。丝杠螺母副要求一定的预紧方式、预紧量和传动精度,这类指标在订货后通常由生产厂家完成。

② 在装配时,应保证丝杠的轴线与相对应的导轨中心平面的平行度,安装滚珠丝杠的不同轴承座孔的轴线,应保证同轴度要求;在装配时,还应保证丝杠轴承座孔的轴线与螺母安装孔轴线的同轴度。

③ 在安装螺母时,应尽量靠近支承轴承;同样在安装支承轴承时,也应使螺母靠近。

单元测试

④ 调整丝杠轴承的预紧力。在传动精度较高时预紧力要求相对较大;而在高速轻载和传动精度要求较低的场合,可以选择小的预紧力或只适当调整安装间隙而不进行预紧。预紧力过大会使摩擦力增大、产生大量热,并且增加传动的力矩。

2.2.5 联轴器的分类与装配

教学视频

联轴器是用来把两轴连接在一起传递运动与转矩,机器停止运转后才能接合或分离的一种装置。联轴器经常作为电机与减速器等的连接,应用广泛。联轴器的型号与规格应依据所需传动的力矩、转速及被连接轴径等来确定。

1. 联轴器的分类

按联轴器是否允许装配偏差可分为固定式联轴器和移动式联轴器。

(1) 固定式联轴器

固定式联轴器要求被连接的轴间具有较高的同轴度,连接强度较高,常作为大力矩的传递。固定式联轴器包括凸缘联轴器、套筒联轴器和夹壳联轴器等。由于实际被连接轴间有时存在的不同轴等误差,会使轴和支撑轴的轴承受径向载荷,损坏轴或使轴承过载,从而影响联轴器的正常使用。

① 凸缘联轴器。凸缘联轴器分为普通凸缘联轴器和有对中榫的凸缘联轴器两种,如图 2 - 85 所示。其结构简单、成本低、可传递较大的转矩,用于载荷较平稳的两轴连接。凸缘联轴器的半联轴器通过键与传动轴相连接,用螺栓将两个半联轴器的凸缘连接在一起。

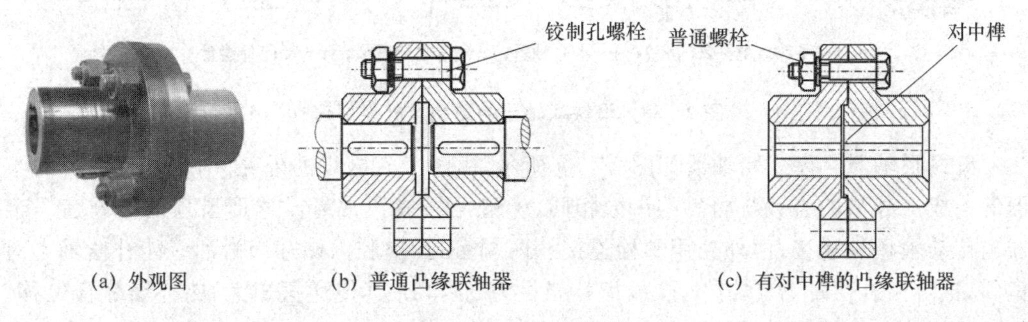

(a) 外观图　(b) 普通凸缘联轴器　(c) 有对中榫的凸缘联轴器

图 2 - 85　凸缘联轴器

② 套筒联轴器。套筒联轴器分为键连接和销连接两种形式,通过键或销将主动轴的运动和动力通过套筒传递给从动轴,如图 2 - 86 所示。其结构简单、工作可靠,在装配时对两轴的同轴度要求较高。

③ 夹壳联轴器。夹壳联轴器如图 2 - 87 所示,其以螺栓压紧夹壳,分别夹住被连接的两轴,并以摩擦力进行传动,其传递动力相对较小,传动无间隙。

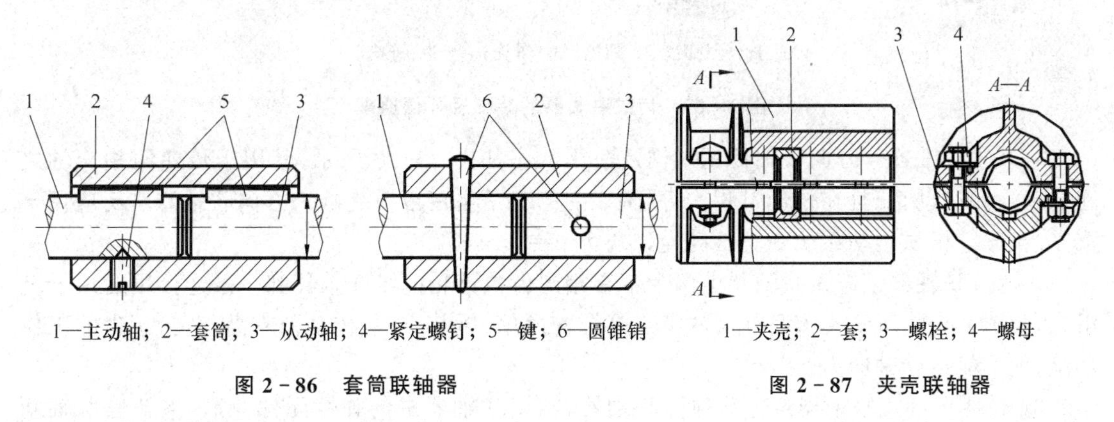

1—主动轴; 2—套筒; 3—从动轴; 4—紧定螺钉; 5—键; 6—圆锥销

图 2 - 86　套筒联轴器

1—夹壳; 2—套; 3—螺栓; 4—螺母

图 2 - 87　夹壳联轴器

(2) 移动式联轴器

移动式联轴器在一定程度上能补偿两轴间的相对位移,降低了对装配精度的要求,但结构复杂。其可进一步分为刚性移动式联轴器和弹性移动式联轴器两种。

① 刚性移动式联轴器。利用联轴器工作零件间的间隙和结构特性来补偿两轴的相对位移,但因无弹性元件,故不能缓冲减振。刚性移动式联轴器包括滑块联轴器、齿式联轴器、十字轴万向联轴器和链条联轴器等。固定式联轴器和刚性移动式联轴器也被合称为刚性联轴器。

➢ 滑块联轴器　滑块联轴器由两个端面开有径向凹槽的半联轴器、两端各具有凸榫的中间滑块构成。滑块两端的榫头互相垂直,嵌入凹槽中,构成移动副,如图2-88所示。当两轴存在不对中和偏斜时,滑块将在凹槽内滑动。其结构简单,制造容易。滑块因偏心产生离心力和磨损,会给轴和轴承带来附加动载荷。其角度补偿量为$\alpha \leqslant 30'$,径向补偿量为$y \leqslant 0.04\ d$(d为轴径),速度$v \leqslant 300$ r/min。

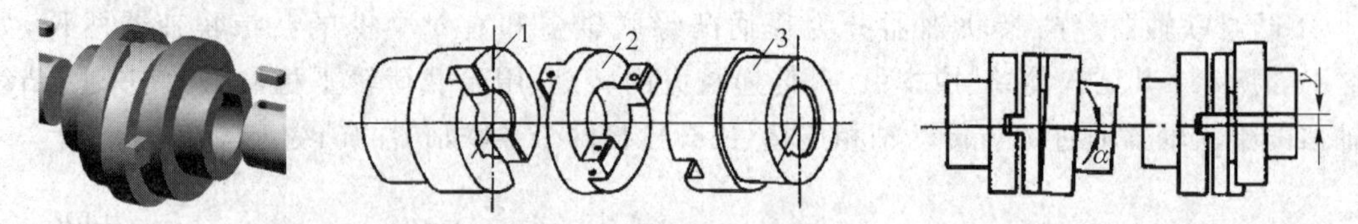

1—半联轴器;2—滑块;3—半联轴器;α— 角度补偿量;y—径向补偿量

图2-88　滑块联轴器的结构及补偿原理

➢ 齿式联轴器　齿式联轴器如图2-89所示,由两个有内齿的外壳、两个带有外齿的半联轴器等构成。外齿的齿数与内齿的齿数相同,外齿可做成正常齿或球形齿顶的腰鼓齿。半联轴器与传动轴用键连接,两外壳用螺栓连接。两端密封,空腔内储存润滑油。能补偿轴不对中和偏斜,正常齿补偿量为$\alpha \leqslant 30'$,腰鼓齿补偿量为$\alpha \leqslant 3°$。其传递扭矩大、能补偿综合位移,结构笨重、造价高,常用于重载传动。

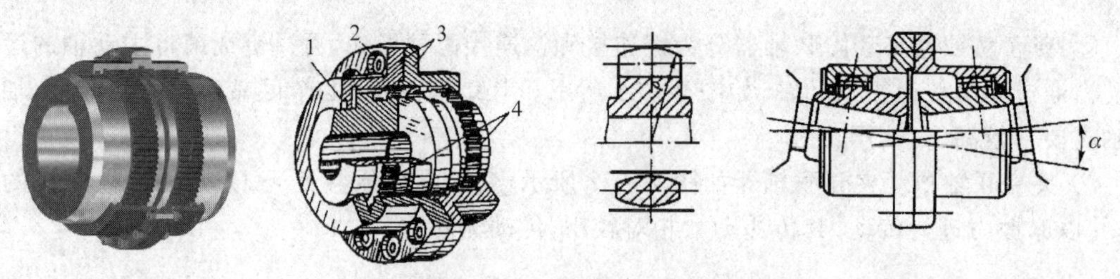

1—密封圈;2—螺栓;3—外壳;4—半联轴器

图2-89　齿式联轴器的装配及补偿原理

➢ 万向联轴器　万向联轴器的结构及使用状态如图2-90所示,其用于传递两相交轴之间的动力和运动,而且在传动过程中,两轴之间的夹角是可以改变的。万向联轴器广泛应用于汽车、机床等机械传动系统中。轴间允许角为$\alpha = 0 \sim 45°$。

➢ 链条联轴器　链条联轴器由两个带有相同齿数链轮的半联轴器和一条连接用的滚子链组成,如图2-91所示。该联轴器的特点是结构简单,拆装方便,传动效率高,适于恶劣的工作环境,但不能承受轴向力。

② 弹性移动式联轴器。也称弹性联轴器,利用联轴器中的弹性元件变形,来补偿两轴间的相对位移,而且具有缓冲减震的能力。弹性联轴器包括弹性套柱销联轴器、弹性柱销联轴器和轮胎式弹性联轴器等。

➢ 弹性套柱销联轴器　弹性套柱销联轴器的外观和结构,如图2-92所示。其外观与凸缘联轴器相似,用带橡胶弹性套的柱销连接两个半联轴器。由于联轴器的动力通过弹性元件传递,因而可缓和冲击、吸收振动。该联轴器在装配时应预留间隙以补偿轴向位移c,预留安装空间A,以便于更换橡胶套。

➢ 弹性柱销联轴器　弹性柱销联轴器的外观和结构,如图2-93所示。其以两个半联轴器

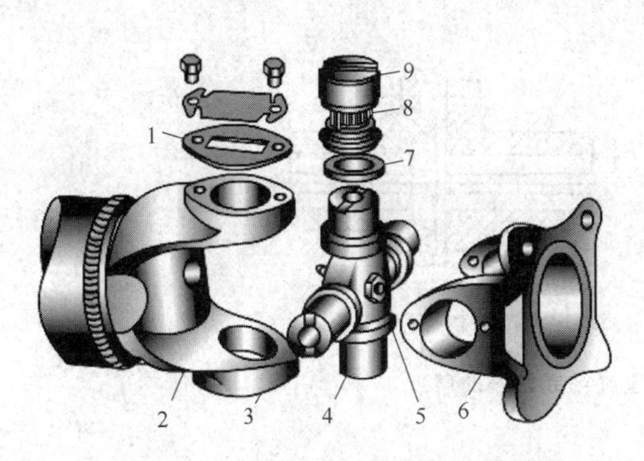

1—轴承盖；2、6—万向节叉；3—油嘴；4—十字轴；
5—安全阀；7—油封；8—滚针；9—套筒

(a) 爆炸图

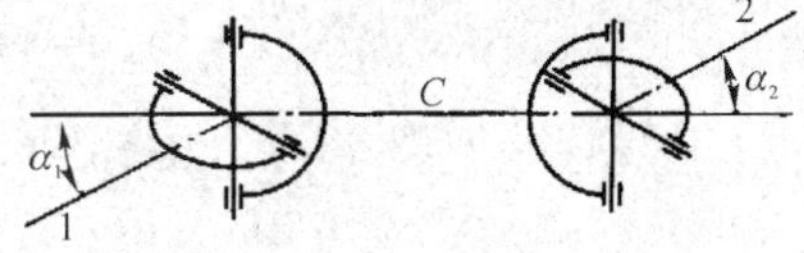

1—主动轴；2—从动轴

(b) 使用状态

图 2-90　十字轴万向联轴器

(a) 链条联轴器的组装及结构

(b) 链条联轴器的联接

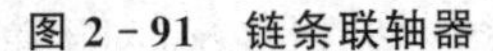

图 2-91　链条联轴器

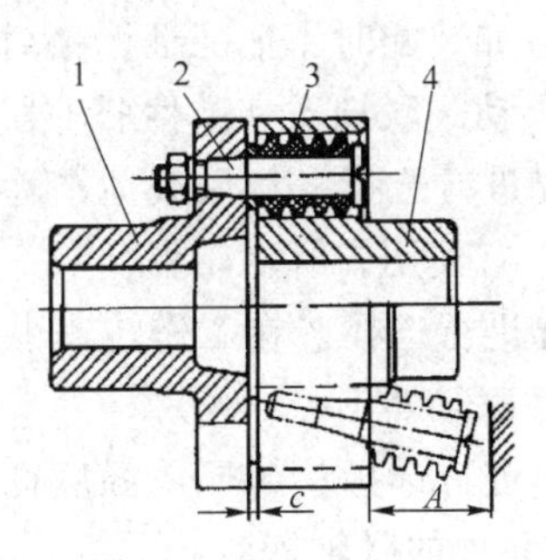

1、4—半联轴器；2—柱销；3—弹性套

图 2-92　弹性套柱销联轴器的原理

凸缘孔中的弹性柱销传递动力。弹性柱销联轴器的结构简单、更换柱销方便，适用于经常正反换向、启动频繁的高速轴。该联轴器能补偿较大的轴向位移，并允许微量的径向位移和角位移。

➢ 轮胎式弹性联轴器　轮胎式弹性联轴器的外观和结构，如图 2-94 所示。轮胎式弹性联轴器的结构简单，其连接部分为橡胶制成的轮胎环，用止退垫板将其与半联轴器连接。轮胎环的变形能力强，允许较大的综合位移，其中，最大允许的装配角度偏差 $\alpha \leqslant 3° \sim 5°$，轴向偏差 $x \leqslant 0.02d$（d 指轮胎环直径），径向偏差 $y \leqslant 0.01d$。该联轴器适用于启动频繁、正反向运转（转速 $n \leqslant 5\ 000$ r/min）、有冲击振动、有较大轴向位移、潮湿多尘的场合。

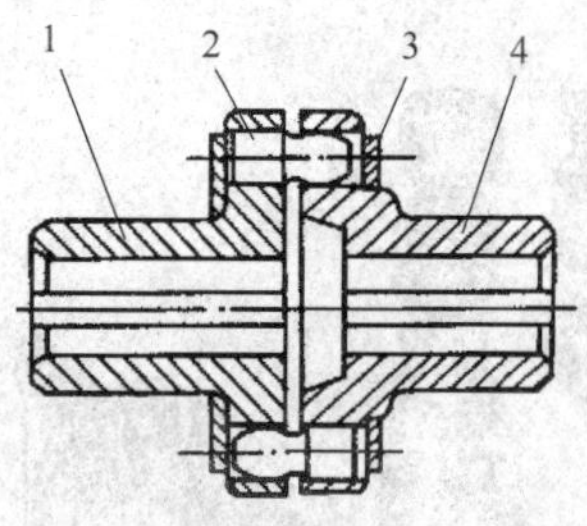

1、4—半联轴器；2—柱销；3—挡圈

图 2-93　尼龙柱销联轴器的原理

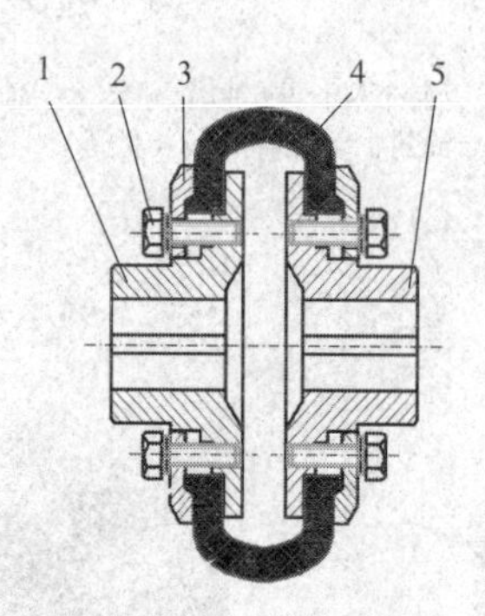

1、5—半联轴器；2—螺钉；3—止退垫板；4—轮胎环

图 2-94　轮胎式联轴器

2. 联轴器的选用

(1)联轴器的类型选用

① 根据两轴的对中情况进行选择。如在装配时能够实现严格对中、保证同轴度等要求，可选用固定式联轴器；如装配时不能保证严格对中，或工作时会发生位移，则应选用移动式联轴器，其中包括刚性移动式联轴器和弹性联轴器。

② 根据载荷情况进行选择。如果载荷平稳或变动不大，可选用刚性联轴器；如果经常起动制动或载荷变化大，宜使用弹性联轴器。

③ 根据速度情况进行选择。在工作转速小于联轴器许用转速情况下，低速宜选用刚性联轴器；高速宜选用弹性联轴器。

④ 根据环境情况进行选择。如环境温度低或过高，小于−20 ℃或高于 45 ℃，不宜选用将橡胶或尼龙作弹性元件的联轴器。

(2) 联轴器的型号选用

根据被连接轴的直径和转速等，并依据设计要求计算出所需转矩，再乘以安全系数(一般取 1.5～3)后，可通过网络或厂家提供的产品样本进行联轴器具体型号、性能的查寻和订货。

3. 联轴器的装配

联轴器所连接的两轴，由于制造及安装误差、承载后的变形以及温度变化的影响等，往往不能保证严格的对中，而是存在着一定程度的相对位移。联轴器两轴通常产生四种偏移形式，分别为轴向偏移、径向偏移、角度偏移和综合偏移，分别如图 2-95(a)、(b)、(c)、(d)所示。由于安装的场合和用途不同，这就要求合理选用联轴器的型号和规格，并采用合理的装配方法，使之达到较高安装精度，或使所选用的联轴器具有适应一定范围相对位移的能力。

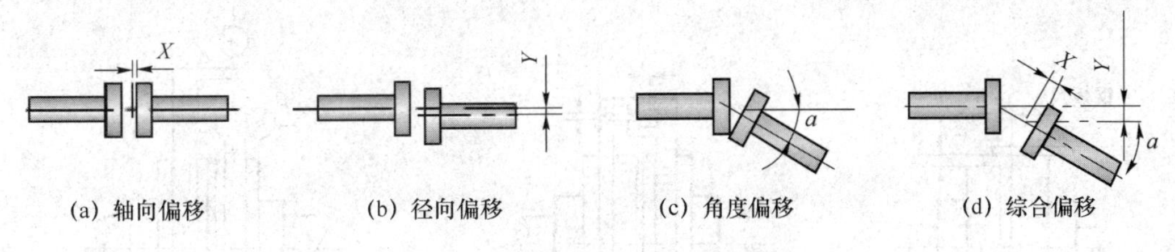

(a) 轴向偏移　(b) 径向偏移　(c) 角度偏移　(d) 综合偏移

图 2-95　联轴器两轴的偏移形式

(1) 联轴器的装配要求

① 刚性联轴器的装配应有较高同轴度要求。

② 联轴器的连接件应连接牢固。

③ 弹性联轴器，如十字滑块式、齿轮式、弹性圆柱销式（或尼龙圆柱销式）、万向和弹性膜片式联轴器等，虽不同程度允许其安装的径向尺寸偏差和角度偏差，但要注意其产品样本的要求，并尽量减小装配误差。

(2) 联轴器的装配方法

联轴器装配的原则是严格按照装配图纸要求和相关规定进行，并具体参考联轴器样本中的装配允许误差和注意事项。

① 轮毂在轴上的装配方法　轮毂与轴的配合大多为过盈配合，连接分为有键连接和无键连接。轮毂的轴孔又分为圆柱形轴孔与锥形轴孔两种形式。过盈连接的装配方法如前所述，包括击装法、压装法、温差装配法、液压无键连接装配法等。击装法不宜用于装配铸铁等脆性材料制造的轮毂，因为有局部损伤的可能。而温差装配法对于用脆性材料制造的轮毂较为适合，使用该装配法时，大多采用热装法，而冷装法较少采用。

② 轮毂在轴上的测量方法　半联轴器装配后，应进行径向、轴向偏移量及角度偏差的测量，其值应小于设计要求值。

联轴器装配后，应仔细检查轮毂与轴的垂直度和同轴度。联轴器的端面间隙，应在两轴轴向窜动至端面的间隙为最小值的位置上测量。一般是在轮毂的端面和外圆设置两块百分表，盘车使轴转动时，观察轮毂全跳动（包括端面全跳动和径向全跳动）的数值，判定轮毂与轴的垂直度和同轴度的情况。不同转速的联轴器对全跳动的要求值不同，不同形式的联轴器对全跳动的要求值也各不相同，但是，轮毂在轴上装配完后，必须使轮毂全跳动的偏差值在设计要求的公差范围内，这是联轴器装配的主要指标之一。

径向偏差与角度偏差可采用以下测量步骤与计算方法。

➢ 将两个半联轴器预装后，在半联轴器上做出对准标记线，可采用塞尺测量、塞尺和专用工具测量或百分表和专用工具测量，分别如图 2-96(a)、(b)、(c)所示。

➢ 两半联轴器一同转动，每转 90°测量一次，并记录 5 个位置的径向位移量和位于同一位置的轴向测量值。当 $a_1 = a_5$、$b_1^{\mathrm{I}} - b_1^{\mathrm{II}} = b_5^{\mathrm{I}} - b_5^{\mathrm{II}}$ 时，应视为测量结果有效，进行下一步计算。

➢ 联轴器的径向偏差计算：

$$a = \frac{\sqrt{(a_2 - a_4)^2 + (a_1 - a_3)^2}}{2} \tag{2-6}$$

式中：a——测量处两轴心的实际位移，mm；

a_1、a_2、a_3、a_4——径向位移测量值，mm。

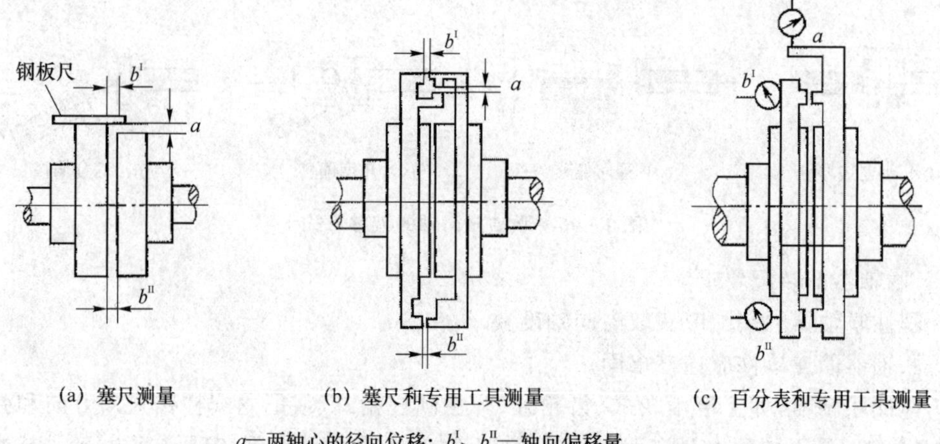

(a) 塞尺测量　　(b) 塞尺和专用工具测量　　(c) 百分表和专用工具测量

a—两轴心的径向位移；b^{I}、b^{II}—轴向偏移量

图 2-96　联轴器两轴心径向和角度偏差的测量方法

➢ 联轴器的角度偏差计算：

$$\theta = \frac{\sqrt{\left[(b_2^{\mathrm{II}}+b_4^{\mathrm{I}})-(b_2^{\mathrm{I}}+b_4^{\mathrm{II}})\right]^2+\left[(b_1^{\mathrm{I}}+b_3^{\mathrm{II}})-(b_1^{\mathrm{II}}+b_3^{\mathrm{I}})\right]^2}}{2d_4} \tag{2-7}$$

式中：θ——两半轴的角度偏差计算，mm；

b_1^{I}、b_1^{II}~b_4^{I}、b_4^{II}——轴向位移测量值，mm；

d_4——测量处的直径，mm。

③ 各种联轴器的装配要求及安装偏差

➢ 凸缘联轴器　应使两个半联轴器紧密接触，半联轴器的凸缘端面应与轴线垂直，安装时应严格保证两轴线的同轴度。两轴的径向和轴向位移应不大于 0.03 mm。

➢ 滑块联轴器　装配的允许偏差应符合表 2-20 的规定。

表 2-20　滑块联轴器的装配允许偏差

联轴器外形最大直径/mm	两轴心径向位移/mm	两轴线倾斜	端面间隙/mm
≤190	0.05	0.3/1 000	0.5~1.0
250~330	0.10	1.0/1 000	1.0~2.0

➢ 齿式联轴器　装配的允许偏差应符合表 2-21 的规定。检查联轴器的内外齿，应啮合良好，并在油浴内工作，不得有漏油现象。

表 2-21　齿式联轴器的装配允许偏差

<table>
<tr><th>联轴器外形最大直径/mm</th><th>两轴心径向位移/mm</th><th>两轴线倾斜</th><th>端面间隙/mm</th></tr>
<tr><td>170~185</td><td>0.30</td><td rowspan="2">0.5/1 000</td><td rowspan="2">2~4</td></tr>
<tr><td>220~250</td><td>0.45</td></tr>
<tr><td>290~430</td><td>0.65</td><td>1.0/1 000</td><td rowspan="2">5~7</td></tr>
<tr><td>490~590</td><td>0.90</td><td rowspan="2">1.5/1 000</td></tr>
<tr><td>680~780</td><td>1.20</td><td>7~10</td></tr>
</table>

➢ 轮胎式联轴器　应检查轮胎表面，不应有凹陷、裂纹、轮胎环与骨架脱粘现象，半联轴器表面应无裂纹、夹渣等缺陷。装配的允许偏差应符合表 2-22 的规定。

表 2-22　轮胎式联轴器的装配允许偏差

<table>
<tr><th>联轴器外形最大直径/mm</th><th>两轴心径向位移/mm</th><th>两轴线倾斜</th><th>端面间隙/mm</th></tr>
<tr><td>120</td><td rowspan="4">0.5</td><td rowspan="4">1.0/1 000</td><td>8～10</td></tr>
<tr><td>140</td><td>10～13</td></tr>
<tr><td>160</td><td>13～15</td></tr>
<tr><td>180</td><td>15～18</td></tr>
<tr><td>200</td><td rowspan="5">1.0</td><td rowspan="5">1.5/1 000</td><td rowspan="2">18～22</td></tr>
<tr><td>220</td></tr>
<tr><td>250</td><td rowspan="2">22～26</td></tr>
<tr><td>280</td></tr>
<tr><td>320～360</td><td>26～30</td></tr>
</table>

➢ 弹性套柱销联轴器　装配前进行检查，弹性套外表面应光滑平整，半联轴器表面无裂纹、夹渣等缺陷。弹性套应紧密地套在柱销上，不应松动。弹性套与柱销孔壁的间隙应为 0.5～2 mm，柱销弹簧应有防松装置。装配的允许偏差应符合表 2-23 的规定。

表 2-23　弹性套柱销联轴器的装配允许偏差

<table>
<tr><th>联轴器外形最大直径/mm</th><th>两轴心径向位移/mm</th><th>两轴线倾斜</th><th>端面间隙/mm</th></tr>
<tr><td>71</td><td rowspan="4">0.1</td><td rowspan="13">0.2/1 000</td><td rowspan="4">2～4</td></tr>
<tr><td>80</td></tr>
<tr><td>95</td></tr>
<tr><td>106</td></tr>
<tr><td>130</td><td rowspan="3">0.15</td><td rowspan="3">3～5</td></tr>
<tr><td>160</td></tr>
<tr><td>190</td></tr>
<tr><td>224</td><td rowspan="3">0.2</td><td rowspan="4">4～6</td></tr>
<tr><td>250</td></tr>
<tr><td>315</td></tr>
<tr><td>400</td><td rowspan="2">0.25</td></tr>
<tr><td>475</td><td rowspan="2">5～7</td></tr>
<tr><td>600</td><td>0.3</td></tr>
</table>

➢ 梅花形弹性联轴器　装配前进行检查，弹性件外表面应光滑平整，半联轴器表面无裂纹、夹渣等缺陷。装配的允许偏差应符合表 2-24 的规定。

表 2 - 24　梅花弹性联轴器的装配允许偏差

联轴器外形最大直径/mm	两轴心径向位移/mm	两轴线倾斜	端面间隙/mm
50	0.10	1.0/1 000	2～4
70～105	0.15		
125～170	0.20		3～6
200～230	0.30		
260	0.30		6～8
300～400	0.35	0.5/1 000	7～9

④ 安装前先把零部件清洗干净,防止生锈。

⑤ 对于应用在高速旋转机械上的联轴器,一般在制造厂都做过动平衡试验,在动平衡试验合格后画上各部件之间互相配合方位的标记。在装配时必须按制造厂给定的标记组装,并保证对称位置的各个连接螺栓的质量基本一致,否则会因质量不平衡而引起设备的振动。

2.2.6　离合器与制动器的分类与装配

离合器与制动器是在机器运转过程中,可使两轴随时接合或分离的一种装置。它可用来操纵机器传动系统,起变速及换向等作用。

1. 离合器

离合器与联轴器的区别:离合器和联轴器虽都用于连接两轴,并在不同轴间传递运动和转矩,但离合器可根据实际需要,在机器运转时即可实现轴间运动和动力的传递和断开,达到控制的目的。而联轴器则只能在机器停车后,用拆卸的方法才能实现被连接两轴的分离。

离合器的种类很多,大多已标准化,使用中只需正确选择即可。

(1) 离合器的种类及特点

离合器按其工作原理可分为啮合式离合器和摩擦式离合器两类。啮合式离合器利用牙(或齿)啮合方式传递转矩,可保证两轴同步运转,但只能在低速或停车时进行离合,例如牙嵌式离合器等;摩擦式离合器利用工作表面的摩擦传递扭矩,能在任何转速下离合,有过载保护功能,但由于存在摩擦面间的打滑现象,所以不能保证两轴同步转动。

离合器按离合控制方法不同,可分为操纵式离合器和自动式离合器两类。操纵式离合器按操纵方式分为机械操纵式、电磁操纵式、液压操纵式和气压操纵式等;自动式离合器包括超越离合器(也称单向离合器)、离心式离合器和安全离合器等,是一种能根据机器运转参数(如转矩、转速或转向)的变化而自动完成接合和分离动作的离合器。

① 牙嵌式离合器。牙嵌式离合器的结构如图 2 - 97 所示,它由端面带牙的固定套筒、活动套筒、对中环和滑环等组成。使用时可利用操纵杆移动滑环,从而实现两套筒的结合与分离。

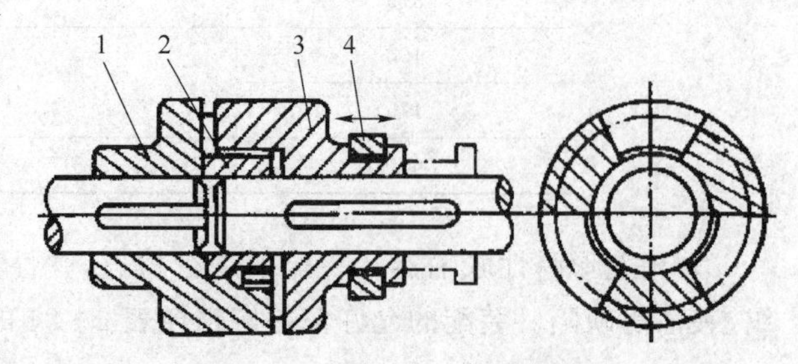

1—固定套筒; 2—对中环; 3—活动套筒; 4—滑环

图 2 - 97　牙嵌式离合器的结构

② 摩擦式离合器。一般分为单片式圆盘摩擦离合器(见图 2－98)、多片式圆盘摩擦离合器(见图 2－99)和圆锥式摩擦离合器。

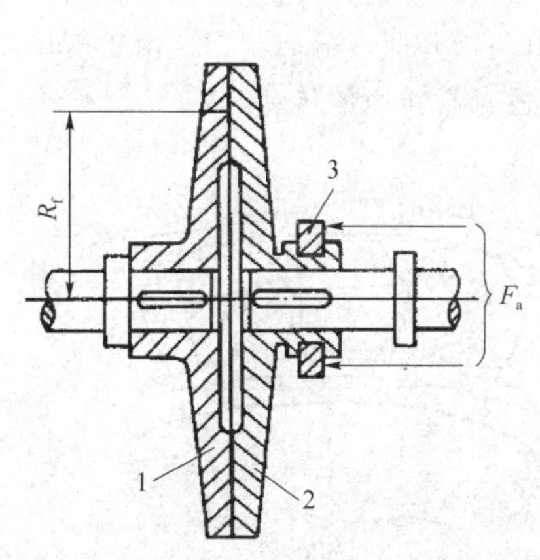

1—固定圆盘；2—活动圆盘；3—滑环

图 2－98　单片摩擦离合器

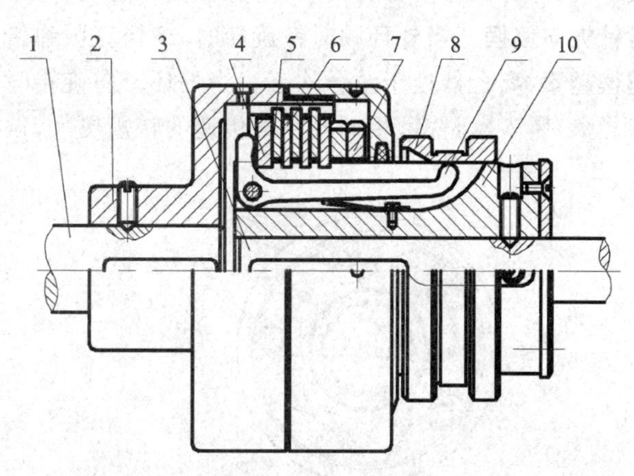

1—主动轴；2—外壳；3—从动轴；4—压板；5—外摩擦片；6—内摩擦片；7—螺母；8—滑环；9—曲臂压杆；10—内套筒

图 2－99　多片摩擦离合器

单片式圆盘摩擦离合器由固定圆盘、活动圆盘和滑环组成。通过移动滑环可实现两圆盘的结合与分离,靠摩擦力带动从动轴转动。优点是:在任何转速条件下两轴都可以实现结合;过载时打滑,起安全保护作用;结合平稳、冲击和振动小。缺点是:结合过程中不可避免出现打滑现象,引起磨损和发热;传动不同步。

多片式圆盘摩擦离合器是利用多个摩擦片叠加在一起来传递动力。当移动滑环时,通过杠杆作用,压紧或放松摩擦片,来实现两轴的结合与分离。摩擦片分内、外摩擦片(见图 2－100),内摩擦片与从动轴的内套筒连接,外摩擦片与主动轴的外壳连接。

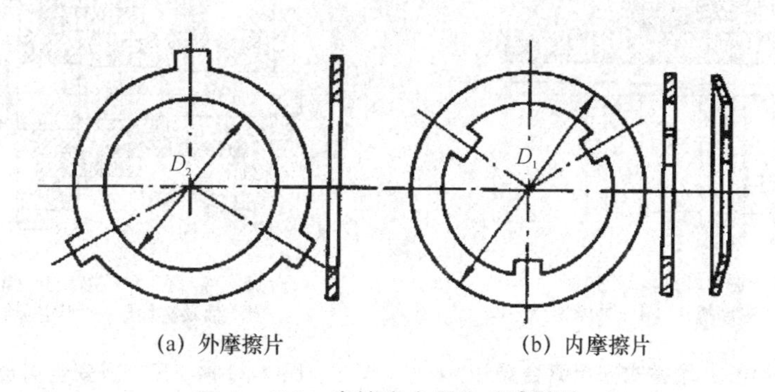

(a) 外摩擦片　　(b) 内摩擦片

图 2－100　摩擦离合器中的摩擦片

圆锥式摩擦离合器的圆锥表面为摩擦接触面,只需要很小的操纵力即能使离合器传递较大的转矩。但由于该离合器的径向尺寸较大,其结构不紧凑。

③ 超越离合器。超越离合器分为滚柱式超越离合器和楔块式超越离合器两种。

滚柱式超越离合器的结构如图 2－101 所示,由星轮(也称内环)、外环、滚柱、弹簧推杆等零件组成。滚柱在弹簧推杆的作用下处于半楔紧状态,当外环逆时针转动时,以摩擦力带动滚柱向前滚动,进一步楔紧内外接触面,从而驱动星轮一起旋转。当外环反向转动时,则带动滚柱克服弹簧力而滚到楔形空间的宽敞位置,离合器处于分离状态。

楔块式超越离合器的结构如图2-102所示,由内环、外环、楔块、支撑环和拉簧等零件组成。内、外环工作面都为圆形,整圈拉簧压着楔块始终与内环接触,并力图使楔块绕自身作逆时针方向偏摆。当外环顺时针旋转时,楔块克服弹簧力而作顺时针方向摆动,从而在内外环间越楔越紧,离合器处于结合状态。当外环反向旋转时,斜块松开而成分离状态。由于楔块曲率半径大,装入数量多,相同尺寸时传递的转矩更大,但不适合高转速的传动。

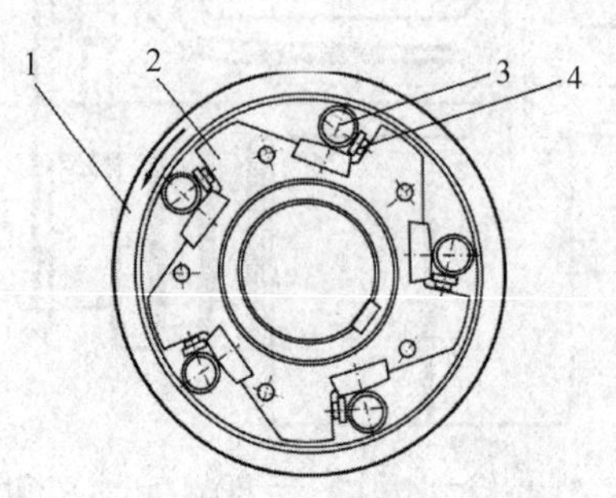

1—外环;2—星轮;3—滚柱;4—弹簧推杆

图2-101 滚柱式超越离合器

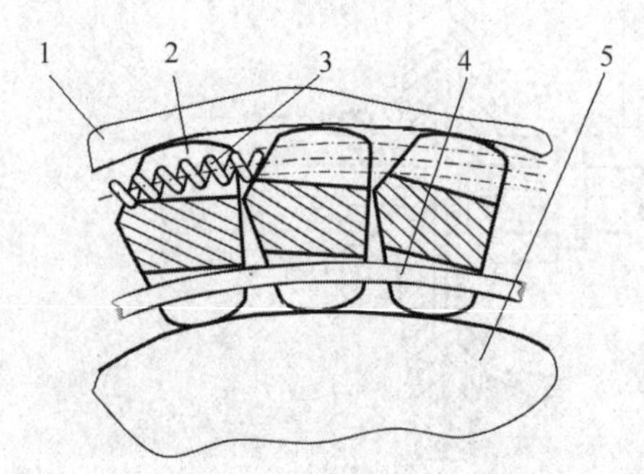

1—外环;2—楔块;3—拉簧;4—支撑环;5—内环

图2-102 楔块式超越离合器

④ 安全离合器。安全离合器分为摩擦式安全离合器(见图2-103)和牙嵌式安全离合器(见图2-104)等,在其所传递的转矩超过一定数值时自动分离,所以起到安全脱离和避免过载的作用。其传递转矩大小靠调整弹簧压缩量控制,弹簧压得越紧,弹力越大,则允许传递的转矩也越大。

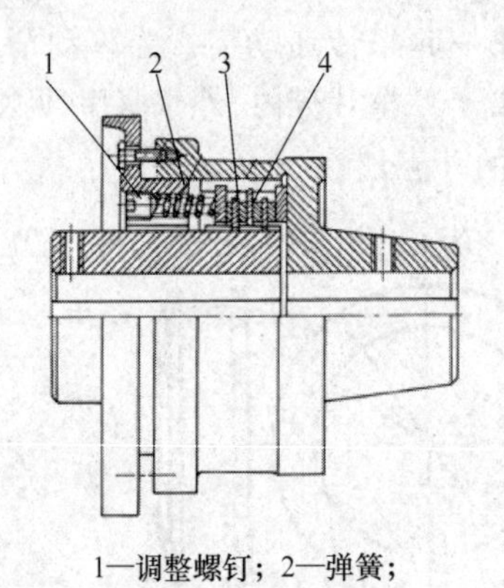

1—调整螺钉;2—弹簧;
3—内摩擦片;4—外摩擦片

图2-103 摩擦式安全离合器

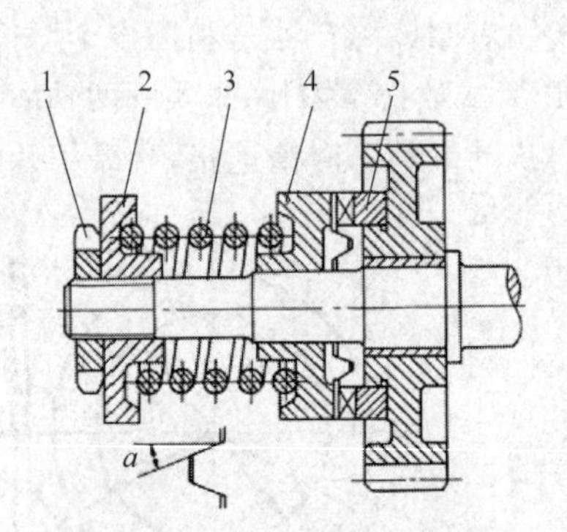

1—调整螺母;2—挡圈;3—弹簧;
4—活动套筒;5—固定套筒

图2-104 牙嵌式安全离合器

⑤ 离心式离合器。离心式离合器是利用离心力的作用来控制接合和分离的一种离合器,有自动接合式和自动分离式两种。自动接合式离合器如图2-105所示,当主动轴的转速达到一定值时,由于离心力增大而克服弹簧力的作用,使闸块与鼓轮的内表面接触,依靠摩擦力实现主动轴与鼓轮一同转动。自动分离式离合器则相反,当主动轴达到一定转速时能自动分离。

⑥ 磁粉离合器。磁粉离合器的结构如图2-106所示,由外轮鼓、转子轴、轮芯、励磁线圈和磁粉等组成。转子轴6与轮芯5固定连接,在轮芯外缘的槽内绕有环形激磁线圈4,在从动

外轮鼓 2 与轮芯间形成的气隙中填入了高导磁率的磁粉。当线圈通电时，形成一个经轮芯、间隙和外轮鼓的闭合磁通，磁粉因被磁化而彼此相互吸引聚集，联轴器此时可依靠磁粉的结合力以及磁粉与两工作面之间的摩擦力来传递转矩。当断电时，磁粉处于自由松散状态，离合器即被分离。

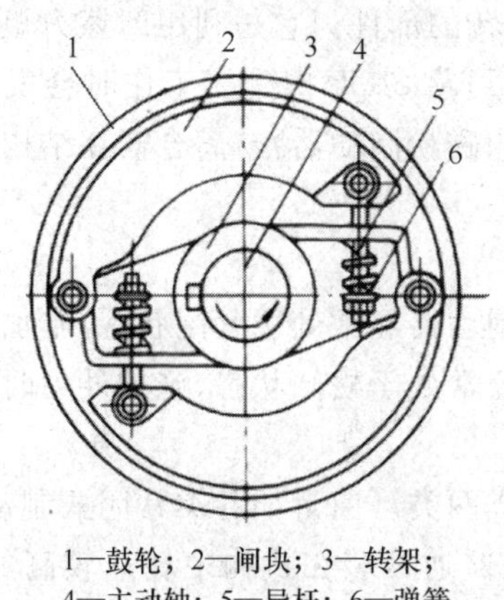

1—鼓轮；2—闸块；3—转架；
4—主动轴；5—导杆；6—弹簧

图 2－105　自动接合式的离心式离合器

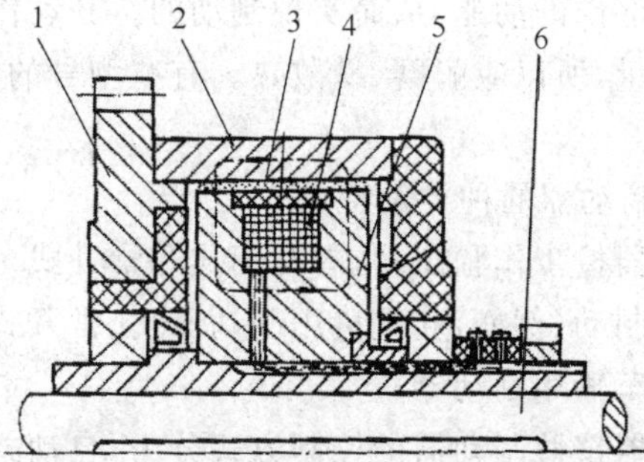

1—从动齿轮；2—外轮鼓；3— 磁粉；
4—励磁线圈；5—轮芯；6—转子轴

图 2－106　磁粉离合器

磁粉离合器的优点是励磁电流与转矩呈线性关系，转矩调节简单而且精确，调节范围宽。因可用作恒张力控制，所以广泛应用于造纸机、纺织机、印刷机、绕线机等，操纵方便，离合平稳，工作可靠。

（2）离合器的装配要求

① 离合器的相应部件应能可靠结合和分离，结合时能传递规定要求的转矩，工作平稳可靠。

② 离合器两半轴应保证同轴，离合端面应相互平行，并符合初始间隙要求。

③ 对不同种类的联轴器，如摩擦式离合器、牙嵌式离合器和超越离合器等，应有不同的安装技术要求。

➢ 湿式多片摩擦离合器　摩擦片应能灵活地沿花键轴移动；在接合位置扭力超过规定时，应有打滑现象；在脱开位置时，主动与从动部分应能彻底分离，不应有阻滞现象；离合器的摩擦片接触面积不应小于总摩擦面积的 75％；离合器润滑油的黏度应符合规定。

➢ 干式单片摩擦离合器　各弹簧的弹力应均匀一致；各连接销轴部分应灵活，无卡阻现象；摩擦片的连接铆钉头不得外露，应低于表面 1 mm；摩擦片必须清洁、干燥，工作面不应沾有油污和杂物；离合器的摩擦片接触面积应不小于总摩擦面积的 75％。

➢ 圆锥离合器　内、外锥面应接触均匀，其接触面积应不小于总摩擦面积的 85％；离合器动作应平稳、准确、可靠。

➢ 牙嵌式离合器　嵌齿不应有毛刺，应清洗洁净；离、合动作应准确可靠。

➢ 超越离合器　内、外环表面应光滑、无毛刺，其各调整弹簧的弹力应均匀一致；弹簧滑销应能在孔内自由滑动，无卡阻现象；离合器的安装方向应与设备要求的旋转方向一致；楔块的装配方向应正确无误；主、从动相对运动速度变化时，其离合动作应平稳、准确、可靠。

➢ 磁粉离合器　固定螺钉应连接牢固，无松动现象；装配后主、从动转子与固定支承部分之间应转动灵活、无卡阻现象及碰擦杂音,轴向位移应符合相关规定。

另外,应认真理解相应离合器样本的安装要求及技术指标,同一种类型但不同型号规格的离合器安装精度要求并不相同。

2. 制动器

制动器是用来降低机械运转速度或迫使机械停止运转的部件。它是利用摩擦力矩来消耗机器运动部件的动能,从而实现制动的。其动作应迅速、可靠,其摩擦副在工作时会发生磨损和产生热量,所以应耐磨,易散热。有些型号的制动器(如磁粉制动器)与离合器在结构上有相似之处。

(1) 制动器的种类及特点

制动器按工作状态分,有常闭式和常开式。常闭式制动器经常处于紧闸状态,施加外力时才能解除制动(例如:起重机用制动器)。常开式制动器经常处于松闸状态,施加外力时才能制动(例如:车辆用制动器)。

制动器按照制动器的控制方式分为:自动式和操纵式两类。前者如各类常闭式制动器,后者包括用人力、液压、气动及电磁来操纵的制动器。制动器通常装在机构中转速较高的轴上,这样所需制动力矩和制动器尺寸可以小一些。

制动器按照制动的结构特征分为:盘式制动器、瓦块制动器、带式制动器和磁粉制动器等。

① 盘式制动器。盘式制动器又称为碟式制动器,外观如图 2-107 所示。它由液压控制,主要零部件有制动盘、分泵、制动钳和油管等。制动盘用合金钢制造并固定在转动轴上,随轴转动。分泵固定在制动器的底板上固定不动。制动钳上的两个摩擦片分别装在制动盘的两侧。分泵的活塞被油管输送来的液压油推动,使摩擦片压向制动盘产生摩擦制动,其动作类似用钳子夹住旋转中的盘子,迫使其停止转动。盘式制动器散热快、质量轻、构造简单、调整方便,适合高负载,其耐高温性能好,制动效果稳定,而且不怕泥水侵袭。在冬季和恶劣路况下使用时,盘式制动比鼓式制动更容易在较短的时间内实现制动。

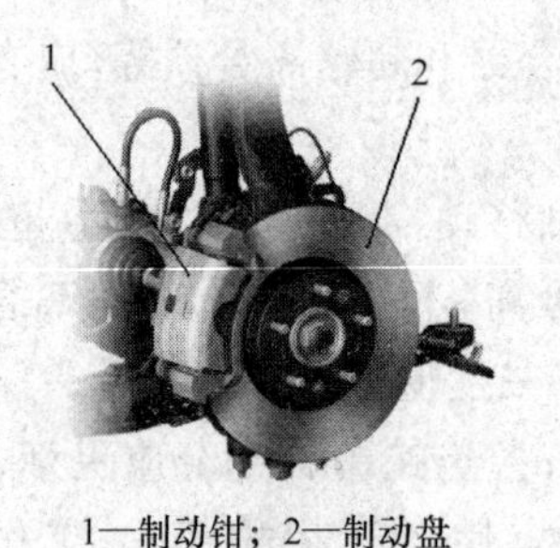

1—制动钳;2—制动盘

(a) 汽车上的盘式制动器

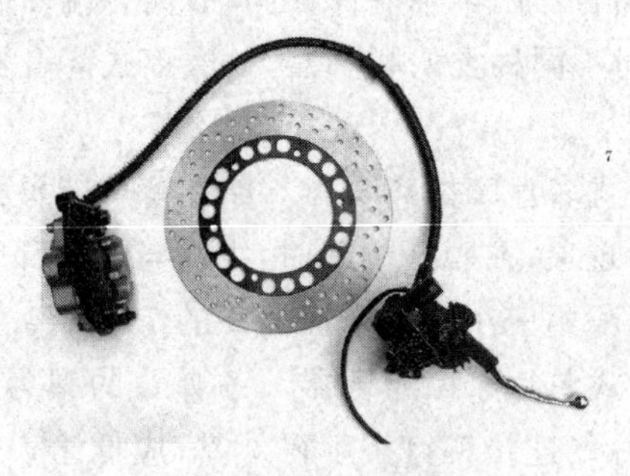
(b) 摩托车上的盘式制动器

图 2-107 盘式制动器

② 瓦块制动器。瓦块制动器如图 2-108 所示,作用是通电松开,断电后靠弹簧拉力实现制动,断电制动是为了保证设备安全。当断电后,弹簧拉力通过推杆和制动臂的传动,借助于瓦块与制动轮之间的摩擦力来实现制动。瓦块材料采用铸铁或铸铁表面覆以皮革或石棉带。瓦块制动器已经规范化,可根据所需制动力矩选型。

③ 带式制动器。带式制动器如图 2-109 所示。在外力的作用下,闸带收紧抱住制动轮实现制动。其结构简单、紧凑,CA6140 普通车床的制动就是采用了带式制动器。

(a) 外观图

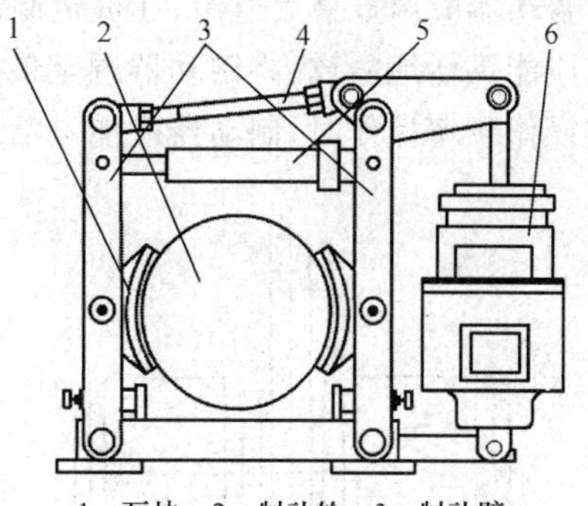

1—瓦块；2—制动轮；3—制动臂；
4—推杆；5—弹簧；6—松闸器

(b) 结构图

图 2-108　瓦块制动器

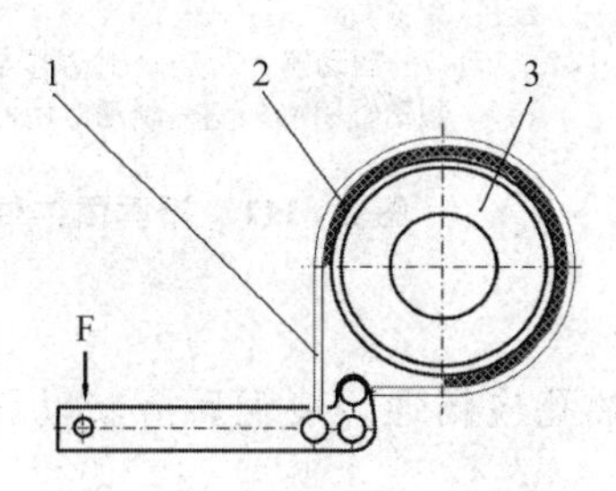

1—钢带；2—摩擦内衬；3—制动轮

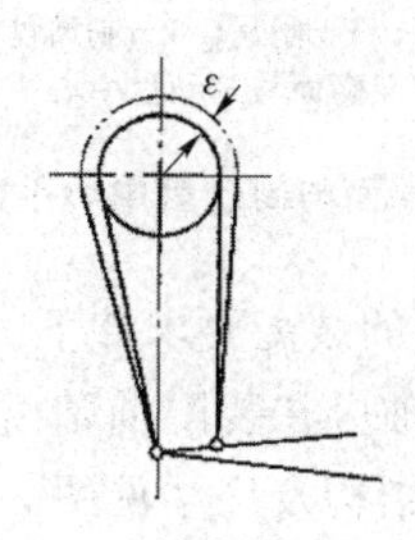

ε—制动带退距

图 2-109　带式制动器

④ 磁粉制动器。磁粉制动器的工作原理和结构参见磁粉离合器，将磁粉离合器的主动轴与机架固定后，即可实现制动器功能。在此不再详述。

(2) 制动器的装配要求

制动器装配的一般要求：制动器往往是机电设备中最重要的安全装置，与生产的安全性密切相关，所以要严格保证其安装质量，在装配后应经常检查其工作状况。制动器全部传动系统的动作要灵敏、可靠，应按时注油润滑，合理调整弹簧弹力，合理调整松开状态下制动瓦块与制动轮的间隙。

制动器的各调整参数可参考相应的产品样本，各种类型制动器的装配要求不同。

① 盘式制动器的装配要求如下：

➢ 盘式制动器制动盘的端面跳动应不大于 0.5 mm。

➢ 同一制动器的两闸瓦工作面的平行度偏差应不大于 0.5 mm。

➢ 同一制动器的支架端面与制动盘中心平面间距的允许偏差为 ±0.5 mm，参见图 2-110，支架端面与制动盘中心平面的平行度偏差应不大于 0.2 mm。

➢ 闸瓦与制动器的间隙应均匀，其偏差宜为 1 mm。

➢ 各制动器制动缸的对称中心与主轴轴心在铅垂面内的位置度偏差 δ 应不大于 3 mm，参见图 2-111。

➢ 制动器在制动时，每个制动衬垫与制动盘工作面的接触面积应不小于有效摩擦面积的 60%。

➢ 制动器应调至最大退距,在额定制动力矩、制动弹簧工作力和85%额定电压下操作时,制动器应能灵活地释放;将制动器调至最大退距,在50%弹簧工作力和额定电压下,用推动器的额定操作频率操作时,制动器应能灵活地闭合。

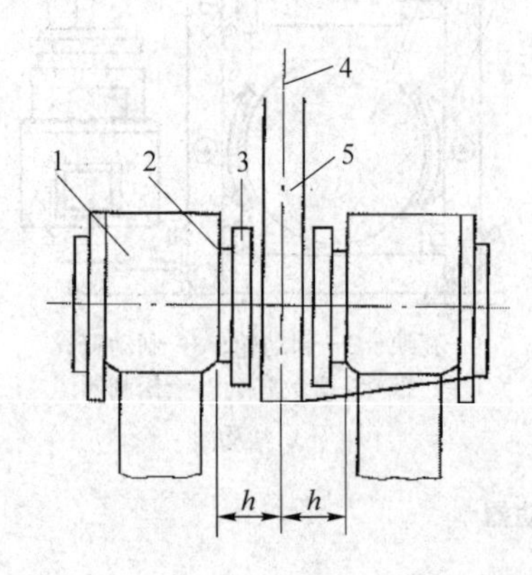

1—支架;2—制动缸;3—闸瓦;4—制动盘中心面;5—制动盘;h—支架端面与制动盘中心平面距离

图 2-110 支架端面与制动盘中心平面距离

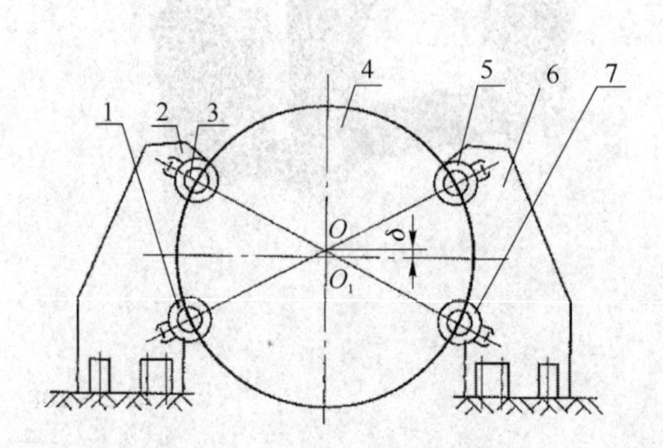

1、3、5、7—制动器;2、6—制动器支架和支架;4—制动盘;O—制动缸中心;O_1—制动盘中心;δ—位置度偏差

图 2-111 铅垂面内位置度偏差

② 瓦块制动器的装配要求如下:

➢ 制动器各销轴应在装配前清洗洁净,油孔应畅通。装配后应转动灵活,并应无阻滞现象。瓦块制动器的结构及尺寸见图2-112。

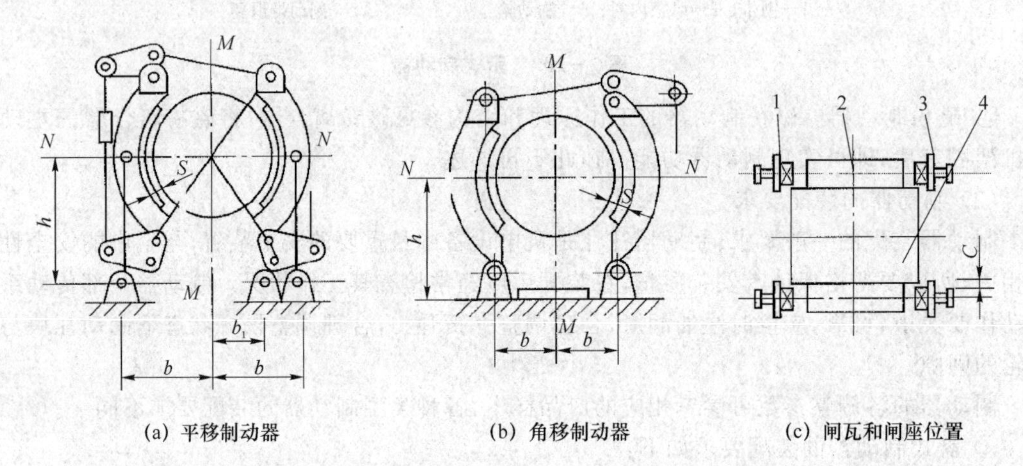

(a) 平移制动器　　(b) 角移制动器　　(c) 闸瓦和闸座位置

M-M—主轴轴线的铅垂面;N-N—主轴轴线的水平面;b、b_1—销轴轴线与主轴轴线的铅垂面的水平距离;h—销轴轴线与主轴轴线的水平面的铅垂距离;C—制动梁与挡绳板的间隙;S—制动轮与制动器闸瓦的间隙;1—闸瓦;2—制动轮;3—制动梁;4—卷筒

图 2-112 瓦块式制动器

➢ 同一制动轮的两闸瓦中心应在同一平面内,其偏差应不大于2 mm。

➢ 闸座各销轴轴线与主轴轴线铅垂面的距离,偏差应不超过±1 mm。

➢ 闸座各销轴轴线与主轴轴线水平面的距离,偏差应不超过±1 mm。

➢ 闸瓦铆钉应低于闸皮表面2 mm。

➢ 制动梁与挡绳板不应相碰,其间隙值应不小于5 mm。

➢ 松开闸瓦时，制动轮与闸瓦的间隙应均匀，且不大于 2 mm。

➢ 制动时，闸瓦与制动轮接触应良好和平稳。各闸瓦在长度和宽度方向，与制动轮接触长度应不小于 80%。

➢ 油压或气压制动时，达到额定压力后，在 10 min 内其压强下降应不超过 0.196 MPa。

➢ 在额定弹簧工作力和 85%的额定电压下操作时，制动器应能灵活释放；在 50%额定弹簧工作力和额定电压下，用规定的操作频率操作时，制动器应能灵活闭合。

③ 带式制动器的装配要求如下：

➢ 带式制动器的各连接销轴应转动灵活，无卡阻现象。

➢ 摩擦内衬与钢带铆接应牢固，不应松动；铆钉头应沉入内衬中 1 mm 以上。

➢ 制动带退距值按表 2－25 选取和调整。

表 2－25　带式制动器的制动带退距值

制动轮直径/mm	制动带退距值/mm
100～200	0.8
300	1.0
400～500	1.25～1.5
600～800	1.5

④ 磁粉制动器的装配要求如下：

➢ 磁粉制动器的螺钉紧固件应连接牢固，无松动现象。

➢ 装配后主、从动转子与固定支撑部分之间应转动灵活、无卡滞现象及碰擦杂音。

单元测试

➢ 轴向位移应符合相应规定。

➢ 液冷式制动器不应出现渗漏现象。

➢ 制动器在常温下的绝缘电阻应不小于 20 MΩ。

2.3　气动系统的安装

2.3.1　气动系统的组成及工作原理

教学视频

1. 气动系统的组成

气动系统由四部分组成，即气源装置、控制元件、执行元件和辅助元件，如图 2－113 所示。

① 气源装置，是产生压缩空气的装置，例如气泵主要由空气压缩机、储气罐和调压阀等组成。它将电动机提供的机械能转变为气体的压力能，一般提供 0.7 MPa 压强的压缩空气，其主要性能指标是提供的压缩空气最高压强 P 和流量 Q。

② 控制元件，是通过调整压缩空气的压强、流量和流动方向，控制气动执行元件（如气缸），从而带动机械传动机构完成预定的工作任务的装置。控制元件包括各种压力控制阀、流量控制阀和方向控制阀等。

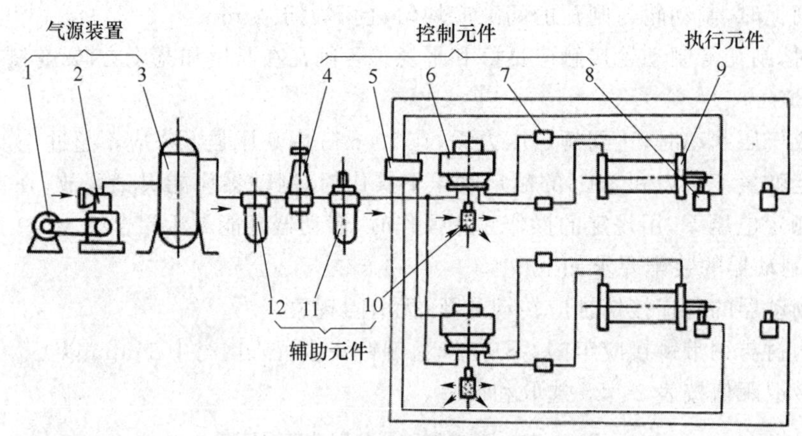

1—电动机；2—空气压缩机；3—储气罐；4—压力控制阀；5—逻辑元件；6—方向控制阀；
7—流量控制阀；8—机控阀；9—气缸；10—消声器；11—油雾器；12—空气过滤器

图 2-113 气动系统的组成示意图

③ 执行元件,是将气体的压力能转换成机械能的一种能量转换装置。它包括实现直线往复运动的气缸和实现转动的摆动气缸等。

④ 辅助元件,是保证压缩空气的净化,提供气动元件的润滑,进行气动元件间的连接和减小噪声等的元件。它包括过滤器、油雾气、气管、管接头和消声器等。

2. 气动系统及气动元件的工作原理

气动系统的工作原理:利用空气压缩机把电动机或其他原动机输出的机械能转换为空气压力能,然后在控制元件的作用下,通过执行元件把压力能转换为直线运动或回转运动的机械能,从而完成各种预期的运动,实现对外做功。

气动系统所需的压缩空气一般由气泵和气源装置提供,它是将电能转化为气体压力能的转换装置。初始的压缩空气中含有较多的油分、水分和灰尘,需通过气源处理单元,依次完成对压缩空气的过滤、减压和雾化,然后再经过电磁换向阀等控制元件,控制气缸或气动马达,产生直线或旋转运动,带动执行元件完成工作任务。

典型气动系统工作单元的原理图见图 2-114。气动系统在安装时要充分考虑气动系统的设计思想,安装时应保证气动系统的正确连接、安装可靠性、执行件的运动速度和缓冲等要求,便于维修和检测。

(1) 气泵的工作原理

气泵的外观如图 2-115 所示。安装在气泵上的电动机输出轴上装有带轮,通过三角带使气泵的空气压缩机曲轴转动,曲柄连杆机构带动活塞往复直线运动,使空气压缩。经压缩过的高压气体通过气管进入储气罐,而储气罐又通过一根气管将其中的气体输送到固定在气泵上的调压阀,由调压阀调整气体的压强大小并由压力表显示。

调压阀的工作原理:当储气罐内的气压未达到调压阀的调定压强时,从储气筒内进入调压阀的气体不能顶开调压阀的阀门;当储气罐内的气压达到调压阀的调定压强时,从储气罐内进入调压阀的气体顶开调压阀的阀门,进入气泵内与调压阀相通的气管,并通过气管控制使气泵的进气口常开,从而使气泵空负荷运转,达到减少动力损耗、保护气泵的目的。储气罐内的气压会因使用损耗而逐渐降低,当低于调压阀调定的压力时,调压阀内的阀门由弹簧作用将其复

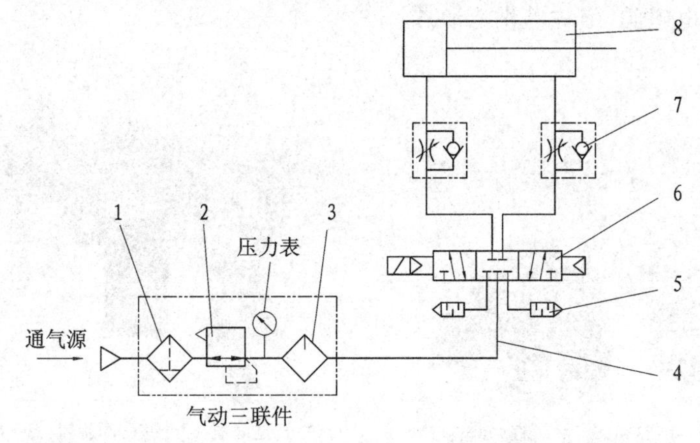

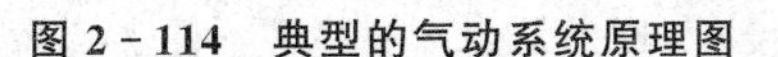
1—空气过滤器；2—减压阀；3—油雾器；4—气管；5—消声器；6—三位五通电磁换向阀；7—单向节流阀；8—气缸

图 2 - 114　典型的气动系统原理图

1—储气罐；2—压力表；3—调压阀；4—空气压缩机；5—三角带；6—电机

图 2 - 115　气　泵

位，断开气泵的控制气路，气泵又重新开始工作。调压阀的调定压强通过螺钉调整弹簧的预紧力实现，其调定压强可通过压力表进行观察。

气泵是利用发动机的冷却液进行冷却的。发动机的冷却液经水管进入气泵压缩机，在压缩机内循环后又经水管流回到发动机的冷却系统实现散热。

气泵的润滑是利用发动机的机油进行的。发动机的机油经油道通过油管进入气泵曲轴内的油道，润滑轴瓦和连杆瓦，之后流回气泵的曲轴箱内。曲轴又将曲轴箱内的机油通过飞溅润滑方式对缸套和活塞进行润滑，最后气泵曲轴箱内的机油通过管道又流回到发动机进行冷却。

压力开关是空气压缩机的重要部件，外观如图 2 - 116 所示。调整方法是：利用螺丝刀取下压力开关外壳，用扳手旋转六角螺栓，“＋”号方向为调高压强，“－”号方向为降低压强。

(2) 气动三联件的工作原理

气动三联件，也称气源处理单元，外观如图 2 - 117 所示。其主要由空气过滤器、减压阀和油雾器三部分组成。现在很多设备的气源处理使用气动二联件，仅由空气过滤器和减压阀两部分组成,而不向电磁阀、气缸等供给油雾。

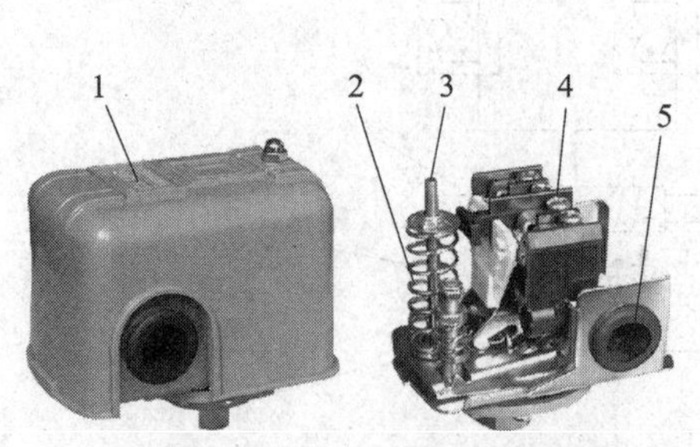

1—壳体; 2—压缩弹簧; 3—调整螺钉;
4—压线螺钉; 5—出线孔

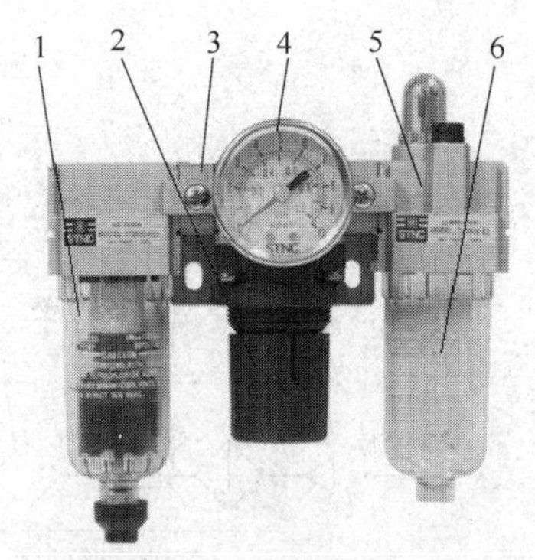

1—空气过滤器; 2—减压阀旋钮; 3—减压阀;
4—压力表; 5—油雾器; 6—油杯

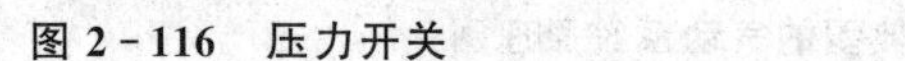

图 2-116　压力开关　　**图 2-117　气动三联件**

空气过滤器的作用是除去压缩空气中的油分和水分等,通过离心和过滤方式将其沉积在其下方的杯中。当杯中污液接近警戒线时应及时进行排污处理,其排污方式分为自动排污和手动排污两种。前者需在其下方接管,连接至排污处;后者则需操作人员扳动阀门进行手动排污,并使用容器盛装污液。

减压阀的作用是调整气动系统的工作气体压强,一般设定为 0.5～0.6 MPa,其调压方法是先用手拨起减压阀旋钮,并进行转动,当顺时针转动时压强值增加,逆时针转动时压强值减小,当气体压强调整至所需值后(其调定值在通气状态下可在压力表上读出),应立即按下减压阀旋钮(发出轻响),以避免因误操作而使气动系统的工作压强发生改变。

油雾器的作用是将压缩空气中混入雾状油颗粒,从而达到润滑气动系统的目的。其原理是利用文氏管效应产生的负压将油吸起,并经压缩空气吹散,而混合成油雾状态。油雾器在使用前需进行注油,注油量应超过油杯的指示刻度线,否则将影响雾化效果。

(3) 方向控制阀的工作原理

方向控制阀的作用是改变高压气体流动方向或通断。按阀内气体的流动方向可将气动控制阀分为单向型和换向型。只允许气体沿一个方向流动的控制阀称为单向型控制阀,如单向阀、梭阀和快速排气阀等;可以改变气体流动方向的控制阀称为换向型控制阀,简称换向阀,如电磁换向阀和气控换向阀等。方向控制阀有气压、电磁、人力和机械四种控制方式。

电磁换向阀(简称电磁阀)是最常用的方向控制阀。电磁阀是以电控方式,通过改变气流的流动方向或通断来控制气缸等的运动。常用的气动电磁阀有二位五通阀、三位五通阀等,如图 2-118 所示。多个电磁阀的组合安装如图 2-119 所示,由于采用了汇流板进行安装,其安装结构较为紧凑。此安装方法适合较多电磁阀的紧密式安装或需要集中控制和调试的场合。

(4) 流量控制阀的工作原理

在气动系统中,经常要求控制气动执行元件的运动速度,这要靠调节压缩空气的流量来实现。流量控制阀的工作原理是通过改变阀的通流截面积来实现对气体流量的控制,其包括节流阀、单向节流阀等种类。

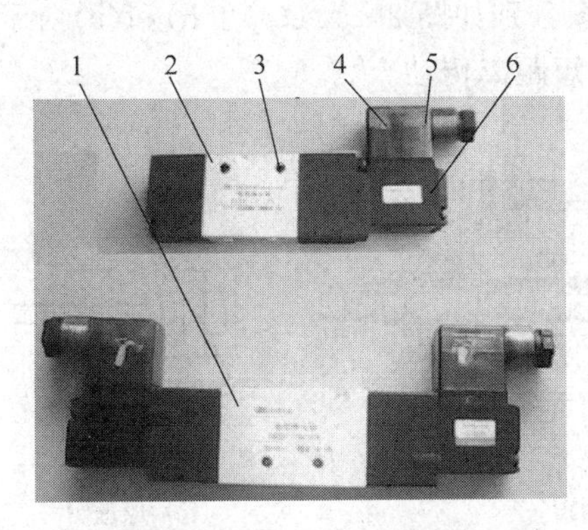

1—三位五通电磁阀；2—二位五通电磁阀；
3—固定用螺钉孔；4—指示灯；5—接线端子；6—电磁铁

图 2-118　电磁换向阀

1—汇流板；2—电磁换向阀；3—进气口；4—排气口；
5—气缸控制口；6—手动调试按钮；7—控制线

图 2-119　电磁换向阀的汇流安装

单向节流阀在原理上由单向阀和节流阀组合而成，常用于控制气缸的运动速度，其外形如图 2-120(a)所示。单向节流阀的结构如图 2-120(b)所示，当高压空气从 1 口进入时，单向阀阀芯 2 被顶在阀座上，空气只能从节流口 4 流向出口 2，流量被节流口的大小所限制，通过调节针阀位置可以调节节流面积。当高压空气从 2 口进入时，克服了弹簧力，推开单向阀阀芯后流到 1 口，流量不受节流口的限制。

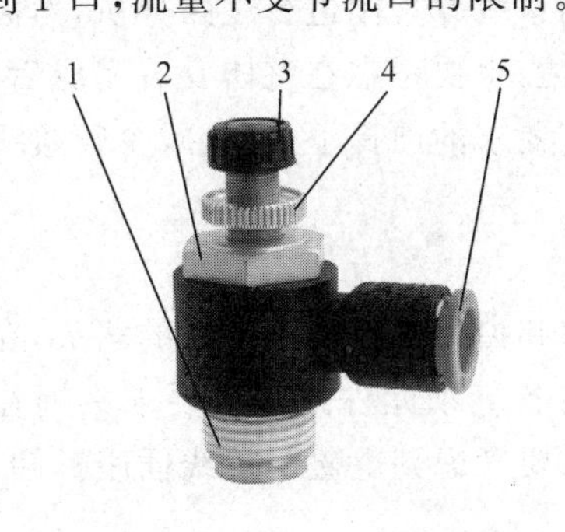

1—连接螺纹；2—连接螺母；3—节流调整螺钉；
4—锁紧螺母；5—气管压圈

(a) 外形图

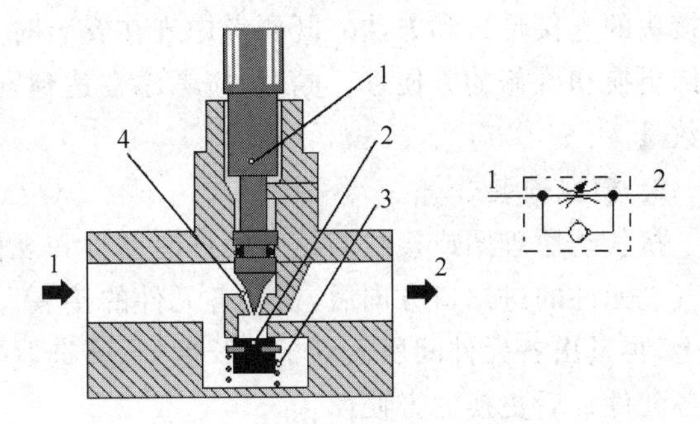

1—调节针阀；2—单向阀阀芯；3—压缩弹簧；4—节流口

(b) 结构图和原理图

图 2-120　单向节流阀

(5) 气动执行元件的工作原理

气动执行元件是将压缩空气的压力能转化为机械能的能量转换装置，包括气缸和气动马达。气缸用于实现直线往复运动，摆动气缸和气动马达分别实现摆动和回转运动。

气缸的结构简单、工作可靠，适用于有清洁要求的食品行业、可能发生火灾或爆炸的场合。气缸的运动速度可达到 1～3 m/s，在自动化生产中可有效提高生产效率。

气缸按其结构特征分为活塞式、薄膜式和柱塞式三种；按压缩空气对活塞的作用力方向分为单作用式和双作用式两种；按气缸的功能分为普通气缸、薄膜气缸、冲击气缸和摆动气缸等。

普通气缸是指缸筒内只有一个活塞和一个活塞杆的气缸，分单作用气缸和双作用气缸两种,双作用普通气缸最为常用,其外形、结构和原理图分别如图 2-121(a)、(b)和(c)所示。单作用气缸内装复位弹簧,由于结构限制,一般仅用作短距离传动。

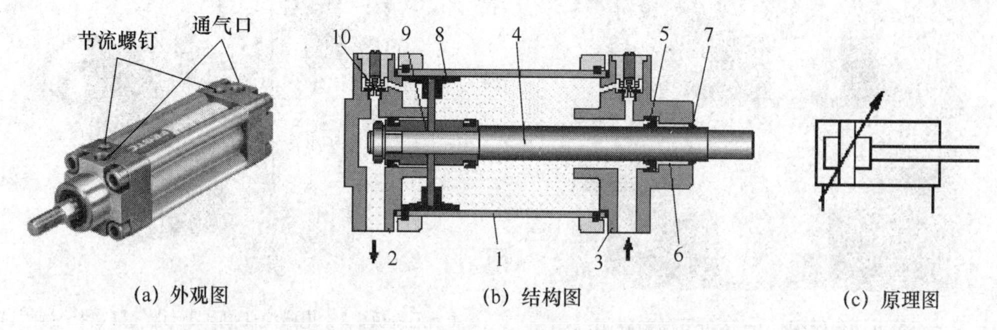

(a) 外观图 (b) 结构图 (c) 原理图

1—缸筒;2—后缸盖;3—前缸盖;4—活塞杆;5—密封圈;6—导向套;
7—密封圈;8—活塞;9—缓冲柱塞;10—缓冲节流阀

图 2-121 双作用普通气缸

2.3.2 气动系统的装配安装

1. 审查气动系统设计

气动系统在装配和调试前,应了解机电设备的功能和气动系统所起的作用及工作原理。首先要充分了解控制对象的工艺要求,根据其要求对气动系统原理图进行逐路分析,然后确定管接头的连接形式和方法。既要考虑现在安装时方便快捷,也要考虑在整体安装完成后,元件拆卸更换和维修的方便性。同时,应考虑在达到同样工艺要求的前提下,尽量减少管接头的使用数量。

2. 模拟安装

按气动原理图或接线图核对元件的型号和规格,然后卸掉每个元件进出口的堵头,在认清各气动元件的进出口方向后,初装各元件的接头。然后将各气动元件按图纸要求平铺在工作台上,再量出各元件间所需管子的长度,长度选取要合理,要考虑到电磁阀接线插座拆卸、接线和各元件日后更换的方便性。

3. 正式安装

根据模拟安装的情况,拧下各元器件上的螺纹密封部分,缠上聚四氟乙烯密封带(也称生料带)或涂上密封胶(多数接头在出厂时已将密封胶固化在连接螺纹上),按照模拟安装时选好的管子长度,把各气动元件连接起来。

(1) 气管的安装

① 接管时要注意管接头处的密封。气管宜采用机械切割,切口平齐,切口端面与气管轴线的垂直度误差小于管外径的1%,且不大于 3 mm,断面平面度小于 1 mm。在进行 PVC 气管连接时,应采用专用气管剪刀切断气管。

② 安装前保证管道内无粉尘及异物等。气动系统管道安装后,应采用干燥的压缩空气进行吹扫,但各阀门、辅件不应吹扫,气缸的接口应进行封闭。吹扫后的清洁度可用白布检查,经吹扫 5 min 后,白布上不应留有铁锈、灰尘等异物。

③ 气体管路不应过长,应注意气管走向的美观性,并同时避免气管小半径弯曲和相互交叉盘绕。气动软管应有最小弯曲半径要求,可按厂家提供的样本选取,软管在与管接头连接

处，应留有一直段距离。

④ 在气管模拟连接时，气管长度应适当长些，当气动件完全定位并完成调试后，再将气管长度减小，以使接管美观和减小气体的压强损失。

⑤ 气管在连接好后，应使用管夹将气管固定，以避免在气动系统工作时因管内压强的剧烈变化而引起气管的大幅度摆动。

(2) 气缸的装配

气缸在使用时需要与一定机械结构进行连接装配。气缸的安装方式有端面连接、铰链连接等方式，如图2-122所示。安装后的气缸应保证不产生运动卡阻现象，即伸缩气缸的移动和旋转气缸的转动应灵活，否则活塞与气缸内壁会因安装质量问题而产生附加力和严重磨损现象，缩短气缸的使用寿命。

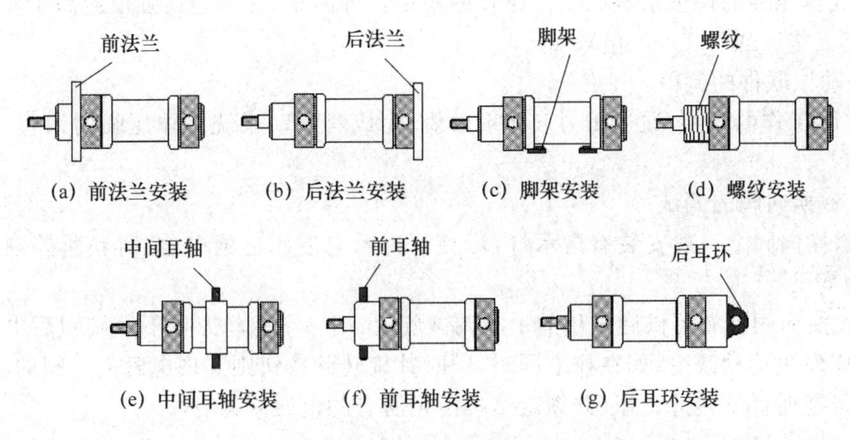

图2-122　气缸的安装方式

(3) 控制阀的安装

控制阀一般分为电磁换向阀、截止阀和机控阀等。电磁换向阀多采用两位五通阀和三位五通阀，其中两位五通阀的使用更为普遍。电磁换向阀的安装分为单体安装和集成安装两种，其中集成安装方式是将多个电磁换向阀安装在一块汇流板上，便于集中调整和减小安装空间。单体安装可直接通过电磁换向阀的固定螺钉孔安装或采用专用安装板(外购)安装。

(4) 单向节流阀的安装

① 单向节流阀的安装，一般采用排气节流工作方式，即气缸的进气不受限制，排气时因节流阀起作用而使流量减小。因此选择和安装单向节流阀时应注意安装的方向要求，即阀体所示大、小箭头符号的方向。

② 单向节流阀可以安装在气缸或电磁阀上，前者可以有效减小由于气缸换向而引起的振动，较为常用；后者有利于将多个气缸的单向节流阀集中布置，便于操作者对整体气动系统进行集中调试。

2.3.3　气动系统的调试

气动系统的调试一般经过调试前的准备、气动元件的调试、空车运行和负载试运转等步骤。

1. 调试前的准备

调试前的准备工作如下：

① 理解设备安装、使用说明书中关于设备工作原理、结构、性能及操作方法的说明。

② 识读气动原理图,掌握气动系统工作原理,知道气动元件在设备上的实际位置,掌握气动元件的操作及调整方法。

③ 调试前应用洁净干燥的压缩空气对系统进行吹扫,吹扫气体压力宜为工作压力的60%～70%,吹扫时间不少于 15 min。

④ 确认在压力试验情况下,管路接头、结合面和密封处等无漏气现象。

⑤ 准备好操作工具(如螺丝刀等)。

2. 气动元件的调试

(1) 气泵的调整

调整气泵的出气压强,一般调整至 0.7 MPa 左右。考虑到气体压强在传送过程中的沿程压强损失、气体压强的调整余量和工作压强的稳定性等因素,此调整压强值应高于实际使用时的气动系统工作压强(0.5～0.6 MPa)。

(2) 气动三联件的调整

根据实际工作的需要,通过压力表所示数值,完成对气动系统工作压强的调整,调整方法如前所述。

(3) 电磁换向阀的调试

① 电磁换向阀上一般安装有指示灯,灯亮则指示电磁阀已通电,此时其所控制的气缸应发生运动改变。

② 电磁换向阀上有可供调试用的手动调试旋钮,用一字螺丝刀按下该旋钮后电磁换向阀动作,气缸应发生运动改变;如在按下同时,顺时针旋转此按钮则实现电磁换向阀的状态锁定,如需解锁,可逆时针旋转此旋钮(此锁定结构不是所有的电磁阀都有)。

(4) 气缸的调整

① 气缸行程末端的缓冲一般通过气缸节流口进行调节。顺时针旋转缓冲节流阀(见图 2-121),则节流口减小,气缸在行程末端时的排气阻力增加,运动速度下降,可实现气缸在极限位置的平稳停止;逆时针旋转缓冲节流阀,则节流口增大,气缸在行程末端时的运动速度加快。

② 气缸的起始和终止位置调整,通过调整安装在气缸上的行程开关位置或限制气缸行程的死挡铁位置等方法实现。

(5) 单向节流阀的调节

单向节流阀一般安装在气缸或电磁换向阀上。顺时针旋转单向节流阀的节流调整螺钉,节流口减小,调整完成后应立即锁紧螺母。在排气节流方式下,节流口减小使气缸的排气阻力增加,气缸向该节流口方向的移动速度减小。相反,逆时针旋转单向节流阀的节流调整螺钉,则气缸此方向运动速度增加。

3. 空车运行

气动系统的空车运行一般不小于 2 h,应注意观察压力、流量和温度等的变化,如发现异常应立即停车检查,待排除故障后才能继续运转。

4. 负载试运转

负载试运转应分段加载,运转一般不少于 4 h,分别测出有关数据,记入运转记录。

2.3.4　气动系统的使用与维护

气动系统的使用与保养分为日常维护、定期检查和系统大修。在日常使用和维护时应注意以下几个方面：

① 开机前后要放掉系统中的冷凝水。

② 定期给油雾器加油。

③ 日常维护需对冷凝水和系统润滑进行管理。

④ 随时注意压缩空气的清洁度，对空气过滤器的滤芯要定期清洗。

2.3.5　气动系统的常见故障和排除方法

单元测试

一般气动系统发生故障的原因如下：

① 气动元件堵塞或气动元件的组成零件损坏。

② 控制系统的内部故障。经验证明，控制系统故障的发生概率远远小于外部安装的传感器或机电设备本身的故障。

气动系统常见故障及排除方法见表 2-26。

表 2-26　气动系统常见故障及排除方法

故　障	原　因	排除方法
二次压力升高	减压阀复位弹簧损坏	更换复位弹簧
	减压阀座有伤痕或阀座橡胶剥离	更换阀座
	减压阀体与阀导向处黏附异物	清洗，检查滤清器
	减压阀芯导向部分与阀体的密封圈损坏	更换密封圈
	膜片破裂	更换膜片
换向阀不换向	阀芯移动阻力大，润滑不良	改进润滑
	密封圈老化变形	更换密封圈
	滑阀被异物卡住	清除异物，使滑阀移动灵活
	弹簧损坏	更换弹簧
	阀的操纵力小	检查操纵部分
阀产生振动和噪声	压力阀的弹簧力减弱，或弹簧错位	更换弹簧，把弹簧调整到正确位置
	阀体与阀杆不同轴	检查并调整位置偏差
	控制电磁阀的电源电压低	提高电源电压
	空气压力低（先导式换向阀）	提高气体压力
	电磁铁活动铁芯密封不良	检查密封性，必要时更换铁芯
分水滤气器压力降过大	使用的滤芯过细	更换适当的滤芯
	滤芯网眼堵塞	用净化液清洗滤芯
	流量超过滤清器的容量	换大容量的滤清器
从分水滤气器输出端溢出冷凝水和异物	未及时排出冷凝水	定期排水或安装自动排水器
	自动排水器发生故障	检修或更换
	滤芯破损或滤芯密封不严	更换滤芯

续表 2-26

故障	原因	排除方法
油雾器滴油不正常	通向油杯的空气通道堵塞	检修
	油路堵塞	检修、疏通油路
	测量调整螺钉失效	检修、调换螺钉
	油雾器反向安装	改变安装方向
元件和管路阻塞	压缩空气质量不好,水汽、油雾含量过高	检查过滤器、干燥器,调节油雾器的滴油量
元件失压或产生误动作	元件和管路连接不符合要求(线路太长)	合理安装元件与管路,尽量缩短信号元件与主控阀的距离
流量控制阀的排气口阻塞	管路内的铁锈、杂质使阀座被粘连或堵塞	清除管路内的杂质或更换管路
元件表面有锈蚀或阀门元件严重阻塞	压缩空气中凝结水含量过高	检查、清洗滤清器、干燥器
气缸出现短时的输出力下降	供气系统压力下降	检查管路是否泄漏、管路连接处是否松动
活塞杆速度有时不正常	由于辅助元件的动作而引起的系统压力下降	提高压缩机供气量或检查管路是否泄漏、阻塞
活塞杆伸缩不灵活	压缩空气中含水量过高,使气缸内润滑不好	检查冷却器、干燥器、油雾器工作是否正常
气缸的密封件磨损过快	气缸安装时轴向配合不好,使缸体和活塞杆上产生支承应力	调整气缸安装位置或加装可调支承架
系统停用几天后,重新启动时润滑部件动作不畅	润滑油结胶	检查、清洗油水分离器或调小油雾器的滴油量

2.4 液压系统的安装

液压系统与气动系统相似,其工作原理是先通过动力元件(如液压泵)将原动机(如电动机)输入的机械能转换为液体压力能,再经密封管道和控制元件等输送至执行元件(液压缸等),将液体压力能转换为机械能以驱动工作部件。

教学视频

液压系统与气动系统不同的是:液压系统的工作介质是液压油,液压油是循环使用的,而气动系统所使用的压缩空气在一次使用后直接放回到大气中,所以液压系统相对复杂。液压系统常用于所需压力较大的场合,同样缸径的液压缸比气缸出力大几十倍。另外,由于液压系统工作压力高，所以对液压元件的耐压值和连接强度要求比气动系统高。

2.4.1　液压系统的组成及工作原理

1. 液压传动系统的组成

液压系统由动力装置、执行装置、控制装置和辅助装置组成。

① 动力装置。动力装置是指液压泵，其功能是将原动机输入的机械能转换成流体压力能，为系统提供动力。

② 执行装置。执行装置是指液压缸或液压马达，功能是将流体的压力能转换成机械能，输出力和速度或转矩和转速，以带动负载进行直线运动或旋转运动。

③ 控制装置。控制装置是指压力、流量和方向控制阀，作用是控制和调节系统中流体的压力、流量和流动方向，以保证执行元件达到所要求的输出力（或力矩）、运动速度和运动方向。

④ 辅助装置。辅助装置是指保证系统正常工作所需要的辅助元器件，包括管道、管接头、油箱和过滤器等。

2. 液压传动系统的工作原理

液压系统是以液体为工作介质，利用压力能来驱动执行机构的传动方式：机械能→压力能→机械能。液压站是提供一定压强液压油的重要部件，其外观和结构分别如图 2－123 和图 2－124 所示。

1—油箱；2—电机；3—吸油管；4—油泵；5—压强表；6—溢流阀；7—空气滤清器；8—液位温度计

图 2－123　液压站图

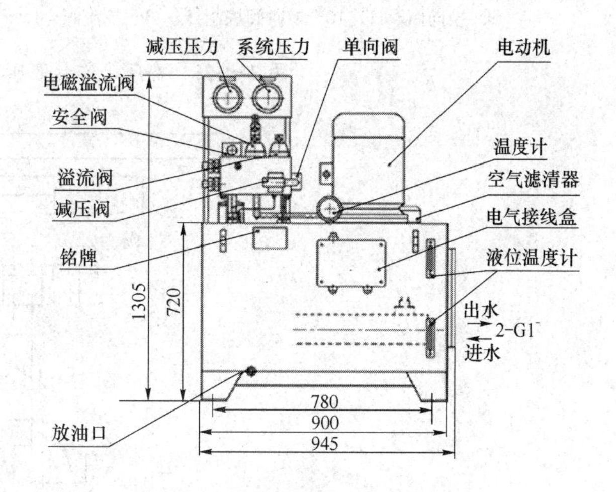

图 2－124　浸入式油泵液压站的结构

图 2－125 是磨床工作台的液压系统结构示意图，由换向阀控制工作台的运动方向。由此图可以转化为液压系统工作原理图，用图形符号表示元件的功能，如图 2－126 所示。因工作原理图不必表示具体的系统结构，设计工作量小，应用较广泛，但不如液压结构图直观形象。

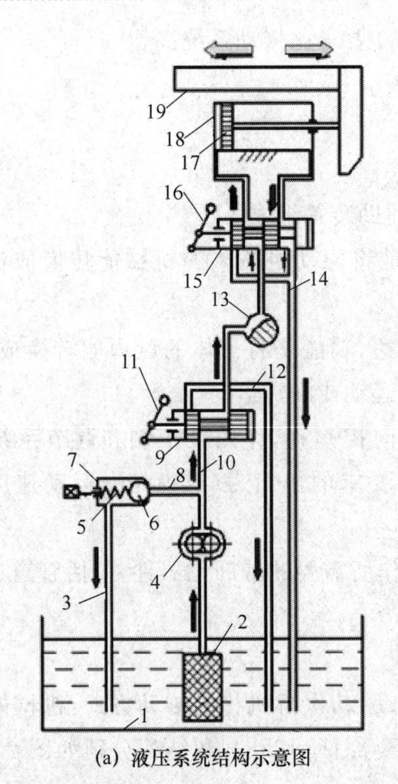

(a) 液压系统结构示意图

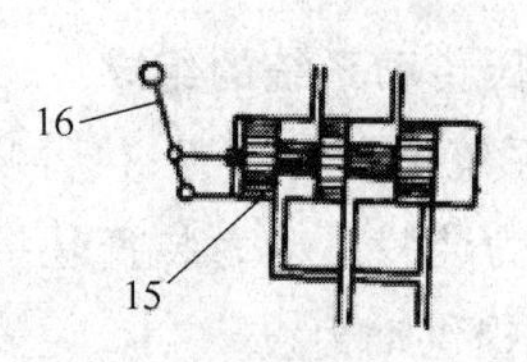

(b) 三位四通换向阀

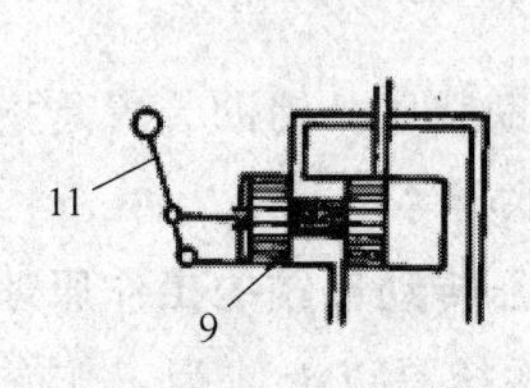

(c) 二位三通换向阀

1—油箱；2—过滤器；3—回油管；4—液压泵；5—调压弹簧；6—钢珠；7—溢流阀；8、10、12、14—油管；9—换向阀；11、16—换向阀控制杆；13—节流阀；15—换向阀；17—活塞；18—液压缸；19—工作台

图 2-125　磨床工作台液压系统的结构示意图

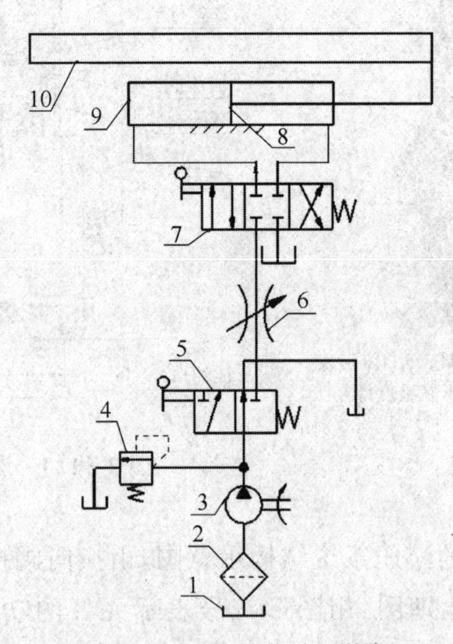

1—油箱；2—过滤器；3— 液压泵；4—溢流阀；5—换向阀；
6—节流阀；7—换向阀；8—活塞；9—液压缸；10—工作台

图 2-126　磨床工作台液压系统的工作原理图

2.4.2　液压系统的安装

1. 安装前的准备工作和安装要求

① 仔细分析液压系统的工作原理图、电气原理图、系统管道连接布置图、液压元件清单和产品样本等技术资料。

② 第一次安装应清洗液压元件和管件。

③ 自制重要元件应进行密封和耐压试验。

④ 准备必要的安装工具(如内六角扳手)。

2. 液压元件的安装要求

① 安装各种泵和阀时,不能接反和接错。

② 各连接口要紧固,密封应可靠。

③ 液压泵轴与电动机轴的安装应符合形位公差(如同轴度)要求。

④ 液压缸活塞杆或柱塞的轴线与运动部件导轨面的平行度要符合技术要求。

⑤ 方向阀一般应保持水平安装;蓄能器应保持轴线竖直安装。

3. 管路的安装要求

① 管子宜采用机械切割,切口平齐,切口端面与油管轴线的垂直度误差小于管直径的1%,且不大于 3 mm,断面平面度小于 1 mm。

② 管子的弯曲应采用机械常温弯曲;冷弯的壁厚减薄量应不大于壁厚的 15%,热弯的壁厚减薄量应不大于壁厚的 20%;弯制焊接钢管时,应使焊缝位于弯曲方向的侧面。

③ 管端接头的加工应符合卡套式、扩口式、插入焊接式等管接头的加工尺寸与精度要求。例如:紫铜管扩口连接的切割需用专用工具(如切割器),并用扩孔器扩口至规定尺寸,连接表面应光滑无毛刺。

④ 系统全部管道应进行两次安装,即第一次试装后拆下管路,按相关工序严格清洗、处理后进行第二次安装。

⑤ 管道的布置要整齐,油路走向应平直、距离短,尽量少转弯。

⑥ 液压泵吸油管的高度一般不大于 500 mm,吸油管和泵吸油口连接处应保证密封良好。

⑦ 溢流阀的回油管口与液压泵的吸油管不能靠得太近,以利于油的冷却和过滤。

⑧ 电磁阀的回油、减压阀和顺序阀等的泄油与回油管相连通时不应有背压。

⑨ 吸油管路上应设置滤油器,过滤精度为 0.1～0.2 mm,要有足够的通油能力。

⑩ 回油管应插入油面以下足够的深度,以防飞溅形成气泡。

⑪ 除锈应采用酸洗法,并应在管道配置完成且具备冲洗条件后进行;油库或液压站内的管道,宜采用槽式酸洗法进行清洗;从油库或液压站至使用地点或液压缸的管道,宜采用循环酸洗法进行清洗。

⑫ 管道的压强试验如下:

➢ 应在冲洗合格后进行。

➢ 管道的试验压强和试验介质,应符合表 2-27 的规定。

➢ 试验时,应先缓慢升至系统工作压强,检查管道无异常后,再升至试验压强,并应保持压强 10 min,然后降至工作压强,检查焊缝、接口和密封处等,均不得有渗漏、变形现象。

➢ 液压系统在进行压强试验时,应将系统内的泵、伺服阀、比例阀、压力传感器、压力继电器和蓄能器脱开。

表 2-27　管道的试验压强和试验介质(p 表示系统工作压强)

<table>
<tr><th colspan="3">系统名称</th><th>试验压强/MPa</th><th>试验介质</th></tr>
<tr><td rowspan="3">液压系统
滑动轴承的静压供油系统</td><td rowspan="3">系统工作压强/MPa</td><td>≤16</td><td>1.5p</td><td rowspan="3">工作介质</td></tr>
<tr><td>>16～31.5</td><td>1.25p</td></tr>
<tr><td>>31.5</td><td>1.15p</td></tr>
<tr><td colspan="3">气动系统、油雾润滑系统中的压缩空气管道和油雾管道</td><td>1.15p</td><td>压缩空气</td></tr>
<tr><td colspan="3">润滑油系统、双线式润滑脂系统</td><td>1.25p</td><td>—</td></tr>
<tr><td colspan="3">非双线式润滑脂系统</td><td>p</td><td>—</td></tr>
</table>

⑬ 管道的涂漆,应先除净管道外壁的铁锈、焊渣、油垢及水分;宜在 5～40 ℃的环境下进行,自然干燥,未干燥前应防冻、防雨、防污、防尘;涂层牢固,无剥落、气泡等缺陷。

总之,液压系统与气动系统的安装有类似之处,也需进行清洗、元件安装和管道安装等,但由于液压系统与气动系统存在差别,安装方法也有一些不同之处,例如:液压系统所需螺纹连接强度高;气动系统的动密封圈要安装的相对松一些,不能太紧等等,此处不做具体说明。

2.4.3　液压系统的调试

1. 调试前的检查

① 根据系统原理图、装配图及配管图,检查并确认各液压缸由哪个支路的电磁换向阀操纵。

② 电磁换向阀分别进行空载换向,确认电气动作是否正确、灵活,符合动作顺序要求。

③ 将泵吸油管、回油管路上的截止阀开启,泵出口溢流阀及系统中安全阀和调压手轮全部松开;将减压阀置于最低压力位置,流量控制阀置于小开口位置。

④ 液压系统用的液体品种、性能和规格,应符合规定,并应过滤后再充入系统中;充液体时,应开启系统内的排气口,并应把系统内的空气排净。

⑤ 按照使用说明书要求,向蓄能器内充氮。

2. 空载调试

① 启动液压泵,检查泵在卸荷状态下的运转。

② 调整溢流阀,逐步提高压力使之达到规定的系统压力值。

③ 调整流量控制阀,先逐步关小流量阀,检查执行元件能否达到规定的最低速度及平稳性,然后按其工作要求的速度来调整。

④ 调整自动工作循环和顺序动作,检查各动作的协调性和顺序动作的正确性。

⑤ 液压系统的活塞、柱塞、滑块、工作台等移动件和装置,在规定的行程和速度范围内移动时,不应有振动、爬行和停滞等现象;换向和卸载不得有不正常的冲击现象。

⑥ 各工作部件在空载条件下,按预定的工作循环或顺序连续运转 2～4 h后,检查油温及系统所要求的各项精度,一切正常后,方可进入负载调试。

3. 负载调试

负载调试是指液压系统在规定负载条件下运行,进一步检查系统的运行质量和存在的问题。液压系统的负荷试验，应符合以下要求：

① 负载调试时，一般应逐步加载和提速，确认低速、轻载试车正常后，才逐步将压力阀和流量阀调节到规定值，进行最大负载试车；应在系统工作压力和额定负载下连续运行，运行时间应不少于 0.5 h。

② 液压系统压力应采用不带阻尼的 1.5 级压力表测量，其波动值应符合表 2－28 的规定。

表 2－28　液压系统压力允许波动值

单位：MPa

系统公称压力	≤6.3	＞6.3，≤10	＞10，≤16	＞16
允许波动值	±0.2	±0.3	±0.4	±0.5

③ 液压系统的油温应在其平衡后进行测量，其温升应不大于 25 ℃，正常工作温度应为 30～60 ℃。油温达到热平衡是指温升幅度不大于 2 ℃/h。

2.4.4　液压传动系统的故障分析和排除

液压设备是由机械、液压、电气及仪表等装置有机地组合成的统一体，液压系统中各液压元件的运动零件以及油液大都在封闭的壳体和管道内，出现故障时，比较难找出故障原因，排除故障也比较麻烦。一般情况下，任何故障在演变为大故障之前都会伴随着有种种不正常的征兆，如出现不正常的声音，工作机构速度下降、无力或不动作，油箱液面下降，油液变质，外泄漏加剧，油温过高，管路损伤，出现糊焦气味等等。通过肉眼观察、耳听、手摸、鼻嗅等方法，加上翻阅记录，可找到问题原因和处理方法。分析故障之前必须弄清液压系统的工作原理、结构特点与机械、电气的关系，然后根据故障现象进行调查分析，缩小可疑范围，确定故障区域、部位，直至某个液压元件。

液压系统故障很多是由元件故障引起的，因此首先要熟悉和掌握液压元件的故障分析和排除方法，可参见前面相关内容。以下将液压系统常见故障的分析和排除方法列在表 2－29～表 2－38 中进行说明。

表 2－29　齿轮泵常见故障及其排除方法

故　障	产生原因	排除方法
不吸油、输油不足、压力升不高	1. 电动机转向错误 2. 吸入口管道或滤油器堵塞 3. 轴向间隙或径向间隙过大 4. 各连接处泄漏，有空气混入 5. 油液黏度太大或油液温升太高	1. 纠正电动机旋转方向 2. 疏通管道，清洗滤油器，换新油 3. 修复更换有关零件 4. 紧固各连接处螺钉，避免泄漏严防空气混入 5. 油液应根据温升变化选用
噪声严重 压力波动大	1. 油管及滤油器部分堵塞或吸油管吸入口处滤油器容量小 2. 从吸入管或轴密封处吸入空气或者油中有气泡 3. 泵轴与联轴器同轴度超差或擦伤 4. 齿轮本身的精度不高 5. 油液黏度太大或温升太高	1. 除去脏物，使吸油管畅通，或改用容量合适的滤油器 2. 连接部位或密封处加点油，如果噪声减小，可拧紧管接头或更换密封圈，回油管管口应在油面以下，与吸油管要有一定距离 3. 调整同轴度，修复擦伤 4. 更换齿轮或对研修整 5. 应根据温升变化选用油液

续表 2-29

故 障	产生原因	排除方法
液压泵旋转不灵活或咬死	1. 轴向间隙及径向间隙过小 2. 油泵装配不良,泵和电动机的联轴器同轴度不好 3. 油液中杂质被吸入泵体内 4. 前盖螺孔位置与泵体后盖通孔位置不对,紧固连接螺钉后因出现卡阻现象而转不动	1. 检测泵体、齿轮,修配有关零件 2. 根据油泵技术要求重新装配,调整同轴度,严格控制在 0.2 mm 以内 3. 严防周围灰沙、铁屑及冷却水等物进入油池,保持油液洁净 4. 用钻头或圆锉将泵体后盖孔适当修大后再装配

表 2-30 叶片泵常见故障、产生原因及排除方法

故 障	产生原因	排除方法
液压泵吸不上油或无压力	1. 泵的旋转方向不对,泵吸不上油 2. 液压泵传动键脱落 3. 进出油口接反 4. 油箱内油面过低,吸入管口露出液面 5. 转速太低,吸力不足 6. 油液黏度过高使叶片运动不灵活 7. 油温过低,使油黏度过高 8. 系统油液过滤精度低导致叶片在槽内卡住 9. 吸入管道或过滤装置堵塞或过滤器过滤精度过高造成吸油不畅 10. 吸入管道漏气	1. 可改变电机转向,一般泵上有箭头标记,无标记时,可对着泵轴方向观察,泵轴应是顺时针方向旋转 2. 重新安装传动键 3. 按说明书选用正确接法 4. 补充油液至最低油标线以上 5. 转速低,离心力无法使叶片从转子槽内移出,形成不可变化的密封空间。一般叶片泵转速低于 500 r/min 时,吸不上油。高于 1 500 r/min 时,吸油速度太快也吸不上油 6. 运用推荐黏度的工作油 7. 加温至推荐正常工作温度 8. 拆洗、修磨液压泵内脏件,仔细重装,并更换油液 9. 清洗管道或过滤装置,除去堵塞物,更换或过滤油箱内油液,按说明书正确选用滤油器 10. 检查管道各连接处,并予以密封、紧固
流量不足,达不到额定值	1. 转速未达到额定转速 2. 系统中有泄漏 3. 由于泵长时间工作、振动,使泵盖螺钉松动 4. 吸入管道漏气 5. 吸油不充分: ① 油箱内油面过低 ② 入口滤油器堵塞或通流量过小 ③ 吸入管道堵塞或通径小 ④ 油液黏度过高或过低 6. 变量泵流量调节不当	1. 按说明书指定额定转速选用电动机转速 2. 检查系统,修理泄漏点 3. 紧固连接螺钉 4. 检查各连接处,并密封紧固 5. 使充分吸油: ① 补充油液至最低油标线以上 ② 清洗过滤器或选用通流量为泵流量 2 倍以上的滤油器 ③ 清洗管道,选用不小于泵入口通径的吸入管 ④ 选用推荐黏度的工作油 6. 重新调节至所需流量
压力升不上去	1. 泵吸不上油或流量不足 2. 溢流阀调整压力太低或出现故障 3. 系统中有泄漏 4. 由于泵长时间工作、振动、使泵盖螺钉松动 5. 吸入管道漏气 6. 吸油不充分 7. 变量泵压力调节不当	1. 同前述排除方法 2. 重新调试溢流阀压力或修复溢流阀 3. 检查系统,修补泄漏点 4. 紧固连接螺钉 5. 检查各连接处,并予以密封紧固 6. 同前述排除方法 7. 重新调节至所需压力

续表 2-30

故　障	产生原因	排除方法
噪声过大	1. 吸入管道漏气 2. 吸油不充分 3. 泵轴和原动机轴不同轴 4. 油中有气泡 5. 泵转速过高 6. 泵压力过高 7. 轴密封处漏气 8. 油液过滤精度过低,导致叶片在槽中卡住 9. 变量泵止动螺钉错误调整	1. 检查各连接处,并予以密封紧固 2. 同前述排除方法 3. 重新安装,达到说明书要求的安装精度 4. 补充油液或采取结构措施,把回油浸入油面以下 5. 选用推荐转速 6. 降压至额定压力以下 7. 更换油封 8. 拆洗修磨泵内脏件,仔细重新组装,并更换油液 9. 适当调整螺钉至噪声达到正常
过度发热	1. 油温过高 2. 油液黏度太低,内泄过大 3. 工作压力过高 4. 回油口直接接到泵入口	1. 改善油箱散热条件或增设冷却器,使油温控制在推荐正常工作油温范围内 2. 选用推荐黏度的工作油 3. 降压至额定压力以下 4. 回油口接至油箱液面以下,尽量远离进油口
振动过大	1. 泵轴与电动机轴不同轴 2. 安装螺钉松动 3. 转速或压力过高 4. 油液过滤精度过低,导致叶片在槽中卡住 5. 吸入管道漏气 6. 吸油不充分 7. 油中有气泡	1. 重新安装达到说明书要求的精度 2. 紧固连接螺钉 3. 调整至需用范围以内 4. 拆洗修磨泵内零件,重新组装,并更换油液或重新过滤油箱内油液 5. 检查各连接处,并予以密封紧固 6. 同前述排除方法 7. 补充油液或采取结构措施,把回油浸入液面以下
外渗漏	1. 密封老化或损伤 2. 进出油口连接部位松动 3. 密封面的磕碰痕迹较严重 4. 外壳体砂眼	1. 更换密封 2. 紧固螺钉或管接头 3. 修磨密封面 4. 更换外壳体

表 2-31　轴向柱塞泵常见故障、产生原因及排除方法

故　障	产生原因	排除方法
流量不够	1. 油箱液面过低,油管及滤油器堵塞或阻力太大,漏气等 2. 泵壳内预先没有充好油,留有空气 3. 液压泵中心弹簧折断,使柱塞回程不够或不能回程,引起缸体和配油盘之间失去密封性能 4. 配油盘及缸体或柱塞与缸体之间磨损 5. 对于变量泵有两种可能,如为低压可能是油泵内部摩擦等原因,使变量机构不能达到极限位置造成偏角过小所致;如为高压,可能是调整误差所致 6. 油温太高或太低	1. 检查贮油量,把油加至油标规定线,排除油管堵塞,清洗滤油器,紧固各连接处螺钉,排除漏气 2. 排除泵内空气 3. 更换中心弹簧 4. 清洗去污,研磨配油盘与缸体的接触面,单缸研配,更换柱塞 5. 低压时,可调整或重新装配变量活塞及变量头,使之活动自如;高压时,纠正调整误差 6. 根据温升选用合适的油液,或采取降温措施

续表 2-31

故　障	产生原因	排除方法
压力脉动	1. 配油盘与缸体或柱塞与缸体之间磨损,内泄或外漏过大 2. 对于变量泵,可能由于变量机构的偏角太小,使流量过小,内漏相对增大,因此不能连续对外供油 3. 伺服活塞与变量活塞运动不协调,出现偶尔或经常性的脉动 4. 进油管堵塞,阻力大及漏气	1. 磨平配油盘与缸体的接触面,单缸研配,更换柱塞,紧固各连接处螺钉,排除漏损现象 2. 适当加大变量机构的偏角,排除内部漏损 3. 偶尔脉动,多因油脏,可更换新油;经常脉动,可能是配合件研伤或卡阻,应拆下研修 4. 疏通进油管及清洗进油口处的滤油器,紧固进油管段的连接螺钉
噪声	1. 泵体内留有空气 2. 油箱油面过低,吸油管堵塞及阻力大,以及漏气等 3. 泵和电机不同轴,使泵和传动轴受径向力	1. 排除泵内的空气 2. 按规定加足油液,疏通进油管,清洗滤油器,紧固进油段连接螺钉 3. 重新调整,使电动机与泵的同轴度满足要求
发热	1. 内部泄漏过大 2. 运动件磨损	1. 修研各密封配合面 2. 修复或更换磨损件
漏损	1. 轴承回转密封圈损坏 2. 各接合处O形密封圈损坏 3. 配油盘与缸体或柱塞与缸体之间磨损(会引起回油管外漏增加,也会引起高低压油腔之间内漏) 4. 变量活塞或伺服活塞磨损	1. 检查密封圈及各密封环节,排除内漏 2. 更换O形密封圈 3. 磨平接触面,配研缸体,单配柱塞 4. 更换活塞
变量机构失灵	1. 控制管路上的单向阀弹簧折断 2. 变量头与变量壳体磨损 3. 伺服活塞、变量活塞以及弹簧心轴卡死 4. 个别管路道堵死	1. 更换单向阀的弹簧 2. 配研两者的圆弧配合面 3. 机械卡死时,用研磨的方法使各运动件灵活;油脏时,更换新油 4. 疏通管路,更换油液
泵不能转动(卡死)	1. 柱塞与油缸卡死(可能是油脏或油温变化引起) 2. 滑靴因柱塞卡死或因负载大时启动而引起脱落 3. 柱塞球头折断(原因同上)	1. 油脏时,更换新油;油温太低时,更换黏度较小的油液 2. 更换或重新装配滑靴 3. 更换柱塞

表 2-32　液压缸常见故障、产生原因及排除方法

故　障	产生原因	排除方法
爬行或局部速度不均匀	1. 空气侵入液压缸 2. 缸盖活塞杆孔密封装置过紧或过松 3. 活塞杆与活塞不同轴 4. 液压缸安装位置偏移 5. 液压缸内孔表面直线度等超差 6. 液压缸内表面锈蚀或出现毛刺	1. 设排气阀、排除空气 2. 密封圈密封应保证能用手平稳地拉动活塞杆而无泄漏,活塞杆与活塞同轴度偏差不得大于0.01 mm,否则应矫正或更换 3. 活塞杆全长直线度偏差不得大于0.2 mm,否则应矫正或更换 4. 液压缸安装位置与设计要求相差不得大于0.1 mm 5. 液压缸内孔椭圆度、圆柱度不得大于内径配合公差之半,否则应进行镗铰或更换缸体 6. 进行镗磨,严重者更换缸体

续表 2-32

故　障	产生原因	排除方法
冲击	1. 活塞与缸体内径间隙过大或节流阀等缓冲装置失灵 2. 纸垫密封破损,出现大量泄油现象	1. 保证设计间隙,过大者应换活塞,检查修复缓冲装置 2. 更换新纸垫,保证密封
缓冲过长	1. 缓冲装置结构不正确,三角节流槽过短 2. 缓冲节流回油口开设位置不对 3. 活塞与缸体内径配合间隙过小 4. 缓冲的回油孔道半堵塞	1. 修正凸台与凹槽,加长三角节流槽 2. 修改节流回油口的位置 3. 加大至要求的间隙 4. 清洗回油孔道
推力不足或速度减慢	1. 活塞与缸体内径间隙过大,内泄漏严重 2. 活塞杆弯曲,阻力增大 3. 活塞上密封圈损坏,增大了泄漏量或增大了摩擦力 4. 液压缸内表面有腰鼓形,造成两端通油	1. 更换磨损的活塞,单配活塞其间隙为 0.03～0.04 mm 2. 校正活塞杆 3. 更换密封圈,装配时不应过紧 4. 镗磨油缸内孔,单配活塞

表 2-33　齿轮马达常见故障、产生原因及排除方法

故　障	产生原因	排除方法
转速降低、输出扭矩降低	1. 油泵供油量不足,油泵因磨损使轴向间隙和径向间隙增大,内泄漏量增大;或者油泵电机转数与功率不匹配等原因,造成输出油量不足,造成马达的流量也减少 2. 液压系统调压阀调压失灵,压力升不上去。由于各控制阀内泄漏量增大等原因,造成进入马达的流量和压力不够 3. 油液黏度过小,致使液压系统各部分内泄漏量增大 4. 马达本身的原因,如 CM 型马达的侧板和齿轮两侧面磨损拉伤,造成高低压腔之间内泄漏量大,甚至串腔。特别是当转子和定子接触线因齿形精度差或者拉伤时,泄漏更为严重,造成转速下降,输出扭矩降低 5. 工作负载较大,转速降低	1. 清洗滤油器,修复油泵,保证合理的间隙,更换能满足转速和功率要求的电机等 2. 检查调压阀调压失灵的原因,针对性地排除故障 3. 选用合适黏度的油液 4. 研磨修复马达侧板和齿轮的两侧面,并保证装配间隙(即马达体也研磨掉相应尺寸) 5. 检查负载过大的原因并排除
噪声过大并伴随振动和发热	1. 系统吸进空气,原因主要有:滤油器因污物堵塞、泵进油管接头漏气、油箱液面太低、油液老化等 2. 马达本身的原因,主要有:齿轮齿形精度不好或接触不良;轴向间隙过小;马达滚针轴承破裂;马达个别零件损坏;齿轮内孔与端面不垂直,马达前后盖轴承孔不平行等原因,造成旋转不均衡,机械摩擦严重,噪声大和振动现象	1. 清洗滤油器,减少液压油的污染;泵进油管路管接头拧紧,密封破损的予以更换;油箱油液补充添加至油标要求位置;油液污染老化严重的予以更换等 2. 对研齿轮或更换齿轮;研磨有关零件,重配轴向间隙;更换破损的轴承;修复齿轮和有关零件的精度;更换损坏的零件;避免输出轴过大的不平衡径向负载
油封漏油	1. 泄油管的压力高 2. 马达油封破损	1. 泄油管要单独引回油箱,而不要共用马达回油管路;泄漏管通路因污物堵塞或设计过小时,要设法使泄油管油液畅通流回油箱 2. 更换油封,并检查马达轴的拉伤情况进行研磨修复,避免再次拉伤油封

表 2-34　溢流阀常见故障、产生原因及排除方法(以 YF 型溢流阀为例)

故　障	产生原因	排除方法
压力波动不稳定	1. 先导阀调压弹簧过软(装错)或歪扭变形 2. 锥阀与阀座接触不良或磨损 3. 油液中混进空气 4. 油不清洁,阻尼孔堵塞	1. 更换弹簧 2. 锥阀磨损或有质量问题应更换。新锥阀卸下调整螺母,推几下导杆,使其接触良好 3. 防止空气进入,并排除已进入的空气 4. 清洁油液,疏通阻尼孔
调整无效	1. 弹簧断裂或漏装 2. 阻尼孔堵塞 3. 滑阀卡住 4. 进出油口装反 5. 锥阀漏装	1. 检查、更换或补装弹簧 2. 疏通阻尼孔 3. 拆出、检查、修整 4. 检查油源方向并纠正 5. 检查、补装
显著漏油	1. 锥阀与阀座接触不良 2. 滑阀与阀体配合间隙过大 3. 管接头没拧紧 4. 接合面纸垫破损或铜垫失效	1. 锥阀磨损或有质量问题时,更换新的锥阀 2. 更换滑阀,重配间隙 3. 拧紧联结螺钉 4. 更换纸垫或铜垫
显著噪声及振动	1. 螺母松动 2. 弹簧变形不复原 3. 滑阀配合过紧 4. 主滑阀动作不良 5. 锥阀磨损 6. 出口油路中有空气 7. 流量超过允许值 8. 和其他阀产生共振	1. 紧固螺母 2. 检查并更换弹簧 3. 修研滑阀,使其灵活 4. 检查滑阀与壳体是否同心 5. 更换锥阀 6. 排出空气 7. 调换流量大的阀 8. 微调阀额定压力值(一般额定压力值偏差在 0.5 MPa 以内,易发生共振)

表 2-35　减压阀常见故障、产生原因及排除方法

故　障	产生原因	排除方法
压力不稳定,有波动	1. 油液中混入空气 2. 阻尼孔有时堵塞 3. 滑阀与阀体内孔圆度达不到规定的要求,使阀卡住 4. 弹簧变形或在滑阀中卡住,使滑阀移动困难,或弹簧太软 5. 钢球不圆,钢球与阀座配合不好或锥阀安装不正确	1. 排除油液中空气 2. 疏通阻尼孔及换油 3. 修研阀孔,修配滑阀 4. 更换弹簧 5. 更换钢球或拆开锥阀调整
输出压力低或升不高	1. 顶盖处泄漏 2. 钢球或锥阀与阀座密合不良	1. 紧固连接螺钉或更换纸垫 2. 更换钢球或锥阀
不起减压作用	1. 回油孔的油塞未拧出,使油闷住 2. 顶盖方向装错,使出油孔和回油孔沟通 3. 阻尼孔被堵死 4. 滑阀被卡死	1. 将油塞拧出,接上回油管 2. 检查顶盖上孔的位置是否装错 3. 用直径为 1 mm 的针清理小孔并换油 4. 清理和研配滑阀

表 2-36　单向阀常见故障、产生原因及排除方法

故　障	产生原因	排除方法
发出异常的声音	1. 油液的流量超过允许值 2. 与其他阀共振 3. 在卸压单向阀中，用于立式大油缸等的回油，没有卸压装置	1. 更换流量大的阀 2. 可略微改变阀的额定压力，也可试调弹簧的强弱 3. 补充卸压装置回路
阀与阀座有严重泄漏	1. 阀座锥面密封不好 2. 滑阀或阀座产生毛刺 3. 阀座碎裂	1. 重新研配 2. 重新研配 3. 更换并研配阀座
不起单向作用	1. 滑阀在阀体内咬住，主要是由于：阀体孔变形、滑阀配合时有毛刺、滑阀变形胀大 2. 漏装弹簧	1. 修研阀座孔、修除毛刺、修研滑阀外径 2. 补装适当的弹簧(弹簧的最大压力不大于 30 N)
结合处渗漏	螺钉或管螺纹没拧紧	紧固连接螺钉或管螺纹

表 2-37　换向阀常见故障、产生原因及排除方法

故　障	产生原因	排除方法
滑阀不能动作	1. 滑阀被堵塞 2. 阀体变形 3. 具有中间位置的对中弹簧折断 4. 操纵压力不够	1. 拆开清洗 2. 重新安装阀体的螺钉，使压紧力均匀 3. 更换对中弹簧 4. 操纵压力必须大于 0.35 MPa
工作程序错乱	1. 滑阀被拉毛，油中有杂质或热膨胀使滑阀移动不灵活 2. 电磁阀的电磁铁损坏，力量不足或漏磁等 3. 液动换向阀滑阀两端的控制阀(节流单向阀)失灵或调整不当 4. 弹簧过软或太硬，使阀通油不畅 5. 滑阀与阀孔配合太紧或间隙过大 6. 因压力油的作用使滑阀局部变形	1. 拆卸清洗、配研滑阀 2. 更换或修复电磁铁 3. 调整节流阀、检查单向阀是否封油良好 4. 更换弹簧 5. 检查配合间隙，使滑阀移动灵活 6. 在滑阀外圆上开 1 mm×0.5 mm 的环形平衡槽
电磁线圈发热过高或烧坏	1. 线圈绝缘不良 2. 电磁铁的铁芯与滑阀轴线不同轴 3. 电压不对 4. 电极焊接不对	1. 更换电磁铁 2. 重新装配使其同轴 3. 按电压规定值 4. 重新焊接
电磁铁控制的方向阀作用时有响声	1. 滑阀卡住或摩擦过大 2. 电磁铁不能压到底 3. 电磁铁铁芯接触面不平或接触不良	1. 修研或调配滑阀 2. 校正电磁铁高度 3. 清除污物，修正电磁铁铁芯

表 2-38　液压系统常见故障的分析和排除方法

故障现象	故障原因		排除方法
产生振动和噪声	液压泵吸空	1. 进油口密封不严,以致空气进入	1. 拧紧进油管接头螺帽,或更换密封件
		2. 液压泵轴颈处油封损坏	2. 更换油封
		3. 进口过滤器堵塞或通流面积过小	3. 清洗或更换过滤器
		4. 吸油管径过小、过长	4. 更换管路
		5. 油液黏度太大,流动阻力增加	5. 更换黏度适当的液压油
		6. 吸油管距回油管太近	6. 扩大两者距离
		7. 油箱油量不足	7. 补充油液至油标线
	固定管卡松动或隔振垫脱落		加装隔振垫并紧固
	压力管路管道长且无固定装置		加设固定管卡
	溢流阀阀座损坏、高压弹簧变形或折断		修复阀座、更换高压弹簧
	电动机底座或液压泵架松动		紧固相应的螺钉
	泵与电动机的联轴器安装不同轴或松动		重新安装,保证同轴度小于 0.1 mm
系统无压力或压力不足	溢流阀	1. 在开口位置被卡住	1. 修理阀芯及阀孔
		2. 阻尼孔堵塞	2. 清洗
		3. 阀芯与阀座配合不严	3. 修研或更换
		4. 调压弹簧变形或折断	4. 更换调压弹簧
	液压泵、液压阀、液压缸等元件磨损严重或密封件破坏,造成压力油路大量泄漏		修理或更换相关元件
	压力油路上的各种压力阀的阀芯被卡住,而导致卸荷		清洗或修研,使阀芯在阀孔内运动灵活
	动力不足		检查动力源
系统流量不足(执行元件速度不够)	液压泵吸空		见前所述
	液压泵磨损严重,容积效率下降		修复达到规定的容积效率或更换
	液压泵转速过低		检查动力源将转速调整到规定值
	变量泵流量调节变动		检查变量机构并重新调整
	油液黏度过小,液压泵泄漏增大,容积效率降低		更换黏度适合的液压油
	油液黏度过大,液压泵吸油困难		更换黏度适合的液压油
	液压缸活塞密封件损坏,引起内泄漏增加		更换密封件
	液压马达磨损严重,容积效率下降		修复达到规定的容积效率或更换
	溢流阀调定压力值偏低,溢流量偏大		重新调节
液压缸爬行(或液压马达转动不均匀)	液压泵吸空		见前所述
	接头密封不严,有空气进入		拧紧接头或更换密封件
	液压元件密封损坏,有空气进入		更换密封件,保证密封
	液压缸排气不彻底		排尽缸内空气
油液温度过高	系统在非工作阶段有大量压力油损耗		改进系统设计,增设卸荷回路或改用变量泵
	压力调整过高,泵长期在高压下工作		重新调整溢流阀的压力
	油液黏度过大或过小		更换黏度适合的液压油
	油箱容量小或散热条件差		增大油箱容量或增设冷却装置
	管道过细、过长、弯曲过多,造成压力损失过大		改变管道的规格及管路的形状
	系统各连接处泄漏,造成容积损失过大		检查泄漏部位,改善密封性

2.4.5　液压元件的拆装实训

1. 液压元件拆装实习的目的、任务

在液压系统的安装和维修过程中，经常会遇到液压元件的调整和修理问题。合理拆装液压元件是对装配、使用和维护液压设备工作人员的基本要求。

通过拆装实习，要求能看懂在原理图和结构图上难以表达的复杂结构和空间油路，加深对液压元件的结构和工作原理的理解，感性地认识各零件外形尺寸及安装部位，对一些重要零件的材料、装配和配合要求有初步的了解，并提高动手操作技能。

2. 元件拆装时应注意的问题

① 拆卸之前需要分析元件的产品铭牌，了解元件的型号和基本参数，分析它的结构特点，确定拆卸工艺过程。

② 记录元件及解体零件的拆卸顺序和方向。

③ 拆卸下来的零件应保证不落地、不划伤、不锈蚀。

④ 拆装个别零件需要专用工具。

⑤ 需要敲打某些零件时，须用木棒或铜棒。

⑥ 拆卸下来的全部零件须用煤油或柴油清洗，干燥后用不起毛的布擦拭干净，用细锉或油石去除各加工面的毛刺。

⑦ 元件的装配一般按拆卸相反顺序进行。

⑧ 安装完毕检查现场有无漏装元件。

⑨ 装配后应向元件的进出油口注入机油，对于有转动部件的液压件，还要用手转动主轴，检查是否有不均匀或过紧现象。

⑩ 在拆装中，要注意理论联系实际，为了弄清液压元件的结构和工作原理，重点掌握元件的结构要素和工作特性。

3. 齿轮泵的拆装

拆开一台齿轮泵，仔细观察其结构，明确以下问题：

①齿轮泵的密封工作空间是由哪些零件组成的？

② 进、出油口孔径是否相等？为什么？

③ 泵内压力油是怎样泄漏的？怎样才能提高容积效率？

④ 困油卸荷槽在哪个位置上？相对高低压腔是否对称布置？

⑤ 泵内径向力是怎样产生的？它有何影响？在结构上采取了什么措施减小其影响？

⑥ 泵的理论流量决定于哪些结构参数？它能改变吗？

4. 叶片泵的拆装

以中压 YB 型双作用叶片泵为例，明确以下问题：

① 叶片泵密封工作空间是由哪些零件组成的？

② 它为什么叫双作用卸荷式叶片泵？

③ 泵的内部是怎样泄漏的？怎样提高其容积效率？

④ 泵在工作时，叶片一端靠什么力量始终顶住定子内圆表面，而不产生脱空现象？

⑤ 定子内圆表面是由哪些线段组成的？各起什么作用？

⑥ 怎样安装配油盘？哪个是吸油窗口？哪个是压油窗口？

⑦ 转子的叶片槽为什么不径向开？朝前倾斜还是朝后倾？

⑧ 配油盘上的三角沟槽起什么作用？为什么是2个而不是4个？

5. 柱塞泵的拆装

拆装一个直轴式轴向柱塞泵，明确以下问题：

① 在泵内部由哪些重要元件表面组成了若干密封工作空间，这些密封工作空间的大小是如何变化的？

② 为使泵保持较好的工作性能，减小困油、噪声的不良影响，在配油装置上采取了哪些具体措施？

③ 柱塞与滑履是如何连在一体的，柱塞和滑履中心的小孔有何作用？

④ 应如何安装配油盘，以消除困油现象的影响？

⑤ 回程机构由哪些零件组成，是如何工作的？

⑥ 变量机构由哪些零件组成，是如何工作的？

⑦ 泵主轴的转向与泵的吸、排油方向有何关系？

6. 液压马达的拆装

以内曲线液压马达为例，应注意掌握的内容如下：

① 液压马达的主要结构组成及相互连接关系。

② 内曲线马达各组成部分的功用。

③ 配流装置的结构和进出油流路线。

④ 切向力的传力机构。

⑤ 定子曲面数、柱塞孔数及配流窗孔数以及它们的对应关系。

7. 液压缸的拆装

(1) 拆装中应注意掌握的内容

① 液压缸各部位的典型结构。

② 液压缸各组成部分的功用。

③ 注意观察活塞与活塞杆、缸体与端盖、活塞杆头部，液压缸的安装形式等结构特点。

④ 观察活塞与缸体、端盖与缸体、活塞杆与端盖间采用的密封形式，以及安装密封圈沟槽的结构形式。

⑤ 观察液压缸各种零件的材料及结构特点。

⑥ 观察缸孔内孔、活塞、活塞杆的各种加工精度。

(2) 液压缸的拆卸顺序

以图2-127为例，液压缸的拆卸顺序为：

① 先将缸右侧的连接螺钉拆下，使缸盖14与右法兰10分离，将活塞杆和活塞整体从缸筒7中轻轻拉出，再从缸盖中向左拉出活塞杆8，使缸盖14、缸头18均成为单体。

② 从缸盖14中取出导向套12，再取密封15和防尘圈16。

③ 在缸头18中拆卸下缓冲节流阀门11和O形密封圈9。

④ 取出左侧的固定用直销，旋出缓冲套24，将活塞21与活塞杆分离，按顺序卸下密封圈4(或油封20和挡圈19)和导向环5(或导向环22)；取下O形密封圈23和缓冲套6，以便检查或修配活塞和活塞杆。

⑤ 拆下左侧连接螺钉25，使缸底1与缸筒分离，缸底与缸筒成为单体，从缸底中拆下单向

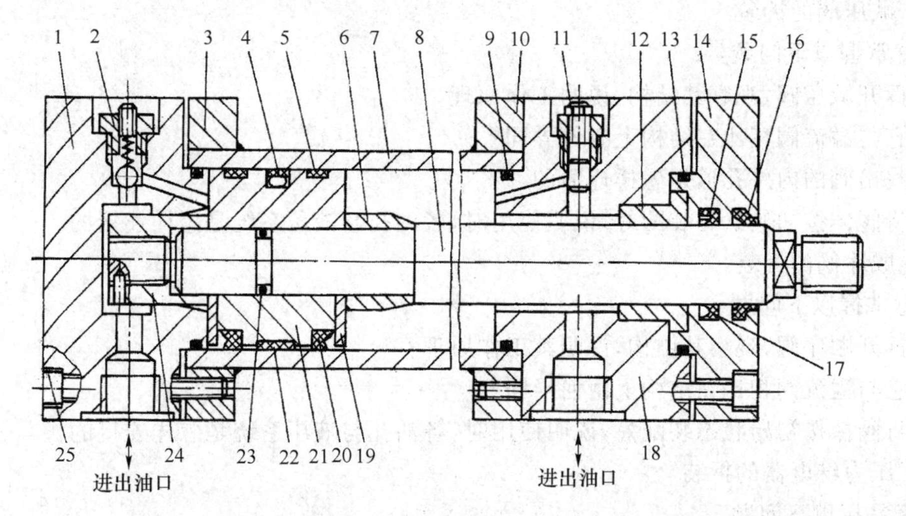

1—缸底；2—单向阀；3—左法兰；4、20—密封圈；5、22—导向环；6—缓冲套；7—缸筒；8—活塞杆；
9、13、23—O形密封圈；10—右法兰；11—缓冲节流阀门；12—导向套；14—缸盖；15、17—密封；
16—防尘圈；18—缸头；19—挡圈（与油封配合）；20—油封；21—活塞；24—缓冲套；25—螺钉

图 2－127　液压缸结构图

阀 2,擦洗单向阀,保证排液部分通畅。

⑥ 对所有零件进行清洗、修理后,进行分类堆放和保管，以便于进行以后的安装。

(3) 液压缸的安装顺序

参考与拆卸相反的次序进行安装,在此过程中掌握装配次序和总结经验,并考虑在装配时,可能出现的修配零件部位和修配方法。

8. 方向控制阀的拆装

拆开单向阀、液控单向阀、手动换向阀、电磁换向阀,观察其结构及组成,分析其工作原理和各油孔与系统的连接关系,并找出容易出现故障的部位,分析可能的故障原因。

9. 压力控制阀的拆装

(1) 直动式溢流阀的拆装

注意掌握以下问题：

① 拆开直动式溢流阀,观察其结构,并说明如何调整溢流阀的压力。

② 阀的内孔道是怎样连通的？阀芯下部的轴向小孔起什么作用？为什么此孔很细？

③ 阀芯的装弹簧处为什么通过内孔道与出油口连通？可否不连通？

④ 将阀体按初始状态装配好,并说明在使用时各油孔与液压系统是怎样连接的。

(2) 先导式溢流阀的拆装

注意掌握以下问题：

① 拆开先导式溢流阀,并观察其结构,说明其工作原理。

② 说明阀的内、外孔道是怎样连通的。

③ 说明主阀和锥阀各有什么作用。两个弹簧各起什么作用？其粗细依据什么决定？

④ 找到远程调压孔,它有何作用？如果误把它当作泄油孔接油箱,会出现什么问题？

⑤ 将阀体按初始状态装配好,说明使用时,各油孔与液压系统是怎样连接的。

(3) 减压阀的拆装

注意掌握以下问题:

① 拆开减压阀,观察其结构,说明工作原理。

② 它与溢流阀相比在结构上有何异同?

③ 找出阀的内外孔道是怎样连通的。

④ 将阀体按初始状态装配好,说明使用时,各油孔与液压系统是怎样连接的。

(4) 顺序阀的拆装

注意掌握以下问题:

① 拆开顺序阀,观察其结构,说明其工作原理?

② 它与溢流阀相比在结构上由何异同?

③ 将阀体按初始状态装配好,说明使用时,各油孔与液压系统是怎样连接的?

(5) 压力继电器的拆装

注意掌握以下问题:

观察压力继电器的结构,说明其工作原理,弄清其在液压系统中的接法。

10. 流量控制阀的拆装

(1) 节流阀的拆装

注意掌握以下问题:

① 拆开节流阀,观察其结构,说明其工作原理。

② 节流口属于哪种结构形式?有什么特点?怎么调节其大小?

③ 将阀体按初始状态装配好,若将进、出油口接错能否使用?有何影响?

(2) 调速阀的拆装

注意掌握以下问题:

① 拆开调速阀,观察其结构,说明其工作原理。

② 说明阀的内、外油路是怎样连通的。

③ 当节流阀通流截面积A调定后,若出口阻力发生变化,减压阀将怎样动作?通过调速阀的流量是怎样保持基本稳定的?

④ 将阀体按初始状态装配好,说明使用时,阀在系统的进油、回油、旁油路上各是怎样连接的。

11. 液压元件拆装实训的目的

① 加深对有关液压元件的结构和工作原理的理解,尤其要掌握液压元件的复杂结构和空间油路。

单元测试

② 在拆装过中应注意掌握以上10大项内容,初步获得一些零件、材料、工艺配合及安装等方面的实践知识,提高动手能力。

2.5 电气系统的安装

2.5.1 电气控制系统的发展

电气控制系统在机电设备的控制中处于核心地位,也是机电设备的重要组成部分之一,它的可靠性直接影响到设备正常运行的稳定性。电气系统同时起到检测、判断、控制和保护等作用。随着时代的发展,电气系统也由 20 世纪 20 年代的继电器、接触器、行程开关等组成的控制电器,逐渐演变为由单片机、PLC 和工控机等进行控制的方式。控制程序也由硬件电路逐渐转变为软件程序,控制方式更加灵活,功能也更为强大。

教学视频

1. 继电接触器控制方式

继电接触器式控制电路主要由继电器、接触器等组成,适用于实现控制功能较简单、控制规模较小的场合,其特点是价格便宜、维护方便、运行可靠性强、抗干扰能力强,因此广泛用于各种普通机床等机电设备,可以实现简单的机床运行的逻辑控制。

继电接触器控制方式的缺点有:

① 控制程序不易改变。由于采用了固定接线方式,因此改变控制程序不方便,缺少灵活性。

② 用于低频率控制。由于继电器是采用机械式的接触方式,因此需要一定的响应时间。

③ 控制精度低。采用这种控制方式不能完成对于伺服电机等的控制,无法实现对运动位置的精确控制。

④ 可靠性差。频繁启停时,接触器的触点易损坏。

2. 无触点逻辑控制方式

由于 20 世纪 50 年代出现了二极管、晶体管、集成电路等半导体逻辑元件,因而产生了可靠性较高的无触点逻辑控制方式。

无触点逻辑控制方式具有体积相对较小、可靠性较高、响应速度快和使用寿命长等优点。但由于其也采用固定接线方式,所以控制程序改变也不算灵活。

3. 计算机控制方式

20 世纪 60 年代出现的电子计算机及工控机,极大提高了控制的通用性和灵活性。其具有检测速度快、控制功能强、控制精度高等优点。

4. PLC 控制方式

1968 年美国通用汽车公司提出采用新的控制系统,替代传统的继电接触式控制系统,目的是减少重新设计和安装继电接触控制系统的经费和时间,此控制系统称为可编程控制器(常称为 PLC)。PLC 的产生极大地改变了传统的机电控制系统的控制方式,兼顾了控制系统的可靠性和编程的灵活性,使机电控制方式有了质的飞跃。

其优点是可靠性高、程序改变灵活、功能齐全、使用方便和便于维修,因而得到广泛应用。

2.5.2　电气控制系统的组成

电气控制系统一般由控制单元、执行元件、传感器、按钮开关及电器辅件等组成。

1. 控制单元

(1) 控制继电器

控制继电器是一种自动电器。它适用于远距离接通和分断交、直流小容量控制电路,并在电力驱动系统中用于控制、保护及信号转换。继电器的输入量通常是电流、电压等电量,也可以是温度、压力、速度等非电量,输出量则是触点动作时发出的电信号或输出电路的参数变化。继电器的特点是当其输入量的变化达到一定程度时,输出量才会发生阶跃性的变化(通断电路)。

控制继电器用途广泛,种类繁多,按其输入量不同可分为如下几类:中间继电器(见图2-128)、电流继电器、热继电器(见图2-129)、时间继电器(见图2-130)、温度继电器和速度继电器等。继电器的主要技术参数有:额定参数、动作参数、返回系数、储备系数、灵敏度、动作时间等。

图2-128 中间继电器

图2-129 热继电器

图2-130 时间继电器

(2) 单片机

单片机又称微控制器,是把中央处理器、存储器、定时/计数器、各种输入输出接口等都集成在一块集成电路芯片上的微型计算机。与通用型微处理器不同,单片机更强调自供应(不用外接硬件)和节约成本。由于体积小,单片机可放在仪表与小型设备中,但其存储量小,输入输出接口简单,功能较低。目前微芯公司的PIC系列出货量居于业界领导者地位;Atmel的51系列及AVR系列种类众多,受支持面广;德州仪器的MSP430系列以低功耗闻名,常用于医疗电子产品及仪器仪表中。

(3) 可编程控制器

可编程控制器(PLC)外观如图2-131所示,国际电工委员会(IEC)在其标准中将可编程控制器定义为:可编程逻辑控制器是一种进行数位运算操作的电子系统,其专为在工业环境中的应用而设计。它采用一类可编程的存储器,用于在其内部存储程序,执行逻辑运算、顺序控制、定时、计数与算术操作等面向用户的指令,并通过数字或模拟式输入和输出来控制各种类型的机械或生产过程。

可编程控制器由内部CPU、指令及资料内存、输入输出单元、电源模组、数位类比等单元模组组合而成,容易与工业控制系统联成一个整体,易于扩充功能。PLC的种类较多,依照制造厂商及适用场所的不同而有所差异,按照机组的复杂程度分为大、中、小型。一般工厂及学校通常使用小型PLC,在规模控制工业用途中通常使用大型PLC。

(4) 工控机

工控机外形如图2-132所示,是一种加固的增强型个人计算机,它可以作为一个工业控制器在工业环境中可靠运行。工控机一般采用钢结构,有较高的防磁、防尘、防冲击的能力。机箱内有专用底板,底板上有PCI和ISA插槽,可扩充各种控制接口板,并配备专门电源,具有较强的抗干扰能力。针对工业现场环境,工控机内部有良好的散热过滤系统,可以高性能长时间连续工作。同时工控机的开放性与兼容性较好,吸收了PC机的全部功能,可直接运行PC机的各种应用软件,可配置实时操作系统,便于多任务的调度和运行。

图 2－131　可编程控制器

图 2－132　工控机

2. 执行元件

(1) 电动机

电动机是应用电磁感应原理运行的旋转电磁机械。电动机实现了从电能向机械能的转换，运行时从电系统吸收电功率，向机械系统输出机械功率。机电设备中常使用的电动机有交流异步电机（见图 2－133）、步进电机（见图 2－134）和伺服电机（见图 2－135）等。

交流异步电机具有结构简单、运行可靠、价格便宜、过载能力强及使用、安装、维护方便等优点，被广泛应用于各个领域。在工程应用中，一般采用变频器来调整三相交流异步电机的转速。

步进电机是一种感应电机，它的工作原理是利用电子电路，将直流电变成分时供电的多相时序控制电流。驱动器的主要功能就是为步进电机分时供电，多相时序。步进电机由驱动器驱动，一般只在低速轻载情况下应用，每分钟转速不应超过 1 000 转，由于没有反馈环节，因此在高转速、振动等情况下易失步。

交流同步伺服电机多用于闭环伺服结构，多数使用永磁式同步电动机。同步电动机的“同步”是指电动机转子转速与定子转速相同。一般情况下，用于伺服系统的同步电动机在轴后端部装有编码器（光码盘），用于反馈电机的位置与速度。反馈信号经伺服驱动器实时运算处理，实现伺服系统的闭环（或半闭环）高精度控制。现在，市场上常见的交流伺服电机多为永磁同步交流伺服电机，但这种电机受工艺限制，很难做到很大的功率，十几 kW 以上的交流同步伺服电机价格极其昂贵，在这种情况下，若现场应用允许，多采用交流异步伺服电机。

图 2－133　交流异步电机

图 2－134　步进电机及驱动器

图 2－135　交流同步伺服电机及驱动器

(2) 电磁铁

电磁铁是在通电时产生电磁力的一种装置,按电磁铁用途可将其分为以下几种:

① 牵引电磁铁。主要用来牵引机械装置,开启或关闭各种阀门,以执行自动控制任务。

② 起重电磁铁。用做起重装置来吊运钢锭、钢材、铁砂等的铁磁性材料。

③ 制动电磁铁。主要用于对电动机等进行制动,以达到准确停车的目的。

④ 其他用途。用于磨床的电磁吸盘以及电磁振动器等。

常用执行元件除上述两种电动执行元件之外,还有两种上两节讲过的气动和液压执行元件。其应用特点如下。

(3) 气缸和气动马达

气缸和气动马达(参见本章第2.3节)是在气动系统中,将压缩气体的压力能转换为机械能的气动执行元件。气缸可以驱动机构作往复直线运动、摆动运动(如齿轮齿条式摆动气缸)。而气动马达(也称风动马达)一般作为机器的旋转动力源,只产生旋转运动。气动马达与普通电动机相比,其优点是:壳体轻,输送方便;工作介质是空气,不必担心引起火灾;在过载时能自动停转,并与供给压力保持平衡,所以气动马达被广泛应用于矿山机械及气动工具等场合。

(4) 液压缸和液压马达

液压缸和液压马达(参见本章第2.4节)是在液压系统中将液压能转换为机械能的液压执行元件。液压缸的主要作用是将液压能转化为往复直线运动的动力,而液压马达(也称为油马达)的输出则是旋转运动。液压马达主要应用于注塑机械、船舶和卷扬机等。液压系统结构简单、工作可靠、可免去减速装置、没有传动间隙、运动平稳,因此在各种机械中得到广泛应用。

3. 传感器

传感器是能感受规定的被测量,并按照一定的规律转换为可用输出信号的器件或装置。工业用传感器按用途分可为与位移、力、温度、湿度等相关的传感器,其输出信号可分为模拟、数字和开关量信号。

① 与位移有关的传感器。分为位移传感器、速度传感器、加速度传感器、接近开关等。位移传感器包括直线位移传感器和角度位移传感器。直线位移传感器包括光栅尺,如图2-136(a)所示;角度位移传感器包括旋转码盘(或编码器),外形如图2-136(b)所示;接近开关的外形如图2-136(c)所示。

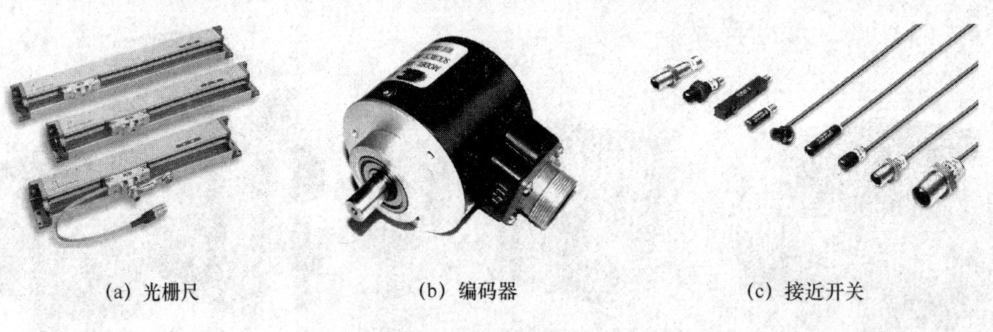

(a) 光栅尺　　(b) 编码器　　(c) 接近开关

图2-136　传感器

② 与力有关的传感器。它是能感受外力并转换成可用输出信号的传感器,可用来测量重力和力矩等。

③ 其他类型的传感器。如温度传感器、气体传感器等。温度传感器利用热电阻和热电偶进行温度检测，而气体传感器则可以对特定气体的浓度进行检测。

4. 常用按钮和开关

按钮开关是一种结构简单、应用十分广泛的主令电器。在电气自动控制电路中，用于手动发出控制信号来控制接触器、继电器、电磁启动器等。按钮开关的结构种类很多，可分为控制按钮、万能转换开关和行程开关等，分别如图 2 - 137(a)、(b)和(c)所示。其中控制按钮又分为普通揿钮式、蘑菇头式、自锁式、自复位式、旋柄式、带指示灯式、带灯符号式及钥匙式等，有单钮、双钮、三钮及不同组合形式，一般采用积木式结构。

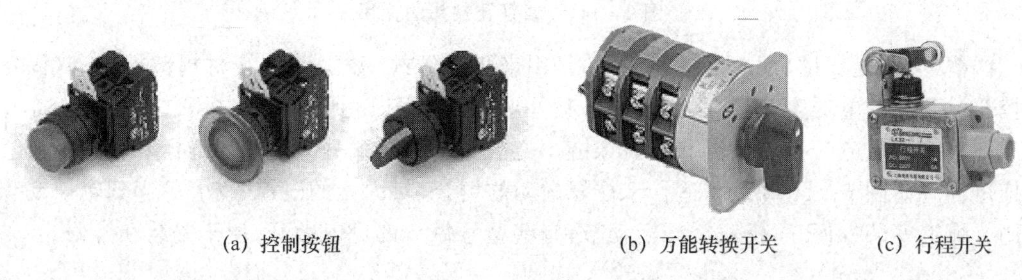

(a) 控制按钮　　(b) 万能转换开关　　(c) 行程开关

图 2 - 137　按钮和开关

5. 电器辅件

(1) 电线和电线接头

电线是在传导电能时使用的载体。电线产品可分为裸电线及裸导体制品、电力电线、电气设备电线、通信电线和绕组线等。电线使用的工作条件(如电压、电流等)和可能存在的外界影响(如温度、腐蚀、机械、电磁干扰等)是电线型号划分的重要参数。

电线接头(也称接头)是为使电缆连接成为一个连续线路的中间连接点。电线线路中间部位的电缆接头称为中间接头，而线路两末端的电缆接头称为终端头。电线接头的目的是使线路通畅，使电缆保持密封，并保证电缆接头处的绝缘等级，使电气系统安全可靠地运行。

屏蔽线在保护层与信号线之间加入了金属箔和编织铜网，保证了信号的传递不受外界电磁干扰，如图 2 - 138 所示。压线接头如图 2 - 139 所示，可以支持型号各异的电线固定连接方式。特定标准的航空接插件如图 2 - 140 所示，原为航空项目而研制，它易于保证接线的可靠性和接拆线的灵活性。线管及接头用于对成组电线的固定和保护，其外形和使用如图 2 - 141 所示。

图 2 - 138　屏蔽线

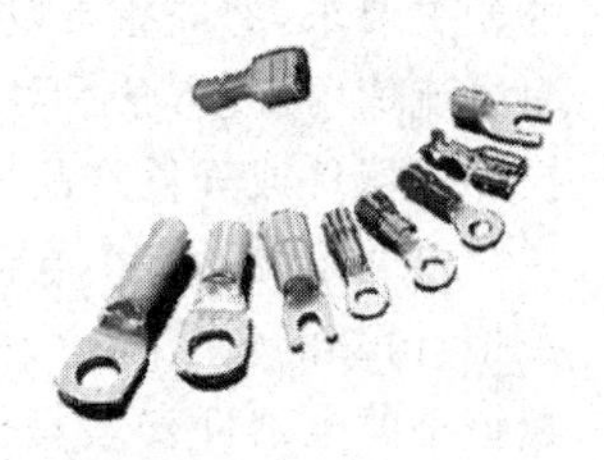

图 2 - 139　压线接头

图 2 - 140　航空插头

(2) 接线端子、拖链与线槽

接线端子使导线的连接十分方便，可以随时断开和连接，而不必把它们焊接在一起，适合大量的导线互联，如图 2 - 142 所示。

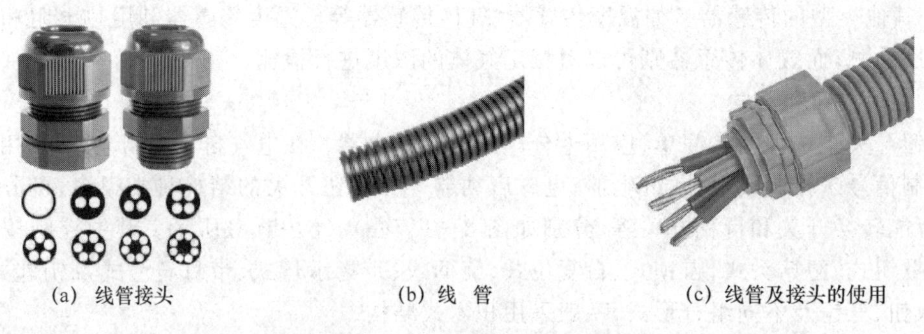

(a) 线管接头　　(b) 线　管　　(c) 线管及接头的使用

图 2-141　线管及接头的使用

线槽(又称走线槽、配线槽或行线槽)是用来将电源线、数据线等线材规范地整理,固定在电控箱(柜)内的电器安装板上的盒状件,其外形如图 2-143 所示。

拖链按材质分为钢质拖链和塑料拖链。拖链按结构形式分为全封闭拖链和桥式拖链。塑料拖链外观如图 2-144 所示,适合于往复运动的场合,对内置的电缆、气管等起到牵引和保护作用。拖链安装方便,可任意增减活动节,有些型号每节都可以敞开,便于安装和维修。

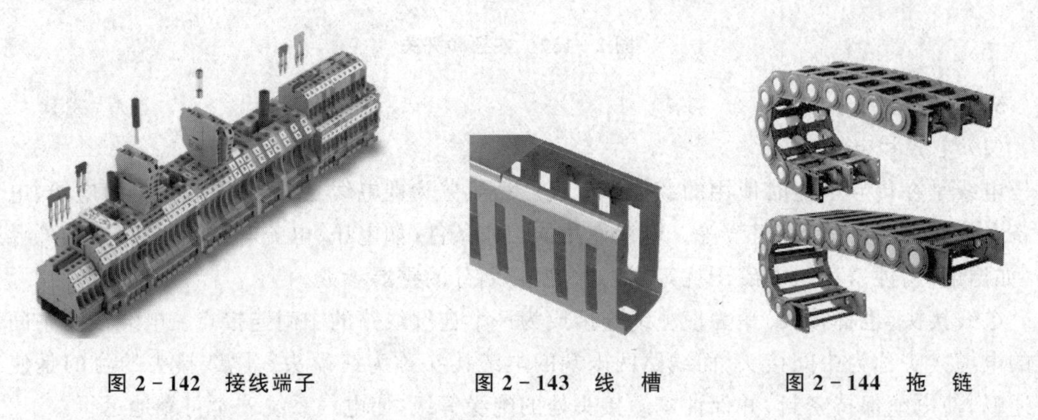

图 2-142　接线端子　　图 2-143　线　槽　　图 2-144　拖　链

2.5.3　电气系统的安装要求

在电气系统安装前要认真识读电气原理图及接线图,并准备电气安装工具和测量工具(万用表等)。各电器元件的安装应符合电气产品使用说明书的相关要求,并应重点注意各型号电器件的标定耐压值、耐电流值、接线方法和注意事项等,以避免在安装调试时损坏元器件或降低产品性能。

图 2-145　电控柜

电气系统的多个电器元件可集中安装在电控箱(或电控柜)内部的安装板上,并用螺钉等进行紧固。一般将体积较小的电器件安装箱体称为电控箱,而将体积较大,立于地面上的箱体称为电控柜(见图 2-145)。电控箱主要起控制作用,电控箱的出线用于连接安装在设备上的传感器和执行元件等。

为了保证电气系统安装的工艺性、可靠性和便于维修,在设计和安装电气系统时需注意以下内容:

(1) 保证安装和拆卸的方便性

① 电器元件及其安装板的安装结构应尽量考虑进行正面拆装，尽可能正面安装或拆卸电器元件的安装螺钉等。

② 各电器元件应可进行单独拆装和更换，而不应影响其他元器件及导线的固定。

③ 不同电压等级的熔断器应分开布置，不应交错或混合排列。

④ 端子应设有安装序号，端子排应便于更换且接线方便，离地面的高度一般大于 350 mm。

⑤ 线槽铺设应平直整齐，呈水平或垂直方向排线，水平或垂直方向的允许偏差应为其长度的 2‰，槽盖应便于开启。

⑥ 面板上安装元件按钮时，为了提高效率和减少错误，可先用铅笔等直接在相应位置标示，或粘贴标签。

(2) 保证安装的可靠性，提高抗干扰能力

① 发热元件应安装在排风扇附近等散热良好的区域，发热元件的连接导线应采用耐热导线或套有瓷管的裸铜线。

② 二极管、三极管及可控硅、矽堆等电力半导体，应将其散热面或散热片的风道呈垂直方向安装，以利于散热。

③ 电阻器等电热元件一般应安装在电控箱的上方，其方向及位置应利于散热，并应减少对其他元件的热影响。

④ 控制箱内电子元器件的安装要尽量远离电控系统主电路、开关电源及变压器等电流较大及热量较高的区域，不得直接放置在或靠近柜内其他发热元件的热气对流方向或位置。

⑤ 瓷质熔断器在金属安装板上安装时，其底座应安放软绝缘衬垫。

⑥ 低压断路器与熔断器在配合使用时，熔断器应安装在电源一侧。

⑦ 强电和弱电的接线端子应分开布置和安装。如无法分开时，应有明显标志，并设空接线端子隔开或安装绝缘性强的隔板等。

⑧ 有防震要求的电器件应设置减震装置，并对其紧固螺栓采用防松处理。

⑨ 螺钉规格应选配适当，应有利于电器件的固定和防松。紧固件尽量采用防锈效果较好的镀锌件。

⑩ 线槽内外表面应光滑平整、强度高且无毛刺；线槽盖完整，盖合的质量好；线槽的出线口位置正确、光滑无毛刺。

⑪ 线槽的连接应连续不间断，线槽接口应平直、无间隙。每节线槽的固定点不应少于 2 个。在转角、分支处和端部均应有固定点，并紧贴安装板固定。

⑫ 断路器、漏电断路器、接触器、热继电器和动力端子等元件的接线端子与线槽的直线距离 30 mm。

⑬ 控制端子、中间继电器和其他控制元件与线槽的直线距离为 20 mm。

⑭ 固定低压电器时，不得使电器内部承受额外的力。

⑮ 低压断路器的安装应符合产品技术文件的规定，无明确规定时，宜垂直安装，其倾斜度应不大于 5°。

⑯ 利用电磁力或重力工作的电器元件，例如接触器及继电器，其安装方式应严格按照产品说明书的规定，以免影响其可靠性。

⑰ 电器元件的紧固应设有防松装置,一般应放置弹簧垫圈及平垫圈。弹簧垫圈应放置于螺母一侧,平垫圈应放于紧固螺钉的两侧。如采用双螺母锁紧或其他锁紧装置时,可不设弹簧垫圈。

⑱ 当铝合金部件与非铝合金部件连接时,应使用绝缘衬垫隔开,避免其直接接触,以防止电解腐蚀。

⑲ 电器件的接线应采用铜质或有电镀金属防锈层的螺栓和螺钉,紧固牢靠,且应防松。

⑳ 当元件本身有预制导线时,应用转接端子与柜内导线连接,尽量不对接。

(3) 安装后便于调整和维修

① 使用中易于损坏的熔断器,或在使用过程中可能需要调整及复位的电器件,应能在不拆卸其他元件时,便可以完成更换和调整操作。

② 熔断器的安装位置及相互间的距离应便于对熔体的更换。

③ 安装具有熔断指示器的熔断器时,应使其指示器便于观察。

(4) 安装后应尽量避免操作失误

① 主令操纵电器元件及整定电器元件的布置,应避免由于偶然触及其手柄、按钮而产生误动作或动作值变动,整定装置一般在整定完成后应以双螺母锁紧并用红漆漆封,以免移动。

② 系统或不同工作电压电路的熔断器应分开布置。

③ 按钮开关之间的距离一般为50～80 mm。按钮箱之间的距离宜为50～100 mm。当倾斜安装时,其与水平线的倾角不宜小于30°,否则不便于操作。

2.5.4 电气系统原理图的识读

电气控制系统一般由主电路、控制电路和辅助电路组成。在了解电气控制系统的总体结构、电动机、电器元件的分布状况及控制要求等内容后,便可对电气原理图进行分析了。首先查看主电路,根据主电动机、辅助机构电动机和电磁阀等执行电器的控制要求,分析它们的启动控制、方向控制、调速和制动电路;再根据主电动机、辅助机构电动机和电磁阀等执行电器的控制要求,逐一找出控制电路中的控制环节;最后分析电源显示、工作状态显示、照明和故障报警等辅助电路。

现以CA6140普通车床电控系统为例,进行电气控制系统的初步分析。CA6140车床电气系统的原理图如图2-146所示,该电路的主电路为从电源到3台电动机的电路(图中1～6区);控制电路为由接触器、继电器等组成的电路(图中8～11区);辅助电路由照明、指示电路等组成(图中12、13区)。该电气系统的功能主要包括主轴控制部分、冷却泵控制部分、刀架快速移动控制部分、6 V的电源信号指示及24 V机床照明部分。

1. 供电电路分析

车床的动力电为380 V,交流电机M1、M2、M3分别为主轴电机、冷却泵电机、拖板快速移动电动机。变压器TC1为控制、照明、信号电路供电,其中控制支路电压为110 V,照明灯EL电压为24 V,指示灯HL电压为6 V 。

2. 控制关系分析

电气控制系统可分为保护部分和逻辑控制部分。保护部分由电源保护(图中未示出)、断路保护(FA1、FA2、FA3、FA4)、短路保护(QS)、热保护继电器(FR1、FR2、FR3)组成。逻辑控制部分分为主轴电动机M1的控制、冷却泵电动机M2的控制、刀架快速移动电动机M3的控

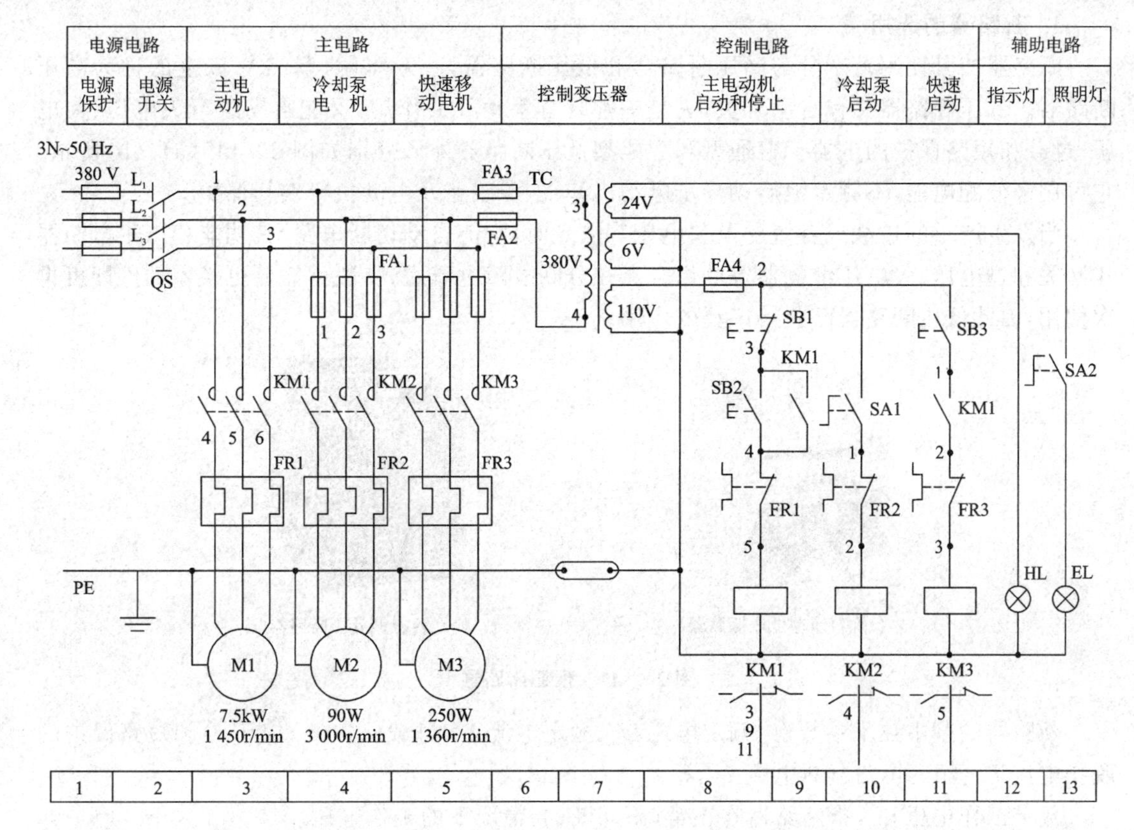

图 2-146　CA6140 车床电气原理图

制。主轴电动机的控制依靠 KM1 接触器自锁及开关按钮实现，冷却泵电动机与刀架快速移动电动机由开关与接触器分别控制。

车床的具体控制关系情况如下：

① 主轴电动机的控制　按下启动按钮 SB2，接触器 KM1 的线圈获电动作，其主触头闭合，主轴电动机 M1 启动运行。同时 KM1 的一常开触头闭合，构成自锁电路。按下停止按钮 SB1，自锁条件被破坏，主轴电动机 M1 停止。

② 冷却泵电动机控制　如果在车削加工过程中，工艺需要使用冷却液时，合上开关 SA1，接触器 KM2 线圈通电吸合，其主触头闭合，冷却泵电动机运行。

③ 拖板快速移动的控制　拖板快速移动电动机 M3 的启动是由安装在进给操纵手柄顶端的按钮 SB3 来控制，它与接触器 KM3 组成点动控制环节。将操纵手柄扳到所需要的方向，压下按钮 SB3，接触器 KM3 获电吸合，M3 启动，拖板就按照指定方向快速移动。由电气原理图可知，只有当主轴电动机 M1 启动后，即在 KM1 闭合状态下，快速移动电机 M3 才有可能启动，当 M1 停止运行时，M3 也同时自动停止。

④ EL 为机床的低压照明灯，由开关 SA2 控制；HL 为机床的指示灯，变压器通电即亮。

2.5.5　常用电器件的选用

在进行电器件安装前，应分析断路器、接触器、热继电器、熔断器和主令电器等常用电器元件的主要参数指标，并能正确选用。

1. 断路器的选用

断路器按其使用范围分为高压断路器和低压断路器,一般将耐压 3 kV 以上的称为高压断路器。低压断路器又称自动开关,它是一种既有手动开关作用,又能自动进行失电压、欠电压、过载和短路保护的电器。普通型和智能型低压断路器外形分别如图 2-147(a)、(b)所示。它可用来分配电能,不频繁地启动异步电动机,对电源线路及电动机等实行保护。

当发生严重的过载或者短路及欠电压等故障时,它能自动切断电路,其功能相当于熔断器式开关和过电压、欠电压继电器等的组合。在分断故障电流后,一般不需要更换零部件即可再次使用,因此低压断路器已获得广泛的应用。

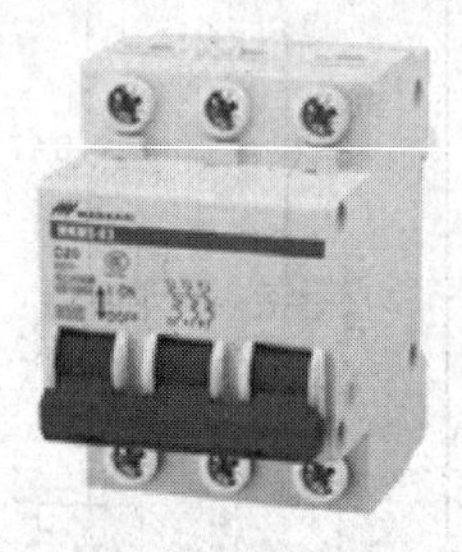
(a) 普通型低压断路器

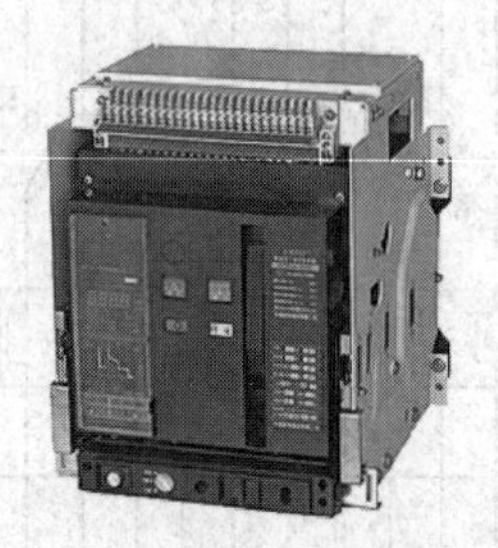
(b) 智能型低压断路器

图 2-147 低压断路器

断路器的基本技术参数有:额定电压 U_e、额定电流 I_n、过载保护(I_r 或 I_{rth})和短路保护的脱扣电流 I_m、额定短路分断电流 I_{cu} 等。

额定工作电压 U_e:指断路器在正常(不间断的)情况下的工作电压。

额定电流 I_n:指配有专门的过电流脱扣继电器的断路器,在制造厂家规定的环境温度下所能承受的最大电流值。

短路继电器脱扣电流整定值 I_m:指短路脱扣继电器(瞬时或短延时)使断路器快速跳闸时的极限电流。

额定短路分断电流 I_{cu}:指断路器能够分断而不被损害的最大电流值。标准中提供的电流值为故障电流交流分量的均方根值,计算标准值时,直流暂态分量(总在最坏的情况下出现)假定为零。

(1) 低压断路器选用的一般原则

① 低压断路器额定工作电压 U_e 应不小于线路的额定电压。

② 低压断路器额定电流 I_n 应不小于线路的计算负载电流。

③ 低压断路器额定分断电 I_{cu} 应不小于线路中最大的短路电流。

④ 线路末端的单相对地短路电流与低压断路器脱扣整定电流之比应在 1.25 倍以上。

⑤ 脱扣继电器的额定电流应不小于线路的计算电流。

⑥ 欠电压脱扣器的额定电压应等于线路的额定电压。

(2) 配电用低压断路器的选用

① 长延时动作电流整定值应等于 0.8~1 倍导线允许载流量。

② 3 倍长延时动作电流整定值的可返回时间不小于线路中最大启动电流的电动机启动时间。

③ 短延时动作电流整定值不小于 $1.1(I_{jx}+1.35KI_{dem})$。其中:I_{jx} 为线路计算负载电流;

K 为电动机的启动电流倍数；I_{dem} 为电动机的最大额定电流。

④ 短延时的延时时间按被保护对象的热稳定性校核。

⑤ 无短延时的时候，瞬时电流整定值不小于 $1.1(I_{jx}+K_1KI_{dem})$。其中：K_1 为电动机启动电流的冲击系数，可取1.7～2。

⑥ 有短延时的时候，瞬时电流整定值不小于1.1倍下级开关进线端计算短路电流值。

(3) 电动机保护用低压断路器的选用

① 长延时电流整定值等于电动机的额定电流。

② 6倍长延时电流整定值的可返回时间不小于电动机的实际启动时间。按启动时负载的轻重，可选用可返回时间为1 s、3 s、5 s、8 s、15 s中的某一挡。

③ 笼型电动机瞬时整定电流为8～15倍脱扣器额定电流；绕线转子电动机瞬时整定电流为3～6倍脱扣器额定电流。

(4) 照明用低压断路器的选用

① 长延时整定值不大于线路计算负载电流。

② 瞬时动作整定值等于6～20倍线路计算负载电流。

2. 接触器的选用

交流接触器和直流接触器的外形分别如图2-148(a)、(b)所示。接触器由电磁系统(由衔铁、铁芯和电磁线圈组成)、触点系统(常开触点和常闭触点)和灭弧装置组成。其原理是当接触器的电磁线圈通电后，会产生很强的磁场，使铁芯产生电磁吸力吸引衔铁，并带动常闭触点断开或常开触点闭合，从而达到控制负载的目的。当线圈断电时，电磁吸力消失，衔铁在释放弹簧的作用下释放，使触点复原。交流接触器的结构如图2-149所示。

(a) 交流接触器

(b) 直流接触器

图2-148　接触器

接触器的主要参数如下：

① 接触器的型号：接触器的类型应根据负载电流的类型和负载的大小来选择，电流在5～1 000 A不等。直流接触器的动作原理和结构基本上与交流接触器的相同，一般用于控制直流电器设备，线圈中通以直流电。

② 主触点的额定电流：应大于电动机功率除以1～1.4倍电动机额定电压。如果接触器控制的电动机频繁地启停或反转，一般将接触器主触点的额定电流降一级使用。

③ 主触点的额定电压：接触器铭牌上所标电压指主触点能承受的额定电压，并非吸引线圈的电压，使用时接触器主触点的额定电压应不小于负载的额定电压。

④ 操作频率：指接触器每小时通断的次数。当通断电流较大及通断频率过高时，会引起

触点严重过热甚至熔焊。操作频率若超过规定数值,则应选用额定电流大一级的接触器。

⑤ 线圈额定电压:线圈额定电压不一定等于主触点的额定电压。当线路简单、使用电器少时,可直接选用380 V或220 V电压的线圈。如线路复杂,或电器使用时间超过5 h时,可选用24 V、48 V或110 V电压的线圈。

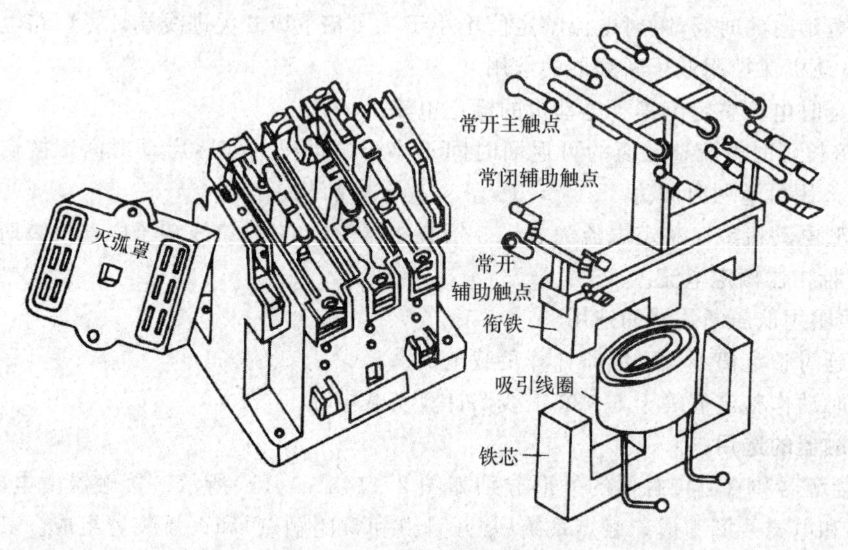

图2-149 交流接触器的结构

3. 热继电器的选用

热继电器是由流入热元件的电流产生热量,使有不同膨胀系数的双金属片发生形变,当形变达到一定距离时,就推动连杆动作,使控制电路断开,从而使接触器失电,主电路断开,实现电动机的过载保护。热继电器的结构如图2-150所示。

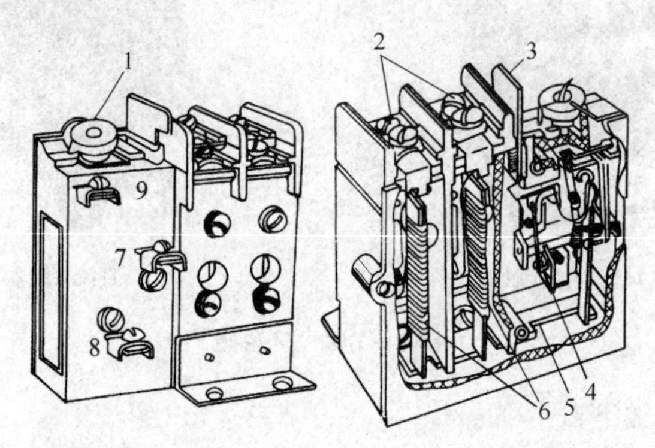

1—电流整定装置;2—主电路接线柱;3—复位按钮;4—常闭触头;5—动作机构;6—发热元件;
7—常闭触头接线柱;8—公共动触头接线柱;9—常开触头接线柱

图2-150 热继电器的结构

热继电器作为电动机的过载保护元件,以其体积小、结构简单、成本低等优点在生产中得到广泛的应用。

热继电器的主要参数如下:

① 额定电压:指热继电器能够正常工作的最高电压值。分为交流220 V、380 V和600 V等。

② 额定电流:热继电器热元件的额定电流 I_{eR} 指通过热继电器的电流,其值应大于或者等于所控电路的额定电流 I_{ed}。

③ 额定频率:热继电器的额定频率一般取 45～62 Hz。

④ 整定电流范围:整定电流的范围由热继电器本身的特性来决定。在一定的电流条件下,热继电器的动作时间与电流的平方成正比。

选择热继电器作为电动机的过载保护时,应使选择的热继电器的安秒特性位于电动机的过载特性之下,并尽可能地使它们接近甚至重合,以充分发挥电动机的能力,并使电动机在短时过载和启动瞬间不受影响。

一般场所可选用不带断相保护装置的热继电器;但当作为电动机的过载保护时应选用带断相保护装置的热继电器。热继电器的额定电流应大于电动机的额定电流,并根据额定电流来确定热继电器的型号。热继电器的热元件额定电流应略大于电动机的额定电流。使用时,一般将热继电器的整定电流调整到等于电动机的额定电流;对过载能力差的电动机,可将热元件整定值调整到电动机额定电流的 60%～80%。对启动时间较长、拖动冲击性负载或不允许停车的电动机,热元件的整定电流应调整到电动机额定电流的 1.1～1.15 倍。

4. 熔断器的选用

熔断器是在电流超过规定值一定时间后,以其自身产生的热量使熔体熔化,从而使电路断开的一种电流保护器,广泛应用于低压配电系统、控制系统及机电设备中。

(1) 熔断器类型的选用

熔断器可包括螺旋式(RL)、有填料管式(RT)、无填料管式(RM)和有填料封闭管式(RS)等类型,外观分别如图 2-151(a)、(b)、(c)、(d)所示。

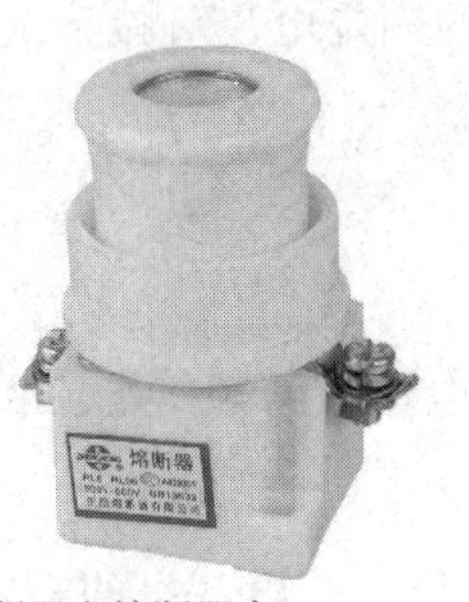

(a) 螺旋式熔断器和熔断器座

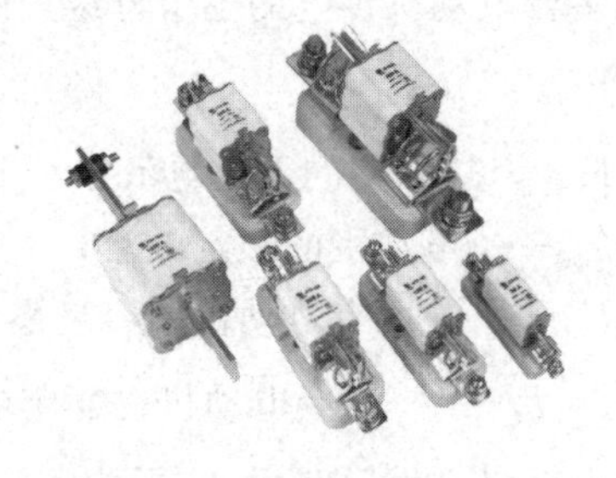

(b) 有填料管式熔断器

(c) 无填料管式熔断器

(d) 有填料封闭管式快速熔断器

图 2-151　熔断器

① 螺旋式熔断器在熔断管中装有石英砂,熔体埋于其中。当熔体熔断时,电弧喷向石英

砂及其缝隙,可迅速降温而使电弧熄灭。为了便于监视,熔断器一端装有色点,不同的颜色表示不同的熔体电流,熔体熔断时,色点跳出,表示熔体已熔断。螺旋式熔断器的额定电流为5～200 A,额定电压500 V或以下,常用于机床电控设备中。

② 有填料管式熔断器是一种有限流作用的熔断器。由填有石英砂的瓷熔管、触点和镀银、铜栅状熔体组成。填料管式熔断器均装在特制的底座上,如带隔离刀闸的底座或以熔断器为隔离刀的底座上,通过手动机构操作。填料管式熔断器的额定电流为50～1 000 A,电压500 V以下,主要用于短路电流大的电路或有易燃气体的场所。

③ 无填料管式熔断器的熔丝管由纤维物制成,使用的熔体为变截面的锌合金片。熔体熔断时,纤维熔管的部分纤维物因受热而分解,产生高压气体,使电弧很快熄灭。无填料管式熔断器具有结构简单、保护性能好、使用方便等特点,一般与刀开关组成熔断器刀开关,多用于500 V及600 A以下的电网或配电设备中。

④ 有填料封闭管式快速熔断器是一种快速动作型熔断器,由熔断管、触点底座、动作指示器和熔体组成。熔体为银质窄截面或网状形式,熔体为一次性使用,不能自行更换。由于其具有快速动作性,因此一般用于保护半导体整流元件。

(2) 熔断器的参数选择

① 熔断器额定电流的选择:对于变压器、照明等负载,熔体的额定电流应略大于或者等于负载电流。对于输配电线路,熔体的额定电流应略大于或者等于线路的安全电流。

在电动机回路中用做短路保护时,应考虑电动机的启动条件,按电动机启动时间的长短来选择熔体的额定电流。对启动时间不长的电动机,熔体的额定电流为$I_{st}/(2.5\sim3)$,其中I_{st}为电动机的启动电流。对启动时间较长或启动频繁的电动机,熔体的额定电流为$I_{st}/(1.6\sim2)$。

为多台电动机供电的主干母线处的熔断器的额定电流可按下式计算:

$$I_n=(2.0\sim2.5)I_{memax}+\sum I_{me}$$

式中:I_n——熔断器的额定电流;

I_{me}——电动机的额定电流;

I_{memax}——所有电动机中容量最大的一台电动机的额定电流;

$\sum I_{me}$—— 其余电动机的额定电流之和。

在电动机末端回路中,熔断体的额定电流应稍大于电动机的额定电流。

② 熔断器的选择:熔断器额定电压应大于线路电压;熔断器额定电流应大于线路电流;熔断器的最大分断电流应大于被保护线路上的最大短路电流。

2.5.6 典型电器件的安装

1. 传感器的安装

① 传感器的固定连接。不同型号的传感器的安装要求和使用方法不同,安装前应认真查阅传感器的说明书,掌握关键技术参数,保证安装位置的准确性和连接的可靠性。

② 传感器的接线。传感器有自出线和外接线两种形式,有二线、三线等出线形式,连接时应检查电压、正负极,并应保证连接点无虚接现象。

③ 传感器的信号电缆不应与电流较强的电源线等主电路线距离过近。若它们必须并行放置,则应保证它们之间的距离保持在50 cm以上,并把信号线用金属管套起来,或采用屏

蔽线。

④ 所有通向显示电路或从电路引出的信号线，均应采用屏蔽电缆。屏蔽线的连接及接地点应合理。

⑤ 传感器输出信号电路不应与能产生强烈干扰的设备(如可控硅、接触器等)及有大热量产生的设备置于同一箱体中。如一定要安装在同一箱体内，则应在它们之间设置金属隔离板，并采用强制通风。

⑥ 用来检测传感器输出信号的电子线路，应尽可能配置独立的供电变压器，而不应与接触器等共用同一主电源。

2. 按钮的安装

在控制箱外的部分按钮，如机电设备的启动按钮(绿色)、停止按钮(红色)等，需要在特定的位置进行单独安装。由于此类开关操作较频繁，要求操作可靠，所以应注意品牌和安装方式。一般在有较高要求的情况下，选用国产名牌(如正泰)或德国施耐德等品牌的按钮开关。

3. 导线的装配

除控制箱内部的连接导线外，在控制箱(柜)与电机、传感器及机电设备的操作按钮之间还存在外部连接导线，这部分导线一般分为动力线和信号线两大类。动力线的电压较高、电流较大，而信号线则相反。

导线在安装板上的接线要求参见图 2-152，其外围接线要求如下。

① 如在设备工作时，连接电线两端相对位置存在相对运动，则应采用拖链或线管的安装形式。需将电线安放在拖链的内槽中或线管中，并进行固定。

② 传感器信号电压较低，尤其是模拟量信号的抗干扰能力差，所以在传送传感器电压等信号时，应尽量使用屏蔽线，并使屏蔽线接地，远离动力线等的强干扰场。

③ 在不影响调试便利性的前提下，电线的连接处应尽量采用焊接，以提高其连接的可靠性。

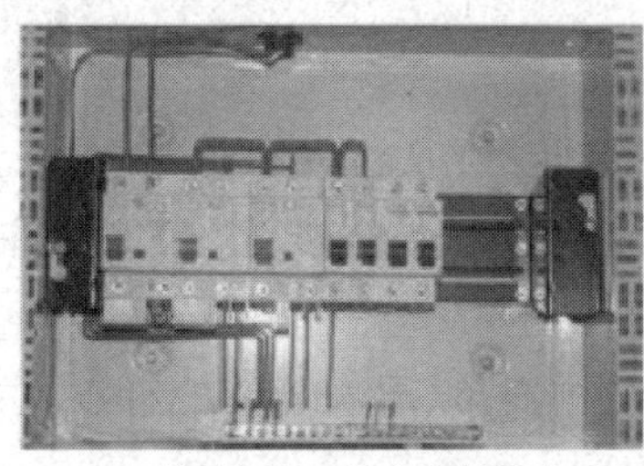

(a) 横平竖直，长度余量适当

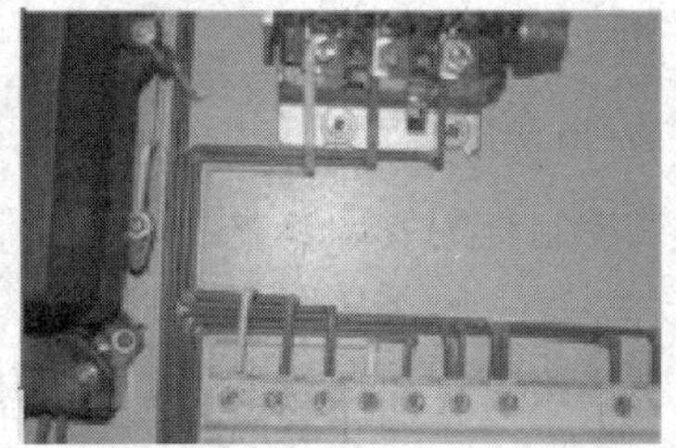

(b) 无交叉，成束靠边，长线在下

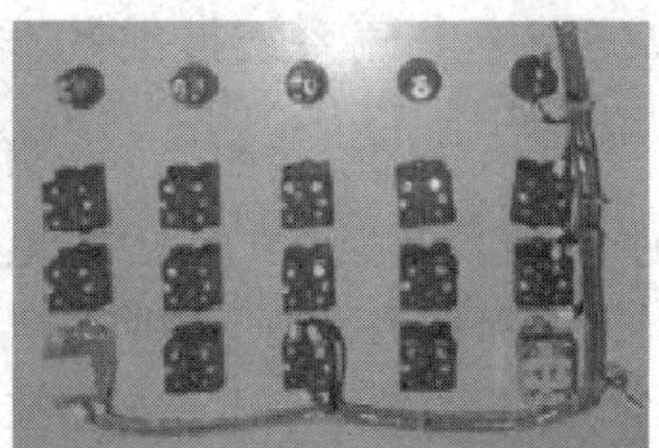

(c) 从配电板到箱门应绕管保护

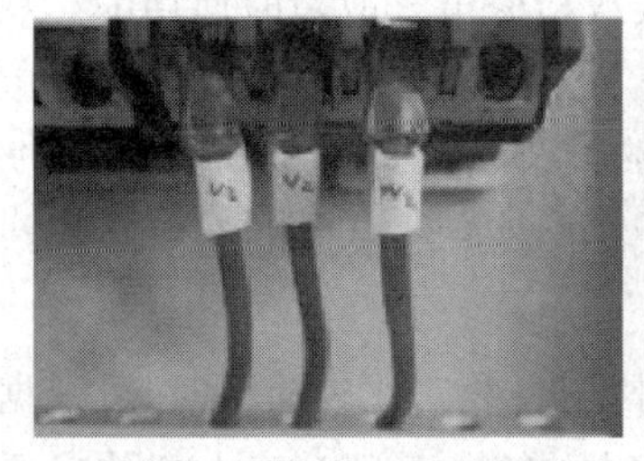

(d) 连接处不露铜线，不压绝缘套管

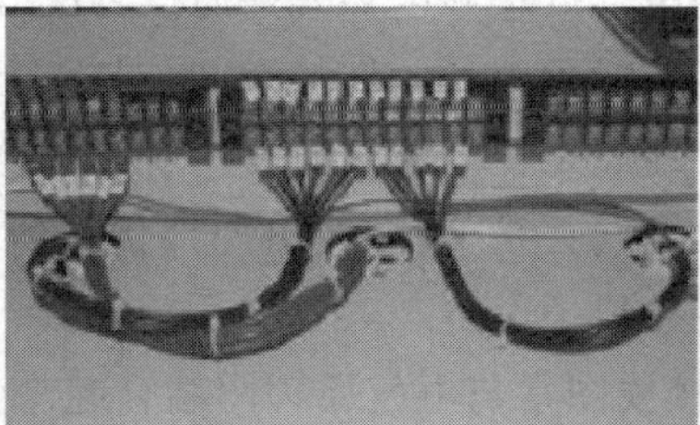

(e) 绑扎带间距相等，多余部分剪齐

(f) 不共用号码管和接线端子

图 2-152　导线的安装工艺

④ 考虑到现场接、拆线的灵活性和便利性,以及安装可靠性的要求,可优先选用航空插头。

2.5.7 电气系统的调试

电气系统的调试是指在电气设备安装好以后,需要对连接线路进行检查核对,并完成对相应元件的参数设置,实现对机电设备的控制要求。

电气系统的调试设定内容包括:保护回路中的元件参数确定;时间继电器的时间设定;变频器的参数设置;接近传感器的安装位置调整,测距传感器灵敏度调整等;PLC、工控机等的程序编写与调试;伺服电机驱动器的参数设定等。

1. 电气系统调试前的准备

① 检查各处连接螺栓等是否连接牢固。

② 进行机电设备的运动件检查,确认其无运动卡阻现象。

③ 确认各行程开关等的安装位置正确,死挡铁安装可靠,以避免在控制失误时造成危险。

④ 进行电器件型号、外观、连接位置和可靠性检查。

2. 设备的通电调试

在进行通电调试时,为保证调试过程的安全性,应注意先低速后高速、先单步后联动、先短距离再大范围的调试原则,并应保证调试时的急停开关在附近、触手可及的位置,以供应急之用。

对于数控设备,通电调试的步骤如下:

① 设备的程序编制、仿真运行和程序写入。

② 设备程序的单步运行。

③ 设备的机械与电气控制的整体联调。

2.5.8 电气系统接线的案例

电气系统接线的基本步骤为:识读电气原理图、绘制电气安装接线图、检查和调整电器元件、电气控制柜的安装配线、电气控制柜的安装检查和电气控制柜的调试6个步骤。下面以车床电气接线为例进行说明。

电气系统原理图是根据控制线路工作原理绘制的,它具有结构简单、层次分明的特点,主要用于研究和分析电路的工作原理。

电气安装接线图是为安装电气设备和电器元件而进行配线或检修电气故障时使用的。在电气安装接线图中可显示出电气设备中各元件的空间位置和接线情况,在安装或检修时可以对照电气原理图。电气安装接线图是根据电气设备位置布局合理、经济的原则设计的,其标明了机床电气设备各单元之间的接线关系,并标注出外部接线所需的数据。根据电气安装接线图就可以进行电气设备的安装接线了。

在实际工作中,电气安装接线图常与电气原理图结合起来使用。线路比较简单时,可根据电气原理图完成接线;但在线路复杂时,按电气原理图接线很容易出错,而且对工人的技术要求很高。在这种情况下,详细绘制并标出线的线号和型号,但不显示接线原理的电气安装接线图,可方便施工并降低对工人的技术要求。

1. 识读电气原理图

某车床的电气原理图如图 2－153 所示。该电气线路是由主电路、控制电路、照明电路等部分组成。

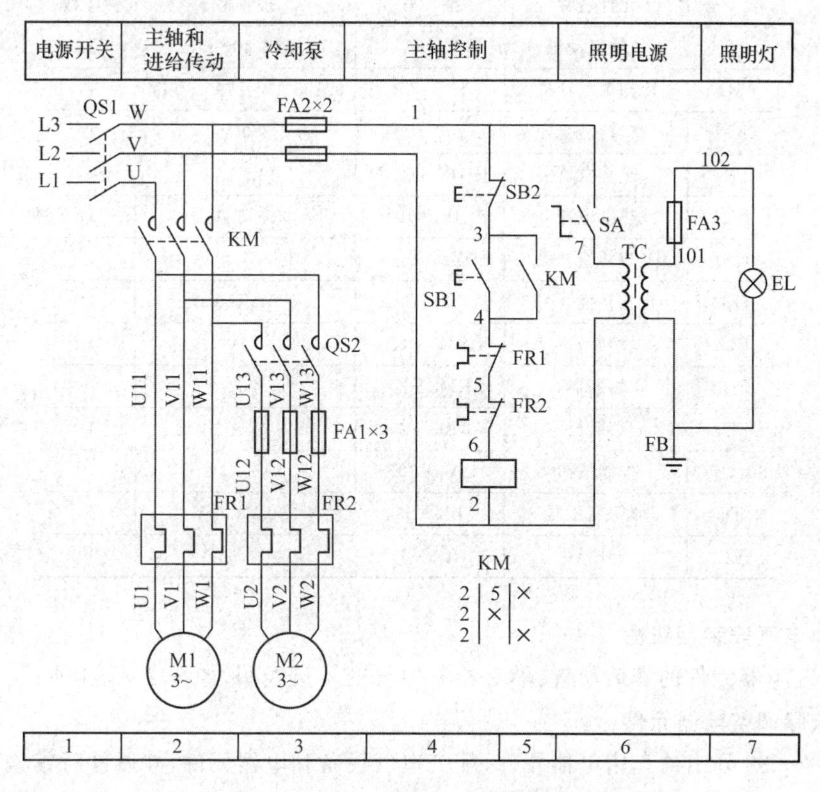

图 2－153　车床电气原理图

① 主电路。电动机电源采用 380 V 的交流电源，由电源开关 QS1 引入。主轴电动机 M1 的启停由 KM 的主触点控制，主轴通过摩擦离合器实现正反转；主轴电动机启动后，才能启动冷却泵电动机 M2，是否需要冷却由转换开关 QS2 控制。熔断器 FU1 为电动机 M2 提供短路保护。热继电器 FR1、FR2 分别为电动机 M1、M2 提供过载保护，它们的常闭触点串联后接在控制电路中。

② 控制电路。主轴电动机的控制过程为：合上电源开关 QS1，按下启动按钮 SB1，接触器 KM 线圈通电使铁心吸合，电动机 M1 因 KM 的三个主触点吸合而通电启动运转，同时并联在 SB1 两端的 KM 辅助触点(3、4)吸合，实现自锁；按下停止按钮 SB2 后，M1 停止转动。

冷却泵电动机的控制过程为：当主轴电动机 M1 启动后(KM 主触点闭合)，合上 QS2，电动机 M2 得电启动；若要关掉冷却泵，断开 QS2 即可。当 M1 停转后，M2 也停转。

若电动机 M1 和 M2 中任何一台过载，其相对应的热继电器的常闭触点即断开，从而使控制电路失电，接触器 KM 释放，所有电动机停转。FU2 为控制电路的短路保护。另外，控制电路还具有欠电压保护功能，当电源电压低于接触器 KM 线圈额定电压的 85%时，KM 会自行释放。

③ 照明电路。照明电路由变压器 TC 将交流 380 V 转换为 36 V 的安全电压供电，FU3 为短路保护。合上开关 SA，照明灯 EL 亮。照明电路必须接地，以确保人身安全。

④ 该车床电气原理图中所使用的电器元件见表2-39。

表2-39　电器元件代号、名称、型号、规格一览表

代　号	元件名称	型　号	规　格	件　数
M1	主轴电动机	J52-4	7 kW,1 400 r/min	1
M2	冷却泵电动机	JCB-22	0.125 kW,2790 r/min	1
KM	交流接触器	CJ0-20	380 V	1
FR1	热继电器	JR16-20/3D	14.5 A	1
FR2	热继电器	JR2-1	0.43 A	1
QS1	三相转换开关	HZ2-10/3	380 V,10 A	1
QS2	三相转换开关	HZ2-10/2	380 V,10 A	1
FU1	熔断器	RM3-25	4 A	3
FU2	熔断器	RM3-25	4 A	2
FU3	熔断器	RM3-25	1 A	1
SB1、SB2	控制按钮	LA4-22K	5 A	1
TC	照明变压器	BK-50	380 V/36 V	1
EL	照明灯	JC6-1	40 W,36 V	1

2. 绘制电气安装接线图

应先确定电器元件的安装位置,然后绘制电气安装接线图,如图2-154所示。

3. 检查和调整电器元件

根据表2-38列出的车床电器元件,配齐电气设备和电器元件,并逐件对其检验。

① 核对各电器元件的型号、规格及数量。

② 用电桥或万用表检查电动机M1、M2各相绕组的电阻,用兆欧表测量其绝缘电阻,并做好记录。

③ 用万用表测量接触器KM的线圈电阻,记录其电阻数值;检查KM外观是否清洁完整、有无损伤,各触点的分合情况,接线端子及紧固件是否缺少、生锈等。

④ 检查电源开关QS1、QS2的分合情况及操作的灵活程度。

⑤ 检查熔断器FU1、FU2的外观是否完整,陶瓷底座有无破裂。

⑥ 检查按钮的常开、常闭触点的分合动作。

⑦ 用万用表检查热继电器FR1、FR2的常闭触点是否接通,并分别将热继电器FR1、FR2的整定电流调整到14.5 A和0.43 A。

4. 电气控制柜的安装配线

① 制作安装底板。由于该车床电气线路简单,电器元件数量较少,所以可以利用机床机身的柜架作为电气控制柜。除电动机、按钮和照明灯外,其他电器元件安装在配电板上。配电板可采用钢板或绝缘板,为了美观和加强绝缘,要在钢板上覆盖一层玻璃布层压板或布胶木层,也可在钢板上喷漆。

② 选配导线。由于各生产厂家不同,车床电气控制柜的配线方式也有所不同,但大多数采用明配线。其主电路的导线可采用单股塑料铜芯线BV 2.5 mm^2,控制电路采用

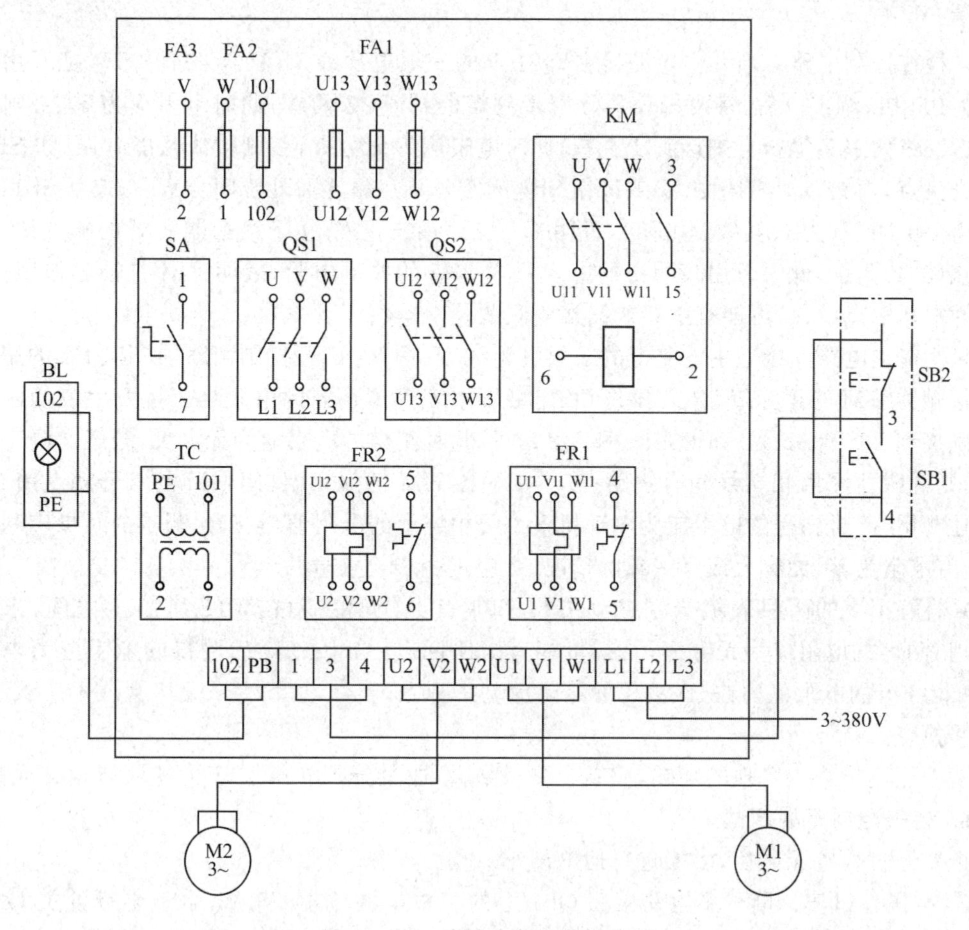

图 2-154　车床电气安装接线图

BV1.5 mm^2，按钮线采用 LBVR0.75 mm^2。

③ 画安装尺寸线及走向线。在熟悉电气原理后，根据安装接线图，按照安装操作规程，在安装底板上画安装尺寸线以及电线管的走向线，并度量尺寸，然后根据走线位置和方向，锯割走线管或走线槽。

④ 安装电器元件。根据安装尺寸线钻孔，固定电器元件。若采用导轨安装形式，则应先安装导轨，再安装电器元件。

⑤ 给各元件和导线编号。根据电气原理图，给各电器元件和连接导线作好编号标志，给接线板编号。

⑥ 接线。在接线时，应先接控制柜内的主电路、控制电路，需外接的导线接到接线端子排上，然后再接柜外的其他电器和设备，如按钮 SB1 和 SB2、照明灯 EL、主轴电动机 M1、冷却泵电动机 M2 等。引入车床的导线要用金属软管加以保护。

5. 电气控制柜的安装检查

安装完毕后，测试绝缘电阻并根据安装要求对电气线路、安装质量进行全面检查。

① 常规检查。对照电气原理图和安装接线图，逐线检查，核对线号，防止错接和漏接；检查各接线端子的接触情况，若有虚接现象应及时排除。

② 用万用表检查。在不通电的情况下，用万用表的欧姆挡对电路进行通断检查，具体方

法如下:

➢ 检查控制电路 断开主电路接在 QS1 上的三根电源线 U、V、W,断开 SA,把万用表拨到 R×100 挡,调零以后,将两只表笔分别接到熔断器 FU2 两端,此时电阻应为零,否则有断路问题。将两只表笔再分别接到 1、2 端,此时电阻应为无穷大,否则接线可能有误(如 SB1 应接常开触点,而错接成常闭触点)或按钮 SB1 的常开触点粘连而处于闭合状态;按下 SB1,此时若测得一电阻值(为 KM 线圈电阻),说明 1、2 支路接线正确;按下接触器 KM 的触点架,其常开触点(3、4)闭合,此时万用表测得的电阻仍为 KM 的线圈电阻,表明 KM 自锁起作用;否则 KM 的常开触点(3、4)可能有虚接或漏接等问题。

➢ 检查主电路 接上主电路上的三根电源线 U、V、W,断开控制回路(取出 FU2 的熔芯),取下接触器 KM 的灭弧罩,合上开关 QS1,将万用表拨到适当的电阻挡。把万用表的两只表笔分别接到 L1 和 L2、L2 和 L3、L3 和 L1 之间,此时测得的电阻应为无穷大,若某次测得电阻为零,则说明所测两相接线间有短路;按下接触器 KM 的触点架,使 KM 的常开触点闭合,重复上述测量,此时测得的电阻应为电动机 M1 两相绕组的电阻值,且三次测得的结果应基本一致,若有电阻为零、无穷大或不一致的情况,则应进一步检查电路。

➢ 将万用表的两只表笔分别接到 U11 和 V11、V11 和 W11、W11 和 U11 之间,未合上 QS2 时,测得的电阻应为无穷大,否则可能有短路问题;合上 QS2 后测得的电阻应为电动机 M2 两相绕组的电阻值,且三次测得的结果应基本一致,若有电阻为零、无穷大或不一致,则应进一步检查。

对于上述检查中发现的问题,应结合测量结果,通过分析电器原理图,进一步检查或修正。

6. 电气控制柜的调试

电路经过检查无误后,才能进行通电试车。

① 空操作试车。断开主电路接在 QS1 上的三根电源线 U、V、W,合上电源开关 QS1 使控制电路得电。按下启动按钮 SB1,KM 应吸合并自锁;按下 SB2,KM 应断电释放。合上开关 SA,机床照明灯应亮;断开 SA,则照明灯灭。

② 空载试车。空操作试车通过后,在断电状态下接上 U、V、W,然后通电,合上 QS1。按下 SB1,观察主轴电动机 M1 的转向、转速是否正确,再合上 QS2,观察冷却泵电动机 M2 的转向、转速是否正确。空载试车时,应先拆下连接主轴电动机和主轴变速箱间的传动带,以免在转向不正确情况下损坏传动机构。

单元测试

③ 负载试车。在机床电气线路及所有机械部件安装调试完成后,按照车床性能指标,在载荷状态下逐项进行试车。

思考与练习题

1. 装配尺寸链的使用对装配过程有何帮助?
2. 保证装配精度的方法有哪几种?各应用在什么装配场合?
3. 拧紧螺纹时,怎样控制拧紧力矩的大小?
4. 螺纹连接常采用哪些防松装置?防松的原理是什么?
5. 进行螺纹连接时,常用的工具有哪些?各用在哪种场合?
6. 装配双头螺柱、螺钉、螺母都有哪些要求?

7. 键连接的装配工艺要点是什么？
8. 销的种类、销连接的作用及销连接装配工艺要点是什么？
9. 什么叫过盈连接？其连接的特点如何？
10. 过盈连接的装配方法有哪些？
11. 简述滑动轴承的分类及其对应的装配方法？
12. 滚动轴承与滑动轴承相比，有何特点？其装配方法如何？
13. 带传动有何特点？如何保证其装配质量？
14. 齿轮装配有何要求？齿轮传动的装配方法如何？
15. 联轴器是如何分类的？试述其有哪些主要性能指标。
16. 多片摩擦离合器的特点是什么？说明其装配要求。
17. 简述气动系统安装过程及注意事项。
18. 简述液压系统安装过程及特点。
19. 结合实例，简单说明液压系统常见故障的产生原因及处理方法。
20. 简述接触器的作用及选用方法。
21. 说明热继电器、熔断器、断路器的作用。
22. 简述电气接线的方法和步骤。

第3章　典型机电设备的安装实例

教学目的和要求

了解典型机电设备装配、安装与调试的内容和步骤，掌握普通车床、数控车床重要部件及总体的安装调试及精度测量方法。具备制定装配工艺、调整设备精度和排除简单故障的能力。

教学内容摘要

① 装配工艺规程的制定。

② 普通机床和数控机床的装配、调试和检验。

教学重点、难点

重点：掌握机电设备的部件及整体的安装与调试方法。

难点：装配精度的调整及检测。

教学方法和使用教具

教学方法：讲授法，案例法，实验法。

使用教具：CA6140普通车床，CK7815数控车床，安装及测量工具。

建议教学时数

8学时理论课；6学时实践课。

3.1　装配工艺规程

机电设备的装配安装作为生产过程中的最后工艺环节，是指在一定的生产条件下，为达到设计的技术指标和装配要求，按照一定的步骤及要求，完成机械、气动、液压和电器件的安装，组合成完整的机电设备，并进行功能调试和精度调整的全过程。装配工作的好坏直接影响了设备的工作性能，维修和保养的难度，以及制造和维修的成本等。

教学视频

设备装配工艺规程就是用文件形式规定的装配工艺过程，是把设备装配工艺过程、技术要求和使用工具等以文件形式进行的规定。制定装配工艺规程的基本任务就是研究在一定的生产条件下，如何提高生产率、降低成本并装配出高质量的设备。制定装配工艺规程的主要依据是设备的设计图纸、验收技术条件、企业的年生产纲领和现有生产条件等原始资料，按照优质，高效、低消耗、低劳动强度和无污染等要求，对装配工艺过程进行划分和规定。设备装配工艺规程对保证设备的装配质量和生产效率、生产成本分析、装配工作中的经验总结等起着关键性的作用。

3.1.1　装配工艺规程的适用范围

装配工艺规程，即装配工艺性文件。包括装配工艺过程卡、装配工序卡和装配工艺守则等。设备装配工艺规程在不同的生产批量情况下，所表现出来的形式和内容并不相同。一般来说，设备的产量越大，管理越规范，所规定的内容也越详细。

① 在单件小批量生产中，一般不需要编制装配工艺过程卡片，此时可利用装配工艺流程图来指导生产，操作人员在装配时按照装配图和装配工艺流程图进行装配。

② 在成批生产中，通常需要制定部件装配及总装配的装配工艺过程卡片。工艺过程卡中每一工序内应简要地说明该工序的工作内容、所需要的工艺装备的名称及编号或时间定额等。

③ 在大批量生产中，要制定装配工序卡片，应详细说明该装配工序的工艺内容，以便直接指导工人进行装配生产。

另外，除了装配工艺过程卡片及装配工序卡片以外，在装配过程中还应有装配检验卡片及试验卡片，有些设备还应附有测试报告、修正(校正)曲线等。

3.1.2　装配工艺规程的设计

1. 制定装配工艺过程的基本原则

① 保证设备的装配质量，以保证设备的工作性能和使用寿命。

② 合理安排装配顺序和工序，尽量减少钳工的手工劳动量，缩短装配周期，提高装配效率。

③ 尽量减少装配占地面积。

④ 尽量减少装配工作的成本。

2. 制定装配工艺规程所需的原始资料

① 设备的总装配图和部件装配图，有时还需要有关的零件图，以便在装配时进行补充的机械加工和核算装配尺寸链。

② 设备验收的技术条件或验收书。

③ 设备的生产批量或设备的年生产量(也称年生产纲领)。

④ 现有的生产条件，包括现有的装配工艺装备、车间面积、工人的技术水平、时间定额标准等。

⑤ 国外、国内或本企业的同类产品生产现状及装配方法。

3. 制定装配工艺规程的步骤

(1) 研究设备的装配图及验收技术条件

① 审核设备图样的完整性、正确性。

② 分析设备的结构，完成装配工艺性分析。

③ 审核设备装配的技术要求和验收标准。

④ 分析和计算设备装配尺寸链。对设备结构作装配尺寸链分析，对主要装配技术条件要逐一进行研究分析，包括所选用的装配方法、零件的相关尺寸等。

⑤ 应及时发现问题并提出，同有关工程技术人员商讨图样修改方案，报主管领导审批。

(2) 确定装配方法与组织形式

① 装配方法的确定：主要取决于设备结构、装配精度、尺寸大小和重量、现有生产条件以及设备的生产纲领等。

② 装配组织形式的确定：装配组织形式有固定式装配和移动式装配两种。根据实际设备结构特点、批量、体积、装配精度、重量及生产类型等安装情况选择固定装配式或移动装配式。

➢ 固定式装配　固定式装配是指全部装配工作都在固定工作地进行的装配方式。根据生产规模，固定式装配又可分为集中式固定装配和分散式固定装配。按集中式固定装配形式装配时,整台设备所有装配工作都由一个工人或一组工人在一个工作地集中完成。它的工艺特点是:装配周期长,对工人技术水平要求高,工作地面积大。按分散式固定装配形式装配,整个设备的装配分为部装和总装,各部件的部装和设备总装分别由几个或几组工人同时在不同工作地分散完成。它的工艺特点是:设备的装配周期短,装配工作专业化程度较高。

集中式固定装配多用于单件小批生产。在成批生产中装配那些重量大、装配精度要求较高的设备(例如车床、磨床)时,有些工厂采用固定流水装配形式进行装配,即装配工作地固定不动,装配工人带着工具沿着装配线上一个个固定式装配台,重复完成某一装配工序的装配工作。

➢ 移动式装配　移动式装配是指被装配设备(或部件)不断地从一个工作地移动到另一个工作地,每个工作地重复地完成某一固定装配工作的装配方式。移动式装配又有自由移动式和强制移动式两种,前者适于在大批大量生产中装配那些尺寸和重量都不大的设备或部件。强制移动式装配的特点是装配过程中产品由传送带或小车强制移动,产品的装配直接在传送带或小车上进行,它是装配流水线的一种主要形式。强制移动式装配又可分为连续移动和间歇移动两种方式,连续移动式装配不适于装配那些装配精度要求较高的设备。

③ 划分装配单元,确定装配顺序。确定装配顺序的一般原则是:先下后上,先内后外,先难后易,先精密后一般。但在实际工作中还应依据具体的设备特点及生产条件进行装配单元的划分和装配先后次序的确定。

➢ 将设备划分为合件、组件和部件等装配单元,进行分级装配,如图3-1所示。将设备划分为合件、组件和部件等能进行独立装配的装配单元,是设计装配工艺规程中最重要的一项工作,这对于大批量生产中装配那些结构较为复杂的设备尤为重要。无论是哪一级装配单元,都要选定某一零件或比它低一级的装配单元作为装配基准件。

➢ 确定装配单元的基准零件　装配基准件通常应是设备的基体或主干零部件,基准件应有较大的体积和重量,应有足够大的承压面。

➢ 根据基准零件确定装配单元的装配顺序　在划分装配单元和确定装配基准件之后,即可编排装配顺序,并以装配工艺系统图的形式表示出来。

④ 划分装配工序。划分装配工序,进行工序设计的主要任务如下:

➢ 划分装配工序,确定工序内容,如清洗、刮削、平衡、过盈连接、螺纹连接、校正、检验、试运转、油漆、包装等。

➢ 确定各工序所需的设备和工具。

➢ 制定各工序装配操作规范,如过盈配合的压入力、操作要求等。

➢ 制定各工序装配质量要求与检验方法。

➢ 确定各工序的时间定额,平衡各工序的工作节拍。

⑤ 编制装配工艺文件:

➢ 在单件小批量生产中,通常只绘制装配工艺系统图,装配时按设备装配图及装配工艺系统图规定的装配顺序进行,也可以编写工艺过程卡,对关键工序才编写工序卡。

➢ 在成批生产中,通常需要编制部装、总装工艺卡,按工序标明工序工作内容、设备名称、工具与夹具的名称和编号、工人技术等级、时间定额等。

➢ 在大批量生产中,不仅要编制装配工艺卡,还要编制装配工序卡,用以具体指导工人完成实际装配工作。

除此以外，还应按设备装配要求，制定检验卡、试验卡、工艺守则等工艺文件，作为具体机械及设备装配实施的指导文件和实际装配过程中处理问题的依据。

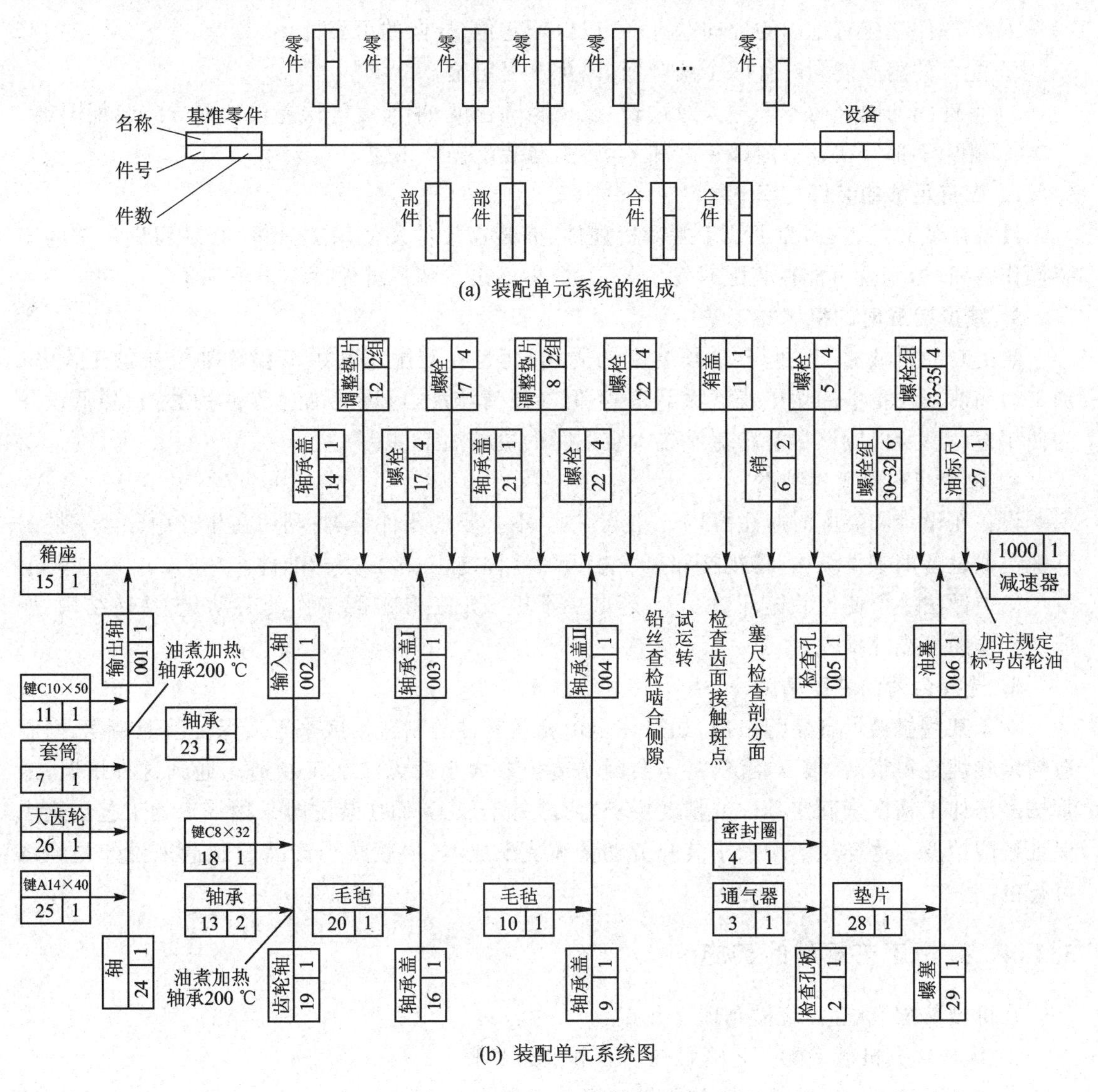

图 3-1 一级圆柱齿轮减速器的装配单元系统图

3.1.3 设备装配工艺性的评价

设备的装配工艺性是指设备结构符合装配工艺要求的程度。设备的装配工艺性在整个生产过程中占有很重要的地位，其对装配工艺的制定影响很大，所以在设备装配前必须认真对其加以分析，以便制定出定合理的装配工艺，或找出问题以便日后改进设备结构。一台装配工艺性好的设备，在装配过程中不用或少用手工刮研、攻丝等补充加工，在通常情况下，不用复杂而特殊的工艺装备，不必采用专门的工艺措施，花费很少的工作量，就能顺利地装配成完整设备。为了使设备有良好的装配工艺性，在设计时，不但要保证设备能划分成装配单元，而且装配、调整、运输和调试都应方便。

设备的装配工艺性评价参见如下几方面：

1. 便于装配与调整

① 零部件上应有稳固的导向基准面，以保证定位、导向的可靠性。

② 配合件间不能同时有两个结合面，以免重复定位。

③ 零件间的配合面不宜过大及过长，以免因圆柱度、平面度等误差过大而导致装配困难。

④ 避免零部件在设备内部装配和紧固，引起装配操作不便。

2. 应有足够的装卸空间

设备在装卸过程中，为了便于搬动机加件、拆装连接件及使用工具等，必须留出足够的安装操作空间，否则就可能在装配时发生装不进、拆不出或装得进而拆不出等现象。

3. 减少装配时的机械加工量

装配时的机械加工不但会延长装配的周期，而且在装配车间中需要添加机械加工设备。加工后残留在设备中的切屑若清除不净，不但降低清洁度，还可能加速零件的磨损，降低设备的使用寿命。所以应该尽量避免或减少装配时的机械加工量。

4. 减少机构的零件种类

设备在设计和装配时应注意以下几点：减少不必要的零件种类；利用在生产中已经掌握的其他类似设备的零件结构；将规格和尺寸相近的零件统一；多采用标准件。

以上做法不但使尺寸链环数变少，还减少了机械加工和装配工作的劳动量，并使结构、性能及动作的可靠性增强。

5. 选择合适的装配精度

对于某些机械设备装配来说，如果完全由相关零件的制造精度来直接保证装配精度，则制造精度将规定得很高，很不经济，甚至会因制造公差太小而无法加工制造。遇到这种情况，通常按经济加工精度来确定零件的精度要求，使之易于加工，而在装配时采用一定的工艺措施来保证装配精度。这样虽然增加了装配劳动量和装配成本，但就整个产品的制造来说却是经济可行的。

3.1.4 装配工艺规程的实施

在机械装配实施时，应做到以下几点：

① 认真掌握机械装配工艺规程的内容和实施步骤。

② 按照装配要求，准备必要的测量及安装工具等。

③ 参照国家相关规范标准，并依据具体的工艺规程标准实施装配和检验过程。

3.1.5 卷扬启闭机装配工艺卡的编写实例

为了正确合理地编写装配工艺卡，首先应掌握设备的作用、结构特点及性能指标等内容。例如卷扬式启闭机的作用和结构特点是：适用于各种水利工程闸门的启闭工作，可电动或手动操作，所以在平原山区有无电源均可使用。固定卷扬式启闭机由起升机构和机架两大部分组成，起升机构安装在由金属构件焊接成的机架上，机架用基础螺栓固定在混凝土基础上，并将启闭机所受的力传递到设备基础。

固定卷扬式启闭机主要由电动机、减速器、制动器、特殊卷筒、开式(无密闭箱体)齿轮传动装置、联轴器、钢丝绳和滑轮组等组成。此外，其具有超载限制器、限位开关、行程指示器等安全防护装置。固定卷扬式启闭机具有结构紧凑，承载能力大，运行平稳可靠，安装维修方便等特点，使用较为广泛。

QPQ 型手电两用卷扬启闭机的结构如图 3-2 所示；其主体外形如图 3-3 所示。QPQ 系列卷扬式普通平面闸门启闭机主要用于水利水电工程中启闭平面闸门，以及用来关闭泄水，进水及尾水孔口，调节发电量，泄洪排漂，放过船只等。当输水管道或水轮机组需检修时，可关闭进水口闸门进行检修。该系列启闭机以电动机为动力，中小容量规格可配置手动装置，便于人工启闭闸门。

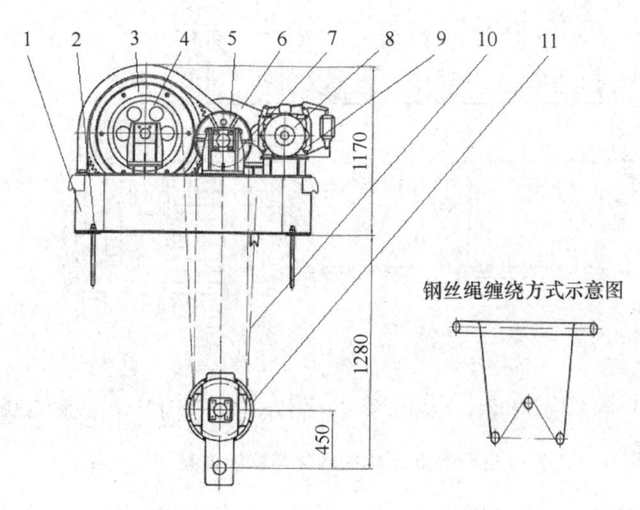

1—支架；2—地脚螺栓；3—大齿轮；4—卷筒；5—定滑轮；6—减速器；
7—轴承支座；8—电动机；9—制动器；10—纲丝绳；11—动滑轮

图 3-2　QPQ 型手电两用卷扬启闭机

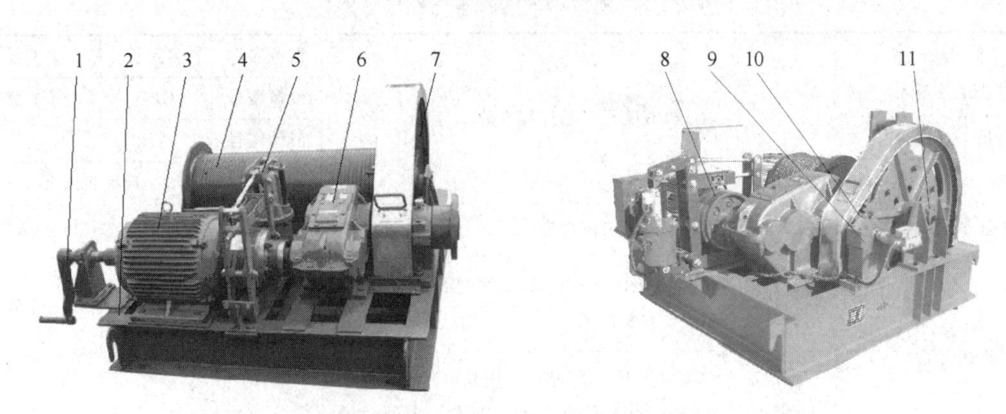

1—手柄；2—机座；3—电动机；4—卷筒装置；5—制动器；6—减速器；
7—大齿轮；8—制动轮；9—轴承座；10—小齿轮；11—轴承座

图 3-3　QPQ 型手电两用卷扬启闭机(液压制动式)

QPQ 型卷扬式启闭机是用钢索和钢索滑轮组成的吊具与闸门相连接，通过齿轮传动系统使卷扬筒绕、放钢索，从而带动升降的机械。该设备采用 YZ 系列电动机。当启闭机工作时，电动机转动，通过联轴器传递动力，经制动器装置传动齿轮减速器的输入端，带动减速器的输出端小齿轮，啮合传动大齿轮并带动卷筒转动，使钢丝绳在螺旋槽内收进或放出，提升或降低动滑轮,使闸门得以升降,从而达到启闭水闸的作用。交流制动器的作用是保证动滑轮在升降的某一固定位置制动,从而使闸门停留在任何所需的位置。漏电自动器的作用是当电路出现漏电故障时,可自动断电,从而使启闭机得到保护,故障排除后即正常运转。

卷筒装置主要由卷筒、挡圈及轴承支座等组成,卷筒结构及连接如图3-4所示。卷筒与大齿轮采用剪力套和螺栓连接。卷筒和卷筒轴采用键(因传动力矩较大,所以一般采用切向键)连接,卷筒轴的两端由轴承支座支撑。挡圈的作用是防止钢丝绳滑脱卷筒。

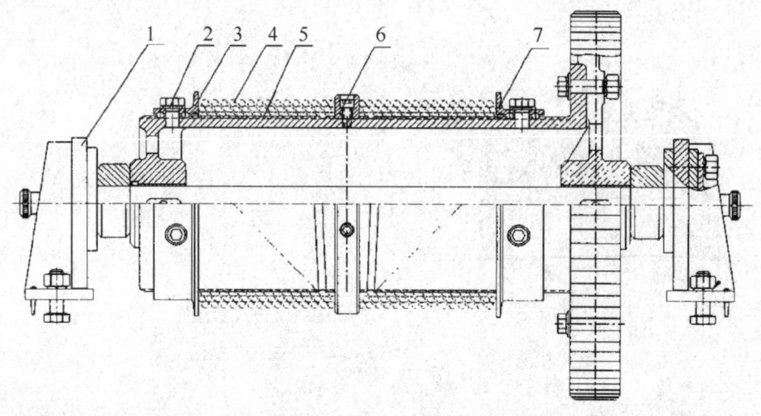

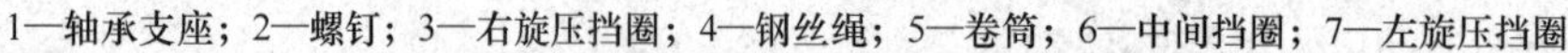

1—轴承支座;2—螺钉;3—右旋压挡圈;4—钢丝绳;5—卷筒;6—中间挡圈;7—左旋压挡圈

图3-4 QPQ型卷扬启闭机的卷筒结构及连接

单元测试

QPQ型卷扬式启闭机的总体装配和卷筒装置部件装配的工艺过程卡片分别如表3-1和表3-2所列。

表3-1 启闭机部件装配工艺过程卡片

(生产单位或班组名称)		机械装配工艺过程卡片	设备名称	启闭机	共1页
			设备型号	QPQ	第1页
质量/kg			部件图号		
数量	1		部件名称	启闭机装配	
工序号	工序名称	工序内容	技术要求及注意事项	工具	
1	装卷筒装置	在机架上划卷筒的中心十字线,按线装卷筒装置,然后将轴承支座点焊在机架上	点焊牢固,去焊渣	焊机	
2	装配减速器	用煤油将零件擦洗干净,将减速机用螺栓固定在支座上;把小齿轮压装在减速器的低速轴(即输出轴)上,然后依次安装上轴套、透盖和密封圈,再压装轴承,把轴承装入轴承座,装上闷盖,并用螺栓固定,用螺栓将轴承座和轴承座支座固定在一起;调整小齿轮和安装在卷筒装置上的大齿轮间的啮合间隙、接触斑点并对中,确定减速机位置,将轴承座和减速机支座点焊在机架上;把制动轮压装在减速机高速轴(即输入轴)上,并用螺栓和挡圈固定,把外齿圈用螺栓固定在制动轮上	齿轮安装按规范执行,齿顶间隙及齿侧间隙按规定	套筒扳手、压力机、塞尺	

续表3-1

工序号	工序名称	工序内容	技术要求及注意事项	工具
3	检验	安装位置、啮合间隙、接触斑点及转动的灵活性	着色法检查接触斑点，齿侧间隙用塞尺检测。取样备查	塞尺
4	装制动器	将制动器用螺栓固定在支座上，再把制动器套在制动轮上并夹紧，然后把制动器支座点焊在机架上	调整制动器的初始间隙	套筒扳手、焊机
5	装电动机	用煤油将零件擦洗干净，将电动机用螺栓固定在支座上；然后依次把盖、油封及盖板套在外齿轴套上，并将外齿轴套压装在电动机轴上，用螺栓和挡圈固定；调整内、外齿套啮合，然后注满黄油，用螺栓固定盖板；最后把电动机支座点焊在机架上	齿轮安装按规范及最小侧隙的规定，齿顶间隙的规定进行	清洗工具、套筒扳手、压力机、焊机
6	检验	安装位置、啮合间隙、接触斑点及转动的灵活性	着色法检查接触斑点，齿侧间隙用塞尺检测。取样备查	塞尺
7	装定滑轮	以卷筒中心为基准，在机架上划定滑轮中心十字线；按线装定滑轮，把滑轮支座点焊在机架上	点焊牢固，去焊渣	焊机
8	装主令控制器	用煤油将零件擦洗干净，将主令控制器与其支座用螺栓固定在一起。把链轮压装在主令控制器轴上；把另一链轮压装在连接轴上，并把连接轴的另一端压入卷筒轴中心孔，再用螺钉固定。用链条连接两链轮保证其中心在同一条线上，确定主令控制器位置并将支座点焊在机架上	螺钉紧固牢靠	清洗工具、套筒扳手、压力机、焊机
9	装平衡滑轮及负荷限制器装置	用煤油将零件擦洗干净。将复合材料轴承压入滑轮，再用平衡滑轮销轴将滑轮及间隔圈按图串在吊板上，并装上止轴板，用螺栓固定；将复合材料轴承压入杠杆，用销轴将两个连接板串在杠杆上，再用另一销轴将杠杆及间隔圈串在支座上并用挡圈、开口销固定；以卷筒中心为基准，在机架上确定支座安装位置并将支座点焊在机架上；以支座中心为基准，确定弹簧座的位置并将其点焊在机架上；将弹簧装入弹簧座并用螺杆及压盖固定，同时将螺杆串在杠杆上，按图纸要求调整并固定；将行程开关安装在弹簧座上，螺栓压杆固定在杠杆上；将复合材料轴承压入吊板，再用销轴把吊板串在连接板上，并装上止轴板，用螺栓固定	安装到规定位置，螺钉紧固牢靠	清洗工具、压力机、套筒扳手、焊机
10	检验	安装位置及尺寸、转动的灵活性	无卡阻现象	
11	焊接	把所有支座按图纸要求焊牢在机架上	焊接牢固	焊机

表3-2 卷筒装置部件装配工艺过程卡片

<table>
<tr><td rowspan="2" colspan="2">(生产单位或班组名称)</td><td rowspan="4">机械装配工艺过程卡片</td><td>设备名称</td><td>启闭机</td><td>共1页</td></tr>
<tr><td>设备型号</td><td>QPQ</td><td>第1页</td></tr>
<tr><td>质量/kg</td><td></td><td>部件图号</td><td colspan="2"></td></tr>
<tr><td>数量</td><td>1</td><td>部件名称</td><td colspan="2">启闭机装配</td></tr>
<tr><td>工序号</td><td>工序名称</td><td>工序内容</td><td colspan="2">技术要求及注意事项</td><td>工具</td></tr>
<tr><td>1</td><td>清洗零件</td><td>用煤油将零件擦洗干净</td><td colspan="2"></td><td>清洗工具</td></tr>
<tr><td>2</td><td>装卷筒轴</td><td>先将卷筒轴压入大齿轮中心孔,再将卷筒轴的另一端压入卷筒中心孔</td><td colspan="2">位置尺寸符合图纸要求</td><td>压力机</td></tr>
<tr><td>3</td><td>装剪力套</td><td>镗削安装剪力套的孔,压入剪力套,并用螺栓固定</td><td colspan="2">每镗削好一个孔,即配一只剪力套,并压入</td><td>镗床、套筒扳手</td></tr>
<tr><td>4</td><td>装轴承</td><td>先将内侧的挡圈、透盖及防尘垫套安装在卷筒轴上,再压入轴承</td><td colspan="2">将轴承压靠到位</td><td>压力机</td></tr>
<tr><td>5</td><td>装轴承座</td><td>将轴承座套在轴承上,给轴承内加满黄油,再安装防尘垫、透盖、闷盖,并用螺栓固定</td><td colspan="2">螺钉紧固牢靠</td><td>套筒扳手</td></tr>
<tr><td>6</td><td>装轴承座支座</td><td>用螺栓把轴承座固定在轴承座支座上,配钻定位销孔,并打入定位销</td><td colspan="2">螺钉紧固牢靠,销孔应先钻底孔再铰孔</td><td>电钻、铰刀</td></tr>
<tr><td>7</td><td>装压板</td><td>用螺栓把压板固定在卷筒上</td><td colspan="2">螺钉紧固牢靠</td><td>套筒扳手</td></tr>
<tr><td>8</td><td>检验</td><td>安装位置及尺寸、转动的灵活性</td><td colspan="2">无卡阻现象</td><td></td></tr>
</table>

3.2 普通机床的安装与调试

3.2.1 零件的检查

机床生产厂家的装配零件(包括机加件、标准件)一般是经过质检员检验合格后才放入成品库中的,入库时一般没有质量问题,但由于长期存放后的应力释放、锈蚀等原因,可能造成零件已无法正常使用。所以将零件从库中领出后和装配前,应进行必要的检查,其中包括机加零件外观及质量检查、标准件的规格型号检查等,并应短时间妥当保管。

教学视频

1. 零件的外观及尺寸检查

对所需装配的零件、标准件的外观和精度(包括尺寸精度、形位公差和表面粗糙度)进行目视检测和测量检测,以保证装配工作的顺利进行。

应注意,由于装配方法的不同,有时需对装配的零件进行必要的修配,以使零件间达到应有的配合性质。考虑到车床装配的生产成本问题,有时还要对失效零件进行修复。在确定为能修且修复后能满足其技术及经济指标的零件,就可以根据零件的失效情况确定修复工艺;根据所修复零件的精度和性能要求,对各种可能的修复工艺进行充分比较,合理确定修复方案;当确定好修复工艺后,就应严格按照修复工艺进行修复工作。

2. 回转件的平衡检测

回转件的平衡检测一般在零件验收入库前进行。如车床主轴箱的I轴皮带轮的动平衡实验，只有在装配调试时出现较大振动等情况时，才需要对该零件进行复检。设备中的旋转件由于材料密度不均匀、加工精度或装配偏差等原因都会使旋转件的质心与旋转中心不重合，当旋转件转动时，产生的离心力 F 可由公式(3-1)计算：

$$F=m\,r\,\omega^2=m\,r\,(\pi\cdot n/30)^2 \tag{3-1}$$

式中：F——离心力，N；

m——不平衡质量，kg；

r——旋转件的质心到旋转中心的距离，m；

n——转速，r/min。

这种附加力(不平衡的离心力)将使机械效率、工作精度和可靠性下降，加速零件损坏，缩短设备的使用寿命。当这些惯性力的大小和方向呈周期性变化时，会使机械和基础产生振动。因此研究机构平衡的目的就是要消除或减小惯性力的不良影响，此为机械工程中的重要问题。

回转件的不平衡就是指由于其质量分布不均匀，而产生的离心惯性力的不平衡。根据回转件不平衡质量的分布情况，回转件的平衡分为静平衡和动平衡。

(1) 静平衡

静平衡处理的是质量分布在同一回转平面内的平衡问题。

图3-5(a)所示，为一盘形转子。已知分布于同一回转平面内的偏心质量为 m_1、m_2 和 m_3，从回转中心到各偏心质量中心的向径分别为 r_1、r_2 和 r_3。当转子以等角速度 ω 转动时，各偏心质量所产生的离心惯性力分别为 F_1、F_2 和 F_3。

为了平衡惯性力 F_1、F_2 和 F_3，就必须在此平面内增加一个平衡质量 m_b，设从回转中心到这一平衡质量的向径为 r_b，它所产生的离心惯性力为 F_b。要求平衡时，F_b、F_1、F_2 和 F_3 所形成的合力 F 应为零，即

$$F=F_1+F_2+F_3+F_b=0 \tag{3-2}$$

或

$$m\omega^2 e=m_1\omega^2 r_1+m_2\omega^2 r_2+m_3\omega^2 r_3+m_b\omega^2 r_b=0 \tag{3-3}$$

消去 ω^2 后可得

$$me=m_1r_1+m_2r_2+m_3r_3+m_br_b=0 \tag{3-4}$$

式中：m——转子的总质量，kg；

e——总质量质心的向径，m；

m_1、m_2、m_3——转子各个偏心质量，kg；

r_1、r_2、r_3——转子各个偏心质量质心的向径，m；

m_b——所增加的平衡质量，kg；

r_b——所增加的平衡质量质心的向径，m。

式(3-4)中，质量与向径的乘积称为质径积，它表示在同一转速下转子上的各离心惯性力的相对大小和方位。式(3-4)表明转子平衡后，其总质心将与回转轴线相重合，即 $e=0$。

在转子的设计阶段，由于式中的 m_i、r_i 均为已知，因此可求出为了使转子静平衡所需增加的平衡质量的质径积 m_br_b 的大小及方位。图3-5(b)所示为用图解法求 m_br_b 的大小及方位的过程。

(2) 动平衡

动平衡处理的是质量分布不在同一回转平面内的平衡问题。

如图 3-6 所示的回转体,虽然总质心在回转轴线上,满足式(3-4)的静平衡条件,即实现了静平衡,但由于两个不平衡质量不在同一平面内,离心惯性力 F_1 与 F_2 形成的惯性力偶,使回转件仍处于不平衡状态,这种状态只有在回转件转动时才显示出来,称为动不平衡。

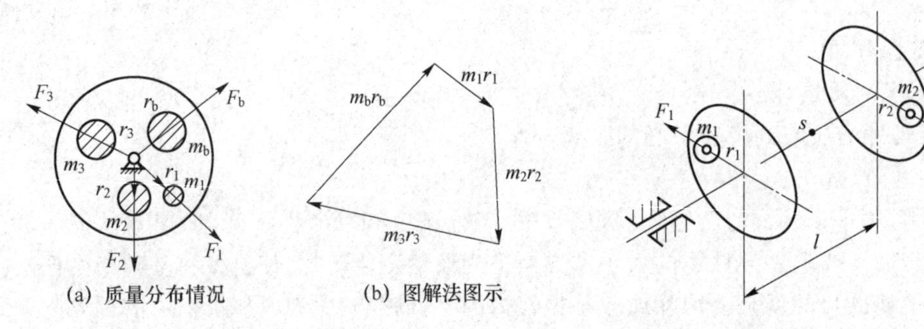

(a) 质量分布情况 (b) 图解法图示

图 3-5 图解法求平衡质量的质径积

图 3-6 静平衡但动不平衡的构件

为了消除动不平衡的现象,在设计时需要首先根据转子结构确定出各个不同回转平面内偏心质量的大小和位置。然后计算出为使转子得到动平衡所需增加的平衡质量的数目、大小及方位,并在转子设计图上加上这些平衡质量,以便使设计出来的转子在理论上达到动平衡,这一过程称为转子的动平衡设计。

(3) 回转件平衡试验

在实际工程中,经过平衡计算的回转件,由于制造、装配的误差和材料的不均匀等原因,仍然会存在不平衡,因此,还必须进行平衡试验。

① 静平衡实验。静平衡试验所用的设备称为静平衡架,如图 3-7 所示。当刚性转子的径宽比(即转子直径与转子宽度之比)$D/b \geqslant 5$ 时,通常只需对转子进行静平衡试验。

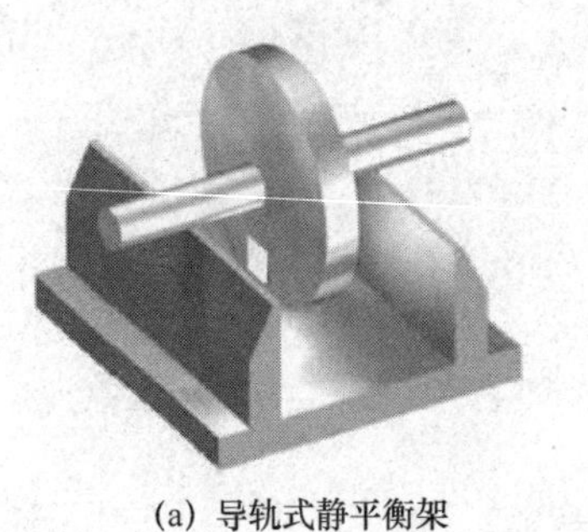

(a) 导轨式静平衡架

(b) 圆盘式静平衡架

图 3-7 静平衡试验常用设备

② 动平衡试验。对于转速较高的工件和构件、或本身结构不对称的零件,以及振动对设备或外界影响较大的场合,必须进行系统的动平衡,常见的有发动机曲轴和汽车轮等。动平衡试验的工作原理如图 3-8 所示。回转件的动平衡试验是在动平衡机上进行的。进行动平衡试验时,一般先经过静平衡试验,以减小动平衡试验中所加的不平衡质量。

动平衡机可分为机械式和电测式两大类。不论哪种动平衡机,其目的都是确定回转件不平衡质量的大小和位置,以便改善被平衡回转件的质量分布。

图 3－8 为一种带微机系统的硬支承动平衡机的工作原理示意图。该动平衡机由机械部分、振动信号预处理电路和微机三部分组成。它利用平衡机主轴箱端部的小发电机信号作为转速信号和相位基准信号，由发电机拾取的信号经处理后成为方波或脉冲信号，利用方波的上升沿或正脉冲通过计算机的 PIO 口触发中断，使计算机开始和终止计数，以达到测量转子旋转周期的目的。由传感器拾取的振动信号，在输入 A/D 转换器之前需要进行一些预处理。这一工作是由信号预处理电路来完成的，其主要工作是滤波和放大，并把振动信号调整到 A/D 卡所要求的输入量的范围内；振动信号经过预处理电路处理后，即可输入计算机，进行数据采集和解算，最后由计算机给出两个平衡平面上需加平衡质量的大小和相位，而这些工作则是由软件来完成的。

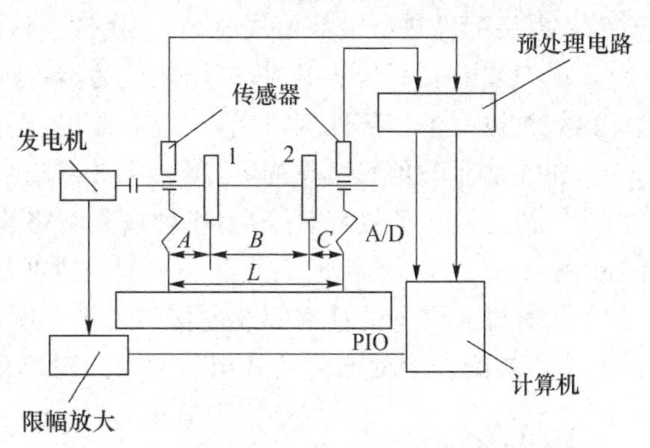

图 3－8　微机系统动平衡试验工作示意图

3.2.2　零件的清洗

1. 零部件清洗的基本知识

装配前在完成对零部件的必要检查后，应对部分零件进行清洗、除锈、干燥和防锈处理，使其符合洁净度检测标准。对安装后不易检查、拆装的油箱等，需先做渗漏检查。所需清洗的零件、部件应按装配或拆卸的次序进行摆放，并有效保管。金属表面的除锈方法、清洗的洁净度按现行《机械设备安装工程施工及验收通用规范》(GB 50231—2009)规定执行，如表 3－3 所列。机械设备本体管道等钢材表面的锈蚀等级和除锈等级，按现行《涂装前钢材表面锈蚀等级和除锈等级》(GB 8923—1988)执行。

表 3－3　金属表面的除锈方法(表面粗糙度为 *Ra*，即算术平均偏差值)

金属表面粗糙度/μm	除锈方法
＞50	用砂轮、钢丝刷、刮具、砂布、喷砂、喷丸、抛丸、酸洗除锈，用高压水喷射
50～6.3	用非金属刮具、油石或粒度 150＃(也称为目)的砂布蘸机械油擦拭，酸洗除锈
3.2～1.6	用细油石或粒度为 150＃～180＃的砂布蘸机械油擦拭，酸洗除锈
0.8～0.2	先用粒度 180＃或 240＃的砂布蘸机械油擦拭，然后用干净的绒布蘸机械油和细研磨膏的混合剂进行磨光

① 清洗防锈油脂时，应按如下规定执行：

➢ 机械设备及大型、中型部件的局部清洗，宜采用擦洗和刷洗。

➢ 中、小型的形状复杂装配件，宜采用多步清洗或浸、刷结合清洗。浸洗时间宜为 2～20 min；采用加热浸洗时，应控制清洗液温度，以避免金属性能等发生变化，被清洗件不得接触容器壁。

➢ 形状复杂、污垢黏附严重的装配件，宜采用清洗液和蒸汽、热空气进行喷洗；精密零件、滚动轴承不得使用喷洗。

➢ 形状复杂、污垢黏附严重、清洗要求高的装配件，宜采用浸、喷结合的清洗方式。

➢ 对装配件进行最后清洗时,宜采用清洗液进行超声波清洗。

② 对装配表面的防锈漆,使用相应的稀释剂或脱漆剂等溶剂进行清洗。

③ 机械设备零部件经清洗后,应立即进行干燥处理,并应采取防锈措施。

④ 在禁油条件下工作的零部件,应进行脱脂,并将残留的脱脂剂清除干净。

⑤ 清洗的工艺流程宜采用:机械或人工将表面黏附的污垢去除的预清洗→去油脱脂→酸洗除锈→碱性中和残留的酸洗液→水漂洗或冲洗→干燥处理→防锈处理。

⑥ 对机械设备的精密螺纹连接和工作温度高于200℃的连接件及配合件等清洗后,在装配时应在其配合表面涂防咬合剂。常用的防咬合剂性能如表3-4所列。

表3-4 各种防咬合剂的性能

防咬合剂	空气中氧化温度/℃	稳定性
二硫化钼粉	≥400(变酸性)	不溶于水及有机溶液
二硫化钨粉	≥510(变酸性)	不溶于水及有机溶液
石墨磷片	≥454	在常温下不与酸、碱及有机溶液起反应

2. 普通机床的机械零部件清洗

① 鉴定前的清洗。已装配过的零件表面油污较多,再次装配时对其基准部位和检测部位必须进行彻底清洗。这些部位清洗不净,就不能进行准确装配和测量,甚至会由于未发现已经产生的裂纹而造成隐患。

② 普通机床装配前的清洗。影响装配精度的零件表面的杂物、灰尘要认真洗涤。如果清洗不合格,会导致机械的早期磨损或事故损坏。

③ 各类管件、液压件和气动元件也属清洗范围,这类零件清洗质量不高将直接影响工作性能,甚至完全不能工作。

3. 清洗液的种类和特点及常用清洗用具

清洗液可分为有机溶剂和化学清洗液两类,如表3-5所列。

表3-5 清洗液分类及特点

类型	具体种类	使用特点及适用场合
有机清洗液	煤油、柴油、汽油、酒精、丙酮、乙醚、苯及四氯化碳等	去油能力都很强,清洗质量好,挥发快,适于清洗较精密的零部件,如仪表部件等;煤油和柴油同汽油相比,清洗能力不及汽油,清洗后干燥也较慢,但比汽油使用安全和经济
化学清洗液	合成清洗剂对油脂、水溶性污垢有很好的去除效果,正在被广泛使用。 碱性溶液是氢氧化钠、磷酸钠、碳酸钠及硅酸钠按不同的浓度加水配制的溶液	清洗能力强,且无毒、无公害、不燃烧、无腐蚀,成本低,以水代油节约成本;若零件油垢过厚,则应先将其擦除;材料性质不同的零件不宜放在一起清洗;工件清洗后,应用水冲洗或漂洗干净,并及时干燥,以防残液损伤零件表面

常用的清洗用具主要有:油枪、油壶、油盘、油桶、毛刷、刮具、软金属锤、铜棒、防空罩、空气压缩机、压缩空气喷头、清洗喷头等。

4. 清洗方法

清洗工作通常按照以下清洗方式和步骤进行。

(1) 初步清洗

初步清洗包括去除机加件表面的旧油、脱脂、除锈和去油漆等先期处理方法。

① 去旧油。用竹片或软质金属片从机加件上刮下旧油，或使用脱脂剂去除旧油。

② 脱脂。小零件浸在脱脂剂内 5～15 min；较大的金属表面用清洁的棉布或棉纱浸蘸脱脂剂进行擦洗；一般容器或管件的内表面用灌洗法脱脂，每处灌洗时间不少于 15 min；大容器的内表面用喷头淋脱脂剂进行冲洗。

③ 除锈。轻微的锈斑要彻底除净，直至呈现出原来的金属光泽；对于中度锈斑应除锈至表面平滑为止。应尽量保持接合面和滑动面的表面粗糙度和配合精度。除锈后，应用煤油或汽油清洗干净，并涂以适量的润滑油脂或防锈油脂。

④ 去油漆。一般粗加工表面都采用铲刮的方法去除油漆；粗、细加工表面可采用布头蘸汽油或香蕉水用力摩擦来去除油漆；加工表面高低不平(如丝杠、齿轮面)时，可采用钢丝刷或用钢丝绳头刷去除油漆。

(2) 用清洗剂或热油冲洗

普通机床的机加件经过除锈、去油漆后，应用清洗剂将加工表面的渣子冲洗干净。原来有润滑脂的机加件，经初步清洗后，如仍有大量的润滑脂存在，可用热油烫洗，但油温不得超过 120℃。

(3) 净　洗

普通机床机加件表面的旧油、锈层和漆皮洗去后，先用压缩空气吹(以节省汽油)，再用煤油或汽油彻底冲洗干净。

3.2.3 普通车床装配与调整过程

车床的主要工作是通过主轴的旋转运动和车刀的进给运动，用车刀加工工件上的旋转表面。车床是切削加工中应用最广泛的一种机床设备，占切削机床总台数的 20%左右，具有典型性和代表性。本节以 CA6140 普通卧式车床为载体，说明机电设备的安装和调试方法。CA6140 卧式车床的外形如图 3-9 所示。

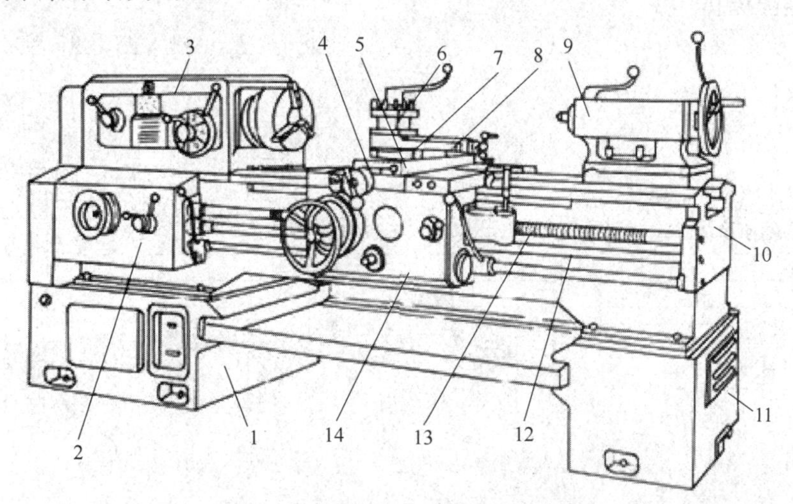

1、11—床腿；2—进给箱；3—主轴箱；4—床鞍；5—中拖板；6—刀架；7—回转盘；8—小拖板；9—尾座；10—床身；12—光杠；13—丝杠；14—溜板箱

图 3-9 CA6140 型普通卧式车床外形图

1. 对装配工作的要求

① 装配前,应对机床零件的形状精度、尺寸精度和表面粗糙度等进行认真检查,特别要注意零件上的各种标记,以免装错。

② 固定连接的零件,不得有间隙;活动连接的零件,应能灵活而均匀地按规定方向运动。

③ 各种变速和变向机构,必须位置正确,操作灵活,手柄位置和变速表应与设备的运转要求相符合。

④ 高速运动机构的外面不得有凸出的螺钉头和销钉头等。

⑤ 各种运动件的接触表面,必须保证有足够的润滑油,并且保证油路畅通。

⑥ 各种管路和密封件,装配后不得有渗漏现象。

⑦ 每一部件装配完成后,必须仔细检查和清理干净,特别是在封闭的箱内(如主轴箱等),不得遗留任何杂物。

⑧ 试车时,应对各部件连接的可靠性和运动的灵活性等进行认真检查;要从低速到高速逐步进行。要根据试车情况,进行必要的调整,使其达到运转的要求。

2. 车床主轴的装配与调整

(1) 主轴的结构特点

如图 3-10 所示,CA6140 普通车床主轴由前、中、后三处支承,以保证主轴具有较高的运动精度和刚度。这种装配方式要求三个支承座孔具有较高的同轴度,否则不但装配困难,而且会影响主轴的正常工作。主轴前支承采用三个滚动轴承,前面(右侧)是 P5 级精度的 3182121 型圆锥孔双列向心短圆柱滚子轴承 10,用于承受较大的径向力(主轴前端的径向工作载荷较大,支承刚度对加工精度影响也大),这种轴承具有刚性好、精度高、尺寸小和承载能力大等优点。在该轴承后面是两个 P5 级精度的 8120 型推力球轴承 7,用于承受两个方向的轴向力:向左的轴向力,通过主轴、前端螺母 12、轴承 10 的内圈、右侧推力轴承 7、隔套 8 传给箱体;向右的轴向力,通过主轴、带锁紧螺钉的调整螺母 6、左侧推力轴承 7、隔套 8、隔垫 9、轴承 10 的外圈、法兰 11 传至箱体。

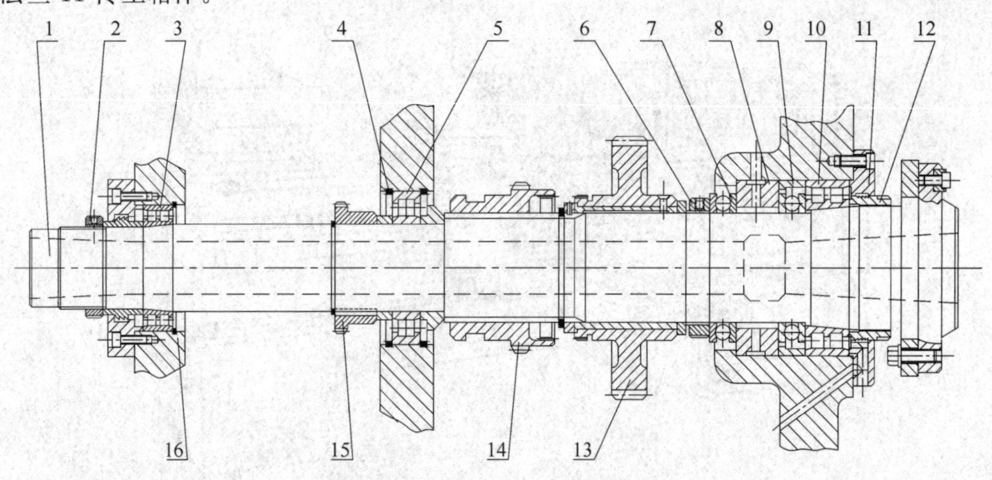

1—主轴；2—调整螺母；3—双列向心圆柱滚子轴承；4—孔用挡圈；
5—单列向心圆柱滚子轴承；6—带锁紧螺钉的调整螺母；7—推力球轴承（2个）；8—隔套；9—隔垫；
10—圆锥孔双列向心短圆柱滚子轴承；11—法兰；12—前端螺母；13、14、15—齿轮；16—主轴箱体

图 3-10 CA6140 型普通车床主轴组件

(2) 主轴的装配方法和次序

① 将隔套8、隔垫9、双列滚子轴承10的外圈垫上铜套后,顺次敲入主轴箱的前端轴承孔;将单列向心圆柱滚子轴承5的外圈装入主轴箱的中部轴承孔,并用孔用挡圈4固定;将孔用挡圈装入左侧的轴承孔,并将双列向心圆柱滚子轴承3的外圈垫上铜套后敲入。

② 将法兰11、前端螺母12、双列滚子轴承10的内圈及滚动体、右侧推力轴承7依次装入主轴。

③ 用大木槌将初装后的主轴组件缓慢地从主轴箱前端轴承孔向左方敲入,在此过程中依次将左侧推力轴承7、带锁紧螺钉的调整螺母6、齿轮13和14、轴承5的内圈及滚动体从主轴左侧穿入,装入轴承5的外圈内;将齿轮15和轴承3的内圈及滚动体装入主轴,并装入轴承3外圈内。

④ 把左侧隔套装入主轴后,将轴承3的轴承端盖用螺钉固定,把调整螺母2旋入并紧固。

⑤ 将齿轮15轴向定位,并用卡簧钳子装上轴用挡圈固定;把带锁紧螺钉的调整螺母6向右旋紧,用螺母上的螺钉暂时固定。

⑥ 用螺钉将法兰11与主轴箱右侧固定。

(3) 主轴的轴承间隙调整

主轴前端的三个轴承如果间隙过大则应进行必要的调整,否则会影响加工精度。轴承10内圈较薄,且有1∶12的锥孔与主轴的锥面配合,当内圈沿主轴轴线相对向右移动时,产生的弹性变形可消除轴承的滚子与内、外圈之间的间隙,可适量的过盈。转动带锁紧螺钉的调整螺母6时,拉动主轴向左移动,由于主轴锥面的作用使轴承内圈向外弹性变形,即可达到调整径向间隙的目的。轴承10的右侧螺母12用于控制该轴承的间隙调整量,并传递主轴承受的向左的轴向力,必要时还用于退出轴承10的内圈。

转动螺母调整轴承10的同时,也调整了两个推力球轴承7的间隙。这种调整轴承间隙的结构虽较简单,但由于两种轴承所要求的预紧力或间隙量不同,所以不能做到分别调整。另外,由于推力轴承紧靠在螺母的端面,而螺母仅借助于螺纹定心,因而定心精度不高。因此螺母端面的偏斜会直接影响主轴的回转精度。

轴承的调整也不能太紧,否则轴承在工作时发热量过大,将影响轴承的使用寿命,甚至调整时在轴承滚道上留下压痕。主轴的后支承采用一个P6级精度的双列滚子轴承,用来承受径向力,用螺母2调整该轴承的间隙,中间支承采用了一个P6级精度的32216型单列向心短圆柱滚子轴承,用来承受径向力,间隙不能调整,其间隙由孔用挡圈4限定。

主轴组件采用前端固定,前端支承将承受双向的轴向力,因此使前端支承结构复杂、装配不方便、发热量较高。但主轴发热后可向后端自由伸长,不致影响加工精度。

润滑油由主轴前、后支承内的进油孔进入并润滑轴承,为了避免漏油,在前、后支承处设有油沟式密封装置。前、后支承外侧的前端螺母12和左侧隔套上带有几个单锥面的甩油沟槽,当主轴旋转时,油可沿单锥面朝箱内甩到法兰的接油槽里,经回油孔流到箱底,再流回油池。

(4) 主轴轴向间隙的测量

经以上调整后,可再依照图3-11所示的方法,对主轴的轴向窜动(主轴不旋转时的轴向间隙)及轴向游隙(主轴正反转瞬间的轴向游动间隙)进行测量,轴向窜动应在0.01 mm以内,轴向游隙应在0.01～0.02 mm之间。

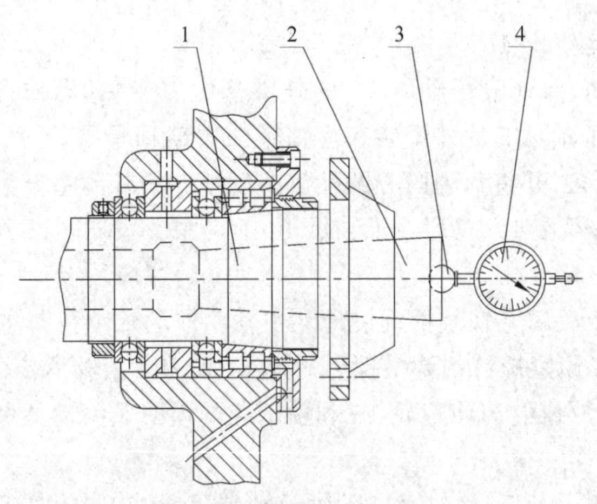

1—主轴；2—轴向窜动测量工具；3—钢珠；4—平头百分表

图3-11　主轴的轴向窜动及轴向游隙的测量

3. 车床离合器的装配与调整

(1) 离合器的结构特点和装配要求

车床离合器结构如图3-12所示,为双向多片摩擦离合器,在使用时必须保证能够传递额定的力矩,而不发生过热现象。过松时摩擦片容易打滑发热,造成车床启动不灵;过紧则失去保险作用,且操纵费力。

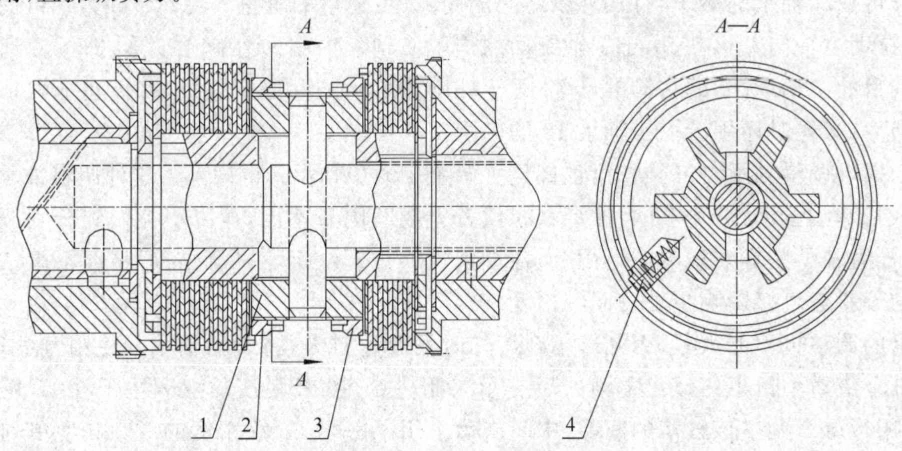

1—圆筒；2—紧固螺母1；3—紧固螺母2；4—定位销

图3-12　摩擦离合器的调整

(2) 离合器的间隙调整

在调整时,需先将定位销4压入销孔内,然后旋转紧固螺母,调至所需的位置。调整后必须使定位销弹回到紧固螺母的一个切口中。紧固螺母1用于调整车床主轴正转时的离合器间隙,紧固螺母2用于调整车床主轴反转时的离合器间隙。

如主轴正转时摩擦离合器过松,则应将紧固螺母1向左调整;过紧,则应将紧固螺母1向右调整。如主轴反转时摩擦离合器过松,则应将紧固螺母2向右调整;过紧,则应将紧固螺母2向左调整。

4. 车床制动器的装配与调整

(1) 制动器的结构特点和装配要求

车床制动器的结构如图3-13所示。当制动器过松时,将产生停车后主轴长时间旋转现象;当制动器过紧时,会使制动带在开车时不能与制动盘可靠分离,因而产生剧烈摩擦而磨损和烧伤接触部分。其调整的标准为:当主轴转速为300 r/min时,其制动时间应为2～3转所需的时间。

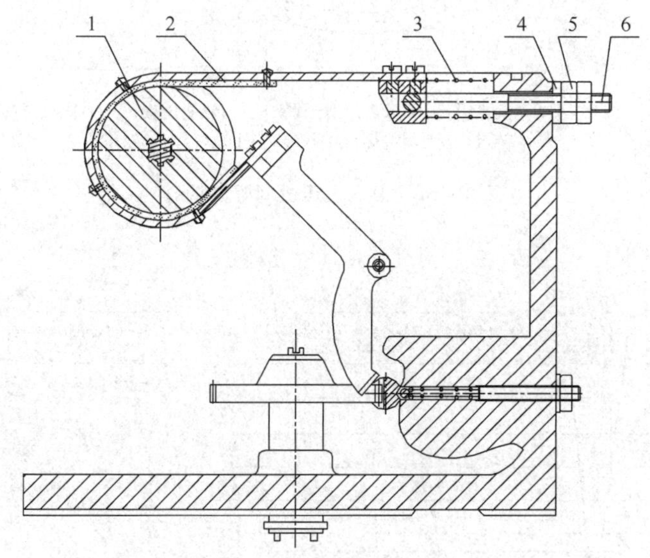

1—制动盘; 2—制动闸带; 3—弹簧; 4—调节垫圈; 5—锁紧螺母; 6—调节螺杆

图3-13　C6140型车床的制动器结构

(2) 制动器的调整

当离合器松开(停车状态)和改变主轴旋转方向时,如主轴未能迅速停止转动,说明制动器过松,可通过锁紧螺母5将调节螺杆拉出一些,使主轴在摩擦离合器松开时,能迅速停止转动;如制动器过紧,则应松开锁紧螺母,使调节螺杆适当缩进主轴箱一些,然后再紧固锁紧螺母。调整应在电动机开动(主轴不转)时进行。

5. 车床导轨的装配与间隙调整

(1) 车床导轨的结构特点和装配要求

车床导轨主要由大拖板、中拖板和小拖板的移动导轨组成,起到车床在车削加工时的纵向、横向车刀进给的作用,所以大中小拖板的间隙将直接影响工件的加工精度和表面质量。其间隙调整要求是在满足运动精度要求的前提下,能平稳、轻便地移动。

(2) 大拖板间隙的调整

大拖板的导轨结构如图3-14所示。外侧板的间隙调整通过拧松锁紧螺母5,适当拧紧调整螺钉6,可以减小外侧压板4所固定的塞铁3与床身导轨的间隙。用0.04 mm塞尺检查,插入深度应小于20 mm,移动大拖板应无阻滞,此时再拧紧锁紧螺母5防松。内侧板的间隙通过调整大拖板内侧压板7进行,即适当拧紧吊紧螺钉8,再用上述方法进行间隙的检测。

(3) 中、小拖板间隙的调整

调整中拖板移动间隙的结构参见图3-15。方法是通过调整(旋进或旋出)楔形塞铁3两侧的螺钉1、4,使塞铁和导轨之间的间隙合理,再依据上述方法检测。当需减小中拖板5与燕

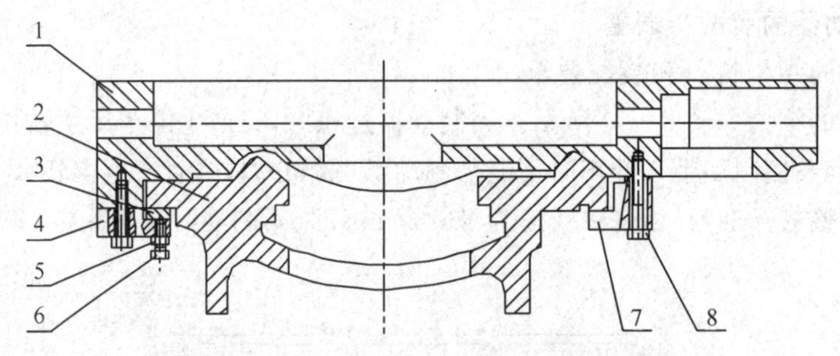

1—大拖板；2—床身；3—塞铁；4—外侧压板；
5—锁紧螺母；6—调整螺钉；7—内侧压板；8—吊紧螺钉

图 3-14 大拖板压板间隙的调整

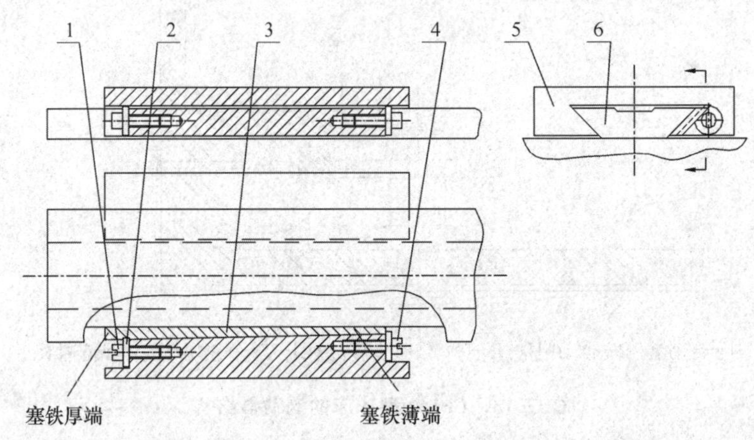

1、4—螺钉；2—垫圈；3—楔形塞铁；5—中拖板；6—燕尾导轨

图 3-15 中拖板间隙的调整

尾导轨 6 的配合间隙时,旋出楔形塞铁薄端的螺钉 4,顺时针旋进塞铁厚端螺钉 1,把塞铁厚端推入燕尾槽的侧间隙中,使间隙减小,当确认调整好后,紧固塞铁薄端的螺钉。同样,如需增大配合间隙,则先旋出螺钉 1,适当旋进螺钉 4,将楔形塞铁顶出一些,再用螺钉 1 紧固。小拖板的结构和调整方法与中拖板类似。

6. 车床丝杠间隙的调整

(1) 丝杠轴向窜动间隙的调整

当需要加工高精度螺纹工件时,除了要保证丝母、丝杠的精度外,还应减小丝杠的轴向窜动量,因此需要正确的装配和调整。

① 修正丝杠法兰端面对轴孔中心线的垂直度误差。按图 3-16 所示的方法检查丝杠法兰表面 1、3 对轴孔中心线的不垂直度,其值应小于 0.006 mm,若精度不满足时则可进行刮研修正。

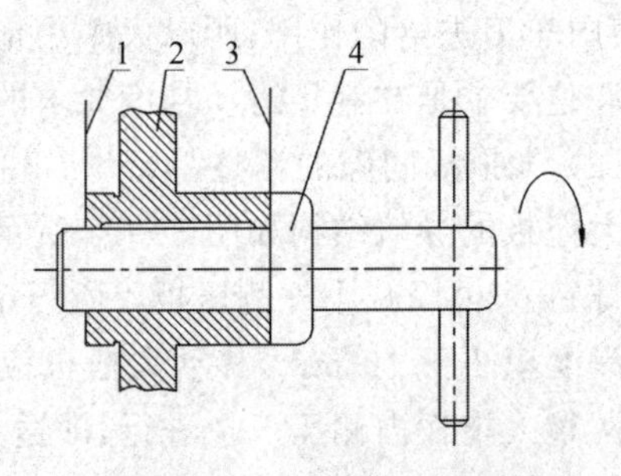

1、3—法兰表面；2—进给箱；4—刮研芯轴

图 3-16 刮研丝杠法兰

② 调整装配后的轴向窜动。丝杠的轴向窜动量的测量方法,如图 3-17 所示。组件装配后,在丝

杠连接轴的中心孔装入钢球(可用黄油粘住),将百分表顶在钢球上,回转连接轴和加轴向力,测量其轴向窜动应在 0.01～0.015 mm。如检测得到的轴向窜动过大,则应进行调整,适当拧紧圆螺母,使丝杠连接轴、推力轴承、进给箱、垫圈及圆螺母间的间隙减小。

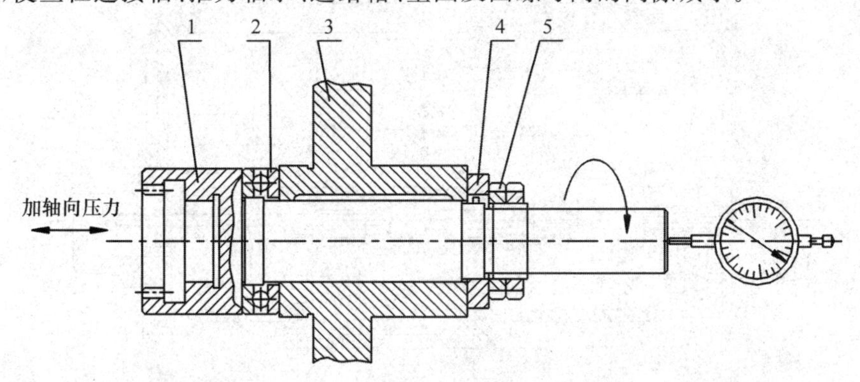

1—丝杠连接轴;2—推力球轴承;3—进给箱;4—止推环;5—圆螺母

图 3-17　丝杠轴向窜动间隙的调整

(2) 中拖板丝杠螺母间隙的调整

中拖板丝杠螺母间隙的调整结构,如图 3-18 所示。其调整精度直接影响车床的横向进给精度及工件的加工质量。

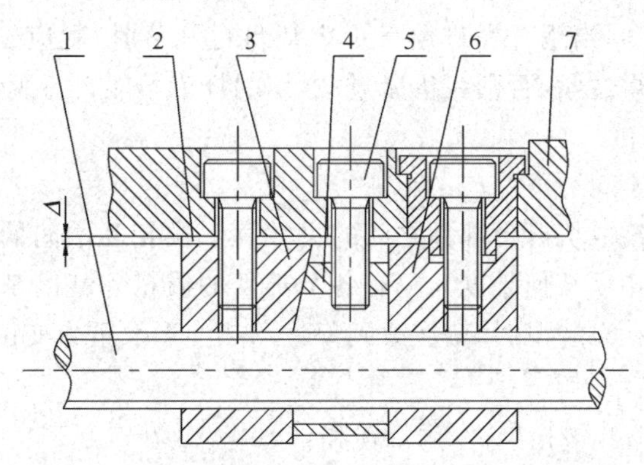

1—丝杠;2—垫片;3—前螺母;4—楔块;5—调整螺钉;6—后螺母;7—中拖板

图 3-18　中拖板丝杠螺母间隙的调整

① 装配丝杠、螺母时,垫片的厚度 Δ 应以接近丝杠根部的尺寸为准,以免丝杠回转时,手柄有力矩大小不一致的现象。

② 中拖板的丝杠间隙调节方法是:先将左端螺钉旋松,然后将中间的调整螺钉 5 顺时针旋转,将楔块 4 上拉,以使螺母与丝杠的间隙减小;当间隙调至适当后,再将左端的螺钉紧固。

7. 溜板箱脱落蜗杆的调整

(1) 溜板箱脱落蜗杆的装配要求

溜板箱结构如图 3-19 所示。溜板箱脱落蜗杆装置的手柄应灵活可靠,溜板箱运动至定位挡铁位置或运动中遇到过大阻力时应能自行脱落,起到安全保护作用。

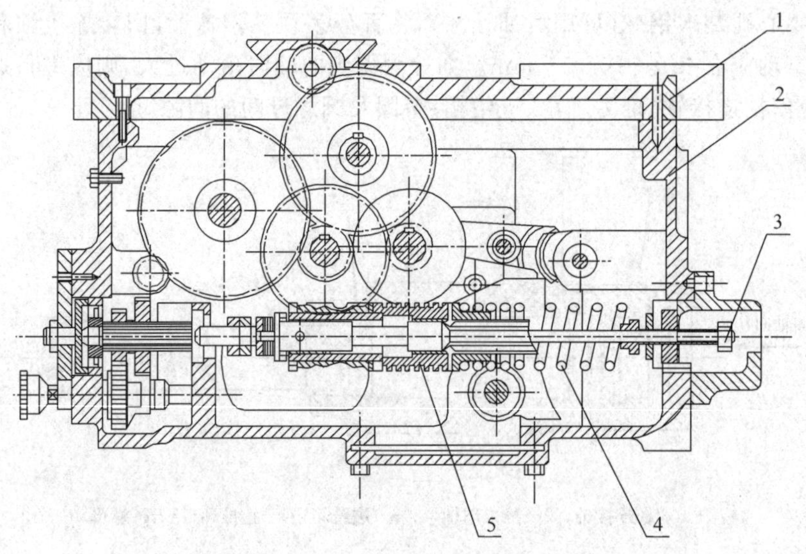

1—大拖板；2—溜板箱；3—螺母；4—弹簧；5—脱落蜗杆

图3-19　溜板箱脱落蜗杆的调整

(2) 溜板箱脱落蜗杆间隙的调整

其调整方法是：当机床过载或碰到挡铁而蜗杆不能脱落时，用扳手调整螺母3，逆时针旋转螺母3，调松压紧弹簧4；当蜗杆在进给量不大却自行脱落时，则应旋进螺母3压紧弹簧4。注意不能将弹簧每圈压得过紧，否则在机床过载时，蜗杆因不能自行脱开而失去应有的保护作用，甚至损坏机床。

8. 车床的总装

总装配要求即保证组成机床各部件之间的尺寸关系及相互之间的传动要求，所以要根据机床的传动要求来确定各项几何精度。只有各个部件的质量和精度都达到要求，才有条件保证总装后的工作精度。在总装配时，应注意到部件的热变形及重力变形。

车床总装的步骤及方法如下：

(1) 检验床身导轨的几何精度，安装进给箱、托架

① 安装床身和床腿，清理床身与床腿结合面，使0.04 mm塞尺不能伸入，错位量≤1 mm为合格，螺钉紧固牢靠，床脚下的可调垫铁不能松动。

② 用水平仪检测并调整导轨面的几何精度，如图3-20所示。在拖板上安装水平仪，检验拖板移动时在垂直面内的直线度误差和拖板移动时的倾斜程度。拖板在水平面内的直线度误差测量方法如图3-21所示。

③ 如图3-22所示，将进给箱、托架用螺钉紧固，在进给箱、托架的光杠支承孔中各插入一根检验芯轴，以床身为基准测量两支承孔中心线的不同轴度及不平行度。

④ 调整完成后，钻销钉孔并安装销钉。

(2) 修正拖板结合面

按照图3-23所示的方法测量拖板的下沉总量，测量进给箱、托架的光杠支承孔至拖板结合面的尺寸A，并同原尺寸进行比较，得出下沉量Δ。因此需通过下移进给箱和托架的方法使光杠的3支承孔同轴，当条件受限制时，可将溜板箱结合面刨去Δ尺寸。

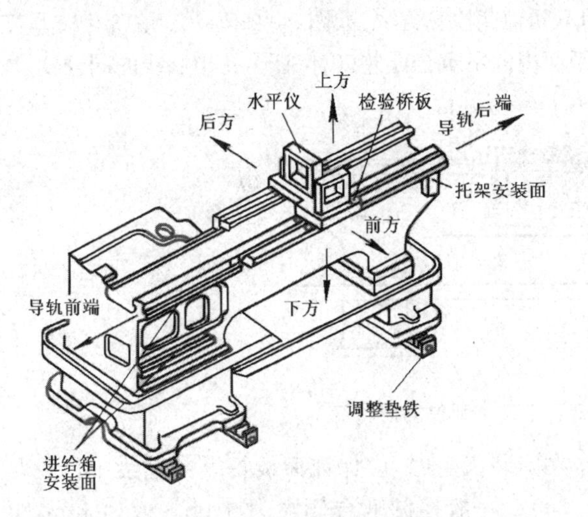

图3-20　机床安置与测量

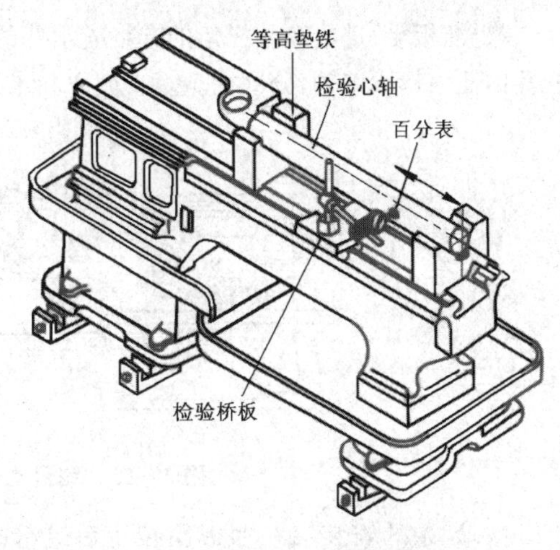

图3-21　用检验桥板测量导轨在水平面内的直线度误差

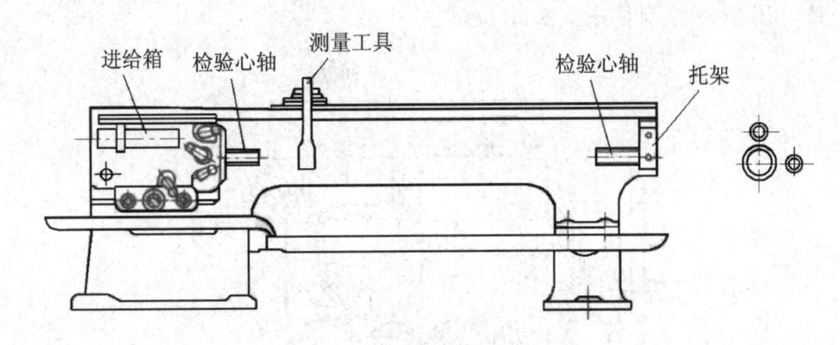

图3-22　安装走刀架、托架

(3) 安装溜板箱和齿条

① 由于刨削后，拖板与溜板箱之间的横向传动齿轮副原有中心距发生变化(见图3-24)，此时应使溜板箱右移以改变啮合间隙，啮合间隙以0.08 mm厚纸压印后将断不断为合格。

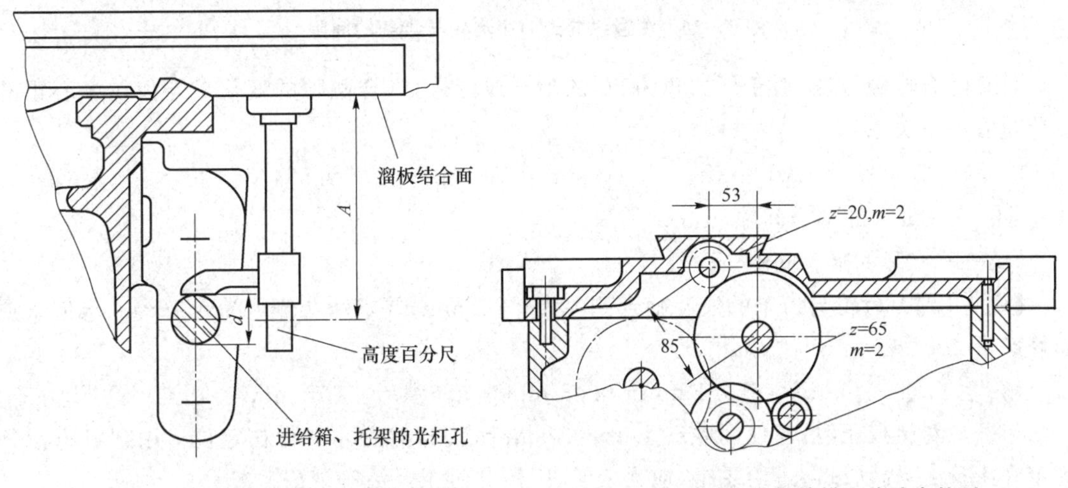

图3-23　测量拖板下沉量

图3-24　拖板、溜板箱横向传动齿轮副

② 溜板箱、进给箱和托架的光杠支承孔的不同轴度检测方法,如图3-25所示。在3个支承光杠孔内插入检验芯轴,分别检验垂直面内和水平面内的不重合误差,以保证3孔中心线的同轴度。

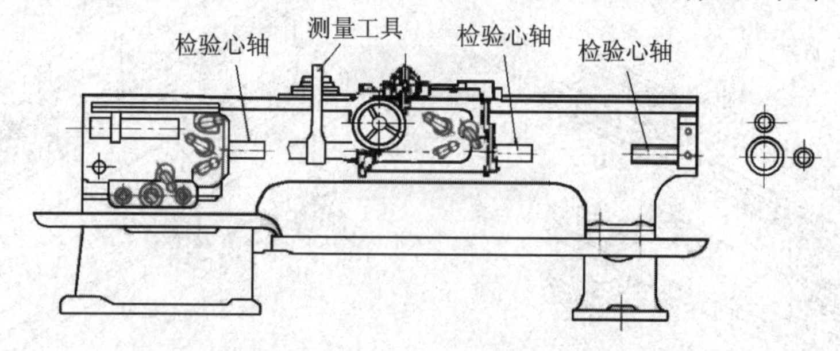

图3-25　测量光杠三个支承部位的同轴度

③ 齿条的安装应在溜板箱校正后进行。在安装齿条时,应保证溜板箱纵向进给小齿轮与齿条正常啮合和具有一定的间隙量(见图3-26)。一般控制啮合侧隙为0.08~0.14 mm,可通过修磨齿条顶面来保证。应在拖板的全行程范围内测量纵向走刀小齿轮与齿条的啮合间隙,间隙应一致。齿条位置调整后安装定位销。

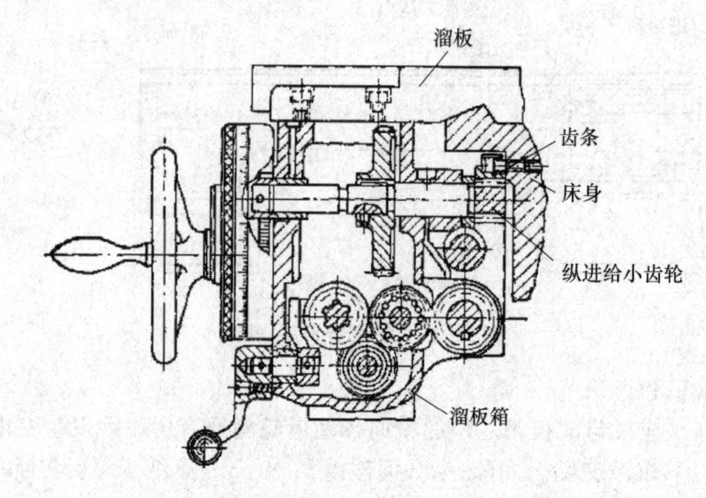

图3-26　测量纵向走刀小齿轮与齿条的间隙

计算啮合侧隙方法:对于压力角为20°的渐开线齿轮,啮合侧隙的变化量与齿轮中心距的变化量有如下关系:

$$\Delta A=(a_1-a)/(2\sin 20°)=(a_1-a)/0.684 \tag{3-5}$$

式中:a_1——要求的啮合间隙,mm;

a——实际的啮合间隙,mm。

【例3-1】 齿轮与齿条的实际啮合侧隙为0.03 mm,要求啮合侧隙为0.1 mm,求齿条顶面修磨量ΔA。

解:

$$\Delta A=(0.1\ \text{mm}-0.03\ \text{mm})/0.684=0.102\ \text{mm}$$

齿条在对接校正时,应使间隙在0.1~0.2 mm之间,然后才能做初定位。用螺钉将齿条固定在床身上,摇动纵向进给手柄,应无松旷、阻滞和过于灵活等现象。

(4) 安装丝杠、光杠

在溜板箱、进给箱、托架的三支承孔不同轴度校正后，才能装入丝杠、光杠。丝杠的轴向窜动量检测如图3-27所示。在丝杠后端中心孔内装入一钢球，将百分表顶在钢球上，合上开合螺母，使丝杠转动，测量窜动值。在测量时应先控制丝杠的轴向游隙，使其不超过0.02 mm。

(5) 安装尾座

尾座体与底板的接触面间，用0.03 mm塞尺检测时不得伸入。尾座安装精度的调整，主要通过刮研尾座底板与床身导轨的接触底面来实现。

① 如图3-28所示，尾座顶尖套筒伸出尾座体100 mm后锁紧，测量拖板移动对尾座顶尖套伸出方向在垂直和水平两个方向的不平行度。在上母线测量时误差应小于0.03 mm，在侧母线测量时误差应小于0.01 mm。

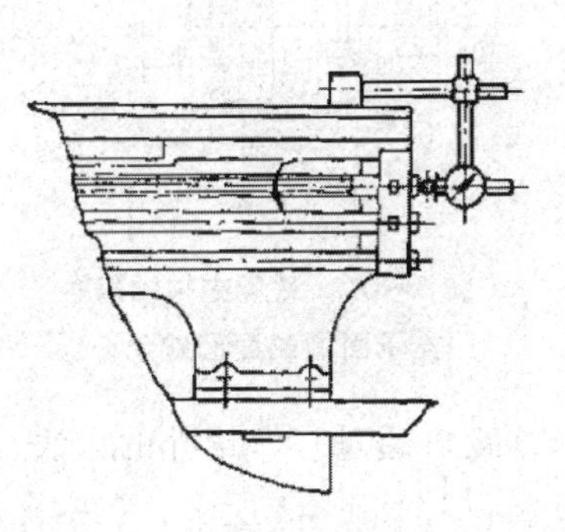

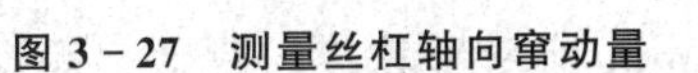

图3-27　测量丝杠轴向窜动量

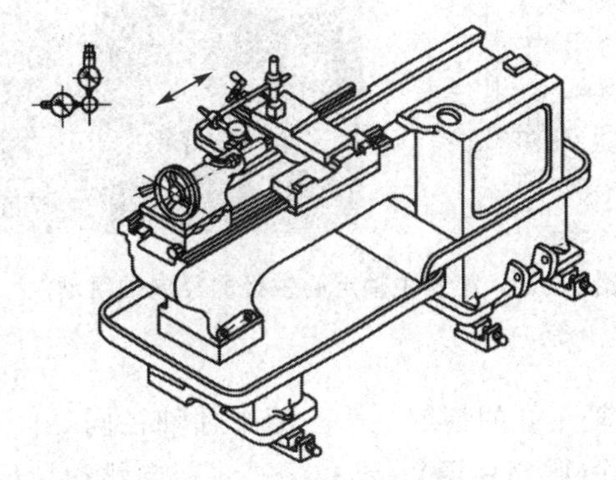

图3-28　测量拖板移动对尾座顶尖套伸出方向的不平行度

② 如图3-29所示，测定尾座锥孔中心对床身导轨的平行度。将莫氏锥度检验芯轴装入尾座锥孔，在100 mm测量长度上测量拖板移动对尾座锥孔中心在垂直和水平两个方向的不平行度。上母线和侧母线测量误差均应小于0.03 mm。以上测量应考虑消除检验芯轴的误差，可取其相对回转180°前后2次测量误差的平均值。

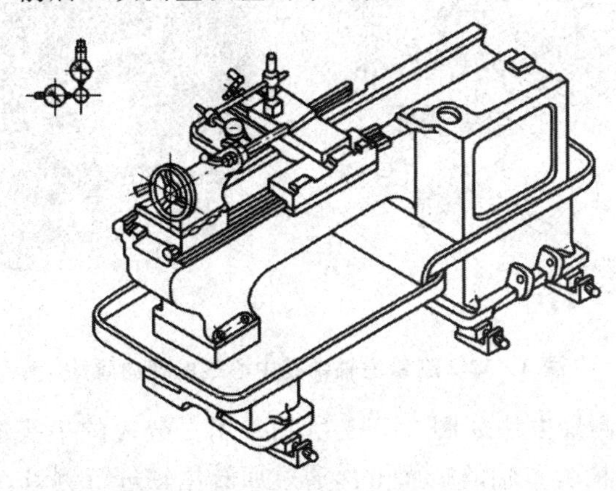

图3-29　测量拖板移动对尾座顶尖套锥孔中心线的不平行度

③ 以上两项精度检测完毕后，再检验尾座移动对拖板移动的不平行度。检验时，百分表分别顶在尾座顶尖套的上母线和侧母线上，使尾座跟随拖板一起移动，并观测百分表读

数。在每1 m的行程上,上母线和侧母线测量误差均应小于0.03 mm,全行程上均应小于0.05 mm。

(6) 安装主轴箱和校正主轴的轴线

此安装和校正过程可能会使主轴箱重量影响床身,使导轨产生微量变形。另外,在校正主轴箱主轴中心与尾座顶尖锥孔中心线等高时,会出现冷态、热态检验精度变化的情况。

① 保证主轴箱底平面和凸块侧面与床身接触,以保证安装位置稳定。

② 应先检测主轴定心轴径的径向圆跳动(见图3-30)和主轴轴肩支承面的端面圆跳动(见图3-31)。

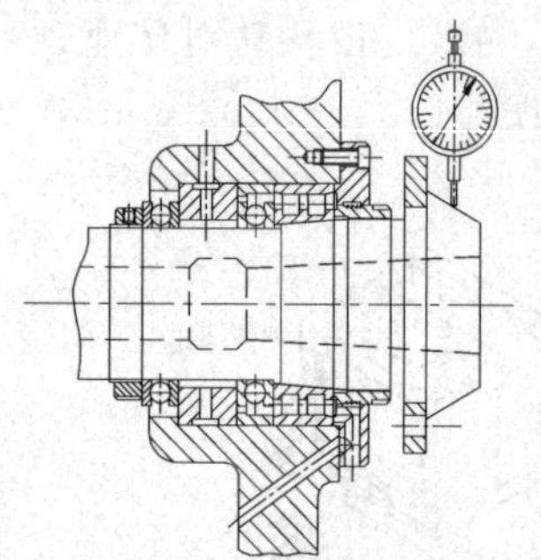

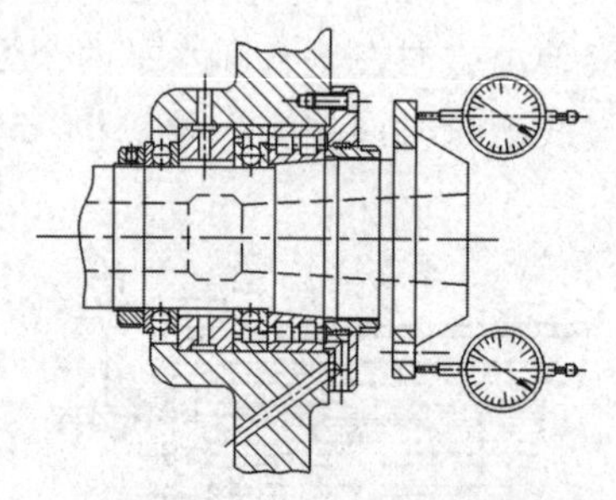

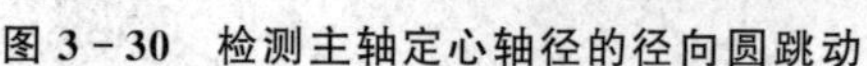

图3-30 检测主轴定心轴径的径向圆跳动

图3-31 测量主轴轴肩支承面的端面圆跳动

③ 主轴锥孔的精度一般已随主轴轴径同时修正了,如未修正可通过自车锥孔的方法,进行误差消除(限制使用)。锥孔中心线径向跳动精度的测量方法,如图3-32所示。在锥孔内插入5号莫氏锥度检验芯轴,分别在近主轴端面处及距300 mm处测量其径向跳动。测量数值以检验芯轴经过数次装卸,相对回转一定相位后均能稳定为准。当车出的锥孔有微量超差时,也可用研磨芯棒进行研磨修正,如图3-33所示。

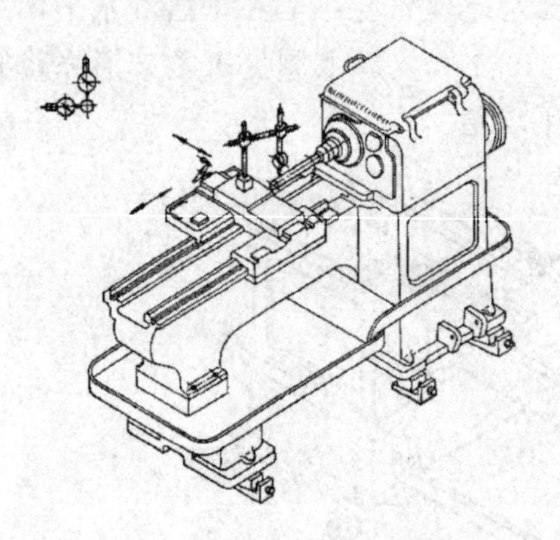

图3-32 测量主轴锥孔中心线的径向跳动

④ 主轴的轴向窜动测量方法如图3-11所示。用百分表的平头端面顶在检验芯轴中心孔内的钢球上(不应顶在检验芯轴的端面上),通过回转主轴进行测量。

⑤ 校正主轴箱主轴中心线的精度。以尾座顶尖套锥孔中心线为基准,修正主轴箱主轴中心线的高度位置,测量方法如图3-34所示。

修正方法如图 3－35 所示。利用刮研平板来修刮主轴箱的安装表面，使达到：主轴锥孔中心线和尾座顶尖孔的中心线对床身导轨的不等高度允差为 0.06 mm（只允许尾座高）；拖板移动对主轴中心线的不平行度，在上母线 300 mm 测量长度上为 0.03 mm，在侧母线 300 mm 测量长度上为 0.015 mm。在检验时注意芯轴的自身误差，方法同前述。

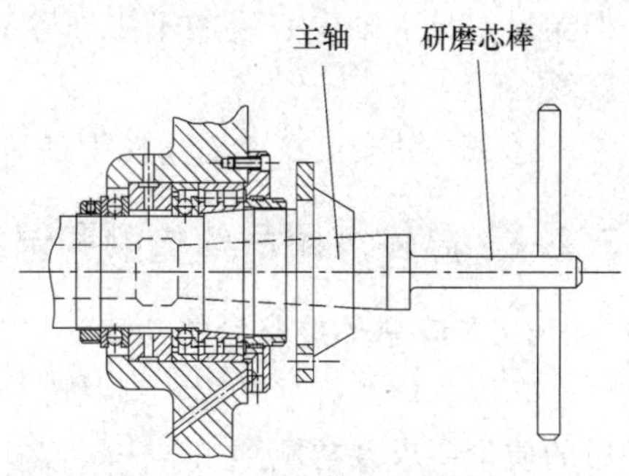

图 3－33　研磨主轴锥孔

（7）安装中拖板、小拖板及小刀架

方刀架装配在小拖板上，小拖板座安装在中拖板上，中拖板通过横向进给丝杠带动，使刀架在大拖板上做横向运动。

① 中拖板横向移动方向与主轴轴线垂直，要求在 300 mm 直径上所车端面的平面度误差为 0.02 mm，只允许中凹。

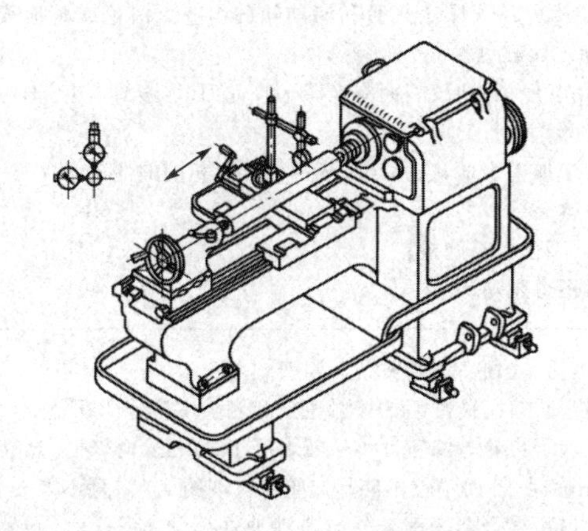

图 3－34　测量主轴和尾座中心线对床身导轨的不等高度

② 小拖板移动时对主轴轴线平行度误差在全行程范围内为 0.04 mm，其检测方法如图 3－36 所示。将百分表用磁力表架固定在小拖板上，百分表顶住检验芯轴的上母线，移动刀

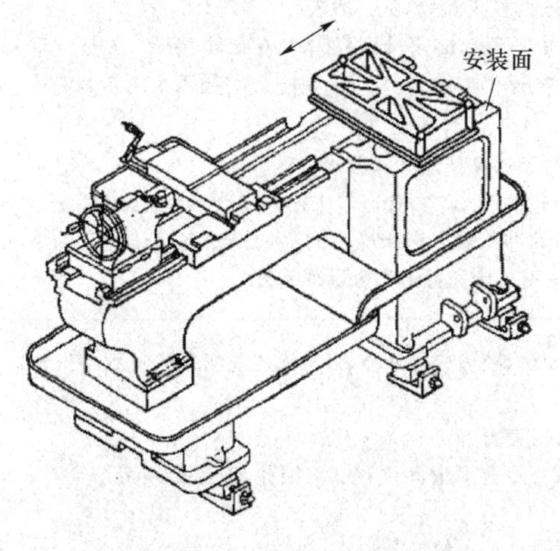

图 3－35　刮削主轴箱安装面

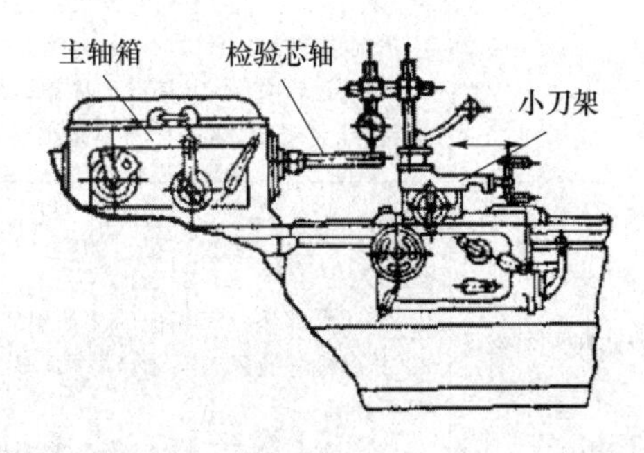

图 3－36　测量小刀架移动对主轴中心线的不平行度

架测量它与主轴中心线的不平行度;然后将百分表顶住检测芯轴的侧母线上校直,重刻“0”度线。

③ 横、斜拖板在摇动丝杠手柄时应无阻滞现象,且无明显间隙。

3.2.4 总体装配后的检测和试车

1. 车床总体装配后的检测

车床总体装配后的检测应按车床装配后的质量要求执行,表3-6中所列为车床总体装配后的质量要求及检测项目。

表3-6 车床装配的质量要求

车床检验项目	质量要求
外观	1. 车床装配后必须进行床身的喷漆。车床各部分的颜色应遵守以下规定:车床外表面刷(喷)浅灰色油漆,或按使用部门要求的颜色刷(喷)漆;车床电气箱和储油箱的内壁涂白色或其他浅颜色油漆;加润滑油的位置标志和其他安全标志涂红色油漆 2. 不同颜色的油漆应界线分明,不得相互侵染,油漆表面应光泽平整,应有足够的强度,不得起皱和脱落,并且要有耐油和耐冷却液侵蚀的能力 3. 装在车床外部的电器和其他附件的未加工表面,应涂与车床主体颜色相同的油漆 4. 车床所有盖、罩壳、油盘等应保持完整 5. 手柄、手柄球和手轮不得缺少,规格、颜色应符合规定 6. 车床的各种标牌应清晰,位置正确,不得歪斜
装配	1. 车床上的滑动和转动部位,要运动灵活、轻便、平稳,并且无阻滞现象 2. 可调的齿轮、齿条和蜗轮蜗杆副等传动零件,装配后的接触斑点和侧隙应符合标准规定 3. 变位齿轮应保证准确可靠地定位。啮合齿轮轮缘宽度小于或者等于20 mm时,轴向错位不得大于1 mm;啮合齿轮轮缘宽度大于20 mm时,轴向错位不能超过轮缘宽度的15%,且不得大于5 mm 4. 在花键上装配的齿轮不应有摆动,齿轮、离合器等配合件与花键轴进行滑动配合时,在轴上滑动时应无卡阻、卡死现象 5. 在传动轴上固定配合的零件不得有松动和窜动现象;滑动配合的零件,在轴上要能自由地移动,不得有阻滞现象;转动配合的零件,转动时应灵活、均匀 6. 重要的固定结合面应紧密贴合,紧固后用0.04 mm塞尺检验时不得插入,特别重要的固定结合面,除用涂色法检验外,在紧固前后均用0.04 mm的塞尺检验,不得插入 7. 滑动、移动导轨表面除用涂色法检验外,还应用0.04 mm塞尺检验,塞尺在导轨、镶条、压板端部的滑动面间插入深度不得超过下列数值:车床质量小于或者等于10^4 kg时为20 mm;车床质量大于10^4 kg时为25 mm 8. 有刻度的手轮、手柄的反向空行程量规定:不得超过高精度车床精确位移手轮的(1/60)r;普通车床精确位移手轮的(1/40)r;普通车床直接转动手轮的(1/30)r;普通车床很少转动手轮的(1/10)r 9. 车床运转时,不应有不正常的高频声和不规则的冲击声。车床噪声的测量应在空运转的条件下进行,噪声规定为:高精密车床不得超过75 dB;精密车床和普通车床不得超过85 dB
冷却、润滑系统	1. 冷却装置应灵活可靠,阀门、管路不得有渗漏现象,喷嘴应能调节,冷却液应能畅通地喷到切屑形成的位置 2. 各润滑部位应有相应的注油器或注油孔,并保持完善齐全 3. 润滑标牌应完整清晰,润滑系统必须完整无缺。所有润滑元件、油管、油孔、油道必须清洁干净,保证畅通 4. 表示油位的标志应清晰,要能观察出油面或润滑油滴入的情况

续表 3-6

车床检验项目	质量要求
安全防护装置	1. 设备上各部位超负荷安全装置的弹簧、配重块、保险销等应按有关规定予以调整配齐，不得随便调整、更换尺寸或使用不合适的材料，安全装置的动作应灵活可靠 2. 对车床运动中有可能松脱的零件，应有防松装置 3. 设备移动部分的行程限位装置应齐全可靠 4. 各滑动导轨的两端应装有防尘、防切屑的毡垫。毡垫应清洗干净，保持与导轨面紧贴，外加金属压板加以固定 5. 电机的旋转方向在适当零件的外部用箭头表示出来

2. 车床总体装配后的试车

车床总体装配后，应按说明书或其他技术文件的规定，使车床处于自然状态，调整至安装水平位置。在负荷实验的前后，均应检查车床的几何精度，并将实测数据记录整理保存。

(1) 车床空运转检查

① 运动机构的试车检查。车床的主运动机构从最低速度起，依次逐级运转到高速，每级运转时间不少于 2 min，高速运转时间不少于 30 min，以使主轴承达到稳定温度。高速运转时，检查主轴承的温度：滑动轴承不超过 60 ℃，温升不超过 30 ℃；滚动轴承不超过 70 ℃，温升不超过 40 ℃；其他机构的轴承温度不超过 50 ℃。

② 进给机构的试车检查。从低速起，各级速度运转时间不少于 2 min，对装有快速移动机构的车床，还应进行快速移动试验。

③ 在各种速度下运转时，车床的各工作机构运动应平稳、无冲击和异常噪声。

④ 在各种速度下运转时，车床的振动应不超过 10 μm。

⑤ 检查主运动与进给运动的启动及停车情况；手动和自动动作的灵活性及可靠性；重复定位、分度及转位动作的准确性；夹紧装置、快速移动机构和其他附属装置的可靠性；有刻度装置的手轮反向空行程量及手轮、手柄的操纵力。

⑥ 检查电气设备及润滑、冷却系统的工作情况；检查安全防护装置的可靠性。

(2) 车床负荷检查

① 车床主轴允许的最大转矩试验。

② 拖板、刀架等的最大作用力试验。

③ 短时间(5～10 min)超负荷(超过允许最大转矩或最大切削力的 25%)试验。

④ 车床工作时电机的最大功率试验。

在实际生产中，可按需要增加或减少车床负荷试验的内容。车床的负荷试验应按试验规程进行，试验规程可由使用企业编制或采用车床制造厂的试验规程。在负荷试验中，车床的所有机构均应正常工作，不应有明显的振动、冲击、噪声和不平衡现象。

对于不需要检验最大转矩和最大切削力的精密车床，应按专门的技术要求进行负荷试验。专用车床应按设备工艺进行。

(3) 车床工作精度与几何精度检验

① 车床工作精度检验应在经过车床空运转试验，并确定车床所有工作机构均已处于正常状态后才能进行。按工作精度检验规程进行切削加工和工作精度检验，检验记录作为验收依据存入档案。

普通车床的工作精度检验,可按国家规定的精度标准或车床说明书中规定的精度标准进行,也可按企业选定的典型零件进行加工和检测;专用车床应按设备工艺规定进行加工和检测。

② 普通车床的几何精度检验,可按国家规定的车床精度标准或车床说明书中规定的精度标准进行检验,也可按企业规定的精度标准进行检验;专用车床应按专用精度标准进行检验,检验记录作为验收依据存入档案。

在车床几何精度检验过程中,不得对影响精度的机构和零件进行调整;检验时,凡是与主轴承(或拖板)温度有关的项目,均应在主轴承(或拖板)温度达到稳定后方可进行检验。如对影响精度的机构和零件进行过调整,则应复查因调整而受影响的有关项目,包括车床工作精度的有关项目也应复查。

单元测试

3.3 数控机床的安装与调试

数控机床安装与调试的过程和方法与普通机床有较多相似之处,主要区别在于数控机床具有智能化、精度高等特点,通常具备气动、液压系统和程序控制系统。所以在零部件及驱动件的类型选用、安装方法和步骤上,具有其自身的特点。本节主要以常用的数控机床(数控车床)的安装为例,进行数控机床安装与调试内容的讲解。

教学视频

3.3.1 数控机床的类型和典型结构

1. 常见的数控机床类型

常用的数控机床有:数控车床如图3-37(a)所示;数控铣床如图3-37(b)所示;加工中心如图3-37(c)所示;电加工设备包括数控电火花、数控线切割,分别如图3-37(d)、(e)所示;数控冲床如图3-37(f)所示。

2. CK7815型数控车床的结构和特点

CK7815型数控车床的外观,如图3-38所示。本节以长城机床厂的数控车床为例对数控机床的结构、功能和装配方法加以说明。CK7815型数控车床可选配FANUC-6T或FANUC-5T系统,为两轴联动、半闭环控制的CNC车床。该车床能车削直线(圆柱面)、斜线(锥面)、圆弧(成形面)、公制和英制螺纹(圆柱螺纹、锥螺纹及多头螺纹),能实现对盘形零件的钻、扩、铰和镗孔加工。

CK7815数控车床的床身导轨为60°倾斜布置,排屑方便。导轨截面为矩形,刚性好。主轴由直流(配5T系统时)或交流(配6T系统时)调速电机驱动。主轴尾端带有液压夹紧油缸,可用于快速自动装夹工件。床鞍拖板上装有横向进给驱动装置和转塔刀架,刀盘可选配8位、12位小刀盘和12位大刀盘。

CK7815数控车床的纵横向进给系统采用直流伺服电机带动滚珠丝杠,使刀架移动;尾座套筒采用液压系统驱动;可采用光电读带机和手工键盘程序输入方式,带有CRT显示器、数控操作面板和机械操作面板;有液动式防护门罩和排屑装置。也可另外配置上下料的机械手,形成一个柔性制造单元(FMC)。

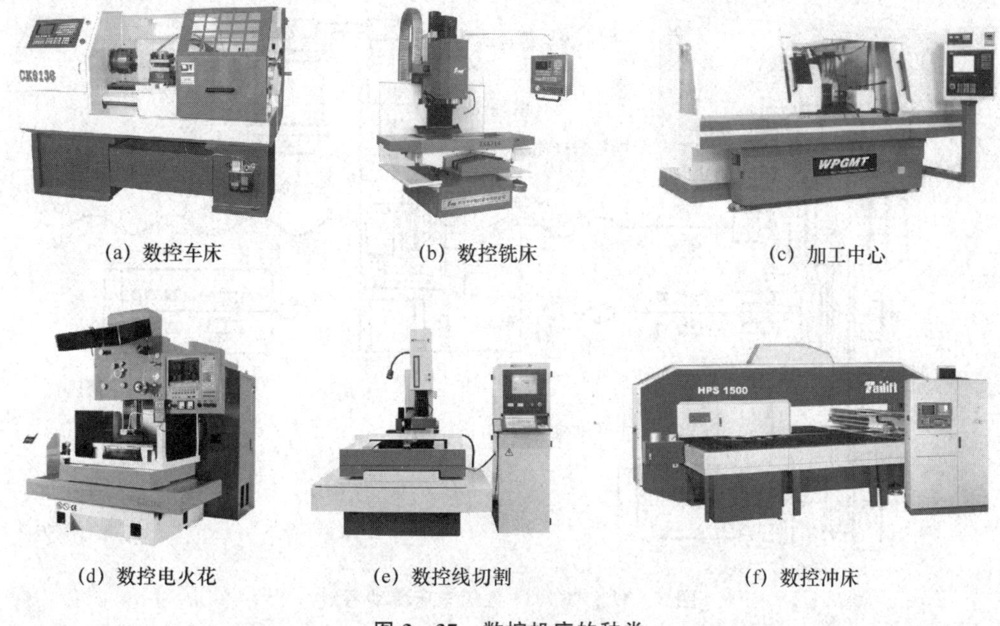

(a) 数控车床　(b) 数控铣床　(c) 加工中心

(d) 数控电火花　(e) 数控线切割　(f) 数控冲床

图 3 - 37　数控机床的种类

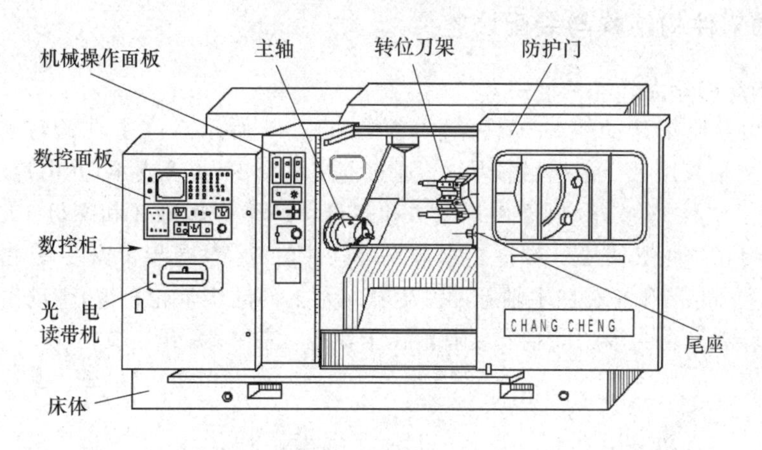

图 3 - 38　CK7815 数控车床

CK7815 传动系统如图 3 - 39 所示。主轴由 AC - 6 型 5.5 kW 交流调速电动机或 DC - 8 型 1.1 kW 直流调速电动机驱动，由电器系统控制，实现无级变速。由于电机调速范围的限制，故采用两级塔形带轮实施高、低两挡速度的手工切换，在某挡的范围内可由程序代码 S 任意指定主轴转速。结合数控装置还可进行恒线速度切削。但最高转速受卡盘和卡盘油缸极限转速的限制，一般不超过 4 500 r/min。

纵向 Z 轴进给由直流伺服电机直接带动滚珠丝杠实现；横向 x 轴进给由直流伺服电机驱动，通过同步齿形带带动横向滚珠丝杠实现，这样可减小横轴方向的尺寸。刀盘转位由电机经过齿轮及蜗杆副实现，可手动或自动换刀。排屑机构由电机、减速器和链轮传动实现。

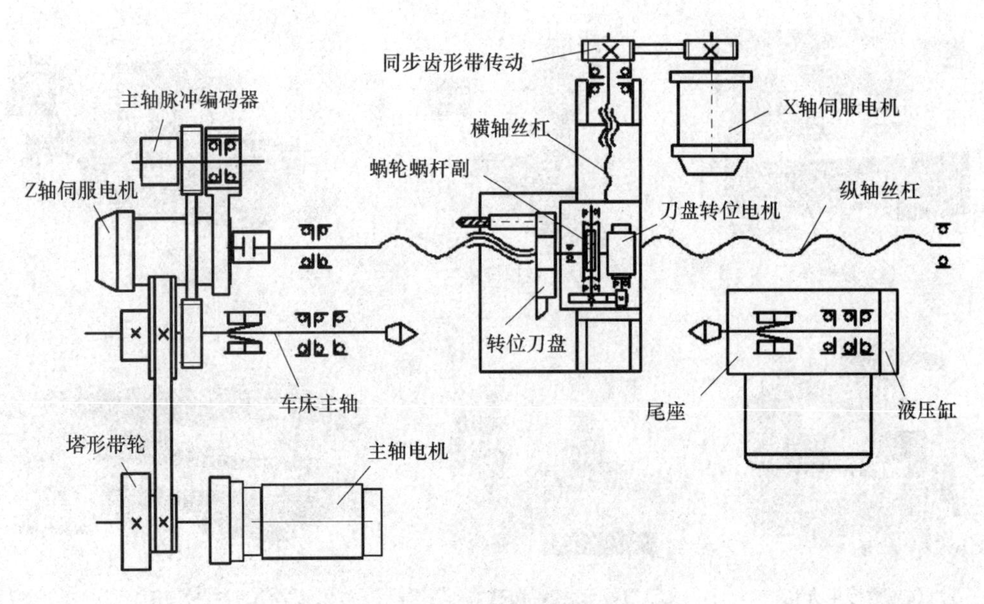

图3-39 CK7815数控车床传动系统

3.3.2 主轴部件的结构与装配调整

1. 主轴的结构特点

CK7815型数控车床的主轴部件结构,如图3-40所示。该主轴的转速范围是15~5 000 r/min。主轴采用三个角接触轴承12,通过前支承套14实现支承,并由螺母11预紧。后端采用圆柱滚子轴承15支承,间隙由螺母3和螺母7调整。螺母8和螺母10分别用来锁紧螺母7和螺母11,防止其回松。带轮2直接安装在主轴9上,同步带安装在主轴后端支承与带轮之间,通过同步带和安装在主轴脉冲发生器4轴上的同步带轮相连,带动主轴脉冲发生器4和主轴同步转动。在主轴的前端安装有液压卡盘等(图中未示出)。

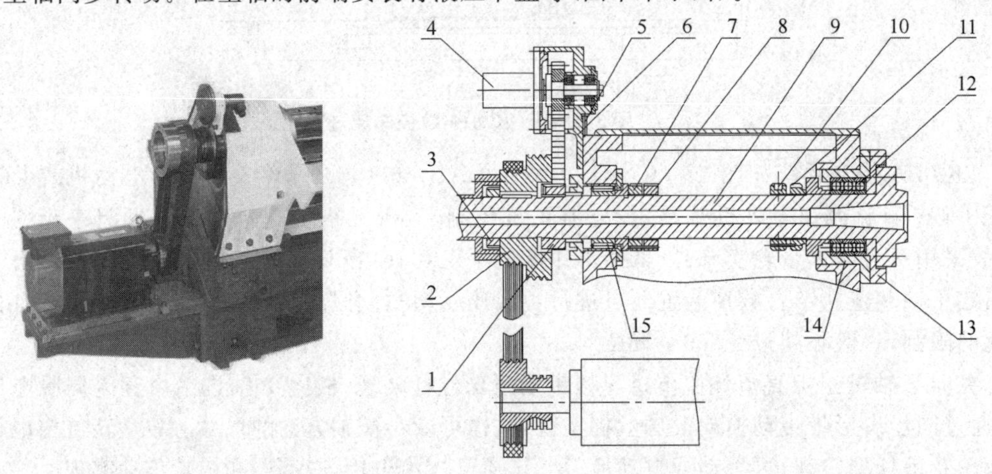

1—同步带轮;2—带轮;3、7、8、10、11—螺母;4—主轴脉冲发生器;5—螺钉;6—支架;9—主轴;12—角接触球轴承;13—前端盖;14—前支承套;15—圆柱滚子轴承

图3-40 CK7815型数控车床主轴部件结构图

2. 主轴部件的装配方法及顺序

装配前的准备工作参见普通车床，各零部件应进行严格清洗，需要预先加涂油的部件应加涂油。装配工具以及装配方法，应根据装配要求及配合部位的性质选取。

① 将三个角接触轴承12装入前支承套14孔中。三个轴承中，应注意前两个大口向外(朝向主轴前端)，后一个大口向里(与前面两个轴承相反方向)。

② 把主轴9穿入端盖13后，装入轴承12孔中，不得碰伤各部分螺纹及圆柱配合表面。

③ 依次装上前油封、螺母11和10，再装上螺母8和7。

④ 装上油封、轴向定位盘和圆柱滚子轴承15。

⑤ 将主轴部件装入主轴箱后端孔中(向后端方向)。

⑥ 装上主轴前支承套的固定螺钉。

⑦ 装上主轴后支承处轴向定位盘螺钉。

⑧ 装上后端油封件和同步带轮1。

⑨ 装上主轴脉冲编码器(含支架、同步带等)，装上支架6上的螺钉，拧紧螺钉5。

⑩ 装上主轴后端的键、带轮和电机传动带，旋紧后端螺母3。

⑪ 将液压卡盘(图中未示出)及主轴后端液压缸等部件清洗后，进行安装。

3. 主轴装配的调整

① 前端轴承的预紧调整：螺母11的预紧量应适当，预紧后应注意用螺母10锁紧，以防止回松。

② 后端圆柱滚子轴承的径向间隙调整：由螺母3和螺母7调整此间隙，调整完成后用螺母8锁紧，以防止回松。

③ 同步带的张紧度调整：为保证主轴脉冲发生器与主轴转动的同步精度，同步带的张紧力应合理。调整时，先略松开支架6上的螺钉，然后调整螺钉5，使其张紧同步带。同步带张紧后，再旋紧支架6上的紧固螺钉。

④ 液压卡盘的装配调整：充分清洗卡盘内锥面和主轴前端外短锥面，保证卡盘与主轴短锥面接触良好。卡盘与主轴连接螺钉应对角均匀施力，以保证卡盘的定心精度。

⑤ 调整液压卡盘(图中未示出)夹紧行程：应调整卡盘拉杆长度，保证驱动液压缸有足够的、合理的夹紧行程储备量。

4. 主轴装配的查检

装配后，转动电动机叶片，主轴应能轻松旋转，无阻滞现象。否则，应检查相关部位，重新装配或调整。

3.3.3　主轴箱与床身的装配

CK7815型数控车床的主轴箱固定在床身的左上部，主要功能是支撑主轴，使主轴带动工件按规定转速旋转实现主运动。为满足数控机床高速度、高精度、高生产率、高可靠性和高自动化程度的要求，与普通机床相比，数控机床有更高的静、动刚度，更好的抗震性，故主轴箱在安装过程中与床身导轨的几何精度和结合面精度要求较高。

CK7815型数控车床主轴箱的装配方法及步骤如下：

① 将床身用垫铁垫好检测床身导轨。

纵向：检测导轨在垂直面内的直线度，其上限为0.002～0.018 mm(只许凸)。

横向:检测导轨平行度,上限为0.032/1 000 mm。

② 将主轴箱用螺钉固定在床身上,并保证主轴锥孔中心对床身导轨的平行度。

上母线精度为(−0.003～+0.005)/300 mm。

侧母线精度为(+0.005～+0.008)/300 mm(只许向前倾)。

③ 刮研床身上平面和侧平面定位墙面。

根据以上测量结果,以主轴箱为基准刮研床身上平面和侧平面定位墙面,达到要求后将主轴箱用螺钉紧固在床身上。

3.3.4 传动部件的结构与装配调整

数控机床进给运动是数字控制的直接对象,其作用是在伺服电机的驱动下完成直线运动的定位和进给。被加工工件的最后轮廓精度和加工精度都会受到进给运动的传动精度、灵敏度和稳定性的影响。因此,对于进给系统中的传动装置和元件,要求具有高的寿命、高的刚度、无传动间隙、高的灵敏度和低摩擦阻力的特点。数控机床进给系统包括驱动组件、机械传动组件和检测组件。机械组件主要由传动部件(滚珠丝杠螺母副、蜗轮蜗杆副等)和支撑部件(直线导轨和轴承组件)组成。

1. 驱动组件的装配与调整

数控机床进给伺服驱动对位置精度、快速响应特性、调速范围等有较高的要求。实现进给伺服驱动的电动机主要有步进电动机、直流伺服电动机和交流伺服电动机三种。目前,步进电动机只适用于经济型数控机床,直流伺服电动机在我国广泛使用,交流伺服电动机作为比较理想的驱动元件已成为进给伺服驱动电动机的发展趋势。

数控机床进给伺服系统当采用不同的驱动元件时,进给伺服传动机构也不同。电动机与滚珠丝杠的连接主要有齿轮传动、同步带传动和直连传动三种。

(1) 带有齿轮传动的进给伺服运动

通过齿轮传动可实现减速。齿轮在制造中不可能达到理想的齿面形状,需要有一定的齿侧间隙才能正常工作,但齿侧间隙会造成进给伺服系统的反向失动量。因为这一点会影响闭环控制系统的工作稳定性,所以齿轮传动副通常采取一定的措施尽量减少齿轮侧隙。

(2) 同步带轮传动的进给伺服运动

这种连接形式的机构简单。同步带传动综合了带传动和齿轮传动的优点,可以避免齿轮传动时引起的振动和噪声,但只适用于低转矩特性要求场合。安装时中心距要求严格,多采用中心距可调结构。因为同步带与带轮的制造工艺复杂,所以通常由专门厂家生产。

(3) 电动机与滚珠丝杠通过联轴器直接连接

该结构用在电动机轴与滚珠丝杠之间,常采用锥环无键连接或高精度十字联轴器连接,因此进给伺服传动系统具有较高的传动精度和传动刚度,并且极大地简化了机械结构,多数数控机床都采用这种连接方式。

2. 机械传动组件的装配与调整

(1) 滚珠丝杠螺母副的装配与调整

① 滚珠丝杠副的特点如下:

➢ 传动效率高,摩擦损失小。以滚珠的滚动摩擦代替普通丝杠螺母副的滑动摩擦,摩擦力大为降低。滚珠丝杠副的传动效率为$\eta=0.92\sim0.96$,比滑动配合的丝杠螺母副提高3～4倍。因此功率消耗只相当于滑动丝杠螺母副的 1/30～1/4。

➢ 给予适当预紧，可消除丝杠和螺母间的螺纹间隙，反向时就可以消除空程死区，定位精度高，刚度好。

➢ 运行平稳、无爬行现象，传动精度高。

➢ 有可逆性，可以从旋转运动转化为直线运动，也可以由直线运动转化为旋转运动，即丝杠和螺母均可以做主动件。

➢ 磨损小，使用寿命长。

➢ 制造工艺复杂，加工精度要求高，表面粗糙度要求高，成本高。

➢ 不能自锁，有时需添加制动装置。

② 滚珠丝杠副的结构和工作原理：

滚珠丝杠副结构如图 3－41 所示。常用的循环方式有外循环和内循环两种。滚珠在循环过程中有时与丝杠脱离接触的称为外循环，如图 3－41(a)所示；始终与丝杠保持接触的称为内循环，如图 3－41(b)所示。外循环滚珠丝杠副在丝杠和螺母上有半圆弧形的螺旋槽，套在一起形成滚珠的螺旋滚道，螺母上有滚珠回路管道，将几圈螺旋滚道的两端连接起来，构成封闭的环形滚道。滚道内装满滚珠，当丝杠旋转时，滚珠在滚道内既自转又沿滚道循环滚动，从而使螺母和丝杠间产生相对的螺旋移动。

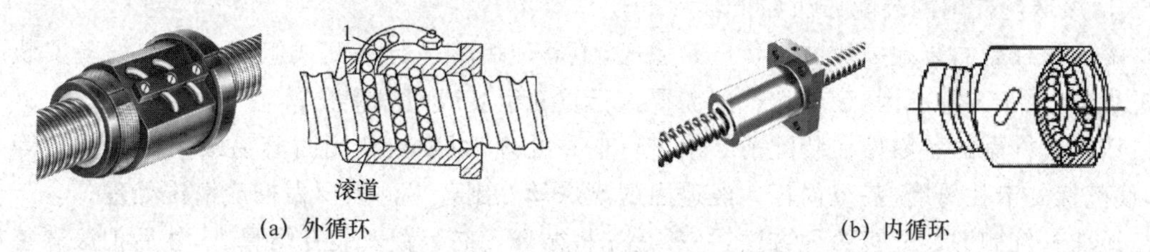

(a) 外循环　　(b) 内循环

图 3－41　滚珠丝杠螺母副

③ 滚珠丝杠副的固定方法如下：

滚珠丝杠有多种固定方法，合理的支撑结构并正确安装十分重要，水平安装的丝杆主要承受轴向载荷，径向载荷主要是丝杆的自身重量。滚珠丝杆的轴向精度和刚度要求较高，为提高支撑的轴向刚度，要选择适当的滚动轴承和支撑方式。

机电设备的滚珠丝杠固定方式主要有以下几种：

➢ 一端装止推轴承，另一端无支承

支承结构如图 3－42(a)所示。该支承结构简单，承载能力小，轴向刚度小，一般用于丝杠较短和传动距离较小的情况下，升降式铣床的垂直传动采用此结构。

➢ 一端装止推轴承，另一端装向心轴承

支承结构如图 3－42(b)所示。滚珠丝杠较长时，一端固定，另一端自由，可以减小丝杠的热变形影响，固定端一般布置在远离热源的一侧。这种结构使用最广泛，目前国内中小型数控车床、立式加工中心等均采用这种结构。

➢ 两端装止推轴承

支承结构如图 3－42(c)所示。止推轴承安装在丝杠的两端，这种支承方式，固定端轴承都可以同时承受轴向力，可以对丝杠施加适当的预紧力，提高丝杠支承刚度，可以部分补偿丝杠的热变形。大型机床、重型机床以及高精度镗铣床常采用此种方案。

➤ 两端装止推轴承及向心轴承

支承结构,如图3-42(d)所示。丝杠两端采用双重支承,提高了支承刚度,丝杠热伸长会转化为轴承的预紧力。

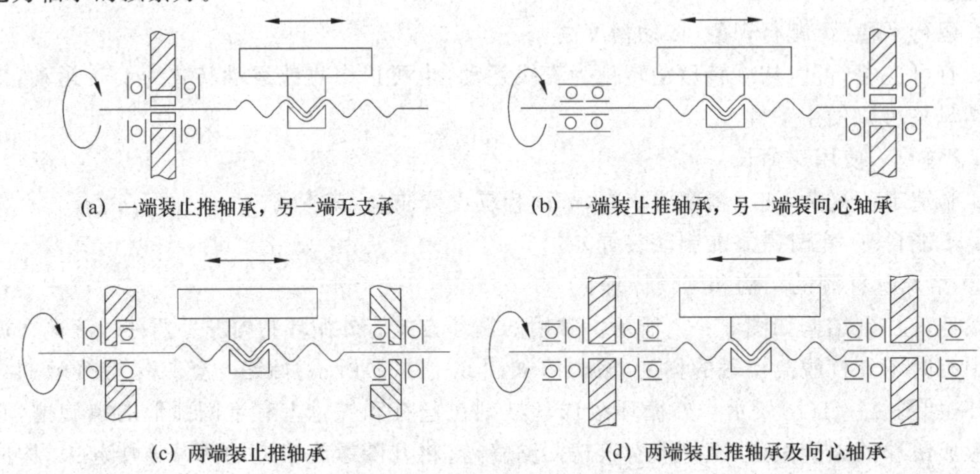

图3-42　滚珠丝杠支撑方式

④ 滚珠丝杠副的装配方法如下:

滚珠丝杠副的装配一般由供货厂家完成,不需使用者进行装配或组装。但在设备安装调试过程中,由于某种原因,滚珠丝杠副需要进行重新组装或间隙调整。

滚珠丝杠副的各零件在装配前必须进行退磁处理,否则在使用时容易吸附微小铁屑等杂物,使丝杠副卡住研磨,甚至损坏。经退磁的滚珠丝杠副各零件需要做彻底清洗处理。

滚珠丝杠副的装配有两种方法:一种是先将循环反向装置安装在螺母上,然后把滚珠装在螺母内,在套筒的辅助支撑下将装满滚珠的螺母装到丝杠上,这种方法适用于各种形式的螺母;另一种方法是先把螺母套在丝杠上,然后将滚珠逐个放入循环孔内,最后把装满滚珠的循环部件安装在螺母上,这种方法适用于外循环,内循环的方法不能采用这种方法。内循环装配时必须有一端是螺纹开通的。装滚珠时,一个完整的循环里,必须空出1~2个滚珠直径的空间,这样会减少滚珠与滚珠的相互摩擦,有利于提高滚珠丝杠副的效率。滚珠丝杠副装配时关键的一个项目就是预紧力的调整和轴向间隙的调整。

⑤ 滚珠丝杠螺母副间隙的调整方法如下:

轴向间隙通常是指丝杠和螺母无相对转动时,丝杠和螺母之间的最大轴向窜动。常用消除滚珠丝杠螺母副间隙的方法有以下几种:

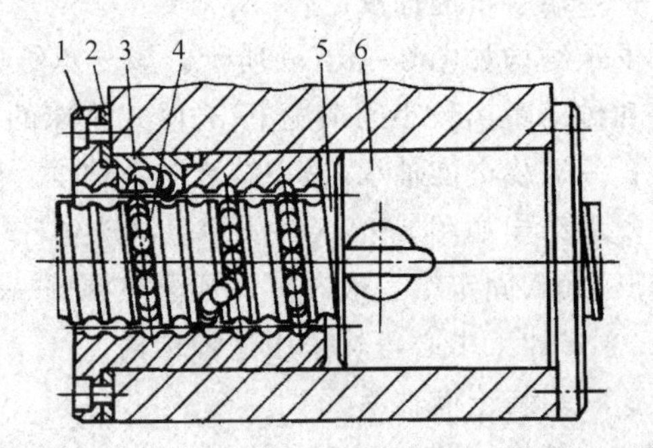

1、6—螺母;2—调整垫片;3—返向器;4—钢球;5—螺杆

图3-43　垫片调整结构

➤ 垫片调隙　垫片调隙结构如图3-43所示,调整垫片2的厚度,使左右两个螺母不发生相对转动,只产生轴向位移的条件下,即可消除间隙和产生预紧力。这种方法结构简单、刚性好,但在调整时需拆下调整垫圈进行修磨,在滚道有磨损时不能随时消

除间隙和进行预紧。

➢ 螺纹调隙 螺纹调隙结构如图3-44所示，滚珠丝杠左右两螺母以平键与外套相连，用平键限制螺母在螺母座内的转动。调整时，拧动圆螺母即可消除间隙并产生预紧力，然后用锁紧螺母锁紧，这种方法结构简单工作可靠、调整方便，但预紧量不容易控制。

➢ 齿差调隙 齿差调隙结构如图3-45所示，在两个螺母2、6的外凸缘上有外圆柱直齿，分别与紧固在套筒两端的内齿圈1、7啮合，且齿数相差一个齿。调整时先取下内齿圈，让两个螺母相对于套筒同方向都转动一个齿。然后再插入内齿圈，则两个螺母产生相对角位移。这种调整方法能精确调整预紧量，调整方便可靠，但结构尺寸较大，在调整间隙的大小时需注意螺母旋转方向。

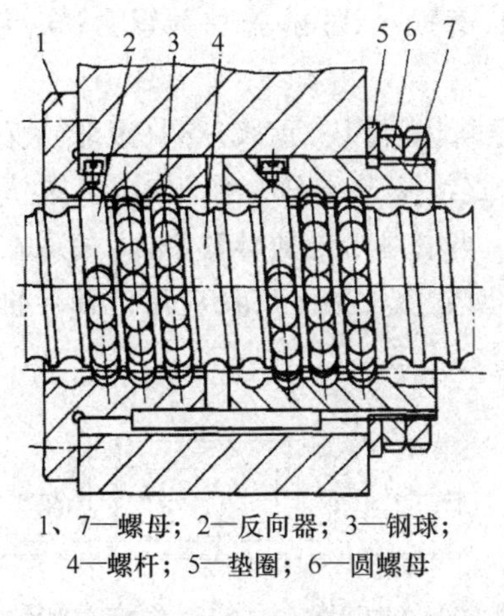

1、7—螺母；2—反向器；3—钢球；
4—螺杆；5—垫圈；6—圆螺母

图3-44 螺纹调隙结构

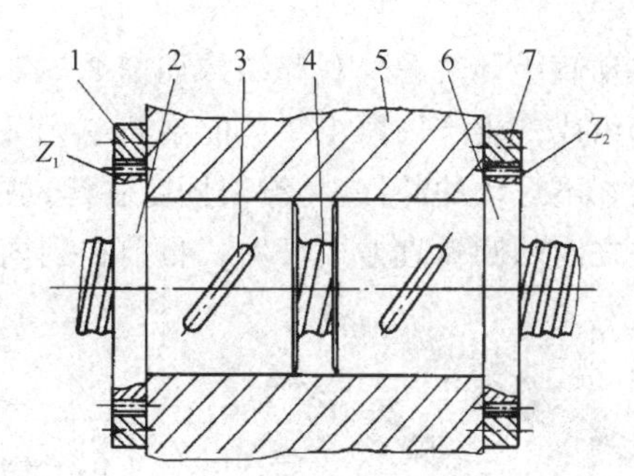

1、7—内齿圈；2、6—螺母；3—反向器；
4—螺杆；5—螺母座

图3-45 齿差调隙结构

对于双螺母垫片预紧滚珠丝杠副来说，首先要调整单个螺母安装到丝杠上的间隙，轴向间隙一般调整到0.005 mm左右，若单个螺母间隙太大将会导致滚珠丝杠副的空回转增量增大。调整轴向间隙的方法是更换滚珠，通常一个型号的滚珠都配备了从－0.010～＋0.010 mm范围的滚珠，每间隔0.001 mm为一挡。例如：对于直径3.969 mm的滚珠，供选配的滚珠直径为3.959、3.96、3.961…3.979 mm。

螺母间隙调整好后开始装配垫片，首先将选配的量块插入两螺母中间，然后测量转矩，若转矩在设计要求范围内，则按量块尺寸配磨垫片，若不在范围之内，重新更换量块再测转矩直至符合要求为止。对于单螺母变位预紧和增大滚珠直径预紧来说，预紧力的调整需更换不同尺寸的滚珠。

(2) 传动齿轮副的装配与调整

在数控设备的进给系统中，由于齿轮副的传动间隙，会造成进给运动反向滞后于指令信号，形成反向死区，影响传动精度和系统的稳定性，因此必须通过一定方法消除齿轮副的间隙。

在实际生产中，直齿轮传动的消隙方法主要有偏心套法调整法（调整啮合齿轮的中心距）和双齿轮错齿调整法；锥齿轮传动的消隙方法主要有轴向调整法和周向调整法。

3.3.5 导轨的装配与调整

1. 数控机床导轨的种类和特点

(1) 滑动导轨

优点是结构简单、制造方便、接触刚度大、抗震性高;缺点是摩擦阻力大、磨损大、动静摩擦系数差别大、低速易产生爬行现象。目前,数控机床已不采用传统滑动导轨,而是采用带有耐磨粘贴、带覆盖层的滑动导轨或新型塑料滑动导轨,这类导轨具有摩擦性能良好和使用寿命长等特点。

(2) 滚动导轨

优点是摩擦因数小、动静摩擦系数接近、运行平稳、磨损小、能够施加预紧力;缺点是抗震性差。

滚动直线导轨的外观和结构如图3-46所示,由导轨体、滑块、承载球列(滚珠)、保持架和端盖等组成。生产厂家组装成的导轨单元又称单元式直线滚动导轨。使用时,多数情况下导轨固定在不运动的部件上,滑块固定在运动的部件上。当滑块沿导轨体移动时,滚珠在导轨体和滑块之间的圆弧直槽内滚动。目前在国内外的中小型数控设备上广泛应用这种导轨。

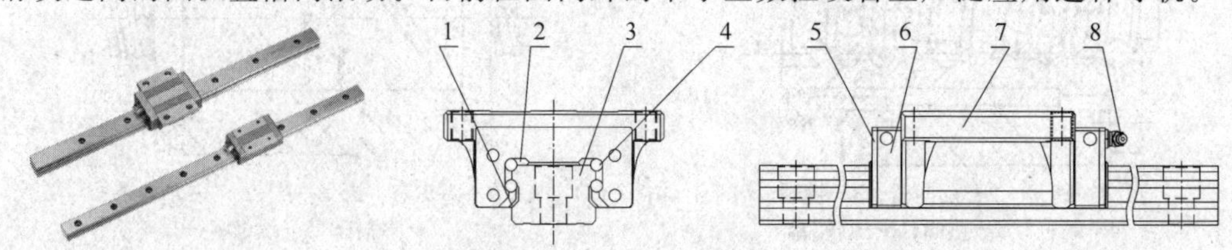

1—侧面密封垫;2—保持架;3—导轨体;4—滚珠;5—端部密封;6—端盖;7—滑块;8—润滑油杯

图3-46 滚动直线导轨

数控机床的典型传动系统结构,如图3-47所示。伺服电机将运动和动力通过联轴器传递给丝杆,带动螺杆做回转运动,推动螺杆上的螺母做往复直线移动,并带动固定在滑块上的工作台一同运动。

(3) 静压导轨

静压导轨摩擦因数小、机械效率高、低速不易爬行,结构复杂。这类导轨多用于重型、精度要求较高的设备。

2. 滚动直线导轨对安装基面的要求

滚动直线导轨由于承载球列多,对误差有均化作用,导轨弹性变形又能降低安装面的实际误差,多个滑块对误差也有均化作用,因而安装在导轨上的运动件的运动误差将减小到安装基面误差的1/2～1/5。因此,一般情况下安装面无须磨削加工,采用精刨或精铣加工即可。当然,要想达到更高的精度,安装面的精度要求也就更高。

安装误差对摩擦力和导轨寿命有一定的影响。安装误差较大时,会造成动摩擦力增大、导轨寿命降低。在通常情况下两根导轨的平行度误差和高度误差必须控制在要求的公差范围内,以保证稳定的摩擦力和较长的使用寿命。导轨安装之前应事先测定安装基面的精度,在测定前需要使用油石将机床基面上的毛刺及微小凸出部位擦去、修直,并用纱布擦干净,然后用挥发性液体擦干净。

导轨安装基准面包括导轨底结合面和导轨侧结合面,应对这两个基准面的直线度和平行度进行测量，测量部位如图 3－48 所示。

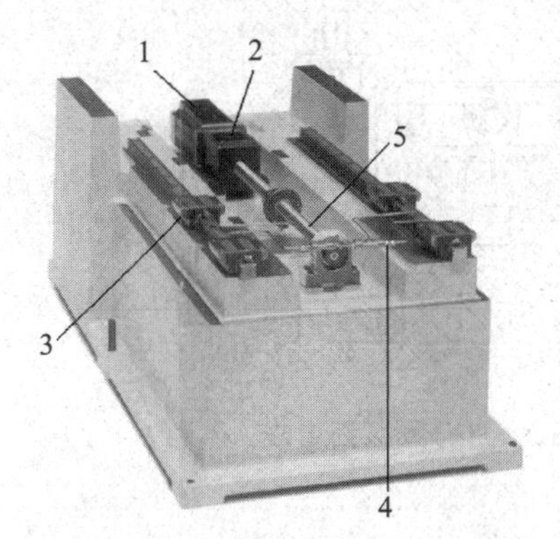

1—伺服电机；2—联轴器；3—直线导轨；
4—润滑管路；5—滚珠丝杠副

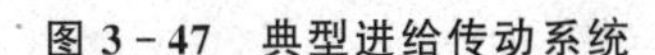

图 3－47　典型进给传动系统

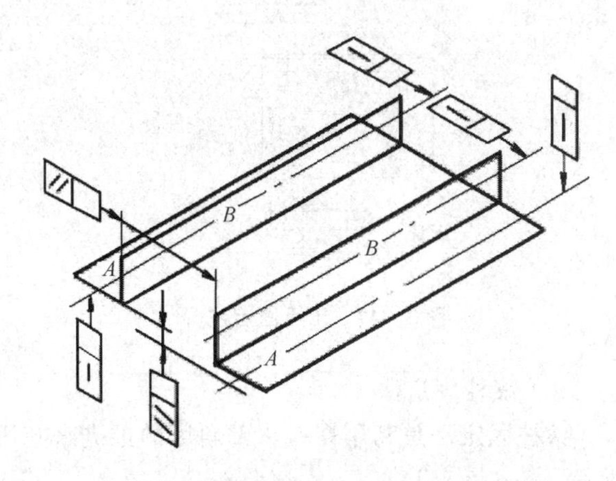

图 3－48　导轨安装基准面的精度测量要求

导轨安装基准面精度的测量方法由数控机床厂根据现场条件进行选择，并将测量数据作为导轨安装检测的参考数据。安装基准面精度的测量一般可以按照下列方法进行。

安装基准 A 面的精度测量方法是先将千分表固定在表座上，再将表座放置在基准 A 面上，按一定的距离轻轻移动表座，测量与基准面平行的平尺表面。通过测量所得的数据求出 A 面的直线度误差 X，用同样方法测量出基准 A 面的另一侧的直线度误差 X。在测量时注意不要移动平尺，以免影响测量精度。根据测量结果，可求出基准 A 面的平行度误差。

滚动直线导轨安装基准 B 面的直线测量方法与 A 面相同，先将平尺安装调整到与 B 面平行，然后测量平尺的侧面，即可得到 B 面的直线度误差。

在双导轨定位的情况下，两个安装基准面均应进行测量，并进行两基准面的平行度误差计算。基准面的精度测量完成后，即可进行滚动直线导轨的安装。

3. 滚动直线导轨的固定方法

滚动直线导轨可以根据结构与负载方向等实际需要，选择水平、垂直或倾斜等安装形式。滑块的安装方向应考虑到润滑油杯在方便注入油脂的位置。导轨在工作中，可能会受到振动和冲击力，导轨和滑块应根据受力的大小与作用方向选择压板、推拔块、定位螺钉和滚柱等固定方法。

（1）压板固定法

采用压板固定法时，导轨和滑块的侧面需要少量超出安装基准面的边缘，如图 3－49 所示。在压板上需要加工出槽，以防止压板在安装时与导轨或滑块接触不良。

（2）推拔固定法

推拔固定法是通过对推拔块的锁紧来施压，如图 3－50 所示。过大的锁紧力会造成导轨弯曲或外侧局部变形，安装时要特别注意锁紧力的大小。

（3）螺钉固定法

螺钉固定法是采用螺钉直接固定的安装方法，如图 3－51 所示。因安装空间所限，应考虑是否可行，并选用尺寸合适的螺钉。

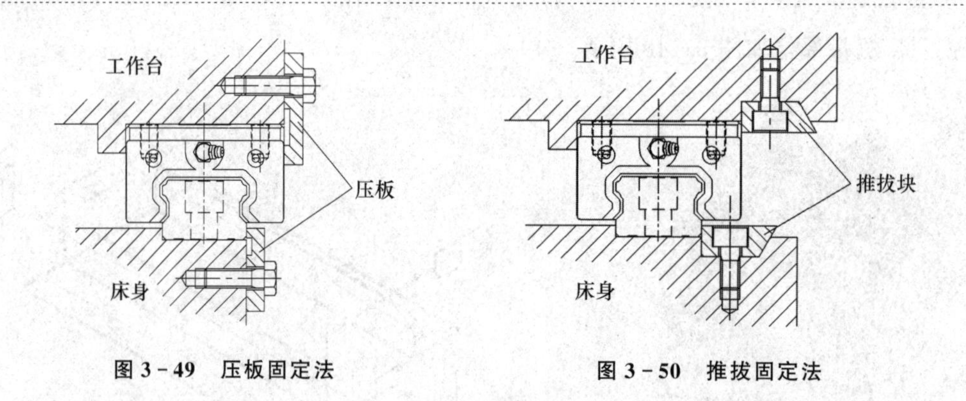

图 3-49　压板固定法　　　　图 3-50　推拔固定法

(4) 滚柱固定法

滚柱固定法是利用螺钉头部斜度的推进来施压,应特别注意螺钉头部的位置,如图 3-52 所示。

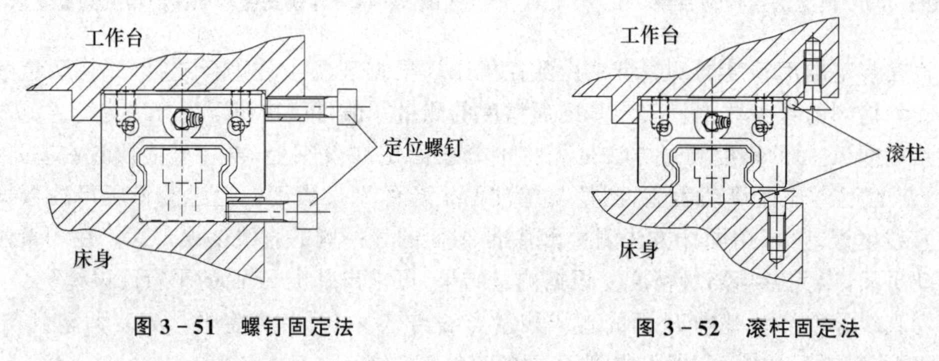

图 3-51　螺钉固定法　　　　图 3-52　滚柱固定法

4. 滚动直线导轨的安装

① 在有振动和冲击场合,且有高刚度和高精度安装要求的导轨,安装结构如图 3-53 所示。

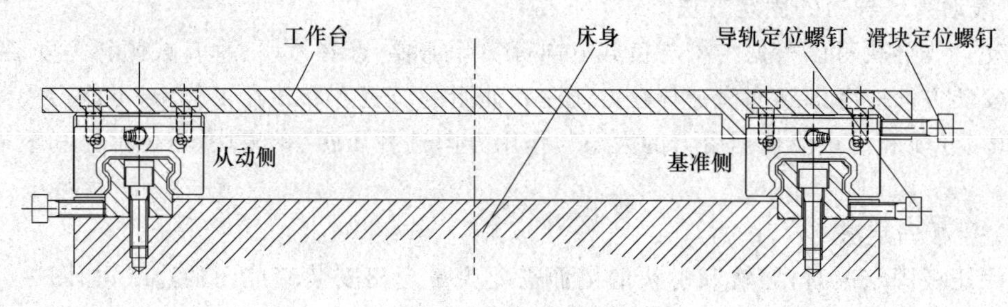

图 3-53　导轨安装图

滚动直线导轨的安装分为导轨安装和滑块的安装。导轨安装前先用油石清除安装基准面的毛刺和污物,然后将直线导轨平放在安装面上,并使导轨基准面尽量紧贴床身的侧向安装面,将装配螺钉紧固(但注意不要完全锁死)。为控制拧紧力矩,可使用指针式扭力扳手,在锁紧时须由导轨的中间向两端依次锁紧,以获得稳定的精度。

在完成导轨的安装后,将工作台放在滑块上,锁定滑块的装配螺钉,但不要完全锁紧。使用定位螺钉将滑块基准面与工作台侧向安装面压紧,以定位工作台。滑块的紧固次序应按从①至④进行,如图 3-54 所示。

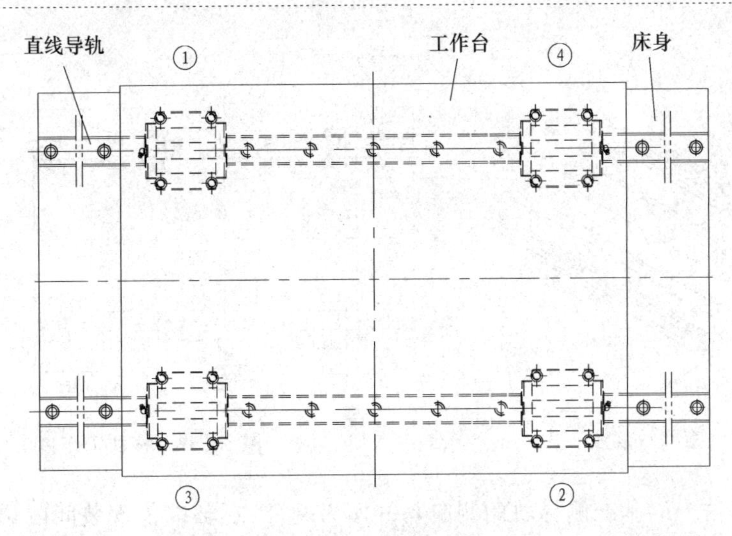

图 3-54 滑块的安装

② 导轨无定位螺钉的安装形式，如图 3-55 所示。安装无定位螺钉的导轨时，先将装配螺钉锁定但不完全锁紧，利用机用平口虎钳将导轨的基准面紧贴床身侧向安装面，如图 3-56 所示，再使用指针式扭力扳手，按规定的扭矩值依次锁紧导轨装配螺钉。

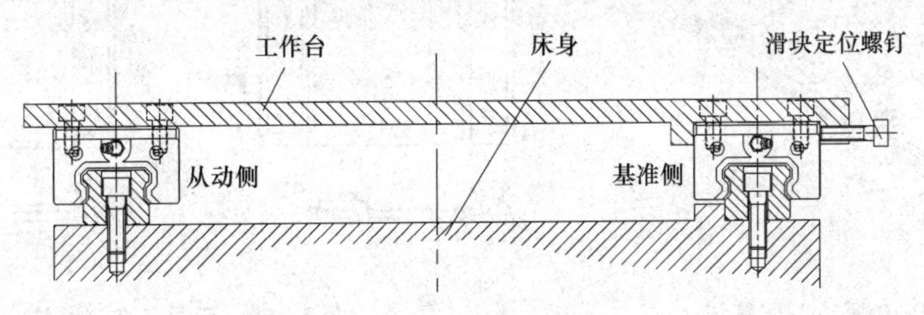

图 3-55 导轨无定位螺钉的安装

无定位螺钉导轨的从动侧导轨的安装可以采用直线块规法、移动工作台法、仿基准侧导轨法和专用工具法。

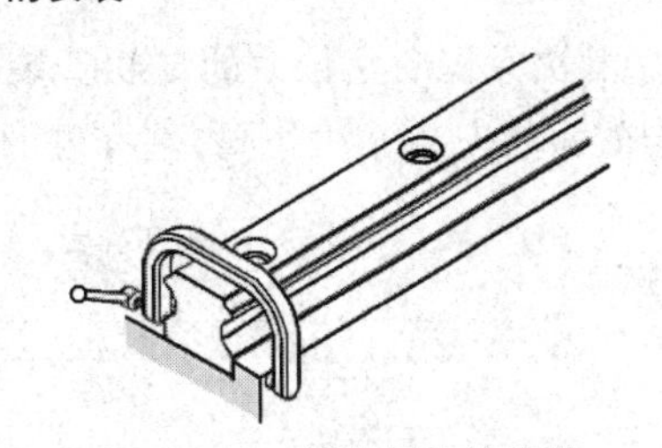

图 3-56 基准导轨的安装

➢ 直线块规法 如图 3-57 所示，先将直线块规置于两根导轨之间，使用千分表将其调整至与基准侧导轨侧向基准面平行，然后再以直线块规为基准，利用千分表调整从动侧导轨的直线度，并自轴端依次锁紧导轨的装配螺栓。

➢ 移动工作台法 如图 3-58 所示，先将基准侧的两个滑块固定锁紧在工作台上，使从动侧的导轨与一个滑块分别锁定于床身或工作台上，但不要完全锁紧。将千分表固定在工作台上，并使其测头接触从动侧滑块侧面，自轴端移动工作台校准从动侧导轨平行度，并同时依次锁紧装配螺钉。

➢ 仿基准侧导轨法 如图 3-59 所示，将基准侧的两个滑块固定锁紧在工作台上，而从动侧的导轨与一个滑块分别锁定于床身或工作台上，但不要完全紧固。自轴端移动工作台，依据滚动阻力的变化调整从动侧导轨的平行度，并同时依次锁紧装配螺钉。

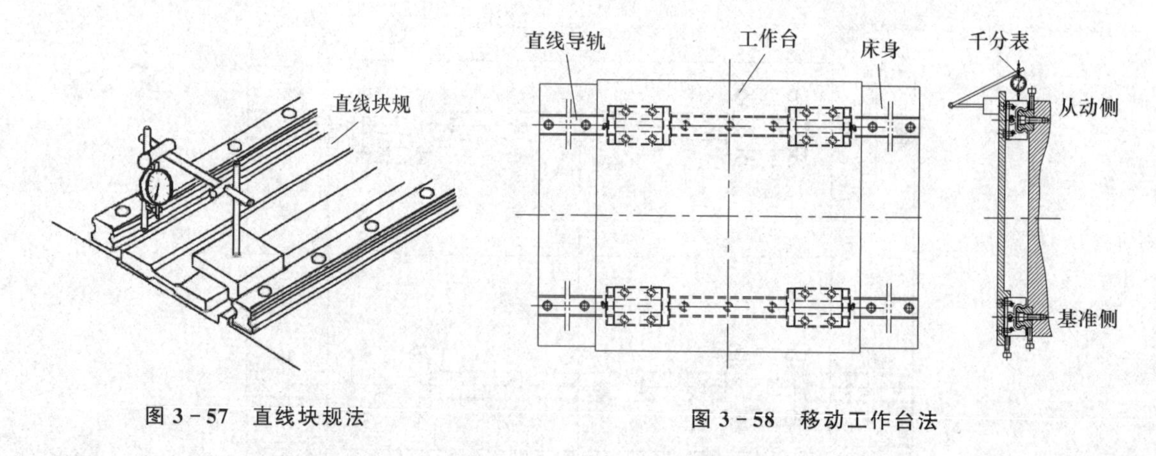

图3-57 直线块规法　　图3-58 移动工作台法

➢专用工具法　以基准侧导轨的侧向基准面为基准,自轴端依安装间隔调整从动侧滑轨侧向基准面的平行度,并同时依次锁紧装配螺钉,如图3-60所示。

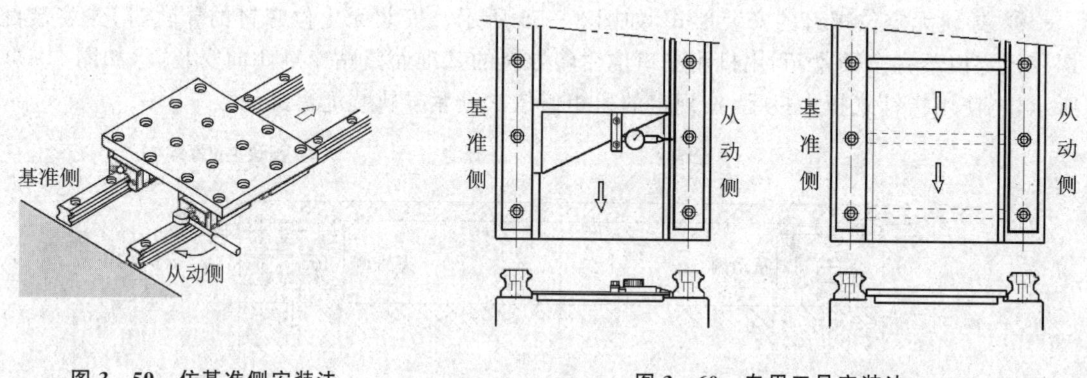

图3-59 仿基准侧安装法　　图3-60 专用工具安装法

③ 滑块无侧向定位面的导轨安装,如图3-61所示。滑块无侧向定位面的导轨的从动侧安装与前面的安装方法相同,基准侧的安装通常采用假基准面法和直线块规法两种方式。

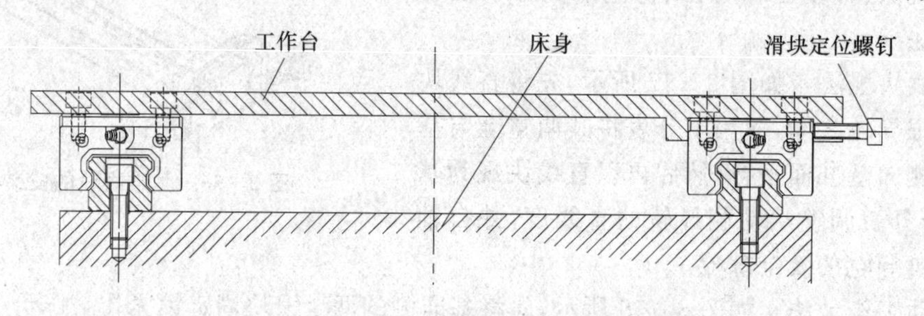

图3-61 滑块无侧向定位面的导轨安装

➢假基准面法　先将两个滑块靠紧并固定在检验平板上,以导轨附近设定的床身基准面为基准,使用千分表,自轴端开始校准导轨直线度,并同时依次锁紧装配螺钉,如图3-62所示。

➢直线块规法　先用螺钉将导轨锁定在床身上,但不完全锁紧,以直线块规为基准,使用千分表,自轴端开始校准导轨直线度,并同时依次锁紧装配螺钉,如图3-63所示。

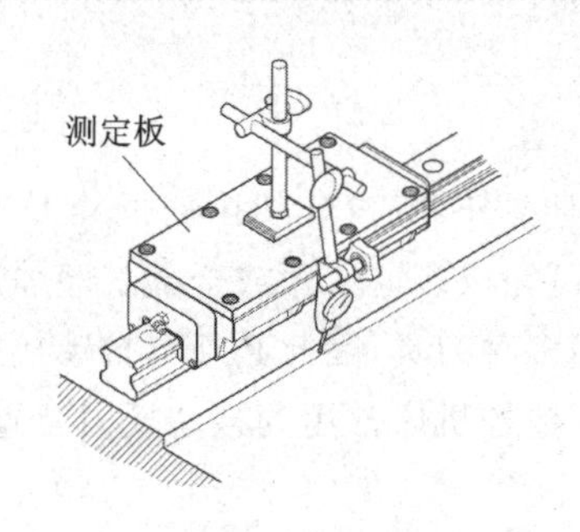

图3-62　假基准安装法

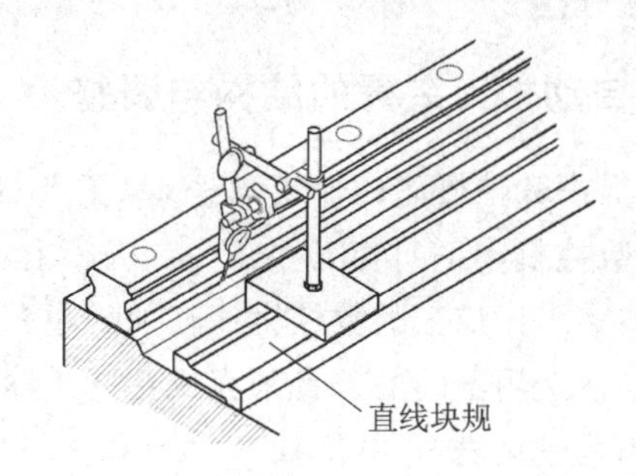

图3-63　直线块规法

3.3.6　检测件的装配与调整

1. 检测装置的选用

数控机床的检测装置多指位置检测装置，它们通常安装在机床的工作台或丝杠上，相当于普通机床的刻度盘和人的眼睛，不断地将工作台的位移量检测出来并反馈给控制系统。数控机床的加工精度主要取决于检测装置，因此数控机床的检测装置要满足以下条件：

① 受温度、湿度的影响小，工作可靠，抗干扰强。

② 在机床移动范围内能满足精度和速度要求。

③ 使用和维护方便，能适应机床的工作环境。

④ 易于实现高速的动态测量。

⑤ 成本低。

通常检测装置的检测精度为0.001～0.01 mm/m，分辨率为0.001～0.01 mm/m，并能满足机床工作台以1～10 m/min的速度移动。

2. 位置检测装置

数控机床中常用位置检测装置有：旋转变压器、感应同步器、光栅和脉冲编码器等。

① 旋转变压器又称同步分解器。它是一种测量角度用的小型交流电动机，用来测量旋转物体的转轴角位移和角速度。其由定子和转子组成，其中转子轴与电动机轴或者丝杠连接在一起，实现对轴或丝杠转角的测量。

② 感应同步器是利用电磁原理将线位移和角位移转换成电信号的一种装置。根据用途，可将感应同步器分为直线式和旋转式两种，分别用于测量线位移和角位移。直线型感应同步器定尺安装在机床的不动部件上，滑尺安装在机床的移动部件上，安装时保证定尺和滑尺平行，两平面的间隙为0.20～0.30 mm。

③ 光栅是一种直线位移传感器。在数控机床上使用的光栅属于计量光栅，用于直接测量工作台的位移，并把位移量转换为脉冲信号，反馈给CNC系统，构成全闭环的数控系统。光栅主要由标尺光栅和光栅读数头组成，其中标尺光栅一般安装在机床活动部件上，光栅读数头安装在机床固定部件上。

④ 脉冲编码器，它能把被测轴的机械转角转换成脉冲信号，是数控机床上使用很广泛的位置检测元件，同时也作为速度检测元件用于转速检测。编码器装在被测轴上，并随之一起转动，将被测的角位移转换成增量脉冲形式或者绝对式的代码形式。

3.3.7 自动换刀装置的结构与调整

为了提高数控机床的加工效率，除了要提高切削速度外，减少非切削时间也是非常重要的。现代数控机床正向着工件在一台机床上一次装夹可完成多道工序或全部工序加工的方向发展，这些多工序加工的数控机床在加工过程中需使用多种刀具，因此必须有自动换刀装置或者刀库，以便选用不同的刀具来完成不同工序的加工。数控机床常用的自动换刀装置的类型、特点、适用范围见表3-7。

表3-7 自动换刀装置的主要类型、特点和应用范围

<table>
<tr><th colspan="2">类 型</th><th>特 点</th><th>适用范围</th></tr>
<tr><td rowspan="2">转塔刀架</td><td>回转刀架</td><td>回转刀架多为顺序换刀，换刀时间短，结构简单紧凑；但容纳刀具较少</td><td>各种数控车床，车削中心机床</td></tr>
<tr><td>转塔头</td><td>顺序换刀，换刀时间短，刀具主轴都集中在转塔头上，结构紧凑；但刚性较差，刀具主轴数受限制</td><td>数控钻床、镗床</td></tr>
<tr><td rowspan="3">刀库式</td><td>刀库与主轴之间直接换刀</td><td>换刀运动集中，运动部件少；但刀库运动多，布局不灵活，适应性差</td><td rowspan="3">各种类型的自动换刀数控机床，尤其是对使用回转类刀具的数控镗铣，钻镗类立式、卧式加工中心机床，要根据工艺范围和机床特点，确定刀库容量和自动换刀装置类型，用于加工工艺范围广的立、卧式车削中心机床</td></tr>
<tr><td>用机械手配合刀库换刀</td><td>刀库只有选刀运动；由机械手换刀，比刀库换刀运动惯性小，速度快</td></tr>
<tr><td>用机械手、运输装置配合刀库换刀</td><td>换刀运动分散，由多个部件实现换刀，运动部件多；但布局灵活，适应性好</td></tr>
<tr><td colspan="2">带刀库转塔头换刀装置</td><td>弥补转换刀数量不足的缺点，换刀时间短</td><td>扩大工艺范围的各类转塔式数控机床</td></tr>
</table>

刀架是数控车床的重要功能部件，其结构形式很多，下面以典型的数控车床方刀架为例进行安装与调试说明。数控车床方刀架是在普通车床方刀架的基础上发展的一种自动换刀装置，它有四个刀位，能同时装夹四把刀具。刀架每回转90°，刀具变换一个刀位，转为信号和刀位号的选择由加工程序指令控制。图3-64所示为数控车床用于加工轴类零件的常用四方刀架结构，换刀机构在调整后应满足以下功能要求：

① 刀架抬起。当数控装置发出换刀指令后，电动机23正转，经联轴套16、轴17，由滑移花键带动蜗杆19、蜗轮2、轴1和轴套10转动。轴套10的外圆上有两处凸起，可在套筒9内孔中的螺旋槽内滑动，从而抬起与套筒9相连的刀架8及上端齿盘6，使上端齿盘6和下端齿盘5分开，完成刀架抬起动作。

② 刀架转位。刀架抬起后，轴套10仍在继续转动，同时带动刀架8转过90°(如不到位，刀架还可继续转位至180°、270°或360°)，并由微动开关25发出信号给数控装置。

③ 刀架夹紧。刀架转动到位后，由微动开关发出信号使电动机23反转，销13使刀架8定位而不随轴套10回转，于是刀架8只能向下移动，上下端齿盘啮合并压紧。蜗杆19继续转

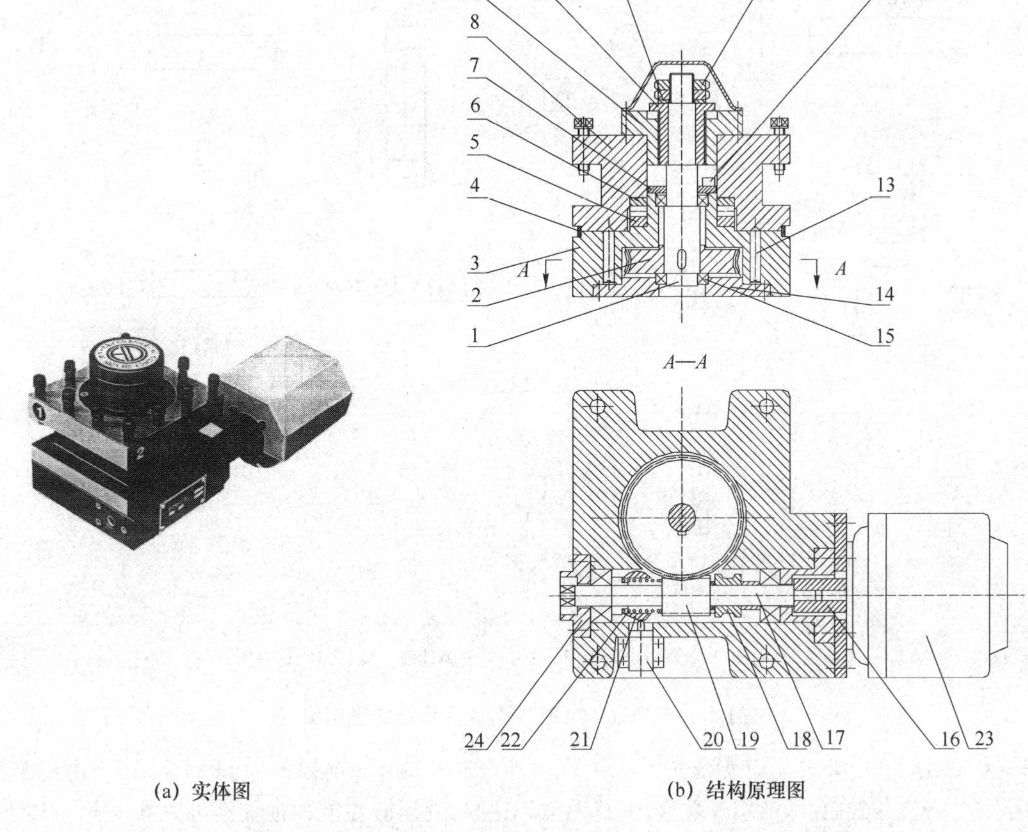

(a) 实体图　　(b) 结构原理图

1、17—轴；2—蜗轮；3—刀座；4—密封圈；5、6—齿盘；7、24—压盖；8—刀架；9—套筒；
10—轴套；11—垫圈；12—螺母；13—销；14—底盘；15—轴承；16—联轴套；
18—套；19—蜗杆；20、25—开关；21—凸轮；22—弹簧；23—电动机

图 3-64　四方刀架结构

动则产生轴向位移，压缩弹簧 22，凸轮 21 的外圆曲面压缩开关 20 使电动机 23 停止旋转，从而完成一次转位。

3.3.8　液压系统的识读与调整

数控机床对控制的自动化程度要求高，液压与气压传动由于能方便地实现电气控制和速度调节，从而成为数控机床中传动和控制的重要组成部分。液压传动具有结构紧凑、输出力大、工作平稳可靠、易于控制和调节等优点。

本节以 MJ-50 数控车床的液压系统为例进行液压系统原理识读和调整次序说明，该液压系统原理图如图 3-65 所示。MJ-50 数控车床卡盘的夹紧与松开、卡盘夹紧力的高低压转换、刀架刀盘的正转与反转、回转刀架的夹紧与松开、尾座套筒的伸出与退回都是由液压系统驱动。液压系统中各电磁阀电磁铁的动作由数控系统的 PLC 控制。

(1) 卡盘的动作控制

主轴卡盘的夹紧和松开，由二位四通电磁换向阀 1 控制。卡盘的高压夹紧与低压夹紧的转换由电磁换向阀 2 控制。当卡盘处于正卡(也称外卡)且在高压夹紧状态下时，夹紧力的大小由减压阀

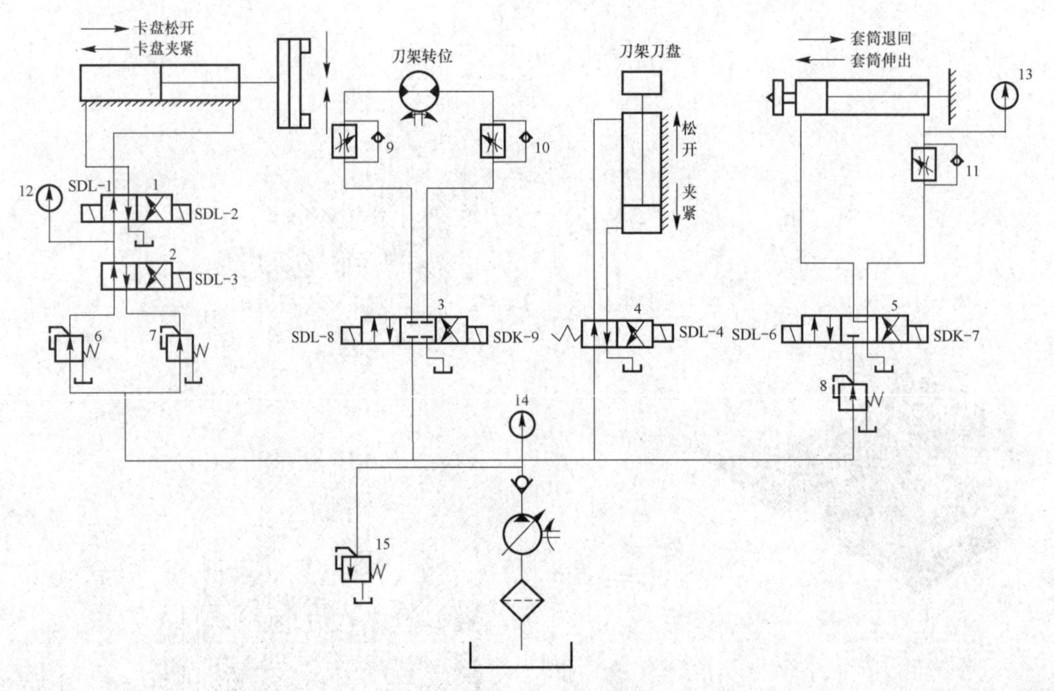

1、2、3、4、5—电磁换向阀；6、7、8—减压阀；9、10、11—调速阀；12、13、14—压力表；15—溢流阀

图3-65 MJ-50数控车床液压系统原理图

6来调整,由压力表12显示卡盘压力。系统压力油经减压阀6→电磁换向阀2(左位)→电磁换向阀1(左位)→液压缸右腔,活塞杆左移,卡盘夹紧。这时,液压缸左腔的油液经电磁换向阀1(左位)直接回油箱。反之,系统压力油经减压阀6→电磁换向阀2(左位)→电磁换向阀1(右位)→液压缸左腔,活塞杆右移,卡盘松开。这时,液压缸右腔的油液经电磁换向阀1(右位)直接回油箱。当卡盘处于正卡且在低压夹紧状态下,夹紧力的大小由减压阀7来调整。系统压力油经减压阀7→电磁换向阀2(右位)→电磁换向阀1(左位)→液压缸右腔,卡盘夹紧。反之,系统压力油经减压阀7→电磁换向阀2(右位)→电磁换向阀1(右位)→液压缸左腔,卡盘松开。

(2) 回转刀架的动作控制

回转刀架换刀时,首先松开刀盘,之后刀盘就近转位到指定的刀位,最后刀盘复位夹紧。刀盘的松开与夹紧,由二位四通电磁换向阀4控制。刀盘的旋转有正转和反转两个方向,并可停止,由三位四通电磁换向阀3控制。压力油经电磁换向阀3(左位)→调速阀9→液压马达,刀架正转。若系统压力油经电磁换向阀3(右位)→调速阀10→液压马达,则刀架反转。电磁换向阀4在左位时,刀盘夹紧。

(3) 尾座套筒的动作控制

尾座套筒的伸出与退回由三位四通电磁换向阀5控制,套筒伸出工作时的预紧力大小通过减压阀8来调节,并由压力表13来显示。系统压力油经减压阀8→电磁换向阀5(左位)→液压缸左腔,套筒伸出。此时,液压缸右腔油液经调速阀11→电磁换向阀5(左位)流回油箱。反之,系统压力油经减压阀8→电磁换向阀5(右位)→调速阀11→液压缸右腔,套筒退回。此时,液压缸左腔的油液经电磁换向阀5(右位)回油箱。

3.3.9　电气系统的安装

电气系统的具体安装步骤参见第 2 章 2.5 节。在此仅以 CK6140 数控车床的电气系统为例，重点介绍安装前期的关键步骤，即对电气系统的功能和工作原理进行识读分析，为后阶段的电气系统安装提供理论准备。

1. CK6140 数控车床的电气系统组成

CK6140 数控车床的主轴旋转采用变频调速，由 5.5 kW 变频主轴电动机经带传动至I 轴，经三联齿轮变速将运动传至主轴，获得低速、中速和高速三段范围内的无级变速。

机床进给为 *Z* 轴、*X* 轴的两轴联动，由数控系统控制。*Z* 轴大拖板的左右运动，由 GK6063—6AC31 交流永磁伺服电动机直联带动滚珠丝杠实现。*X* 轴中拖板的前后运动，由 GK6062—6AC31 交流永磁伺服电动机通过同步齿形带及带轮带动滚珠丝杠和螺母实现。为保证螺纹车削加工时主轴转 1 圈，刀架移动一个导程(即被加工螺纹导程)，主轴箱的左侧安装了光电编码器配合纵向进给交流伺服电动机，主轴至光电编码器的齿轮传动比为 1∶1。

除上述运动外，该数控车床还配有电动刀架的转位、冷却电动机的起停等。

2. 主回路分析

CK6140 数控车床的电气控制中的 380 V 强电回路如图 3－66 所示。QF1 为电源总开关，QF2、QF3、QF4、QF5 分别为伺服强电、主轴强电、冷却电动机、刀架电动机的断路器，它们的作用是接通电源及在短路、过流时起保护作用。其中 QF4、QF5 带辅助触点，该触点输入到 PLC，作为 QF4、QF5 的状态信号，并且这两个断路器的保护电流可调，可根据电动机的额定电流来调节断路器的设定值，起到过流保护作用。

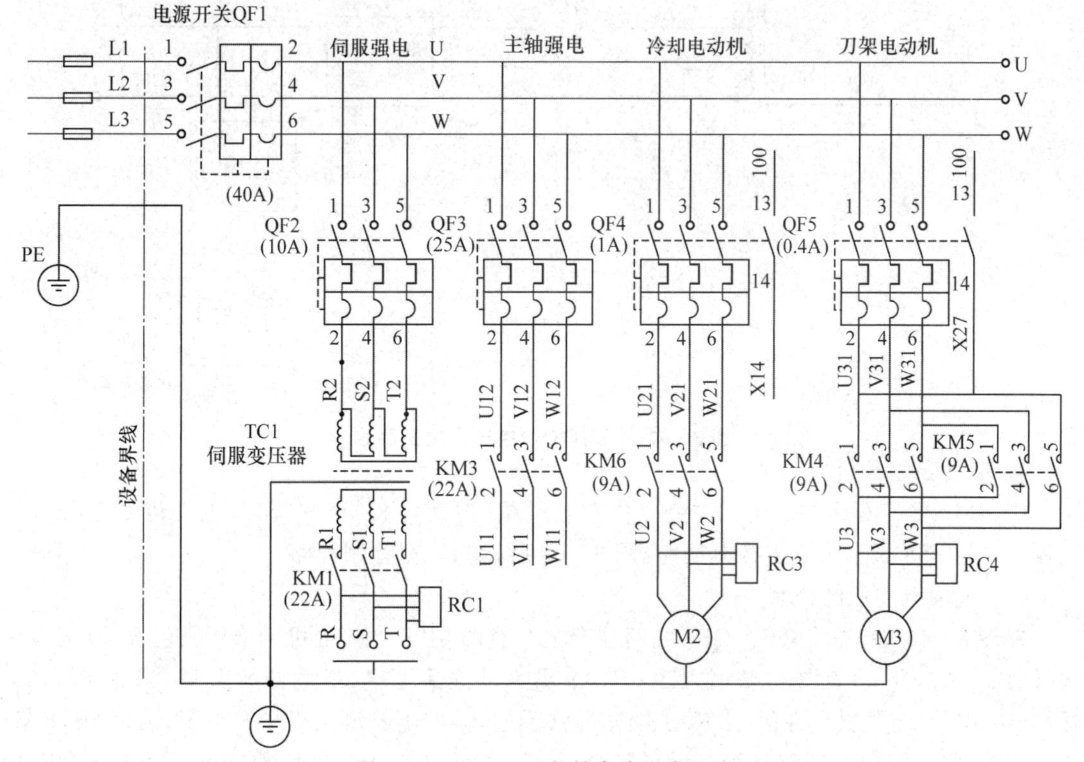

图 3－66　CK6140 数控车床强电回路

KM3、KM1、KM6分别为主轴电动机、伺服电动机、冷却电动机的交流接触器，由它们的主触点控制相应电动机。KM4、KM5为刀架正反转交流接触器，用于控制刀架的正反转。TC1为三相伺服变压器，将AC 380 V变为AC 200 V，供给伺服电源模块。RC1、RC3、RC4为阻容吸收，当相应的电路断开后，吸收伺服电源模块、冷却电动机、刀架电动机中的能量，避免产生过电压而损坏器件。

3. 电源电路分析

如图3-67所示为CK6140数控车床电气控制中的电源回路图。TC2为控制变压器，初级为AC 380 V，次级为AC 110 V、AC 220 V、AC 24 V。其中，AC 110 V给交流接触器线圈和强电柜风扇提供电源；AC 24 V给电柜门指示灯和工作灯提供电源；AC 220 V通过低通滤波器滤波给伺服模块、电源模块、DC 24 V电源提供电源。VC1为24 V电源，将AC 220 V转换为DC 24 V电源，为数控系统、PLC输入/输出、24 V继电器线圈、伺服模块、电源模块、吊挂风扇提供电源。

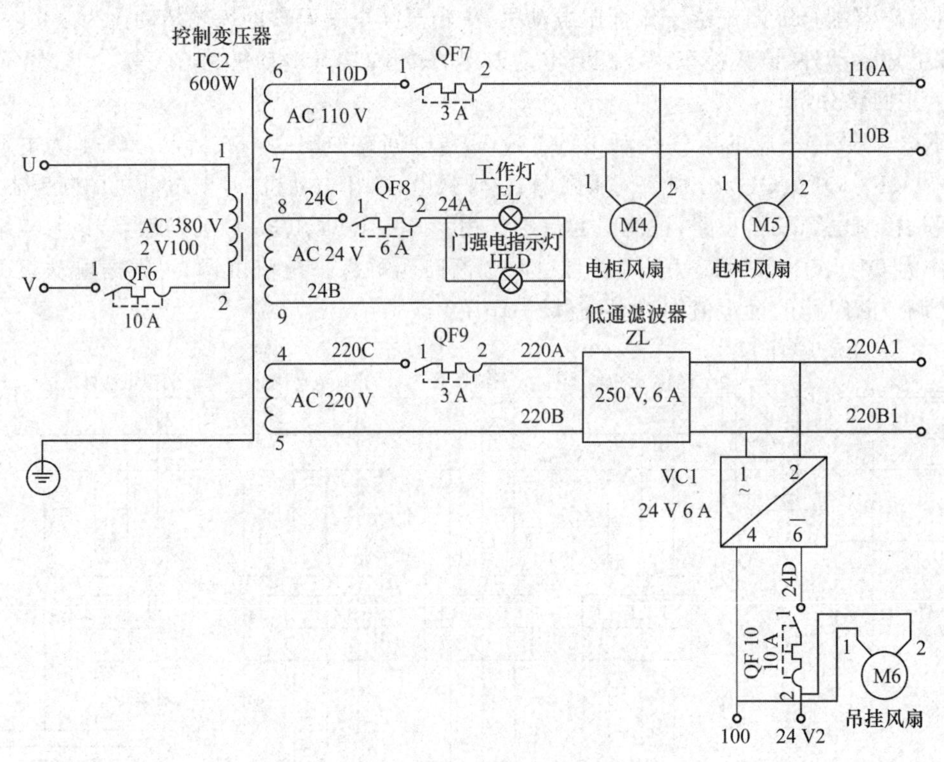

图3-67 CK6140数控车床电源回路

4. 控制电路分析

CK6140数控车床控制电路主要对主轴电动机、刀架电动机和冷却泵电动机3部分进行控制。图3-68所示为交流控制回路，图3-69所示为直流控制回路。

(1) 主轴电动机的控制

在图3-66中，先将QF2、QF3断路器合上。在图3-69中，当机床未压限位开关、伺服未报警、急停未压下、主轴未报警时，KA2、KA3继电器线圈通电，继电器触点吸合。此时，PLC输出点Y00发出伺服允许信号，KA1继电器线圈通电，继电器触点吸合。在图3-68中，KM1交流接触器线圈通电，交流接触器触点吸合，KM3主轴交流接触器线圈通电。在图3-66中

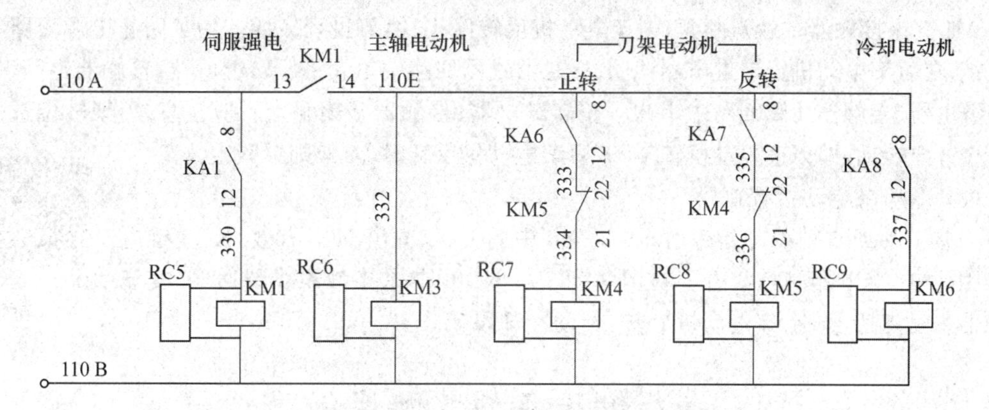

图 3－68　CK6140 数控车床交流控制回路

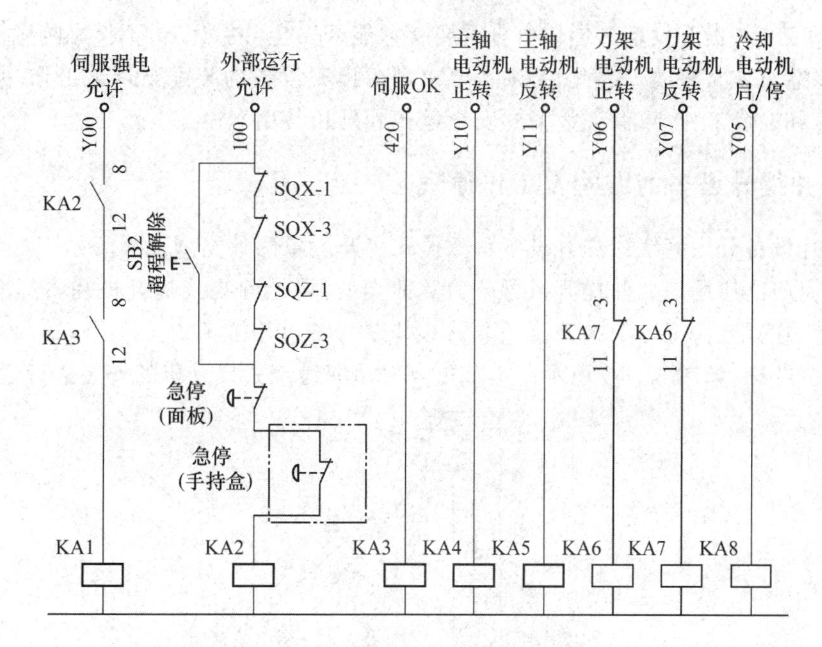

图 3－69　CK6140 数控车床直流控制回路

交流接触器主触点吸合，主轴变频器加上 AC 380 V 电压。若有主轴正转或主轴反转及主轴转速指令时(手动或自动)，在图 3－69 中，PLC 输出主轴正转 Y10 或主轴反转 Y11 有效、主轴转速指令对应于主轴转速的直流电压值(0～10 V)至主轴变频器上，主轴按转速指令值正转或反转。当主轴速度达到指令值时，主轴变频器输出主轴速度到达信号给 PLC，主轴转动指令完成。主轴的启动时间、制动时间由主轴变频器内部参数设定。

(2) 刀架电动机的控制

当有手动换刀或自动换刀指令时，经过系统处理转变为刀位信号。这时，在图 3－69 中，PLC 输出 Y06 有效，KA6 继电器线圈通电，继电器触点闭合。在图 3－68 中，KM4 交流接触器线圈通电，交流接触器主触点吸合，刀架电动机正转。当 PLC 输入点检测到指令刀具所对应的刀位信号时，PLC 输出 Y06 有效撤销，刀架电动机正转停止。接着 PLC 输出 Y07 有效，KA7 继电器线圈通电，继电器触点闭合。在图 3－68 中，KM5 交流接触器线圈通电，交流接触器主触点吸合，刀架电动机反转，延时一定时间后(该时间由参数设定)，并根据现场情况作调整，PLC 输出 Y07 有效,KM5 交流接触器主触点断开,刀架电动机反转停止、换刀过程完成。为了防止电源短路和电气互锁,在刀架电动机正转继电器线圈、接触器线圈回路中串入了反转继电器、接触器常闭触点,反转继电器、接触器线圈回路中串入了正转继电器、接触器常闭触点。应注意,刀架转位选刀只能一个方向转动,即刀架电动机正转;若刀架电动机反转时,刀架则锁紧定位。

(3) 冷却泵电动机控制

当有手动或自动冷却指令时,图 3-68 中的 PLC 输出 Y05 有效,KA8 继电器线圈通电,继电器触点闭合。在图 3-68 中 KM6 交流接触器线圈通电,交流接触器主触点吸合,冷却电动机旋转,带动冷却泵工作。

单元测试

3.4 矿井提升设备的装配实例

在矿山生产中,提升设备的地位十分重要。它能否安全可靠运转,不仅影响生产的正常进行,而且可能造成重大事故。因此,必须按要求进行提升设备的装配与调试工作,并做好后期的维护、保养和检修工作,以保证设备的安全运转和延长使用寿命。

3.4.1 矿井提升设备的结构及工作原理

矿井提升设备分为缠绕式提升设备和摩擦式提升设备两种类型。

我国目前广泛使用的矿井提升机可分为两种类型:单绳缠绕式提升机和多绳摩擦式提升机。单绳缠绕式提升机又分为滚筒直径 2 m 以下的小绞车和提升机(见图 3-70)两种;多绳摩擦式提升机结构,如图 3-71 所示。本节重点对单绳缠绕式提升机的安装进行说明。

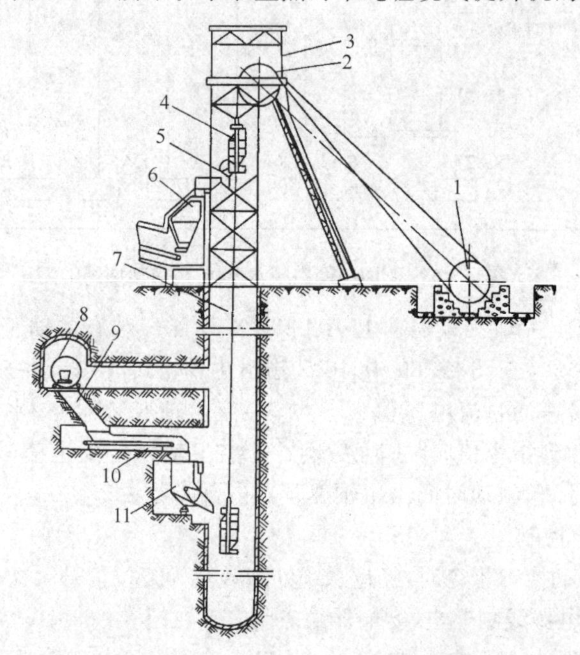

1—提升机;2—天轮;3—井架;4—箕斗;5—卸载曲轨;6—煤仓;
7—钢丝绳;8—翻笼;9—煤仓;10—给煤机;11—装载设备

图 3-70 单绳缠绕式提升机箕斗提升系统

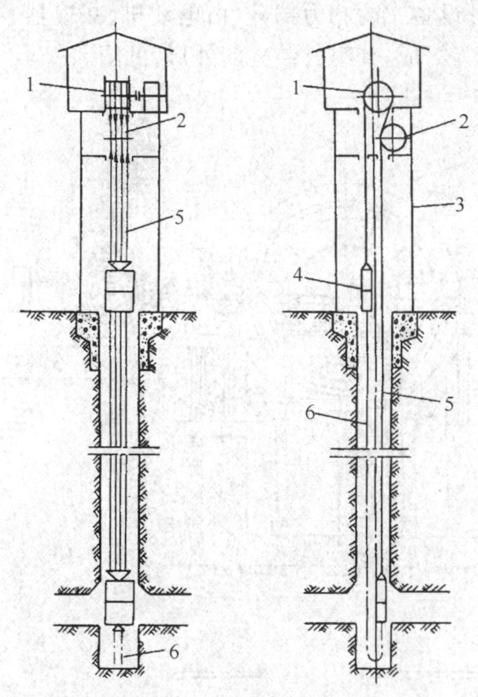

1—提升机；2—导向轮；3—井架；4—罐笼；
5—提升钢丝绳；6—尾绳

图 3－71　塔式多绳摩擦提升机罐笼提升系统

单绳缠绕式提升机的工作原理：

单绳缠绕式提升机是将钢丝绳的一端固定到提升机的滚筒上，另一端绕过井架上的天轮悬挂提升容器。这样，利用滚筒转动方向不同，将钢丝绳缠上或松放，以完成提升或下放容器的工作。

按滚筒数目不同，单绳缠绕式提升机分为单滚筒和双滚筒提升机两种。双滚筒提升机在主轴上装有两个滚筒，其中一个与主轴用键固定连接，称为固定滚筒（也称死滚筒）；另一个滚筒滑装在主轴上，通过调绳离合器与主轴连接，称为游动滚筒（也称活滚筒）。将两个滚筒做成这种结构的目的，是为了在需要调绳及调整提升水平时，两个滚筒可以有相对的角度变化。单滚筒提升机只有一个滚筒，一般用于单钩提升。

图 3－72 是在矿山机械中广为应用的 JK 型双筒矿用提升机外形图，其结构如图 3－73 所

图 3－72　JK 型双筒矿井提升机

示。矿井提升机是矿井提升设备中的动力部分,由电动机、减速器、主轴装置、制动装置、深度指示器、电控系统和操纵台等组成,其组成结构的外形,见图3-74。

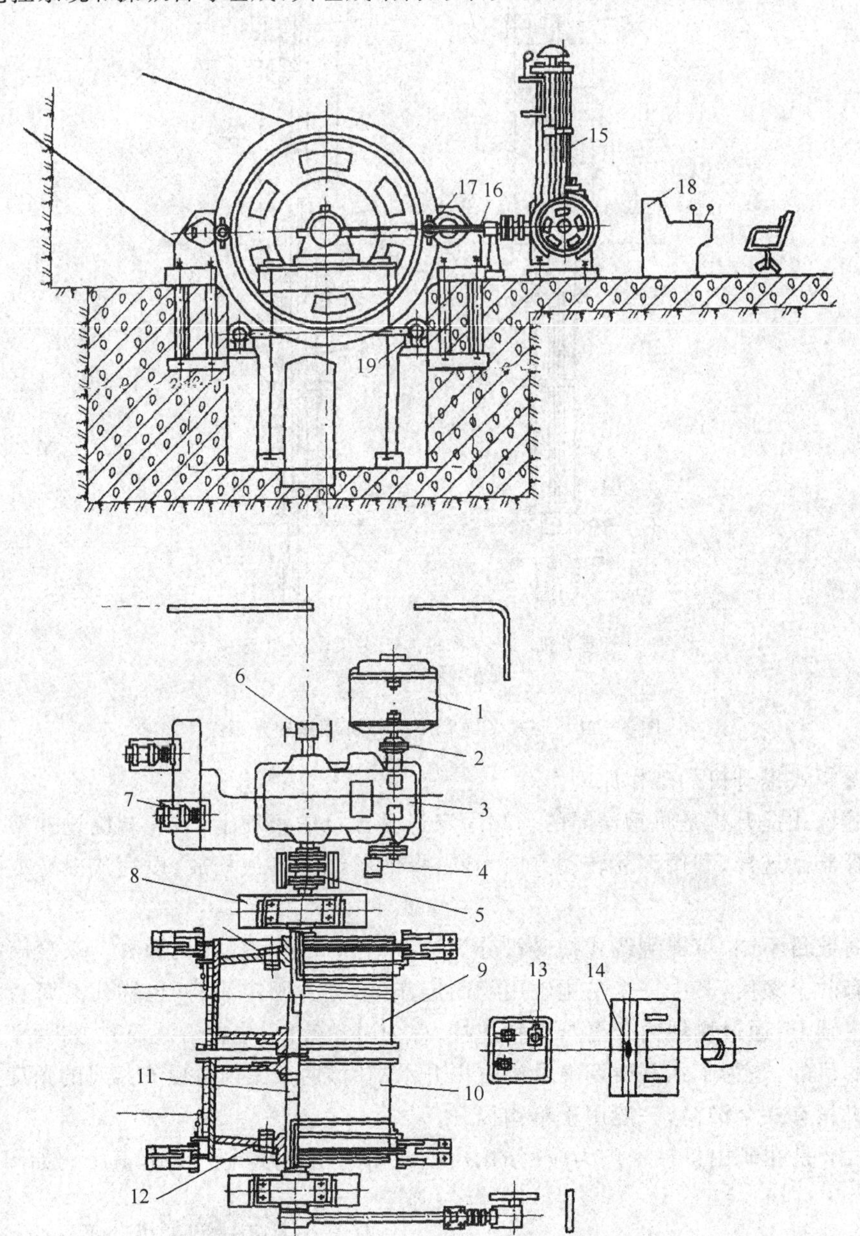

1—电动机；2—弹簧联轴器；3—减速器；4—测速发电机装置；5—齿轮联轴装置；6—圆盘深度指示器传动装置；7—润滑油站；8—主轴承；9—死滚筒；10—活滚筒；11—主轴；12—调绳离合器；13—液压站；14—圆盘深度指示器；15—牌坊式深度指示器；16—牌坊式深度指示器传动装置；17—盘形制动器；18—操纵台；19—锁紧器

图3-73 JK型双筒矿井提升机示意图

(a) 提升绞车主轴装置

(b) t523盘型制动器

(c) 配套减速机

(d) 卷扬机电阻柜

(e) 卷扬机控制台

(f) 提升机的使用现场

图 3－74　JK 型双筒矿井提升机的组成

3.4.2　矿井提升设备的装配

1. 主轴装置的作用、结构与装配

(1) 主轴装置的作用

① 缠绕或松开提升钢丝绳。

② 承受各种正常载荷，并将载荷经轴承传给基础。

③ 承受在各种紧急事故下所造成的非常载荷。一般要求在非常载荷作用下，主轴装置的各部分不应有残余变形。

④ 当调整提升水平时，调节钢丝绳的长度(仅限双滚筒提升机)。

(2) 主轴装置的结构

主轴装置的外观如图 3－74(a)所示，结构参见图 3－73。其包括滚筒、主轴、主轴承及调绳离合器(双滚筒特有)等。滚筒的筒壳通过轮辐、轮毂用键和轴固定(固定滚筒)，筒壳外边一般都设有木衬，木衬上车有螺旋导槽，以便使钢丝绳在滚筒上作规则排列，并减少钢丝绳的磨损。2 m 直径的单滚筒只有一个制动盘，而 2.5 m 直径的单滚筒则有两个制动盘。当单滚筒作双钩提升时，左侧钢丝绳为下边出绳，右侧钢丝绳为上边出绳；单钩提升时为上边出绳。单滚筒由于调绳不方便，所以做成双滚筒，双滚筒的左滚筒通过调绳离合器与主轴连接。

(3) 卷筒的结构与装配

根据构造的不同，提升机的卷筒可分为铸造、铆接和焊接 3 种。一般直径在 3 m 以下的卷筒多是铸造的，直径在 4 m 以上的多为焊接；直径在 1.6 m 以下的为整体结构，直径在 1.6 m 以上的为两半结构。铸造辐轮一般用灰口铸铁铸造。焊接辐轮、轮毂用铸钢，轮辐及轮缘用中碳钢板焊接。卷筒筒壳与辐轮的联结多用螺栓连接。卷筒与主轴联结形式分为固定联结和活动联结，固定联结用两个互成 120°的切向键固定在主轴上，活动连接的卷筒轮毂内装有青铜轴套。

目前矿山使用的提升机卷筒筒壳均采用 12～18 mm 厚的钢板制成，在筒壳外表面上装有木衬，作为钢丝绳的软垫，以减少钢丝绳磨损。在木衬上加工有螺旋槽，有利于卷筒壳板的均匀承受压力,并防止钢丝绳在卷筒上排列时乱绳和咬绳,卷筒结构见图 3－75。

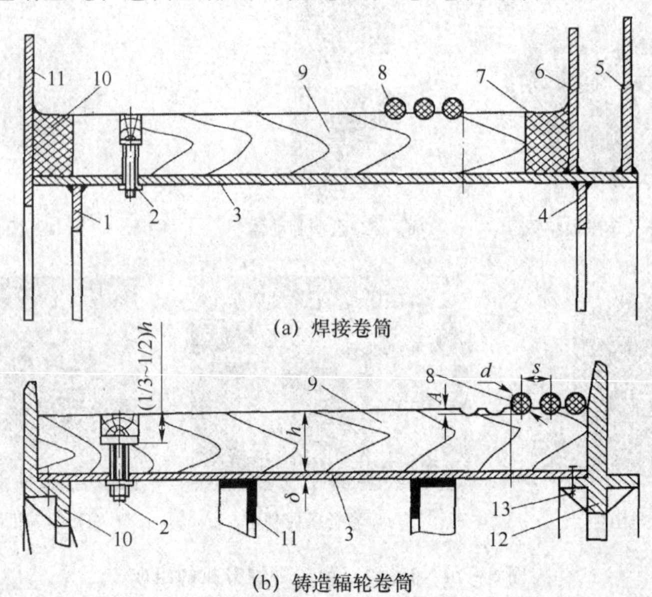

(a) 焊接卷筒

(b) 铸造辐轮卷筒

1、4—辐板；2—连接螺栓、垫圈、螺母；3—铁卷筒板； 5—制动盘； 6、11—挡绳板 (图(a)) ； 7—过渡块 (图(a))；8—钢丝绳；9—木衬；10—左辐轮 (图(b)) ；11— 支环 (图(b)) ；12—右辐轮；13—连接螺栓

图 3－75　卷筒结构图

安装卷筒时应使卷筒筒壳紧贴在轮毂上,在螺栓固定处接合面不得有间隙,其余结合面间隙不得大于 0.5 mm;轮毂两半的结合面应紧贴,不得加垫,必须对齐,不应有错位;卷筒筒壳两半的对合处,应留有间隙,但间隙不得大于 5 mm;卷筒的外径对轴线的径向圆跳动应小于表 3－8 中的数值。

表 3－8　卷筒外径对轴线的径向圆跳动

卷筒直径/m	2～2.5	3～3.5	4～5
径向圆跳动/mm	7	10	12

卷筒衬木磨损对卷筒工作影响很大,一般磨损到原厚度的 25%～40%时,就要停车,根据具体情况,采取全部更换,局部更换或局部修整。

卷筒衬木应用柞木、橡木、水曲柳或桦木等硬木制作。衬木厚度应为钢绳直径的 3～3.5 倍,宽度根据卷筒直径适当选取,一般为 100～150 mm,卷筒与衬木之间不得有间隙,不准加垫,固定衬木的螺栓头应沉入衬木厚度的 1/2,螺栓沉孔应用同质木塞沾胶水堵牢。

卷筒衬木上必须刻制绳槽,车削卷筒衬木和绳槽时,不宜有锥度和凸凹不平,两卷筒直径差应不大于 2 mm。按钢绳直径确定绳槽深度及绳槽螺距的公式如下:

$$A = 0.35d \tag{3-6}$$

$$S = d + (2\sim3) \tag{3-7}$$

式中:A——绳槽深度,mm;

S——绳槽螺距(两相邻绳槽的中心距),mm;

d——钢绳直径,mm。

车削绳槽的方法是将衬木全部固定到卷筒筒壳上后，利用卷筒转动，通过挂轮装置、丝杠、刀架及刀具来加工绳槽。

挂轮装置可利用主轴上的深度指示器伞齿轮或深度指示器传动装置的伞齿轮传动，也可以用链传动。在卷筒前方固定一台临时车床或用一根丝杠做一个简单床架，在床架上固定一刀架，并装上切削刀具(能完成纵、横进退刀)，以圆锯片组成的切削刀具见图 3 - 76。先将多个锯片拼成毛坯并加工出圆弧，再对每片锯片开齿后组装(有铣床整体加工成锯齿更好)。以圆锯片组成的刀具加工出的绳槽质量好，而且效率较高。切削时卷筒转动可用人工盘车。

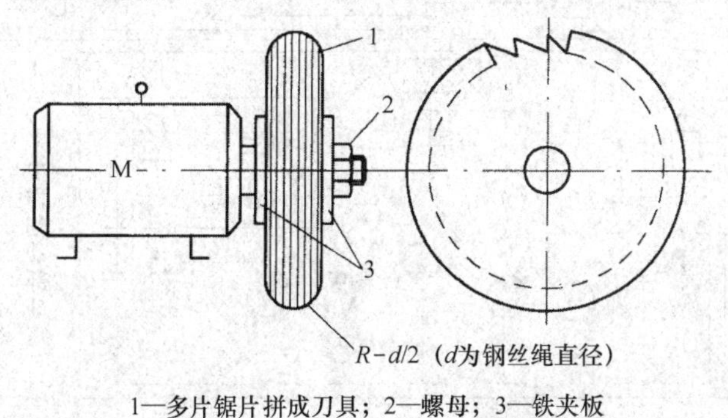

1—多片锯片拼成刀具；2—螺母；3—铁夹板

图 3 - 76 多片锯片切削刀具

2. 制动系统的作用、结构与装配

(1) 制动系统的作用

制动系统的作用是：正常停车、工作制动和安全制动(指在发生事故状态下实现的制动)、以及当双滚筒提升机在更换水平、调节绳长或更换钢丝绳时，能闸住游动滚筒。

制动系统由制动器和传动机构组成，制动器的外形，如图 3 - 74(b)所示。制动器是直接作用于制动盘上，并产生制动力矩的部分，分为盘式和块式制动器两种；传动机构是控制及调节制动力矩的部分，分为油压、气压和弹簧式三种。JK 型提升机采用的是液压站与盘式制动器配合构成的盘式制动系统。

(2) 液压站的工作原理

制动系统主要由液压站和盘式制动器等组成。液压站工作原理如图 3 - 77 所示，其具体作用是：在工作制动时，产生不同的工作油压，以控制盘式制动器获得不同的制动力矩；在安全制动时，实现二级安全制动；控制调绳装置。

液压站由以下三部分组成：

① 工作制动部分。在提升机正常工作时，该部分能产生工作制动所需的油压，使制动器能产生所需的制动力矩，实现工作制动和速度控制。油箱 21 中的液压油经网式滤油器 3 初步过滤，被油泵吸入液压管路，并经纸质滤油器 4 精细过滤后，经由电液调压装置 5 实现工作制动压力的调整，产生与输入电流成正比的压力。液动换向阀 7 的换向由两处入口液压油的压力控制，当左侧压力较大时，电磁阀左移，即选择性通过较高压力的液压油。

② 安全制动部分。该部分能在提升机液压站在发生异常时，使制动器迅速回油，产生安全制动。在安全制动时，可为盘型制动器提供不同油压值的液压油，以获得不同的制动力矩。在事故状态下，可以使制动器的油压迅速降到预先调定的某一值，经过延时后，制动器的油压迅速回到零，使制动达到全制动状态。系统工作时，一部分压力油进入 A、B 油路打开提升机

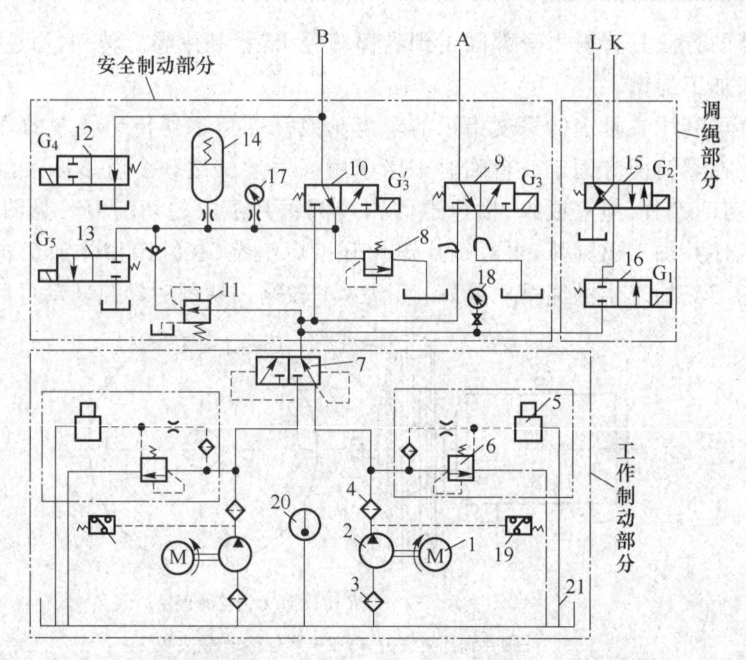

1—电动机；2—油泵；3—网式滤油器；4—纸质滤油器；5—电液调压装置；6—溢流阀；7—液动换向阀；8—溢流阀；9、10—安全制动阀；11—减压阀；12、13—电磁阀；14—弹簧蓄能器；15—二位四通阀；16—二位二通阀；17、18—压力表；19—压力继电器；20—温度表；21—油箱

图 3-77　液压站的工作原理

制动器,提升机即可开车运行;另一部分压力油通过顺序阀进入弹簧蓄能器 14,为安全制动储备压力能,并起到补油作用。

③ 调绳部分。通过两位两通阀 16 和两位四通阀 15 供给单绳双滚筒提升机调绳装置所需要的压力油,闸住或松开游动滚筒。

(3) 盘式制动器的工作原理与装配

盘式制动器的作用是完成松闸和抱闸操作,其结构如图 3-78 所示。其工作原理是:当压力油由 P 口进入时,推动活塞 4 向外侧移动,克服盘形弹簧 2 的推力并带动闸瓦 1 远离制动盘,实现松闸;当压力油泄回时,闸瓦在弹簧力的作用下,压紧制动盘,实现抱闸。

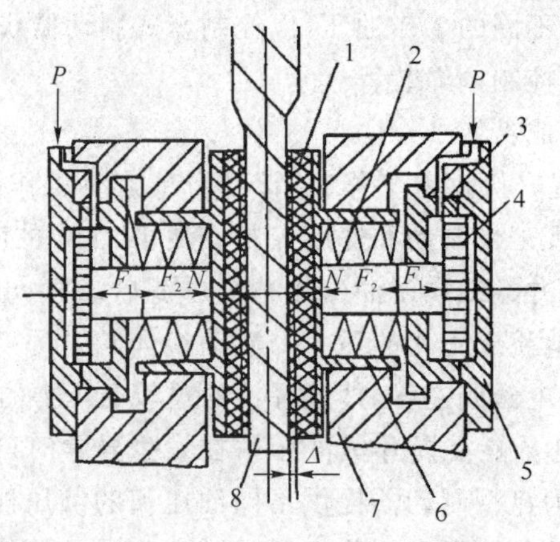

1—闸瓦；2—盘形弹簧；3—油缸；4—活塞；5—后盖；6—筒体；7—制动器；8—制动盘

图 3-78　盘式制动器的工作原理图

① 安装时，应保证闸瓦与制动盘在松闸状态下的间隙 Δ（按装配规定值），并注意闸瓦运动的灵活性和弹簧的弹性指标。

② 盘式制动器的间隙调整：制动系统是提升设备在正常停车及在运转中出现故障或出现异常情况时，实现紧急制动的重要部分。因此，对制动系统的装配、调整和修理是提升设备正常、安全运转的重要保证。在盘式制动器调整前，应将提升容器停放在井口或井底位置，并将卷筒用地锁锁住。

如图 3－79 所示，调整盘式制动器闸瓦间隙时，应先向 Y 腔充入压力油，使制动器处于全松闸状态。取下盖 17，松开紧定螺钉 12，向前或向后拧动调整螺栓 13，使柱塞 11、筒体 4、衬板 2 和闸瓦 1 向前或向后移动，并用厚薄规测量闸瓦与制动盘间隙，使间隙保持在 1 mm 左右，再将螺钉 12 拧紧，上好盖顶。闸瓦间隙调整好后，应将 Y 腔压力油放出，使提升机全抱闸，检查闸瓦与制动盘的接触情况。最后再充入压力油，使提升机全松闸，检查闸瓦间隙是否符合要求，如需调整时，重复上述过程。

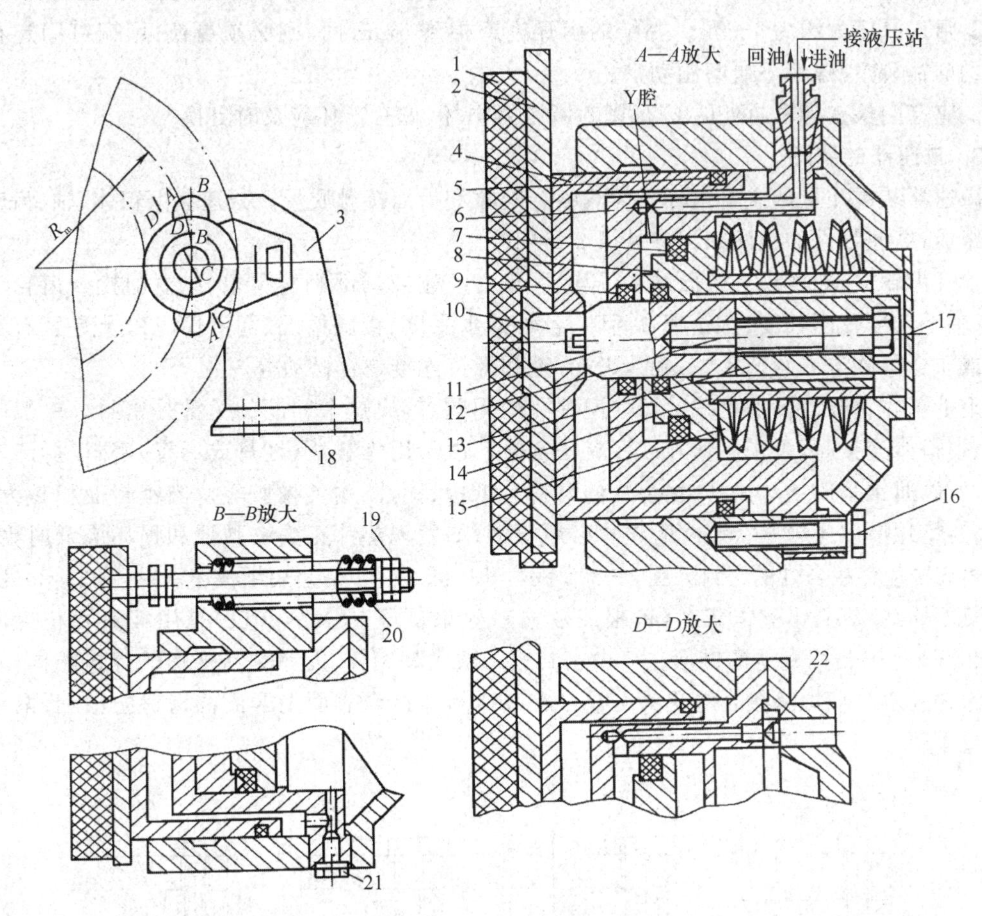

1—闸瓦；2—衬板；3—支座；4—筒体；5—O形密封圈；6—油缸；7、9—V形密封圈；8—活塞；10—销子；11—柱塞；12—紧定螺钉；13—调整螺栓；14—活塞套；15—碟形弹簧；16—螺栓；17—盖；18—垫板；19—拉紧螺栓；20—恢复弹簧；21—塞头；22—放气钉

图 3－79　盘式制动器结构图

在松闸状态时，如发现闸瓦没有完全离开制动盘，应将恢复弹簧 20 压紧些，直到将闸瓦拉

回到规定位置为止。放气钉22可将压力油中的气体放出,在装配时应拧紧。在Y腔送入压力油的同时,应将放气钉拧松一些,进行放气,直到发现气孔冒油为止,再把放气钉拧紧。

➢ 碟形弹簧的检查。盘式闸的制动力是由碟形弹簧产生的,碟形弹簧的失效或疲劳损坏都会影响制动的可靠性,因此必须加强对碟形弹簧的检查和维护。

碟形弹簧可按下述方法检查:首先合上闸,提升机处于全制动状态。再逐渐向油缸充入压力油,使制动缸内压力慢慢升高,各闸在不同压力下逐个松开。记录各闸瓦的松开压力,如果各闸瓦松开的压力有明显差别时,应检查低压松开的闸,并检查其碟形弹簧。同一副闸瓦松开压力差超过5%时,应拆开在低压松开的那半个闸进行检查;各副闸之间,最高松开压力与最低松开压力差不应超过10%。当碟形弹簧出现失效或疲劳损坏时要及时更换。

➢ 同一制动闸两闸瓦工作面的平行度不得超过0.5 mm。

➢ 制动时,闸瓦与制动盘的接触面积不得小于60%。

➢ 松闸后,闸瓦与制动盘的间隙为1 mm,不得超过1.5 mm。

➢ 闸瓦厚度大约为15 mm,黏结的闸瓦当磨损到5mm时,则必须更换;用铜钉固定在衬板上的闸瓦,应使螺钉不研磨制动盘。

➢ 应定期检查各密封处的O形密封圈是否损坏,如有损坏应及时更换。

3. 减速器的装配

减速器装配质量的主要指标是齿轮啮合间隙和齿面接触质量。减速器由箱体、轴、齿轮和轴承组成,这些零件的装配知识参见第2章内容。

检查齿轮时,如发现有齿面磨损不均、不正常痕迹或局部剥落现象,应立即检查齿轮中心距、各轴平行度及同轴度、齿轮啮合间隙、各轴的水平度、接触情况、润滑情况以及是否有其他金属或非金属物进入减速箱中,确认齿轮、键和螺钉连接是否松动等。

上下箱体结合面漏油是减速器普遍存在的问题,解决这个问题的关键是密封。一般减速器上、下箱体连接时,可采用垫片或涂料法密封。由于用涂料法(红丹或沥青)密封,拆卸较为困难,所以通常采用垫片法密封,垫片的材料有纸板、铜片、耐油橡胶等。当密封面积越大,越粗糙时,垫片厚度应越厚。装配时垫片必须压紧,如发现垫片正失去弹性和损坏应及时更换。减速箱或法兰盘接合处的密封如图3-80所示,其中图3-80(a)是用纸板作密封;图3-80(b)是用聚氯乙烯绳或铜、铅丝作密封(单根或数根),效果良好;图3-80(c)是用板垫和止口做密封;图3-80(d)是用刮研的锥形止口做密封。一般大型箱体,尤其是易变形的焊接箱体,采用专用涂料或水玻璃填满接合缝更为可靠。在减速箱体接合表面上开回油槽对防渗油、漏油能起一定作用。

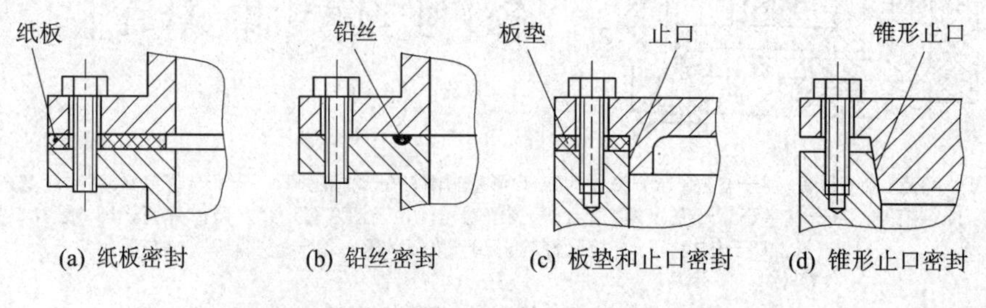

图3-80 减速箱或法兰盘接合处的密封

4. 天轮的装配

天轮是连接井筒与卷筒的中间导绳轮，如发生故障(如钢丝绳跳出)就会造成重大事故，因此天轮的装配与修理应符合下列要求。

① 天轮轴、轴承的装配参考有关规定。

② 天轮的辐条不得弯曲，辐条与轮毂和轮缘结合部分必须紧密，不得松动。

③ 天轮的径向圆跳动和端面圆跳动不得超过表 3－9 中的规定。

表 3－9　天轮及导向轮圆跳动允差表

单位：mm

天轮直径	径向圆跳动		端面圆跳动	
	装配时	使用时的最大允许值	装配时	使用时的最大允许值
5 000 以上	3	6	5	10
3 000～5 000	2	4	4	8
3 000 以下	2	4	3	6

④ 无衬垫的 V 形天轮沟槽不得有裂纹、砂眼、气孔，绳槽侧面及底面的磨损量均不得大于原厚度的 20%，沟槽质量标准参见表 3－10。

表 3－10　无衬垫天轮沟槽质量标准

单位：mm

钢丝绳公称直径	＜26	28	30	32.5	34.5	37	39	43.5	52
V 形沟底直径	28～29	30～31	32～33	34.5～36	36.5～38	39～41	41.5～43	46～48	55～56
允许侧面磨损	3	3.5	3.5	3.5	4	4	4	5	5
允许槽底磨损	按厚度的 20%计算								

⑤ 有衬垫的天轮，衬垫不得松动，有关尺寸参见图 3－81 和表 3－11。

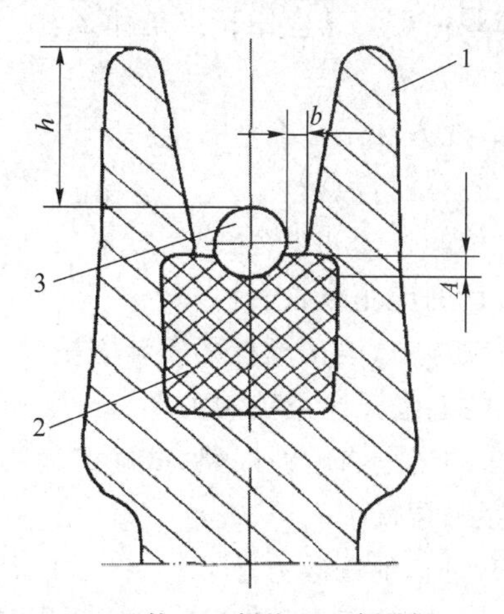

1—天轮；2—衬垫；3—钢丝绳

图 3－81　有衬垫的天轮沟槽

表 3-11　有衬垫天轮沟槽质量标准

新制品	使用极限	说　明
$A \leqslant 0.35d$ $h=1.5d$	$A=d$ $b>0.5d$	达到或超过使用极限时应重新更换

⑥ 天轮轴的水平度不得超过0.2%。

3.4.3　矿井提升设备的检修

对提升设备建立正常的检查和修理制度是设备安全运转和提高设备效率的必要保证。提升设备的检查一般包括：日检、周检(或半月检)、月检。设备的检查工作主要由运转人员、值班维修人员及专职维修人员组织实施。提升设备的检查内容应按检修规程要求执行。检查工作主要是以保养设备为主，同时为必要的调整和检修做好记录，为提升设备定期修理创造条件。

提升设备的检修分为小修、中修和大修，检修周期一般按表3-12规定执行，检修内容应按提升设备检修规程执行。

表 3-12　检修周期

检修类别	小　修	中　修	大　修
检修周期/月	6～12	24～48	72～144

思考与练习题

1. 简述机械装配工艺规程的设计方法和设计步骤。
2. 设备装配工艺规程有哪些种类？其应用特点是什么？
3. 试说明普通机床安装调试方法。
4. 举例说明零件的检查、清洗方法是什么？
5. 常用的清洗液有哪些？各有何特点？
6. 说明机械装配工艺性评价的方法和内容。
7. 举例说明静平衡和动平衡的应用场合、特点。
8. 试说明数控设备中的直线导轨、滚珠丝杠的安装方法。
9. 描述CK6140数控车床的上电顺序及控制关系。
10. 描述CK6140数控车床的强电与电源回路，试确定其线缆种类。
11. 描述机电设备控制关系与层次。
12. 结合实例说明矿冶提升设备的安装方法。
13. 试结合学生自身实训或实践情况，举例说明机电设备安装的方法及步骤。
14. 结合CA6140卧式车床尾座的爆炸图(见图3-82)及装配图(见图3-83)，试说明如何利用百分表、磁力百分表座、检验棒等测量工具及装配工具，完成尾座的拆装过程。

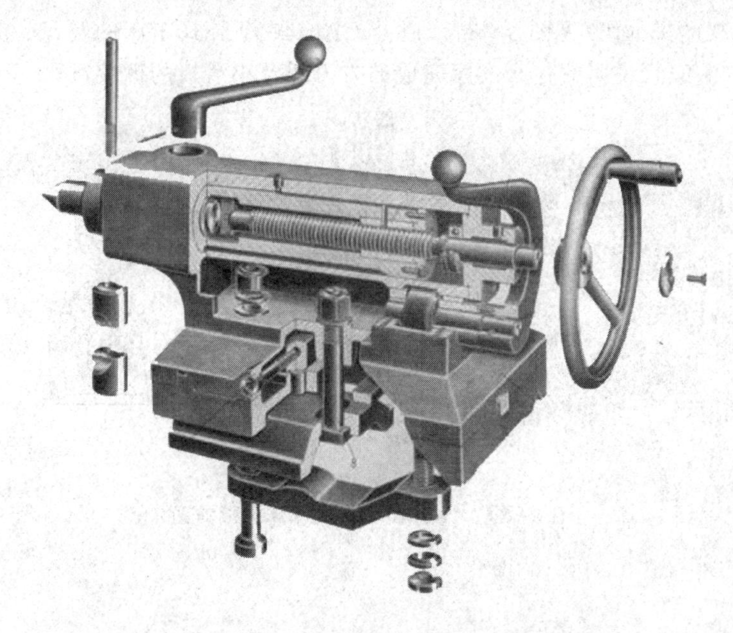

图 3-82　CA6140 型卧式车床尾座的爆炸图

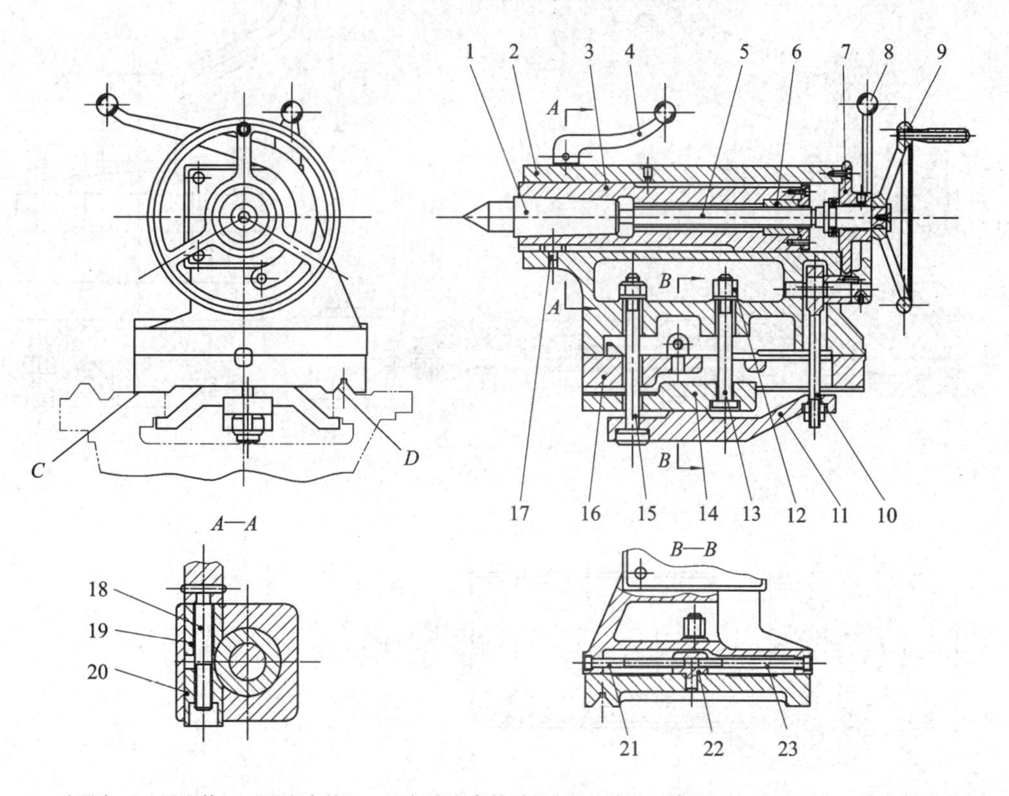

1—后顶尖；2—尾座体；3—尾座套筒；4—压紧尾座套筒手柄；5—丝杆；6—螺母；7—支承盖；8—尾座固定手柄
9—手轮；10—拉杆；11—杠杆；12—六角螺母 13— T 形螺栓；14—压板；15—螺栓；16—尾座底板
17—平键；18—螺杆；19、20—压紧块；21、23—调整螺钉；22—T 形螺母

图 3-83　CA6140 型卧式车床尾座

15. 结合刀架的爆炸图(见图3-84),以及CA6140型卧式车床的转盘、小滑板及方刀架的装配图(见图3-85),说明按什么次序完成的方刀架及小滑板的拆装过程。

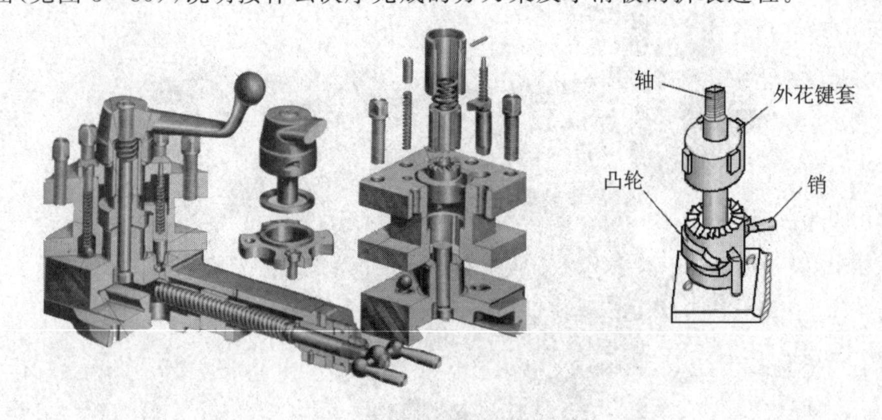

图3-84 CA6140型卧式车床的爆炸图

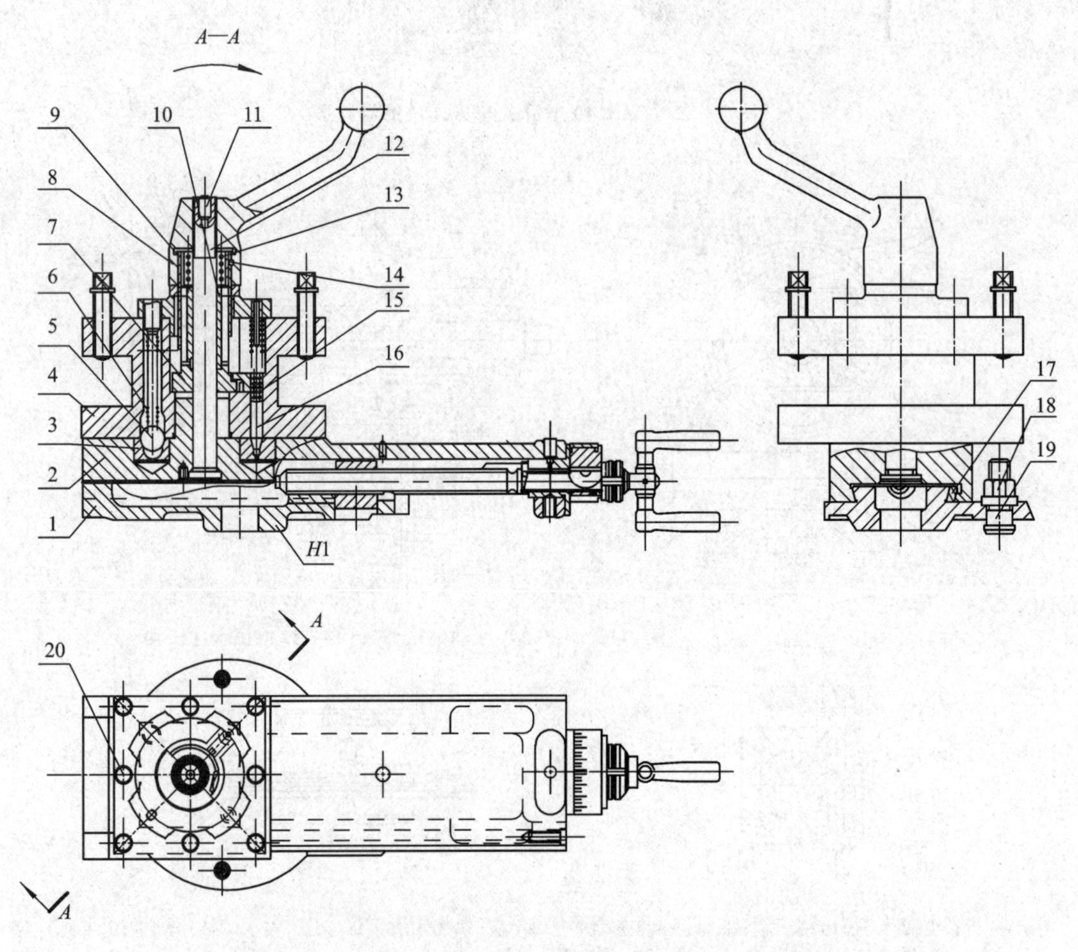

1—转盘;2—小滑板;3—定位孔;4—方刀架体;5—粗定位钢球;6、13、15—弹簧;7—端面凸轮;
8—手柄;9、10—套;11—油杯;12—轴;14、16、20—销;17—镶条 18—螺母;19—T形螺钉

图3-85 CA6140型卧式车床的转盘、小滑板及方刀架

第 4 章　机电设备的使用现场安装

教学目的和要求

了解机电设备使用现场的安装条件和安装步骤，掌握现场安装的方法和特点。学会数控机床的现场安装调试方法，加深对机电设备结构的认识，学会安装工具和测量工具的现场使用方法。掌握使用现场安装调试的相关基本概念，具备制定机电设备现场安装规程的初步能力。

教学内容摘要

① 机电设备安装现场的地基与灌浆。

② 机电设备的现场安装过程及方法。

教学重点、难点

重点：掌握机电设备使用现场安装调试的条件和步骤。

难点：机电设备现场安装的测量、检测项目的选择和应用。

教学方法和使用教具

教学方法：讲授法，案例法，实验法。

建议教学时数

8 学时理论课；2 学时实践课。

4.1　机电设备的现场安装条件

使用现场的安装是指设备在生产企业制造完成后，被运输到使用现场后的安装与调试过程。机电设备的使用现场安装包括使用现场的地基准备、整机就位安装和整机调试过程。

教学视频

4.1.1　机电设备的安装地基

在机电设备安装前，其基础、地坪和相关建筑结构等应已符合相应的要求和规定，即称为具备安装条件。其中基础也称安装地基（或地基），是直接承载机电设备的部分，工厂必须将机电设备安装在预先制作好的基础上，基础的质量直接影响到安装的质量、设备的运行情况、工作的稳定性和设备使用寿命等，因此是重要的现场安装指标。

1. 机电设备基础的类型

机电设备基础有块型基础和构架式基础两种类型，它们由混凝土和钢筋浇灌而成，有相当大的质量。块型基础的形状是块状，应用最广，适用于各种类型的机电设备。构架式基础的形状是与设备形状相似的框架，常用于转动频率较高的设备，如功率不大的透平发电机组（用燃气轮机带动发电的发电机组）等。

2. 设备基础的一般要求

设备基础的设计应根据当地的土壤条件和安装的技术条件进行，安装的技术条件是根据设备的重量、环境要求(供电要求、隔振、温度等)等制定的。在制作基础时,必须使基础的位置、标高、尺寸以及预埋的设备电缆接口等符合生产工艺布局的规定和技术安全条例的要求。

机床及工件的重量、在切削过程中产生的切削力等,都将通过机床的支承部件传至地基,所以地基的质量将关系到机床的加工精度、运动平稳性、机床变形、磨损以及机床的使用寿命。为增大阻尼和减少机床振动,地基应有一定的质量;为避免过大的振动、下沉和变形,地基应具有足够的强度和刚度。对于轻型或精度不高的设备,天然地基强度即可满足要求,但对于精密或者重型设备,当有较大的加工件需在机床上运动时,会引起地基的变形,此时就需加强地基的刚度,并压实地基土以减小地基的变形。地基土的处理方法可采用夯实法、换土垫层法、碎石挤密法或碎石桩加固法。精密机床或50 t以上的重型机床,地基加固可用预压法或采用桩基。

一般中小型数控机床无须做单独的地基,只需在硬化好的地面上,采用活动垫铁,稳定机床的床身,用支承件调整机床的水平。大型、重型机床需要专门做地基,精密机床应安装在单独的地基上,在地基周围设置防振沟,并用地脚螺栓紧固。地基平面尺寸应大于机床支承面积的外廓尺寸,并考虑安装、调整和维修所需尺寸。此外,机床旁应留有足够的工件运输和存放空间。机床与机床、机床与墙壁之间应留有尺寸足够的通道。

在数控机床确定的安放位置上,应根据机床说明书中提供的安装地基图进行施工。同时要考虑机床重量和重心位置,与机床连接的电线、管道的铺设,预留地脚螺栓和预埋件的位置。

对于机床来说,机床与被加工的工件都有一定的重量,工作时会产生振动,若无一定尺寸和质量的基础来承受这些负荷并减轻振动,不仅会降低设备的加工精度,影响产品的质量,甚至会降低机床的寿命,更严重时会造成机电设备的损坏和人员的伤亡,因此按设计要求制作设备基础是非常必要的。

① 设备基础的位置、几何尺寸和质量要求,应符合现行国家标准《混凝土结构工程施工质量验收规范》(GB 50204—2002)的有关规定,如表4-1所列,并应有验收资料或记录。

表4-1 机电设备基础位置和尺寸的允许偏差

单位:mm

项目		允许偏差
坐标位置		20
不同平面的标高		0,−20
平面外形尺寸		±20
凸台上平面外形尺寸		0,−20
凹穴尺寸		+20,0
平面的水平度	每米	5
	全长	10
垂直度	每米	5
	全高	10
预埋地脚螺栓	标高	+20,0
	中心距	±2
预埋地脚螺栓孔	中心线位置	10
	深度	+20,0
	孔壁垂直度	10

续表 4-1

项　目		允许偏差
预埋活动地脚螺栓锚板	标高	+20,0
	中心线位置	5
	带槽锚板的水平度	5
	带螺纹孔锚板的水平度	2

注：① 检查坐标、中心线位置时，应沿纵、横两个方向测量，并取其中的最大值。
② 预埋地脚螺栓的标高，应在其顶部测量。
③ 预埋地脚螺栓的中心距，应在根部和顶部测量。

② 外形和尺寸与设备相匹配。任何一种设备基础的外形和基础螺钉的位置、尺寸等必须同该设备的底座相匹配，并应保证设备在安装后牢固可靠。

③ 具有足够的强度和刚性。基础应有足够的强度和刚性，以避免设备产生强烈的振动，影响其本身的精度和寿命，或对邻近的设备和建筑物造成不良影响。

④ 具有稳定性、耐久性。稳定性和耐久性指的是能防止地下水及有害液体的侵蚀，保证基础不产生变形或局部沉陷。若基础可能遭受化学液体、油液或侵蚀性液体的影响，基础应该覆加防护层。例如，在基础表面涂上防酸、防油的水泥砂浆或涂玛蹄脂油（由 45%～50%煤沥青、25%～30%煤焦油和 25%～30%的细黄沙组成），并应设置排液和集液沟槽。

⑤ 基础重心与设备形心重合。设备和基础的总重心与基础底面积的形心应尽可能在同一垂直线上。误差允许值为：

当地基的计算强度 $P\leqslant 150$ kPa 时，其偏心值不得大于基础底面长度（沿重心偏移方向）的 30%。

当地基的计算强度 $P>150$ kPa 时，其偏心值不得大于基础底面长度（沿重心偏移方向）的 5%。

设总重心对于基础底面积形心的偏心距离沿 x、y 轴方向分别为 C_x、C_y（单位：m），则可按以下公式计算：

$$C_x=\frac{\sum(m_i x_i)}{\sum m_i} \tag{4-1}$$

$$C_y=\frac{\sum(m_i y_i)}{\sum m_i} \tag{4-2}$$

式中：m_i——部分设备和相应基础部分的质量之和，t；

x_i，y_i——部分设备和相应基础部分的总重心对于过基础底面的形心，在 x、y 轴方向的偏移距离，m。

⑥ 基础的标高。应根据产品的工艺和操作是否方便来决定基础的标高，还应保证废料和烟尘排出通畅。

⑦ 预压。基础有预压和沉降观测要求时，应经预压合格，并应有预压和沉降观测的记录。大型机床的基础在安装前需要进行预压。预压物的质量为设备质量与工件最大质量总和的 1.25 倍。预压物可用沙子、小石子、钢材和铁锭等。将预压物均匀地压在基础上，使基础均匀下沉。预压工作应进行到基础不再下沉为止。

⑧ 隔振装置。基础有防震隔离要求时，应按工程设计要求完成施工，隔振装置的设计与计算可按《动力机械和易振机电设备隔振设计及计算规程》进行。

⑨ 节约的原则。在满足使用条件下，基础的设计与施工应最大限度地节省材料和人工费用。

4.1.2 地脚固定方式的选用与安装

设备地脚的固定方式通常有地脚螺栓直接固定和可调垫铁固定两种方式，由于较多的机电设备需要在安装过程中调整各支撑点的高度，以使设备具有理想的空间姿态，所以仅选用地脚螺栓直接固定的方法目前已较少使用，多数设备采用地脚螺栓配合可调垫铁的组合方式或单独使用可调垫铁。

1. 地脚螺栓的分类与安装

(1) 地脚螺栓的分类

基础地脚螺栓分固定式和锚定式两种。固定式地脚螺栓的种类如图 4－1 所示，它在基础中的固定方式如图 4－2 所示。全部预埋法如图 4－2(a)所示，优点是牢固性好，但需要准确的安装位置，而且校正困难。部分预埋法如图 4－2(b)所示，在上部留出一定深度的校正孔，可在安装的同时校正，允许校正量为地脚螺栓公称直径的 1～1.5 倍，如图 4－2(d)所示，校正后在孔内灌入混凝土固定。这种固定方式不如前一种牢固，对于螺栓直径较大或受冲击载荷作用的设备，都不宜使用，以防螺栓在弯折调整后产生内应力而影响其强度。施工配作法如图 4－2(c)所示，是在基础施工时留出地脚螺栓孔，待设备在基础上找正后，再浇灌混凝土固定，这种方式施工简单，但不如其他方式牢固。

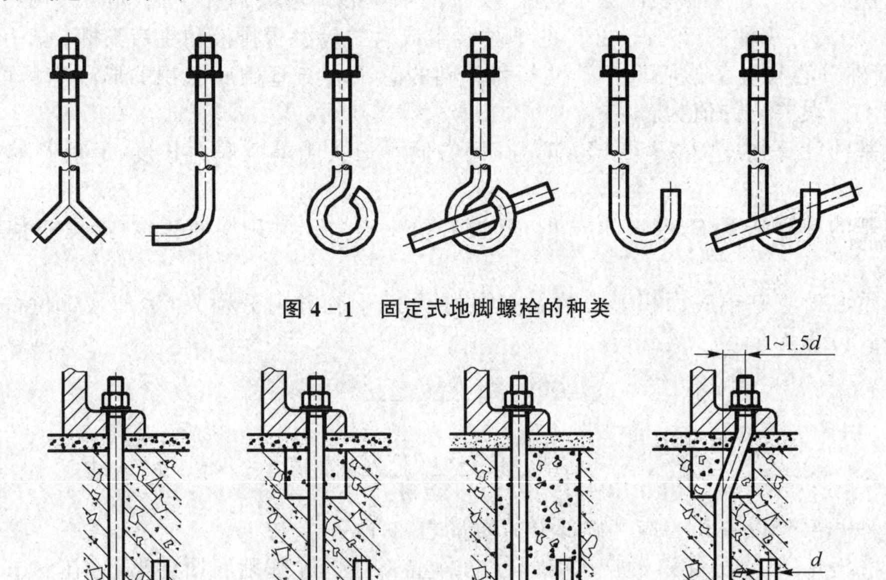

图 4－1 固定式地脚螺栓的种类

(a) 全部预埋　(b) 部分预埋　(c) 施工配作　(d) 部分预埋的操作方法

图 4－2 固定式地脚螺栓在基础中的固定方式

锚定式地脚螺栓分为 T 形头式和双头螺栓式两种，安装方式是螺栓穿过基础的预留孔后与锚板固定，分别如图 4－3(a)、(b)所示。其锚板的连接形式分别如图 4－3(c)、(d)所示。这种连接的优点是固定方法简单，安装时容易调整，地脚螺栓在损坏或断裂时便于更换。缺点是容易松动。

(2) 固定式地脚螺栓的安装要求

固定式地脚螺栓的安装如图 4－4 所示，其安装要求如下：

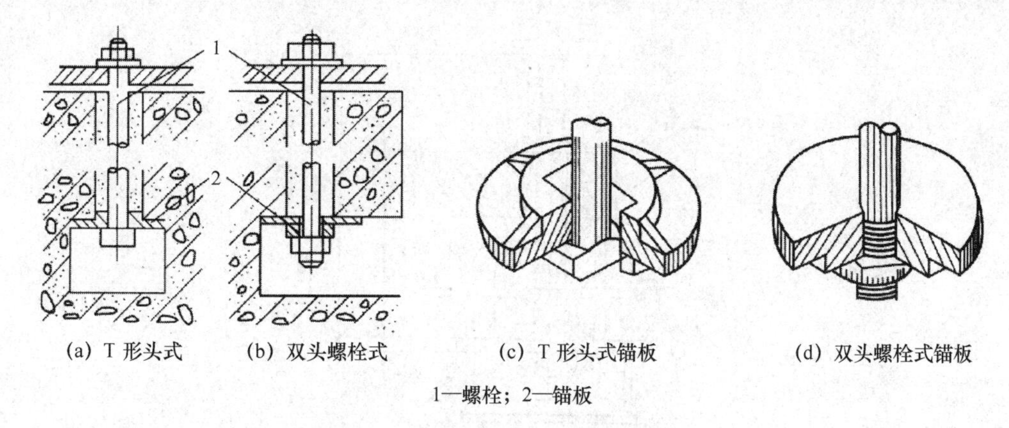

1—螺栓；2—锚板

图 4-3　锚定式地脚螺栓的固定方式

① 在安装预留孔的地脚螺栓前，应先将预留孔内的杂物清除，避免油污等杂质影响连接的强度和可靠性。

② 地脚螺栓在预留孔中应保证垂直状态，以便保证螺母与设备底座的可靠接触和避免螺栓承受弯矩。

③ 地脚螺栓与孔壁的距离不得小于 15 mm，地脚底部不允许接触孔的底部。

④ 地脚螺栓表面的油污和氧化皮应清除，螺纹部分应涂少量油脂。

⑤ 螺母、垫圈与设备底座间应接触充分，螺母旋紧后，螺栓宜露出 2～3 个螺距。

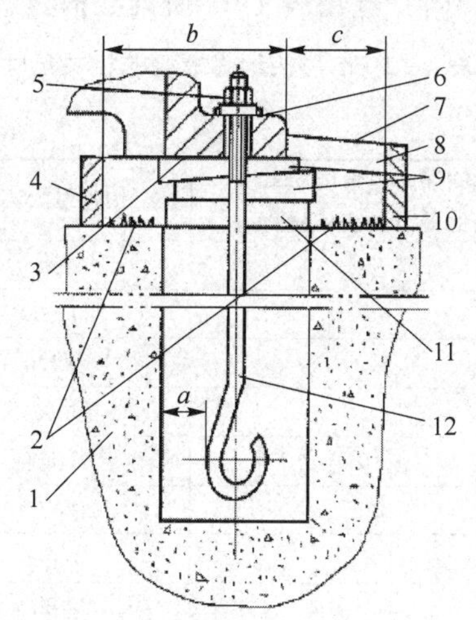

a—地脚螺栓与孔壁距离；b—内模板与底座外缘距离；c—外模板与底座外缘距离
1—基础；2—地坪麻面；3—设备底座底面；4—内模板；5—螺母；6—垫圈；7—灌浆层斜面；
8—灌浆层；9—成对斜垫铁；10—外模板；11—平垫铁；12—地脚螺栓

图 4-4　垫铁与地脚螺栓的组合安装

⑥ 在旋紧地脚螺栓前，预留孔中的混凝土应达到设计强度的 75%以上，各螺栓的拧紧力要均匀。

(3) T 形头地脚螺栓的安装要求

T 形头地脚螺栓的安装如图 4-5 所示，其安装要求如下：

① T 形头地脚螺栓应与配套锚板成对使用。

② 埋设锚板应保证牢固和平正。安装前需加装临时盖板，防止油、水等杂物进入孔内。

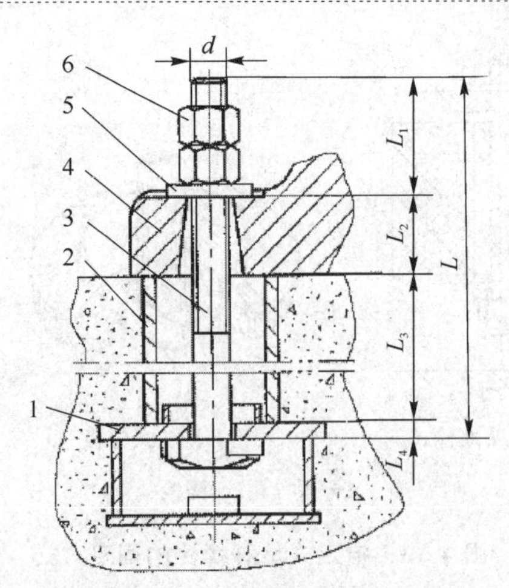

d—螺栓的公称直径；L_1—螺栓露出部分长度；L_2—设备底座螺孔深度；L_3—护管高度；L_4—锚板厚度；L—T形头地脚螺栓长度

1—锚板；2—护管；3—T形头地脚螺栓；4—设备底座；5—垫板；6—螺母

图 4-5　安装 T 形头地脚螺栓

护管与锚板应进行密封焊接。

③ 地脚螺栓光杆部分和基础板应刷防锈漆。

④ 预留孔与护管内的填充物,应符合设计要求。

⑤ T 形头地脚螺栓相关尺寸,宜选用表 4-2 所列数值。

表 4-2　T 形头地脚螺栓的相关尺寸

单位:mm

<table>
<tr><th>螺栓公称直径</th><th>螺栓露出设备底座上
表面的最小长度(双螺母)</th><th>护管最大高度</th><th>锚板厚度</th></tr>
<tr><td>M24</td><td>55</td><td>800</td><td>20</td></tr>
<tr><td>M30</td><td>65</td><td>1 000</td><td>25</td></tr>
<tr><td>M36</td><td>85</td><td>1200</td><td rowspan="2">30</td></tr>
<tr><td>M42</td><td>95</td><td>1 400</td></tr>
<tr><td>M48</td><td>110</td><td>1 600</td><td rowspan="2">35</td></tr>
<tr><td>M56</td><td>130</td><td>1 800</td></tr>
<tr><td>M64</td><td>145</td><td>2 000</td><td rowspan="3">40</td></tr>
<tr><td>M72X6</td><td>160</td><td>2 200</td></tr>
<tr><td>M80X6</td><td>175</td><td>2 400</td></tr>
<tr><td>M90X6</td><td>200</td><td>2 600</td><td rowspan="2">50</td></tr>
<tr><td>M100X6</td><td>220</td><td>2 800</td></tr>
<tr><td>M110X6</td><td>250</td><td>3 000</td><td rowspan="2">60</td></tr>
<tr><td>M125X6</td><td>270</td><td>3 200</td></tr>
<tr><td>M140X6</td><td>320</td><td>3 600</td><td rowspan="2">80</td></tr>
<tr><td>M160X6</td><td>340</td><td>3 800</td></tr>
</table>

(4) 胀锚螺栓的安装要求

① 胀锚螺栓的中心线至基础或构件边缘的距离应不小于胀锚螺栓公称直径的 7 倍;胀锚

螺栓的底端至基础底面的距离应不小于胀锚螺栓公称直径的 3 倍，且不小于 30 mm；相邻两胀锚螺栓的中心距应不小于胀锚螺栓公称直径的 10 倍。

② 胀锚螺栓不应采用预留孔。

③ 安装胀锚螺栓的基础混凝土抗压强度不得小于 10 MPa。

④ 胀锚螺栓不应使用在基础混凝土结构有裂缝的部位，或容易产生裂缝的部位。

(5) 灌浇预埋螺栓的安装要求

① 地脚螺栓的坐标及相互尺寸应符合地基图或施工图纸的要求，机电设备基础位置、尺寸的允许偏差应符合表 4-1 的规定。

② 地脚螺栓露出部分应垂直，机电设备底座的安装孔与地脚螺栓间应留有调整余量，螺母与地脚螺栓旋合时不应有卡阻现象。

(6) 环氧砂浆黏结地脚螺栓的安装要求

在采用全部预埋或部分预埋的地脚螺栓时，必须用金属架固定(不能回收)，故要消耗大量的钢材，施工复杂，劳动量大，工期长，而且在浇灌过程中地脚螺栓还可能移位。近年来出现的用环氧砂浆黏结地脚螺栓的新工艺就避免了上述缺点。

环氧砂浆黏结地脚螺栓的操作方法如下：

① 浇灌基础时不考虑地脚螺栓，只按图纸上的结构形式浇灌。

② 当基础强度达到 10 MPa 时，按基础图上地脚螺栓的位置，在基础上画线钻孔，孔要垂直。

钻孔孔径为
$$D = d + \Delta L \tag{4-3}$$

钻孔深度为
$$L = 10d \tag{4-4}$$

地脚螺栓的抗拔出力为
$$P \leqslant \pi dL\,[\delta_W] \tag{4-5}$$

式中：D——钻孔孔径，mm；

L——地脚螺栓的埋入深度，mm；

P——抗拔出力，N；

d——地脚螺栓直径，mm；

ΔL——取值范围为 10～16，mm；

$[\delta_W]$——环氧砂浆的黏结强度，一般取 $[\delta_W]=4.5$ MPa。

③ 黏结面的处理。混凝土孔壁与地脚螺栓上若有油、水、灰、泥时，须用清水冲洗，干燥后再用丙酮擦洗干净。地脚螺栓若生锈，应在稀盐酸中浸泡除锈，再清洗干净。

④ 环氧砂浆调配。配比(质量比)见表 4-3。

表 4-3　环氧砂浆调配配比

成　分	质量/g
6101 环氧树脂(E-44)	100
苯二甲酸二丁酯	17
乙二胺	8
砂(粒径为 0.25～0.5 mm，含水小于 0.2%)	250

环氧砂浆的调配方法是：将 6101 环氧树脂用沙浴法或水浴法加热到 80 ℃，加入增塑剂苯甲酸二丁酯，均匀搅拌并冷却到 30～35 ℃，将预热至 30～35 ℃的砂(用做填料)加入乙二胺。搅拌时要朝一个方向，以免带入空气。将搅拌好的砂浆注入孔内，再将螺栓插入，要使螺栓垂直并位于孔的正中间，并设法将螺栓的位置固定，防止歪斜。

环氧砂浆的固化时间，夏季为 5 h，冬季为 10 h，固化以后就可进行安装操作。配制及浇灌环氧砂浆，应做好安全防护工作。经使用证明，上述配方有足够的黏结强度，完全可以满足一般设备的要求，推广使用将会使基础的设计和施工方法大为简化。

一般来说,地脚螺栓、螺母及垫圈应随设备配套供应,其规格尺寸在设备说明书上有明确的规定。地脚螺栓直径与设备底座上的螺栓孔直径关系如表4-4所列。

表4-4 螺栓与螺栓孔直径尺寸关系

螺栓孔直径/mm	20	25	30	50	55	65	80	95	110	135	145	165	185
螺栓直径/mm	16	20	24	30	36	48	56	64	76	90	100	115	130

地脚螺栓的长度在施工图上有规定,也可按下式确定:

$$L = L_{m} + S + \Delta L \tag{4-6}$$

式中:L——地脚螺栓的长度,mm;

ΔL——取值范围为5~10,mm;

S——垫板高度及设备机座厚度、螺母厚度再加上预留量(3~5个螺距);

L_{m}——地脚螺栓的埋入深度,一般取L_{m}为螺栓直径的15~20倍,但重要的设备可以加长,一般不超过1.5~2 m,除轻型设备外,不短于0.4 m。

L_{m}的最小埋入深度也可参考表4-5。

表4-5 在100号混凝土中地脚螺栓的最小埋入深度

地脚螺栓直径 d/mm		10~20	24~30	30~42	42~48	52~64	68~80
埋入深度 L_{m}/mm	固定式地脚螺栓	200~400	500	600~700	700~800	—	—
	锚定式地脚螺栓	200~400	400	400~500	500	600	700~800

2. 调整垫铁的分类与安装

机床调整垫铁一般分为垫铁组和螺栓调整垫铁两种。其中垫铁组包括平垫铁、斜垫铁和开口垫铁等,如图4-6所示。螺栓调整垫铁分为可调垫铁和可调地脚两种,可调地脚的载重量相对较小,安装方法简单,应用较广;可调垫铁用于载重量较大的场合,顺时针旋转螺杆时,使可调垫铁上部的斜铁上升。由于可调垫铁采用两块斜块组合安装,所以在进行垫铁高度调整时,可始终保持其上安装表面的水平。

垫铁组的斜垫铁可采用普通碳素钢,平垫铁可采用普通碳素钢或铸铁。斜垫铁的斜度宜为1/10~1/20,振动或精密设备可取至1/40。其工作表面,即上下表面的粗糙度值为Ra=12.5。斜铁成对使用时,两个斜垫铁应选用同一斜度。

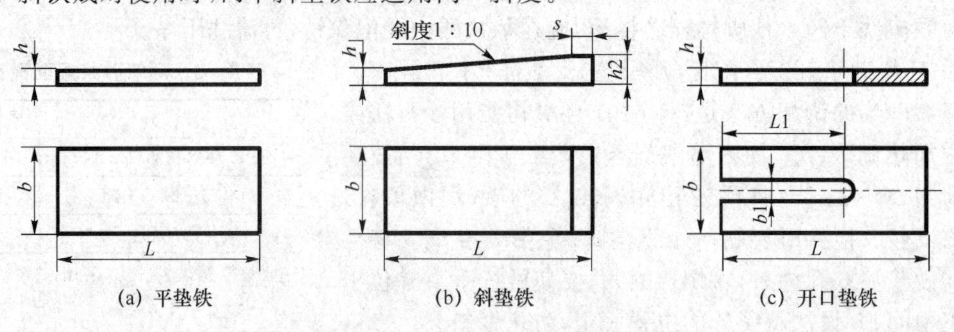

图4-6 垫铁组的垫铁类型

(1) 调整垫铁的安装要求

机电设备重量主要由垫铁承受时,应符合以下相关要求:

① 每个地脚螺栓的附近应设有一个垫铁。

② 垫铁应能放置稳定，并且不影响灌浆，尽量靠近地脚螺栓和底座承受力部位下方。

③ 相邻两垫铁间距离，宜为500～1 000 mm。

④ 设备接缝处的两侧，应各安装一组垫铁。

⑤ 垫铁伸入设备底座的长度应超过设备地脚螺栓的中心。

⑥ 每一垫铁的承力指标，应计算得出或查相关的手册和产品样本。垫铁组和可调垫铁的承载面积可通过以下公式计算得出：

$$A > C\frac{100(Q_1+Q_2)}{nR} \tag{4-7}$$

式中：A——每个垫铁的承载面积，mm^2；

Q_1——设备加载在所有垫铁上的总负载。机电设备工作状态的总载荷，包括设备自身重量、工件最大重量、以及运动产生的附加载荷等，N；

Q_2——地脚螺栓旋紧时，在垫铁上产生的载荷，N；

R——基础或地坪混凝土的抗压强度，可取混凝土设计强度数值，MPa；

n——垫铁的数量；

C——安全系数，宜取1.5～3。

地脚螺栓旋紧时，在垫铁上产生的载荷可按下式计算：

$$Q_2 = 0.785d^2[\delta]n_1 \tag{4-8}$$

式中：d——地脚螺栓的小径，可取公称直径减去一倍螺距值，mm；

n_1——安装在机电设备上的地脚螺栓数量；

$[\delta]$——地脚螺栓的材料许用抗拉应力，MPa。

(2) 垫铁组的安装要求

① 应尽量成对使用斜垫铁，尤其承载较大时更应注意。

② 承受重载荷或长期振动载荷时，宜采用平垫铁，尽量不用斜垫铁。

③ 每一垫铁组的垫铁数量应尽量少，最多不宜超过5块。

④ 放置平垫铁时，厚的宜放在下面，薄的放中间，垫铁厚度不宜小于2 mm。

⑤ 除铸铁垫铁外，各垫铁相互间应焊牢。

⑥ 设备调平后，垫铁端面应超出设备底面的外缘，平垫铁露出10～30 mm，斜垫铁露出10～50 mm。

(3) 可调地脚的安装要求

可调地脚的外形如图4-7所示，其安装要求如下：

① 螺纹部分应涂耐水性较好的润滑脂。

② 精确调平时，应保证螺母始终处于松开状态，使用扳手顺时针旋转位于螺栓上部的方轴，使承重盘托起设备底座，向上升高设备，调整完成后应及时旋紧螺母防松。应注意：不同结构的可调地脚调整方法也不相同。

③ 由于可调地脚的种类不同，其底座的固定形式也不唯一，图4-7所示为不需要进行固定安装的地脚，一般用于设备重量较大或设备振动、少量移动不影响设备正常工作的场合。当使用需固定的地脚时，可通过地脚底盘上的地脚螺栓安装孔(图示无此孔)进行地脚螺栓的安装，从而固定地脚及设备的位置。应注意该安装孔应位于设备外侧，以便于安装和拆卸。

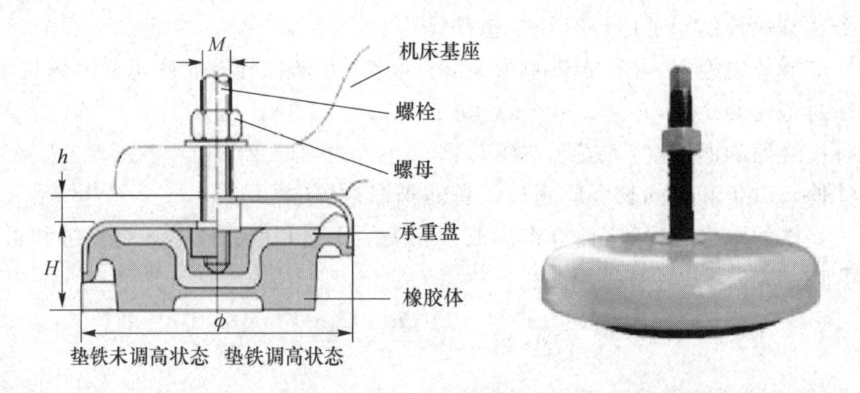

图4-7　可调地脚

(4) 可调垫铁的安装要求

可调垫铁的外形如图4-8所示,其安装要求如下:

① 螺纹部分和相对滑动表面上应涂耐水性较好的润滑脂。

② 精确调平时,应顺时针旋转调整螺钉,使调整楔块缓慢上升。如已调整过高,则需大量降低楔块高度,重新使调整楔块缓慢上升,完成高度调整。设备高度及水平调整完成后,应保证一定的再次可调的余量。

③ 垫铁底座的固定可采用地脚螺栓连接的方式,此垫铁底座上设有地脚螺栓安装孔。如垫铁为其他结构形式,也可采用混凝土固定方法,但应保证混凝土接触活动部位。

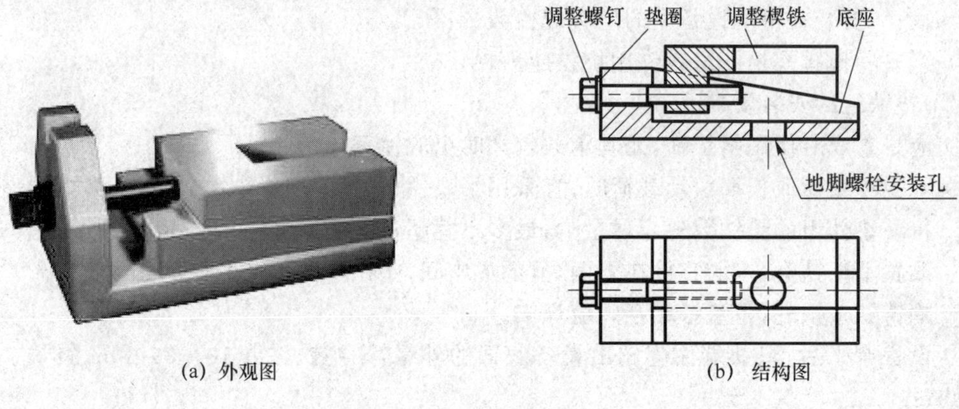

(a) 外观图　　(b) 结构图

图4-8　可调垫铁

4.1.3　一次灌浆和二次灌浆

设备基础的灌浆是指在机电设备底座与基础之间或预留地脚螺栓孔中注入混凝土或水泥砂浆,干燥并达到高强度后,起到固定连接作用的工作过程。设备基础的灌浆按先后次序分为一次灌浆和二次灌浆两种。混凝土的配制、性能和养护应符合国家现行标准《混凝土外加剂应用技术规范》(GB 50119—2003)和《普通混凝土配合比设计规程》(JGJ 55—2000)的有关规定。

1. 灌浆的相关规定

① 在预留孔灌浆前,灌浆处应清洗洁净。灌浆宜采用细碎石混凝土,其强度应比基础或地坪的混凝土强度高一级。灌浆时应捣实,并不应使地脚螺栓倾斜和影响设备的安装精度。

② 当灌浆层与设备底座面接触要求较高时，宜采用无收缩混凝土或水泥砂浆。

③ 灌浆层厚度应不小于 25 mm，但用于固定垫铁或防止油、水进入的灌浆层，其厚度可相应减小。

④ 灌浆前应设外模板。外模板至设备底座外缘的间距不宜小于 60 mm，模板拆除后，表面应进行抹面处理。

⑤ 当设备底部不需全部灌浆，且灌浆层需要承受负荷时，应设置内模板。

2. 一次灌浆

设备在使用现场安装前，需进行基础的一次灌浆，即设备安装前地基的灌浆，此次灌浆后的地基留有一些地脚安装孔，用于放置设备的地脚螺栓。在一次灌浆后要进行设备的初平。初平是指设备在就位、找正后，不需要再进行水平移动的第一次找平，即初步找平。初平的目的是将设备的水平度大体上调整到接近要求的程度，为下一步二次灌浆后的精确找平（精平）做准备。

设备初平后，之所以还必须再进行一次精平，其主要原因有以下两点：

① 初平时地脚螺栓的预留孔尚未灌浆，找正之后还不能固定。

② 初平时设备未经过清洗，放水平仪的设备加工面上也只是局部擦洗了一下，不能进行全面的检查和调整，所测结果不够精确，初平的精度一般不易达到规定的安装水平要求。所以，二次灌浆后还必须再进行一次精平。

设备初平前，应串好地脚螺栓，垫上垫圈，套上螺母，放好垫铁。垫铁的中心线要垂直于设备底座的边缘，垫铁外露的长度要符合要求。垫铁放好后还要检查有无松动，如有松动应换上一块较厚的平垫铁。此外，由于初平是调整设备的水平度，一般使用水平仪作为测量工具，所以还必须对设备的被测表面进行局部擦洗，以便于放置水平仪。

对设备进行找平，首先必须找好被测基准。一般要求被测表面应当是经过精加工的，最能体现设备安装水平、又便于进行测量的部位。被测表面主要包括下列一些表面：

① 设备底座的上平面。如摇臂钻床底座的工作面。

② 设备的工作台面。如立式车床、立式钻床、铣床、刨床、插齿机、滚齿机、螺纹磨床的工作台面。

③ 设备的导轨面。如普通车床床身的导轨面。

④ 夹具或工件的支承面。如组合机床上夹具或工件的定位基准面。

初平是根据设备精加工的水平表面，用水平仪测量设备的水平情况，通过调整垫铁进行水平调整的过程。如果设备水平度相差太大，可将低一侧的平垫铁换为较厚的平垫铁。若是可调垫铁，可在垫铁底部加一块钢板。如果水平度相差不大，可用打入斜垫铁的方法逐步找平。打入较低一侧的斜垫铁，直至接近要求的水平度为止。

在初平时，如果某一块斜垫铁打进去太多，外露长度太短时，应当换掉。因为在精平时，为了进一步调整水平，仍要用打入垫铁的方法。而如果初平时，斜垫铁打入太多，精平时留量不够，就无法再进行调整了。

此外，由于水平仪是精密量具，初平打垫铁时，一定要取下水平仪，以免震坏。

3. 二次灌浆

(1) 设备精平

设备的精平就是在设备初平的基础上，对设备的水平度做进一步的调整，使之完全达到合格的程度。设备精平通常是在二次灌浆之后进行的。

一般情况下,设备总是要求调整成水平状态,也就是说,设备上的主要平面要与水平面平行。如果设备的水平度不符合要求,机床的基础将会产生较大的变形,进而导致与之配合或连接的零部件倾斜或变形,使设备的运动精度、加工精度降低,零部件磨损加快,使用寿命缩短。由于设备精平的好坏最终将影响着设备的使用质量,所以在安装工作中具有极其重要的作用。

设备精平的方法和初平时基本相同,但调整工作更为细致,测量点更多,精度要求更高。下面以金属切削机床为例说明精平的方法。

① 卧式车床和卧式镗床的精平:这两种机床都具有一个较长的导轨和较短的工作台(或溜板)。精平时,可将水平仪放置在床身导轨上,在导轨两端(或多个位置上)进行纵、横方向安装水平度的调整测量,同时还要检验工作台(或溜板)的运动精度。也可直接将水平仪放在工作台(或溜板)上,在床身导轨的不同位置上测量其水平度。在进行上述调整时,应注意工作台(或溜板)移动对主轴回转中心线平行度的要求,也必须符合精度标准的规定。

② 立式车床的精平:立式车床是具有圆形工作台的机床。在精平时,可在工作台面上跨越工作台中心放置一个铸铁平尺,铸铁平尺用等高垫铁支承(等高垫铁的跨距不应小于工作台半径),在铸铁平尺上放水平仪,分别测量纵、横向水平。然后工作台回转180°,再测量一次。误差分别以两次测量结果的代数和的1/2作为安装水平度误差。测量时,还应对立柱与工作台面的垂直度进行检验与调整。

③ 龙门刨床、龙门铣床、导轨磨床的精平:这几种机床都有很长的床身导轨。精平时,可将水平仪直接放在床身导轨上,在导轨两端(或在几个位置上)检验和调整机床的水平度。也可在床身导轨连接立柱处放水平仪进行检验和调整。无论使用哪种方法,在调整纵、横向安装水平度的同时,都要相应检验和调整床身导轨相关的其他精度。

(2) 二次灌浆的定义和作用

① 二次灌浆的定义。基础浇灌时预先留出了安装地脚螺栓的孔(即预留孔),在设备安装时将地脚螺栓放入孔内,再灌入混凝土或水泥砂浆,使地脚螺栓固定,这种方法称为二次灌浆。

② 二次灌浆的作用。二次灌浆的作用之一是固定垫铁(可调垫铁的活动部分不能浇固),另一作用是可传递部分设备负荷到基础上。二次灌浆层主要起防止垫板松动的作用,可使设备在精平调整后的工作性能和精度更加稳定。设备在进行检测调整合格后,应尽快进行二次灌浆,二次灌浆的混凝土与基础一样,只不过石子的大小应视二次灌浆层的厚度不同而适当选取。为了使二次灌浆层充满底座下面高度不大的空间,通常选用的石子都要比基础的小。

③ 灌浆的操作要点。每台设备安装完毕,应按照安装技术标准严格检查,并经有关部门审查合格后,方可进行灌浆。在灌浆时应将设备底座与基础表面的空隙及地脚螺栓孔用混凝土或砂浆灌满。

- 灌浆前,要把灌浆处用水冲洗干净,以保证新浇混凝土(或砂浆)与原混凝土牢固结合。
- 灌浆一般采用细石混凝土(或水泥砂浆),其标号至少应比基础混凝土标号高一级,并且不低于150号。石子可根据缝隙大小选用5~15 mm的粒径,水泥宜选用400号或500号。
- 灌浆时,应放一圈外模板,其边缘到设备底座边缘的距离一般不小于60 mm。如果设备底座下的整个面积不必全部灌浆,而且灌浆层需承受设备负荷时,还要放内模板,以保证灌浆层的质量。内模板到设备底座外缘的距离应大于 100 mm,同时也不能小于底座底面边宽。灌浆层的高度,在底座外面应高于底座的底面。灌浆层的上表面应略有坡度(坡度向外),以防油、水流入设备底座。

➢ 灌浆工作要连续进行,不能中断,要一次灌完。混凝土或砂浆要分层捣实。捣实时,不能集中在一处捣,要保持地脚螺栓和安装平面垂直。否则不仅会造成安装困难,而且也将影响设备精度。

➢ 灌浆后要洒水养护,养护时间不少于一周。洒水次数以能保持混凝土具有足够的湿润状态为度。待混凝土养护达到其强度的 70%以上时,才允许拧紧地脚螺栓。混凝土达到其强度的 70%所需的时间与气温有关,可参考表 4-6。表中是指 500 号普通水泥拌制的混凝土。

表 4-6　混凝土达到 70%强度所需的时间

气温/℃	5	10	15	20	25	30
需要时间/天	21	14	11	9	8	6

④ 灌浆注意事项如下:

➢ 设备找正、初平后必须及时灌浆,若超过 48 h,就应该重新检查该设备的标高、中心和水平度。

➢ 灌浆层厚度应不小于 25 mm,这样才能起固定垫铁或防止油、水进入等作用。

➢ 一般二次灌浆的高度:最低要将垫铁灌没,最高不得超过地脚螺栓的螺母。

➢ 如果使用的是固定式地脚螺栓,在二次灌浆时一定要在螺栓护套内灌满浆。如果是活动式地脚螺栓,在二次灌浆时,则不能把灰浆灌到螺栓套筒内。

➢ 灌浆层与设备底座底面接触要求较高时,应尽量采用膨胀水泥拌制的混凝土(或水泥砂浆)。

➢ 放置模板时要特别小心,以免碰动设备。

➢ 为使垫铁与设备底座底面、灌浆层接触良好,可采用压浆法施工。

➢ 浇灌过程中应注意不要碰动垫板和设备。

4.1.4　使用现场的安装环境要求

数控机床的安装环境要求一般指地基、环境温度和湿度、电网、防止干扰和地线等。

① 地基要求。数控机床的基础应在机床安装之前做好,并且需要经过一段时间的养护,否则无法调整机床精度,即使调整后也无法保持精度的稳定性(如前所述)。

② 环境温度要求。精密的数控机床有恒温要求,并应避免阳光直接照射,室内应配有良好的灯光照明。工作环境温度应在 0～35 ℃,对于精密机床,温度允许变化范围更小,多取国际标准温度 20 ℃左右。为了提高加工零件的精度,减小机床的热变形,在条件允许时,应将数控机床安装在相对密闭的、加装空调设备的厂房内。

③ 湿度要求。机床的安装位置应保持空气流通和干燥,潮湿的环境会使印刷电路板和元器件锈蚀,使机床电气故障增加。工作环境相对湿度应小于 75%,数控机床应安装在远离液体飞溅的场所,并防止厂房滴漏。

④ 电网要求。数控机床对电源供电的要求较高,电网波动较大会引起多发事故,电网质

量不高要安装稳压器。电源多采用三相四线制,50 Hz 频率,电源容量应满足设备的功率要求。

⑤ 防止干扰要求。为了安全和抗干扰,数控机床必须要接地线,远离振动源和电磁干扰源。

⑥ 地线要求。地线一般采用一点接地方式,地线电缆的截面积一般为 5.5～14 mm^2。接地线有最小电阻的要求,以保证接地的可靠性,按相关标准最小接地电阻值应在 4～7 Ω 之间,很多设备要求其小于 5 Ω。

⑦ 气源要求。气源压强一般应在 0.7 MPa 以上,并应控制压缩空气的含水量。

⑧ 临时建筑、运输道路、水源、电源、压缩空气和照明等,应能满足机电设备安装工程的需要,并应依据安装地基图进行布置。

⑨ 机床不能安装在有粉尘的车间里,应避免酸腐蚀气体的侵蚀。

⑩ 在安装过程中,宜避免与建筑或其他作业交叉进行。

⑪ 在设备安装前,拟利用建筑结构作为起吊、搬运设备的承力点,应对建筑结构的承载能力进行核算,并应经设计单位或建设单位同意方可利用。

单元测试

⑫ 应有防尘、防雨、排污及必要的消防措施。

⑬ 应符合卫生和环境保护的要求。

4.2 机电设备的现场安装步骤

4.2.1 安装方案的确定

对大型、较复杂的机电设备的安装,施工前应编制安装工程的施工组织设计或施工方案。机电设备的安装方案一般由生产厂家制定,规定整个现场安装时的安装步骤、注意事项等内容。完整翔实的安装方案和工艺措施是保证机电设备性能的前提条件。

教学视频

尽管各种机电设备的结构、性能不同,但其安装过程基本上是一样的,一般都必须经过以下过程,即基础的验收,安装前周密的物质和技术准备,设备的吊装、检测和调整,基础的二次灌浆及养护,试运转,然后才能投入生产。所不同的是,在这些工序中,对各种不同的机电设备将采用不同的方法。例如在安装过程中,对大型设备采用分体安装法,而对小型设备则采取整体安装法。

4.2.2 技术和物质准备

1. 成立组织机构和技术准备

(1) 成立组织机构

在进行机电设备的安装之前,应结合现场情况,根据具体条件成立现场施工组织机构。例如,在施工的管理上,成立联合办公室、质量检查组,设有工地代表(主管)等。

在安装工作中,成立材料组、吊运组、安装组等,使安装工作有计划、有步骤地进行,分工明确,紧密协作。

在机电设备安装过程中,根据施工作业内容不同,需要各工种协同作业,如电焊工、起重工、操作工、钳工、电工、油漆工、驾驶员及其他专业工作人员等。

(2) 技术的准备

① 准备好所用的技术资料，如施工图、设备图、说明书、工艺卡和操作规程等。

② 熟悉技术资料，领会设计意图，若发现图样中的错误和不合理之处，应及时提出并加以解决。

③ 了解设备的结构、特点和与其他设备之间的关系，确定安装步骤和操作方法。

2. 工具和材料的准备

(1) 工具的准备

根据图样和设备的安装要求，便可知道需要哪些特殊工具及其精度和规格。一般工具，如扳手、锉刀、手锤等的所需数量、品种和规格。确定需要哪些起重运输工具、检验和测量工具等。不但要准备好工具，还要认真地进行检查，以免在安装过程中工具不能使用或发生安全事故。

(2) 材料的准备

安装时所用的材料(如垫铁、棉纱、布头、煤油、润滑油等)也要事先准备好。对于材料的计划与使用，应当是既要保证安装质量与进度，又要考虑降低成本，不能有浪费现象。

4.2.3 合理组织安装过程

1. 开　箱

机电设备在出厂前，一般要放入包装箱内进行包装，并采取必要的防潮措施。当设备运至安装地点后，应由监理组织、建设单位、施工单位、设备供货单位等有关人员参加开箱过程，并作必要记录。

① 必要的检查工作如下：

- 箱号、箱数和包装情况。如包装破损严重，应及时与生产厂家联系，并判断是否对设备造成了损坏。
- 机电设备名称、型号和规格。
- 随机技术文件及专用工具。

技术文件包括：随箱带的装箱单，以便于拆箱时对箱内物品进行核查。涉及安全、卫生、环保的设备(如压力容器、消防设备、生活供水设备等)应提供相应资质等级的检测单位的检测报告。使用新材料、新产品，应由具有鉴定资格的单位或部门出具鉴定证书。使用前按产品质量标准和试验要求进行试验或检验。还应提供安装质量、维修、使用和工艺标准等相关技术文件。进口材料和设备应有商检证明。

专用工具包括：为方便设备安装、调整及检测等所随机带的安装、测量及检测工具等，其中可包括企业根据需要特制的专用工具。

- 设备状况。机电设备有无缺损件，表面有无损坏和锈蚀。设备外观应完整，无掉漆现象。标牌清晰，应注明厂址、出厂日期等内容。

② 在开箱时应注意使用合适的工具(如起钉器、撬杠或扳手等)，不要用力过猛，以免碰坏箱内的设备。

③ 拆下的箱板、毡纸、箱钉等应立即移开，并予以妥善保管，以免板上的铁钉划伤人或设备。对于装小零件的箱，可只拆去箱盖，等零件清点完毕后，仍将零件放回箱内，以便于保管。对于较大的箱，可将箱盖和箱侧壁拆去，设备仍置于箱底上，这样可防止设备受震并起保护作用。

2. 清 点

设备在安装前,设备的提供方和使用方应一起进行设备的清点和检查。清点后应做好记录,并且双方人员要签字确认。设备的清查工作主要有以下几项:

① 设备表面及包装情况。

② 设备装箱单、出厂检验单等技术文件。

③ 根据装箱单清点全部零件及附件。若无装箱单,应按技术文件进行清点。

④ 各零件和部件有无缺陷、损坏、变形或锈蚀等现象。

⑤ 机件各部分尺寸是否与图样要求相符,如地脚螺栓孔的大小和距离等。

3. 保 管

设备清点后,应交由安装部门保管。保管时应注意以下几点:

① 设备开箱后,应注意保管、防护,不要乱放,以免造成损伤。

② 装在箱内的易碎物品和易丢失的小机件、小零件,在开箱检查的同时要取出来,编号并妥善保管,以免混淆或丢失。

③ 如堆放在一起时,应把后安装的零部件放在里面或下面,先安装的放在外面或上面,以便在安装时能按顺序拿取,不损坏机件。

④ 如果设备不能很快安装,应把所有精加工表面重新涂油,采取保护措施。

4. 机电设备安装过程

(1) 设备安装基础放线

在机电设备就位前,采用几何放线法,按施工图和相关建筑物的轴线,一般先是确定中心点,然后划出平面位置的纵、横向基准线,基准线的允许偏差应符合规定要求,此过程称为基础放线或放线。

平面位置放线时,应符合下列要求:

① 机电设备就位前,应按施工图和相关建筑物的轴线、边缘线、标高线,划定安装的基准线,即机电设备安装的平面位置纵、横向和标高线基准线。应注意以下几点:

➢ 较长的基础线可以用经纬仪或吊线的方法确定中心点,然后划出平面位置基准线(纵、横向基准线)。基准线被周围的设备覆盖,在就位后必须复查的应事先引出基准线,并做好标记。

➢ 根据建筑物或者划定的安装基准线测定标高,将水准仪转移到设备基础的适当位置上,并划定标高基准点,根据基准线或者基准点检查设备基础的标高及预留孔或预埋件的位置是否符合设计和相关规范要求。

➢ 若联动设备的轴心较长,放线时有误差时,可架设钢丝替代设备中心基准线。

➢ 必要时应按设备的具体要求,埋设临时或永久的中心标板或基准放线点。

埋设标板应符合下列要求:

ⅰ 标板中心应尽量与中心线一致。

ⅱ 标板顶端应外露4~6 mm,切勿凹入。

ⅲ 中心标板或基准点的埋设应正确和牢固,埋设要用高强度水泥砂浆,最好把标板焊接在基础的钢筋上。

ⅳ 待基础养护期满后,在标板上定出中心线,打上样冲孔(小锥孔),并在冲眼周围划一圈红漆作为明显的标志。

ⅴ 标板材料宜选用铜材或不锈钢。

② 相互有连接、衔接或排列关系的机电设备，应划分共同的安装基准线，并应按设备的具体要求埋设中心标板和基准点。

③ 平面位置安装基准线与基础实际轴线或与厂房墙、柱的实际轴线、边缘线的距离允许偏差为±20 mm。

④ 机电设备定位基准的面、线或点与安装基准线的平面和标高的允许偏差见表 4-7。

表 4-7　机电设备定位基准的面、线或点与安装基准线的平面和标高的允许偏差

项　　目	允许偏差/mm	
	平面位置	标　高
与其他机电设备无机械联时	±10	+20、−10
与其他机电设备有机械联系时	±2	±1

⑤ 在无规定条件下，机电设备找正、调平的测量位置，宜选择设备主要工作面、支承滑动部件的导向面、轴的外露表面、精度较高表面，并尽量选用水平或垂直的主要轮廓面。连续输送设备和金属结构宜选在主要部件的基准面部位，相邻两测点间距离不宜大于 6 m。

⑥ 机电设备找正、调平的定位基准的面、线或点确定后，其找正、调平应在确定的测量位置上进行检验，且应做好标记，复检时应选在原来的测量位置。

⑦ 机电设备安装精度的偏差，应能补偿由于受力或温度、磨损等引起的偏差，不增加功率损耗，使运动平稳和有利于提高工件的加工精度。

另外，如果机床是安装在混凝土地坪上且须埋设地脚螺栓，则应在放线后画出地脚螺栓孔中心线，按设计要求在地坪上预先凿好地脚螺栓孔，以便安装设备时放置地脚螺栓。

(2) 机电设备的就位

设备就位就是将设备搬运或吊装到已经确定的基础位置上。常用的就位方法如下：

① 在车间内安装的桥式起重机是较理想的首选吊装工具，桥式起重机配吊装钩，在使用时需先将起吊绳的一端索挂在设备上的起重螺栓上，或套在设备的包装箱外围及底座上，另一端挂在桥式起重机的吊钩上。在吊装前要注意包装箱上标示的设备重量和重心标识，挂吊钩时不应使起吊角度过大，并应使吊钩位于设备重心的垂直延长线上，以免钢丝承受过大的重力分力或造成设备在吊运过程中的偏斜。正确的吊装方法如图 4-9(a)所示，应避免如图 4-9(b)所示的错误吊装方法。

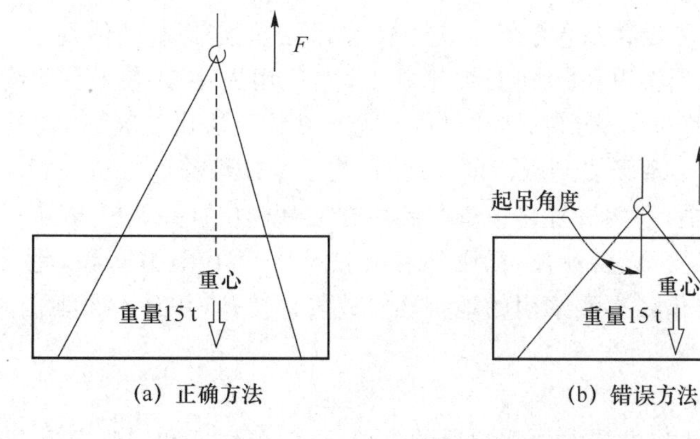

图 4-9　桥式起重机的吊装方法

在设备吊装过程中,利用桥式起重机所经常用到的手势指挥信号如表4-8所列。

表4-8 起重吊运指挥信号

序号	动作	手势	说明	序号	动作	手势	说明
1	吊钩往上升		1.食指向上,做旋转运动 2.注视起吊重物 3.哨声:两短音	7	起重机前进		1.手背向机身,做前后运动 2.注视起吊重物 3.哨声:两短音
2	吊钩短距离上升		1.一手心向下,另一手食指向上,做旋转运动 2.注视起吊重物 3.哨声:两短音	8	起重机后退		1.手心向机身,做前后运动 2.注视起吊重物 3.哨声:两短音
3	吊钩往下降		1.食指向下,做旋转运动 2.注视起吊重物 3.哨声:三短音	9	停止运动(一)		1.手心前伸平不动 2.注视起吊重物 3.哨声:一长音
4	吊钩短距离下降		1.一手心向上,另一手食指向下,做旋转运动 2.注视起吊重物 3.哨声:三短音	10	停止运动(二)		1.手向前伸,握成拳头 2.注视起吊重物 3.哨声:一长音
5	起重机向左转		1.姆指向左,做左右运动 2.注视起吊重物 3.哨声:两短音	11	工作完毕		1.两手交叉不动 2.面向司机 3.哨声:一长音
6	起重机向右转		1.姆指向右,做左右运动 2.注视起吊重物 3.哨声:两短音				

② 利用自行式插车将设备从包装箱底座上插起,放到规定的基础位置。

③ 用人字架就位。先将设备运到安装基础上,然后用人字架挂上手动葫芦将设备吊起来,抽去包装箱底座,再将设备落到基础上就位。这种就位方法比较麻烦,费工多。

④ 在起吊工具和施工现场受到限制的情况下,也可采用滚移的方法就位。这种方法就是在设备底部垫上若干钢棍,利用撬杠将设备移到所在的基础位置并调整方向。

无论采用何种方法进行设备就位,在设备就位的同时,均应垫好垫铁,将设备底座孔套入预埋的地脚螺栓;或者将供二次灌浆用的地脚螺栓放入预留孔,并穿入底座孔,拧上螺母,以防螺栓落到预留孔底。

(3) 机电设备的找正

机电设备的找正就是将设备安放在规定的位置上,安装位置和安装角度要正确,使设备的纵、横中心线和基础的中心线对正。设备找正包括三个方面:找正设备中心、找正设备标高和找正设备水平度。

① 找正设备中心。找正设备中心按以下步骤进行：

➢ 挂中心线：设备在基础上就位后，就可以根据中心标板上的中心线点挂设中心线。中心线是用来确定设备纵、横水平方向的方位，从而确定设备的正确位置的。挂中心线可采用线架，大设备使用固定线架，小设备使用活动线架。

➢ 找设备中心：每台设备必须找出中心，才能确定设备的正确位置。找设备中心的方法如下：

ⅰ 根据加工的圆孔找中心。如图 4-10 所示为辊式校正机找中心的方法，它是根据两个已加工的圆孔，在孔内钉上木头和铁片来找正设备中心的，图中尺寸 a 为两圆孔中心与设备中心的距离。

ⅱ 根据轴的端面找中心。有些设备轴很短，只有轴的端面露在外面，此时可在轴头端面的中心孔内塞上铅皮，然后用圆规在铅皮上找出中心，如图 4-11 所示。

ⅲ 根据侧加工面找中心。一般减速机，可根据两侧的加工面对称分出中心线，找正设备，如图 4-12 所示，b 为侧加工面至设备中心的距离。

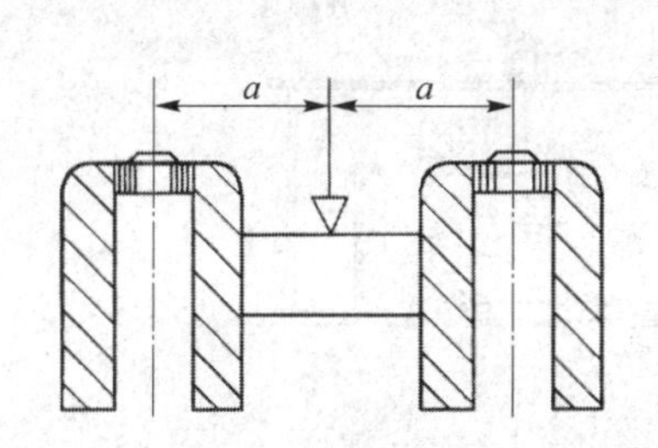

图 4-10 辊式校正机找中心

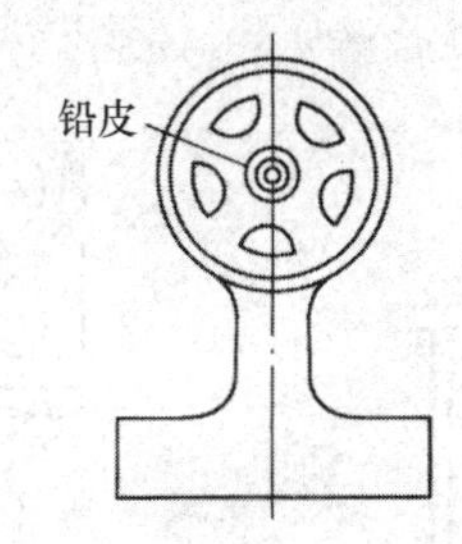

图 4-11 根据轴的端面找中心

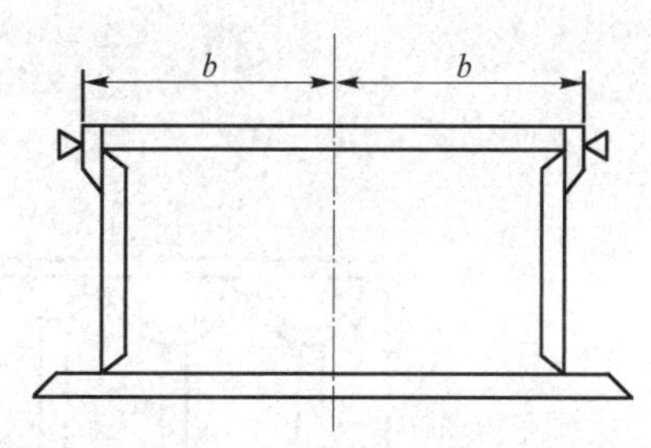

图 4-12 根据侧加工面找中心

➢ 设备拨正。挂好中心线，找出设备中心后，就可知道设备是否位于正确的位置。如果位置不正确，可用以下方法将设备拨正：

ⅰ 一般小型机座可用锤子打，也可用撬杠撬（如图 4-13 所示）。用锤子打时要轻，不要损坏设备。

ⅱ 较重的设备可在基础上放上垫铁，打入斜铁，使之移动，如图 4-14 所示。

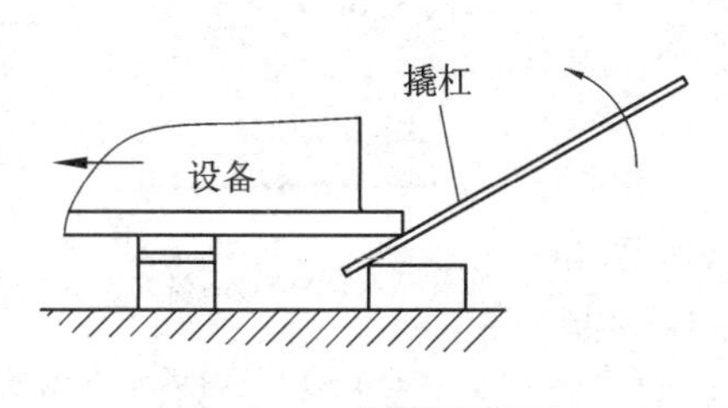

图 4-13 用撬杠拨正

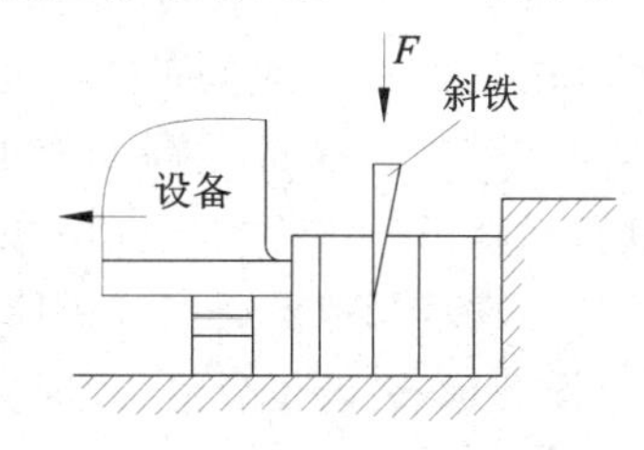

图 4-14 打入斜铁拨正

ⅲ 利用油压千斤顶拨正，如图 4-15 所示。在油压千斤顶的两端要加上垫铁或木块，以免碰伤设备表面或基面。

ⅳ 有些设备可用拨正器来拨正，如图 4-16 所示。此方式省力又省时，移动量可以很小，而且准确，可替代油压千斤顶。

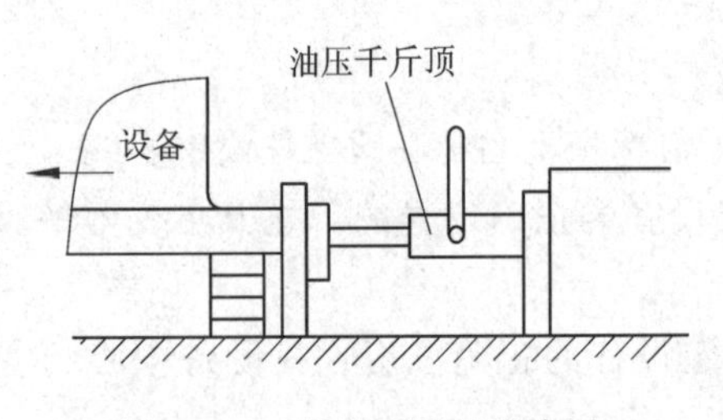

图4-15　用油压千斤顶拨正

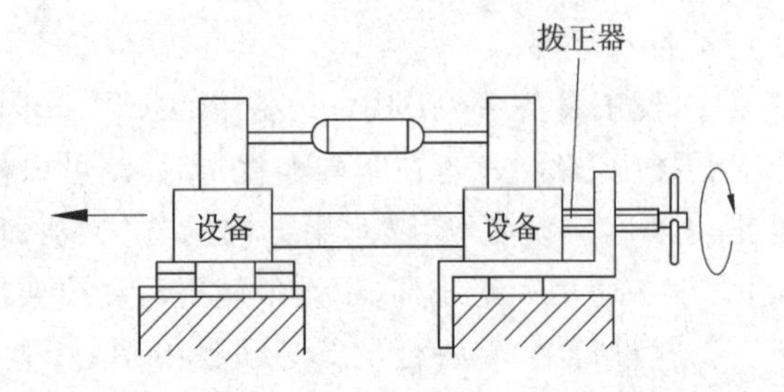

图4-16　用拨正器拨正

② 找正设备标高。机电设备安装在厂房内,其相互间各自应有的高度就是设备的标高。找正设备标高的方法如下:

➢ 按加工面找标高。设备上的加工表面可直接作为找标高用的平面,把水平仪、铸铁平尺放在加工面上,即可量出设备的标高。图4-17所示为减速器外壳找标高的方法。

➢ 根据斜面找标高,如图4-18所示。有些减速器的盖面是倾斜的,虽然盖和机体的接触面是加工面,但是不能用做找标高的基面,此时可利用两个轴承的外圈表面找标高。

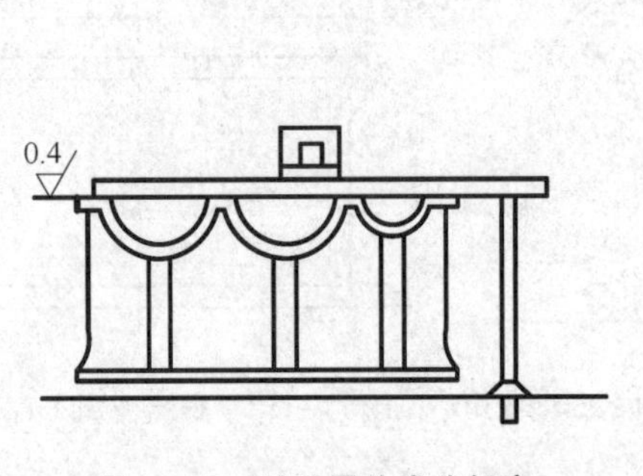

图4-17　减速器外壳找标高

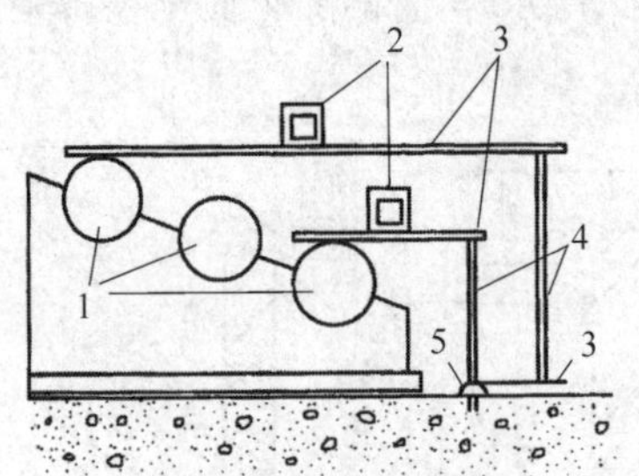

1—轴承外圈;2—框式水平仪;
3—铸铁平尺;4—量棍;5—基准点

图4-18　根据斜面找标高

➢ 利用水准仪找标高,如图4-19所示。这种方法的使用,必须考虑在设备上能放标尺,并且设备和其附近的建筑物不妨碍测量视线和有足够放置测量仪器的地方。

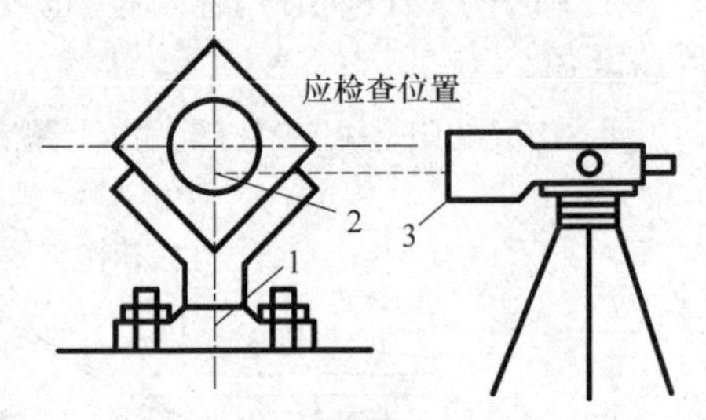

1—线坠;2—标尺;3—水准仪

图4-19　利用水准仪找标高

找标高时,对于连续生产的联动机组要尽量少用基准点,而多利用机械加工面间的相互高度关系。多设备安装时,要注意每台设备标高偏差的控制。当拧紧地脚螺栓前,标高用垫铁垫起出入不大时,可以根据设备重量,估计拧紧地脚螺栓后高度下降多少,一般是先使高度高出设计标高1 mm左右,这样拧紧地脚螺栓后,高度将会接近要求。在调整设备标高的同时,应兼顾设备的水平度,二者必须同时进行调整。

③ 找正设备水平度。找正设备水平度就是将设备调整到水平状态。也就是说,把设备上主要的表面调整到与水平面平行。正确选择找正设备水平度基准面的方法如下:

➢ 以加工平面为基准面。这是最常用的基准面,纵横方位找平和找标高都可以此为基准,如图4-20所示,以加工平面为基准面找正减速器底座水平度。

➢ 以加工的立面为基准面。有些设备只找正水平面的水平度是不够的，立面的垂直度也要找正，此时以加工的立面为基准面。如轧钢机中人字齿轮箱的立面是主要加工面，就是利用立面来找正设备水平度的，如图 4－21 所示。

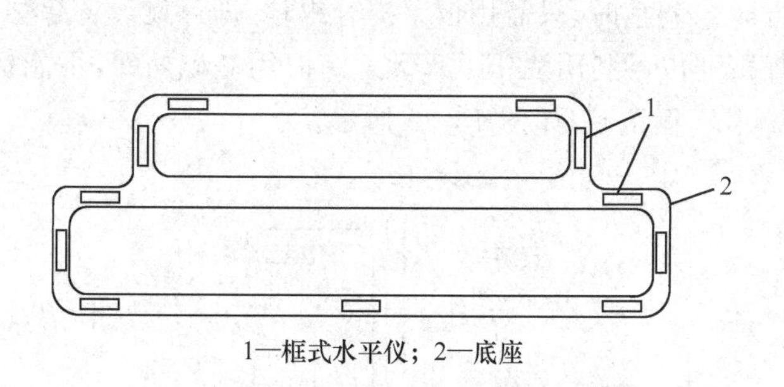

1—框式水平仪；2—底座

图 4－20　减速器底座水平度的找正

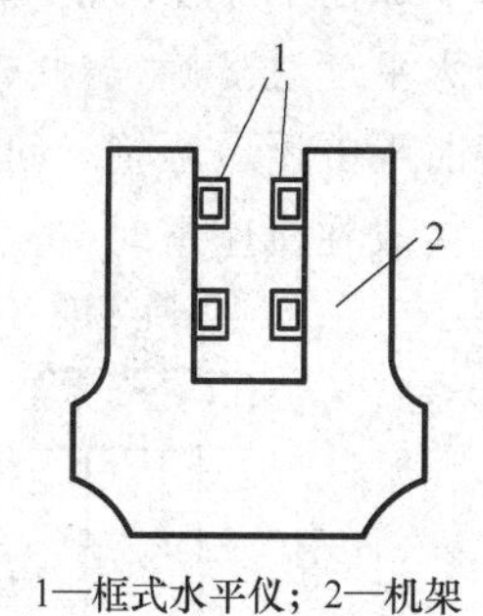

1—框式水平仪；2—机架

图 4－21　人字齿轮箱水平度的找正

➢ 下面以卧式车床和牛头刨床为例，说明找正设备水平度的方法。

ⅰ 卧式车床水平度的找正方法。找正卧式车床的水平度时，可将水平仪按纵、横方向放置在溜板上，如图 4－22 所示。在车床的两端测量纵、横方向的水平度。测出哪一面低，就打哪一面的斜垫铁。要反复测量，反复调整，直至合格为止。

ⅱ 牛头刨床水平度的找正方法。找正牛头刨床的水平度时，可将水平仪放在如图 4－23 所示的位置上，进行纵、横向水平度的测量。在横向导轨的两端测量横向水平度，在床身垂直导轨上检查纵向水平度。

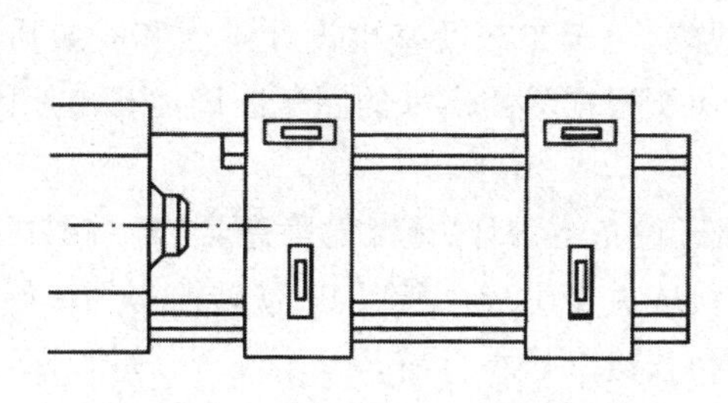

图 4－22　卧式车床水平度的找正方法

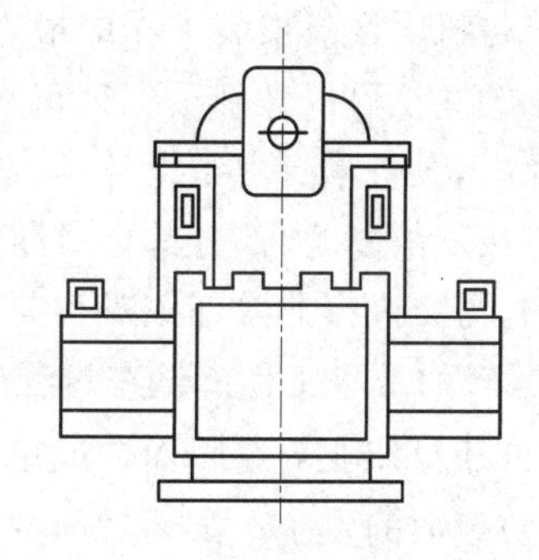

图 4－23　牛头刨床水平度的找正方法

➢ 找正设备的水平度时应注意以下几点：

ⅰ 在有斜度的面上测量水平时，可采用角度水平器或者制作样板。

ⅱ 在两个高度不同的加工面上用铸铁平尺测量水平度时，可在底面上加量块或制作精密垫块。

ⅲ 在小的测量面上可直接用框式水平仪检查，大的测量面先放上铸铁平尺，然后用框式水平仪检查。

ⅳ 铸铁平尺与测量表面之间应擦干净，并用塞尺检查，应接触良好。

ⅴ 框式水平仪在使用时应正、反各测一次，以纠正框式水平仪本身的误差。

ⅵ 天气寒冷时，应防止灯泡接近或人的呼吸等热源影响测量精度。

ⅶ 找正设备的水平度所用的框式水平仪和铸铁平尺等，必须经常检验和校正。

④ 调整设备标高和水平度的方法如下：

➢ 用楔铁调整。使用楔铁将设备升起，以调整设备的标高和水平度。

➢ 用小螺栓千斤顶调整，如图4-24所示。重量较小的设备，采用小螺栓千斤顶调整设备的标高和水平度最准确、方便，且省力、省时。调整时，只需用扳手提升螺杆，即可使设备起落。

➢ 用油压千斤顶调整。起落较重的设备时，可利用油压千斤顶。有时因基础妨碍，不能把千斤顶直接放在机座下时，可利用一块Z形弯板顶起，如图4-25所示。

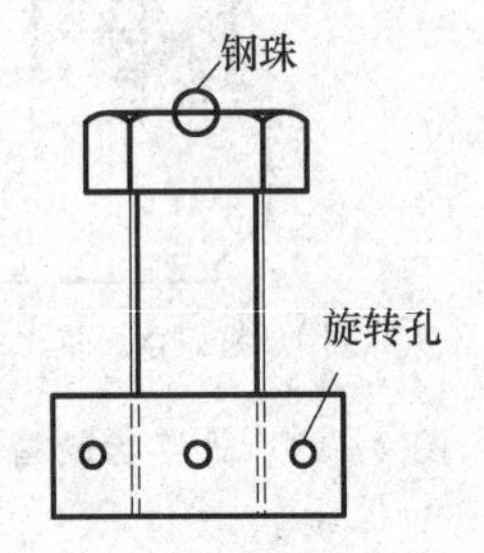

图4-24　用小螺栓千斤顶调整

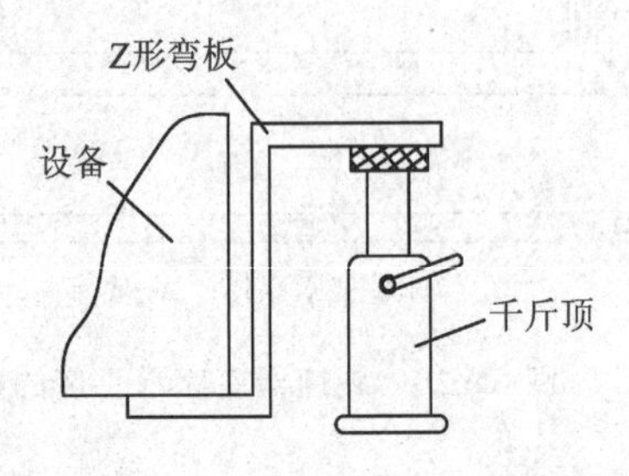

图4-25　用油压千斤顶调整

➢ 直接利用设备底部安装的调整垫铁进行调整，调整方法如前所述。

(4) 机电设备调整和检验

在机电设备找正后，即可进行设备的精度调整和功能调整，并对其性能指标进行检验。此部分内容详见第5章。

(5) 试运转

试运转是机电设备安装工作的最后一道工序，也是对安装施工质量的综合检验。安装施工质量优良的甚至可以做到一次试车成功。但是，多数情况下，在试车中都会发现一些问题。在试车过程中，设备本身由于设计、制造形成的缺陷，由于工艺及基础设计不当和安装质量不良等原因造成的故障，大部分都会暴露出来。因而要根据暴露出来的问题准确地找出原因，常常是困难的，需要进行非常仔细观察与分析。

① 试运转的准备工作。试车过程中，可能由于设备或设计、施工的隐患，或者组织指挥不当，操作人员违章作业等原因而造成重大设备事故或人身事故。所以，试运转前必须做好充分的准备，预防事故的发生。试运转前的准备工作包括以下三个方面：

➢ 熟悉设备及其附属系统的说明书和技术文件，了解设备的构造和性能，掌握操作程序、操作方法和安全操作规程。

➢ 编制试运转方案。方案应包括人员、试车程序和要求，试车指挥及现场联络信号，检查和记录的项目，操作规程，安全措施和万一发生事故时的应变措施等。

➢ 做好水电及试车所需物资的准备。

② 试运转的步骤。试运转的步骤应符合先试辅助系统后试主机，先试单机后联动试车，先空载试车后带负荷试车的原则。其具体步骤为：

➢ 辅助系统试运转。辅助系统包括机组或单机的润滑系统、水冷风冷系统。只有在辅助系统试运转正常的条件下才允许对主机或机组进行试运转。辅助系统试运转时，也必须先空载试车后带负荷试车。

➢ 单机及机组动力设备空载试运转。单机或机组的电动机必须首先单独进行空试。液压传动设备的液压系统的空载试车，必须先对管路系统试压合格后，才能进行空载试车。

➢ 单机空载试车。在前述试车合格后，进行单机空载试车。单机空载试车的目的是初步考查每台设备的设计、制造及安装质量有无问题和隐患，以便及时处理。

单机空载试运转前，首先清理现场，检查地脚螺栓是否紧固，检查非压力循环润滑的润滑点、油池是否加足了规定牌号的润滑油或润滑脂，电气系统的仪表、过荷保护装置及其他保护装置是否灵敏可靠。接着进行人工盘车(即用人力扳动机械的回转部分转动一至数周)，当确信没有机械卡阻和异常响声后，先瞬时启动一下(点动)，如有问题立即停车检查，如果没有问题就可进行空载试车。

对一般的设备，单机试车 2～4 h 就可以了，对大型和复杂的设备通常规定空试车 8 h。如果发现问题应立即停车处理，处理后仍须进行单机空试。

单机空试合格后，就可进行机组或整条作业线的联动空载试运转。联动空载试运转通常进行 8～24 h。

➢ 负荷联动试运转。在空载联动运转的基础上，进行负荷联动试运转。负荷联动试运转的原则是逐步加载。开始是进行 1/4 负荷联动试运转，然后逐步加载到半负荷试运转，再进行全负荷试运转。对于某些设备，为了检查其过载能力，还要进行超载试验。

负荷试运转通常要进行 3 天到一个星期的连续运转。通过负荷试运转，可以全面考核各台设备是否工作正常，能否达到设计的能力和规定的安装质量指标，各设备之间能否协调动作。负荷试运转也是对工艺设计的一次大检验，包括生产能力、产品和中间半成品的质量指标，各工艺环节的相互配合，设备选型是否正确等。所以负荷联动试车一般都由工艺和机械技术人员共同组成。

(6) 试运转完毕后应做的工作

① 切断机组的电源及动力来源。

② 消除压力或负荷。

③ 检查设备各主要部件的连接、齿面及滑动摩擦副的接触情况。例如：检查人字齿轮单边接触情况。

④ 检查及整理试车记录、安装、检测的原始数据等。

5. 机电设备的安装验收

① 在验收时应提供：竣工图或修改的施工图；设计修改文件；主要材料、机械加工零件和产品的出厂合格证；检验记录或试验资料；重要焊接工作的焊接质量评定书、检验记录、焊工考试合格证或复印件；隐蔽工程质量检查及验收记录；地脚螺栓、无垫铁安装和垫铁灌浆所用混凝土的配合比和强度试验记录；质量问题及其处理的有关文件和记录。并应提供出厂合格证等。

② 由相关人员组成验收小组，对设备的安装基础、使用安全性等进行检查，并进行设备的精度检验、性能检验和功能检验，详见第 5 章。

③ 在机电设备的各项技术指标合格后，办理交工验收手续。

6. 设备质保和维护

设备的质保期要求并不相同，根据不同情况可设定为一年或多年。在质保期内的设备损坏或不正常工作,设备供货厂家需及时进行现场维修和维护,以免影响正常生产。

在质保期内和在质保期过后,设备使用厂家应根据设备使用说明书和维修说明书进行设备的日常维护和保养,保证设备工作性能的稳定和使用寿命。

4.2.4 进行现场技术培训和提供必要的技术资料

1. 现场技术培训

在完成现场的安装调试后,需对现场相关人员,如操作工、设备维修工等进行技术培训,以使其掌握必要的操作及维修技能,能完成机电设备的正确操作和日常维护。

2. 提供必要的技术资料、备件及工具等

① 需提供给使用现场的技术资料包括:设备使用说明书、设备安装说明书、设备维护维修说明书等。在相关资料中应包括设备的总装图、部装图及易损件图等。

② 备件一般是由生产厂家提供的设备易损零件,如铜套轴瓦、模具冲头等。

③ 为了方便使用现场人员的操作和维护,有的生产厂家提供了常用的操作工具和必要的维修工具。

单元测试

4.3 数控机床的使用现场安装调试

数控机床由于其结构和控制方式的不同,其现场安装调试方法具有一定的特殊性。数控机床安装调试的目的是使数控机床恢复和达到出厂时的各项性能指标,为了保证数控机床的加工精度和性能要求,应该注意安装环境和安装调试方法。

4.3.1 安装的环境要求

数控机床的安装环境要求一般指地基、环境温度和湿度、电网、地线和防止干扰等。对于精密数控机床和重型数控机床,需要牢固和稳定的机床基础,否则数控机床的精度调整将难以进行。具体内容参见4.1节的使用现场的安装环境要求。

4.3.2 数控机床的安装

数控机床的安装包括基础施工、机床就位、连接组装和机床的通电试车。

1. 数控机床安装前准备工作

数控机床安装前的准备工作包括两方面:基础施工和机床的就位。使用单位在机床未到之前,需要按机床基础图做好机床基础,并应在安装地脚螺栓的位置做出预留孔。机床到达后在地基附近拆箱,仔细清点技术文件和装箱单,按照装箱单清点随机零部件和安装用工具。安装工作应按机床说明书中的规定进行,在地基上放置调整垫铁,用以调整机床水平度,把机床的基础件吊装就位在地基上,地脚螺栓按要求放入预留孔内。

2. 数控机床的连接组装

数控机床的连接组装是指将各分散的机床部件重新组装成整机的过程。机床连接组装前应先清除连接面、导轨和各运动面上的防锈涂料,清洗各部件外表面,再把清洗后的部件连接组装成整机。部件连接定位要使用随机带的定位销、定位块,使各部件恢复到拆卸前的位置与状态。

部件组装后要根据机床附带的电气接线图、液压接线图、气路图及连线标记把电缆、油管和气管正确连接,并检查连接部位有无松动和损坏,特别要注意接触的可靠性和密封性,防止异物进入气管和油管。电缆、气管和油管连接后要做好管线的就位固定工作。要检查系统柜内元件和接插件有无因运输造成的损坏,各接线端、连接线端、连接器和电路板有无松动,确保一切正常才能试车。

3. 机床通电试车

机床通电试车调整包括机床通电试运转和粗调机床的主要几何精度,其目的是考核机床安装是否稳固,各个传动、控制、润滑、液压和气动系统是否正常可靠。通电试车之前,按机床说明书要求给机床润滑油箱和润滑点灌注规定的油液和油脂,擦除各导轨及滑动面上的防锈涂料,涂上一层干净的润滑油。清洗液压油箱内腔油池和过滤器,灌入规定标号的液压油,接通气动系统的输入气源。

根据数控机床总电源容量选择从配电柜连接到机床电源开关的动力电缆,并选择合适的熔断器。检查供电电压波动范围,一般日本的数控系统要求电源波动在±10%以内,欧、美产的数控系统要求电源波动在±5%以内。要检查电源变压器和伺服变压器的绕组抽头连线是否正确,对于有电源相序要求的数控系统,如有错误应及时倒换相序。

机床接通电源后要采取各部件逐一供电试验,然后再进行总供电试验。首先CNC装置供电,供电前要检查CNC装置及监视器、MDI、机床操作面板、手摇脉冲发生器、电气柜的连线以及与伺服电机的反馈电缆连线是否可靠。在供电后要及时检查各环节的输入、输出信号是否正常,各电路板上的指示灯是否正常显示。为了安全,在通电的同时要做好按“急停”按钮的准备,以备随时切断电源。伺服电机的零位漂移自动补偿功能会使电机轴立即返回原位置,以后可以多次通、断电源,观察CNC装置和伺服驱动系统是否有零位自动补偿功能。

机床其他各部分依次供电。利用手动进给或手轮移动各坐标轴来检查各轴的运动情况,观察有无故障报警。如果有故障报警,要按报警内容检查连接线是否有问题,检查位置环增益参数或反馈参数等设定是否正确,否则予以排除。随后再使手动低速进给或手轮功能低速移动各轴,检查超程限位是否有效,超程时系统是否报警。最后进行返回基准点的操作,检查有无返回基准点功能以及每次返回基准点的位置是否一致。

4. 数控机床的精度调整

粗调床身水平度,调整机床的主要几何精度。调整组装后主要运动部件与主机的相对位置,如刀库、机械手与主机换刀位置校正、工作台自动交换装置(APC)的托盘站与机床工作台交换位置的找正等。

在以上工作完成后,用水泥灌注机床主体和各附件的地脚螺栓,把各地脚预留孔灌平,待水泥强度达到指标要求(一般为设计强度的75%),就可以进行机床精调工作。

4.3.3 数控机床的调试

数控机床的调试包括机床精度调整、机床功能测试和机床试运行。

1. 机床的精度调整

机床精度调整主要包括精调机床床身的水平度和机床的几何精度。机床地基固化之后,利用地脚螺栓和垫铁精调机床床身的水平。移动床身上各移动部件,观察各坐标轴全行程内主机的水平情况,并且调整相应的机床几何精度,使之在允许的范围内。机床精度调整使用的检测工具主要有精密水平仪、标准方尺、平尺、平行光管、千分表等。

对于带刀库、机械手的加工中心,必须精确校验换刀位置和换刀动作。让机床自动运动到刀具交换位置,在调整中使用校对芯棒进行检测。调整完毕后紧固各调整螺栓及刀库地脚螺栓,然后装上几把规定重量的刀柄,进行从刀库到主轴的多次往复自动交换,以动作准确无误、不撞击、不掉刀为合格。

对于带APC交换工作台的机床,把工作台移动到可交换的位置上,调整托盘站与交换台面的相对位置,要求工作台的自动交换动作正确无误,然后紧固各相关螺栓。

2. 机床的功能测试

机床的功能测试是指机床试车调整后,测试机床各项功能的过程。在机床功能测试之前,检查机床的数控系统参数和PLC的设定参数是否符合机床附带资料中规定的数据,然后试验各种主要的操作动作、安全装置、常用指令的执行,例如手动、点动、数据输入、自动运行方式、主轴挂挡指令、各级转速指令是否正确等。

3. 机床的试运行

数控机床安装调试完毕后,要求整机在带一定负载的条件下自动运行一段时间,较全面地检查机床的功能及可靠性。运行时间参照行业标准,一般采用每天8 h连续运行2~3天,或者每天24 h运行1~2天。此过程称为安装后的试运行。

数控机床进行试运行,主要是通过程序控制进行的。此程序考机过程,可以采用机床生产厂家调试时使用的考机程序,也可自行编写考机程序。考机程序中应包括数控系统主要功能的使用,自动换刀库中2/3以上数量的刀具,主轴的最高(最低)及常用转速、快速和常用的进给速度,工作台面的自动交换,主要M指令的使用。试运行时,机床刀库的大部分刀架应装上接近规定质量的刀具,交换工作台应装上一定负荷。在试运行过程中,除了操作失误引起的故障外,不允许机床有其他故障出现,否则视为机床的安装调整有问题或机床质量不合格。

思考与练习题

1. 机电设备的现场安装条件是什么?
2. 机电设备的现场安装步骤和方法是什么?
3. 简述数控机床的使用现场安装调试有哪些内容?
4. 一次灌浆和二次灌浆的作用和特点是什么?是如何实施的?
5. 地脚螺栓的分类与安装方法是什么?其各自的应用特点如何?
6. 机电设备找正的内容有哪些?是如何进行设备找正的?
7. 机电设备的安装基础有哪些类型?设备安装基础的要求如何?

第 5 章　机电设备的验收

教学目的和要求

了解机电设备验收的分类、必要性和常见标准等内容。初步掌握数控机床的精度检验、性能检验、功能检验和验收的方法及步骤。掌握机电设备检验和验收的相关基本概念，具备机电设备检验和验收的基本能力。

教学内容摘要

① 机电设备验收的分类及内容。

② 数控机床的精度检验和性能检验。

③ 数控机床的功能检验和验收。

教学重点、难点

重点：掌握机电设备的精度、性能及功能检验的方法和步骤。

难点：机电设备的精度检验和测量。

教学方法和使用教具

教学方法：讲授法，案例法，实验法。

建议教学时数

8 学时理论课；2 学时实践课。

教学视频

5.1　机电设备验收概述

机电设备作为现代制造技术的基础装备，随着其广泛应用与普及，设备验收工作也越来越受到重视。一台机电设备从订购到正式投入使用，一般要经过工艺认证、设备订购、设备预验收、运抵工厂、最终验收和交付使用等环节。新设备在运输过程中会产生振动和变形，到达用户现场的设备精度与出厂精度已产生偏差；在设备安装就位的过程中，以及使用精度检测仪器在设备相关部件上进行几何精度的调整时，也会对机电设备的精度产生一定影响。因此，必须对设备的几何精度、位置精度及性能指标做全面检验，才能保证设备的工作性能要求。

新的机电设备在验收前必需进行检验，而检验的主要目的是为了判别设备是否符合相应的技术指标，判别设备能否按照预定的目标完成工作。在进行数控机床验收时，往往通过加工一个具有代表性的典型零件，但是对于更具有通用性的机电设备来说，这种检验方法显然不能提供足够的信息来精确地判断设备的整体精度指标。只有通过对设备的几何精度和位置精度进行检验，才能反映出设备本身的综合制造精度。对于安装在生产线上的设备，还需通过对工序能力和生产节拍的考核来评判设备的工作能力。

对于数控设备，其精度验收方法同普通设备类似，验收的内容和方法及使用的仪器也基本相同，只是要求更严、精度更高，所用检测仪器的精度也要求更高。与普通设备相比，数控设备增加了数控功能，也就是数控系统按程序指令实现的一些自动控制功能，包括各种补偿功能等，这是普通设备所没有的。数控功能检验，除了通过手动操作和自动运行来检验之外，更重要的是检验其稳定性和可靠性。对其重要功能必须进行较长时间连续空运转考验,证明确实安全可靠后才能正式交付使用。

5.1.1 机电设备验收的必要性

机电设备精度最终是靠设备本身的精度保证的,数控设备性能的好坏、数控功能能否正常发挥将直接影响设备的正常使用。因此,数控设备的精度和性能检验,对新设备的初始使用和对旧设备维修调整后技术指标的恢复非常重要。同样,对任何集机、电、液、气于一体的机电设备验收,无论是预验收,还是最终验收,都直接关系到设备功能、可靠性、精度及综合加工能力的发挥。

机电设备的功能、精度及结构的复杂程度直接关系到设备验收的复杂性,其中最具代表性的机电设备就是数控机床,数控机床验收是一项非常复杂的工作,包括对设备的机、电、液、气子系统和整机综合性能、单项性能的各项检测,另外还需对设备进行刚度和热变形等一系列试验,这对检测手段、技术指标和所用检具都有很高的要求。

在实际检验工作中,往往有很多用户在新设备验收时都忽视了设备精度检验,以为新设备在出厂时已做过检验,在实际使用现场只需调整一下设备安装水平度或者试加工出合格的零件就认为设备已通过验收,而往往忽视了以下几方面的问题:

① 机电设备通过运输环节到达现场,由于运输过程中产生的振动和变形,其水平基准与出厂检验时的状态已不同,此时设备的几何精度与其在出厂检验时的精度产生了偏差。

② 即使忽略运输环节的影响,设备水平度调整也会对相关的几何精度指标产生影响。

③ 对于数控设备,由于位置检测元件如编码器、光栅尺等直接安装在设备丝杠和床身上,进行设备几何精度调整会对其位置检测精度产生一定影响。

④ 由位置检测得到的定位精度偏差,可以直接通过数控系统的误差补偿功能及时修正,从而改善设备的位置精度。

⑤ 气压、温度、湿度等外部条件发生改变,也会对设备位置精度产生影响。

综上所述,检验新设备时,仅采用考核试加工零件精度的方法来判别设备的整体质量,并以此作为验收的唯一标准是远远不够的,必须对设备的几何精度、位置精度及性能指标做全面检验。只有这样才能保证设备的工作性能,否则就会影响设备的安装和使用,造成经济损失。

机电设备到达用户现场、完成初次调试验收后,并不意味着调试工作的彻底结束。在实际生产中,经常采用不正确的设备管理方法,即设备安装调试完成并投入使用后,只有等到其加工精度达不到产品工艺要求时,才停工调整。因企业无法接受这样的停工损失,所以在日常工作中经常采取多自由度测量方法快速评估设备误差,即在一次安装调试后同时测量设备的多个精度指标,从而大量减少测试时间,这样小企业也可以提前控制加工过程,最终趋向零故障,并减少对事后检查的依赖。

5.1.2 机电设备验收的分类

按照机电设备验收的地点和先后次序,机电设备的验收可分为以下两个阶段。

1. 在制造企业的预验收

机电设备预验收的目的是检查设备采购合同的履约进度，技术条款执行的完整性和准确性，主要关注、检查、验证机床的重要技术指标的保证程度，能否满足用户的加工质量及生产效率要求，检查供应商提供的资料、备件是否齐全完整。制造企业(供应商)只有在机电设备通过正常试运行加工，并在加工件检验合格的条件下，才能进行预验收。

预验收的主要工作内容包括：

① 机电设备的各技术参数是否达到合同要求。

② 机电设备的运行是否正确可靠。

③ 机电设备的几何精度及位置精度是否合格。

④ 检验机电设备主要零部件是否按合同要求制造。

⑤ 对合同没有提到的公理性检验项目，如发现不满意处可向生产厂家提出，以便及时改进。

⑥ 对于机床等设备，应通过试件的加工，检查是否达到精度要求。

⑦ 做好预验收记录，包括精度检验状况及需要改进部分，并由生产厂家签字。

如果预验收通过，就意味着用户同意该机电设备向用户厂家发货，当货物到达用户所在地后，用户将支付该设备的大部分金额。所以，预验收是非常重要的步骤，不容忽视。

2. 在设备采购方的最终验收

对用户来说的最终验收，主要是根据订货合同和生产厂家提供的产品合格证上规定的验收条件及实际可能提供的检测手段，全部或部分地检测设备合格证上的各项指标，并将检测数据记入设备技术档案中，作为日后维修的依据。

不同的机电设备都有相关的验收标准。例如对于机床设备，不管是预验收还是最终验收，所采用的验收标准都应满足国家标准《金属切削机床通用技术条件》(GB 9061—1988)中的规定。

例如：数控机床的最终验收步骤及内容如下：

(1) 开箱检验

开箱检查主要检查装箱单、合格证、操作维修手册、图样资料、数控设备参数清单及光盘等随机资料；对照购置合同及装箱单清点附件、备件、工具的数量、规格及完好状况。如发现上述资料和物品短缺、规格不符或严重质量问题，要及时向有关部门汇报，并及时进行查询、取证或索赔等紧急处理。

(2) 外观检查

检查数控设备主体结构、操作面板、位置检测装置、电源等部件是否破损；检查电缆捆扎处是否破损；对安装有脉冲编码器的伺服电动机，要特别检查电动机外壳的相应部分有无磕碰痕迹。验收人员逐项如实填写“设备开箱验收登记卡”并整理归档。

(3) 数控设备的功能检查

数控设备的功能检查包括数控设备的性能检查和动作功能检查两方面内容，下面以数控机床为例进行说明。

对于机床的性能检查，主要检查主轴系统、进给系统、自动换刀系统以及附属系统的性能；动作功能检查则按照订货合同和机床说明书的规定，分别用手动方式和自动方式逐项检查数控系统的主要功能和选择功能。

主轴性能的检查包括用手动方式试验主轴动作的灵活性和可靠性;用数据输入(MDI)方式,使主轴实现从低速到高速旋转各级转速变换,同时观察机床的振动和主轴的温升;试验主轴准停装置的可靠性和灵活性;对有齿轮挂挡的主轴箱,还应多次试验自动挂挡,其动作应准确可靠。

进给系统性能的检查,要求分别对各坐标轴进行手动操作,试验正反方向不同进给速度和快速移动的起、停、点动等动作的灵活性和可靠性;用数据输入方式测定点定位和直线插补下的各种进给速度;用回原点方式(REF)检验各伺服驱动轴的回原点可靠性。

自动换刀系统的性能要求,主要检查自动换刀系统的可靠性和灵活性,测定自动交换刀具的时间。另外,机床空转时总噪声不得超过标准规定的85 dB。除上述的机床性能检查项目外,对润滑装置、安全装置、气液装置和各附属装置也应进行性能检查。

数控设备动作的功能检查,一般由用户制定一个检验程序(也称考机程序)或动作流程,让机床在空载下自动运行8～16 h。检查程序中要尽可能包括机床应有的全部动作功能、主轴的各种转速、坐标轴的各种进给速度、换刀装置的每个刀位、台板转换等。对数控机床的图形显示、自动编程、参数设定、诊断程序、参数编程、通信功能等选择功能则进行专项检查。

(4) 数控设备的精度验收

数控设备的精度验收主要指数控设备的几何精度验收,其综合反映了机床各关键部件精度及其装配质量与精度,是设备验收的主要依据之一。数控机床的几何精度检查与普通机床基本类似,使用的检测工具和方法也很相似,只是检验要求更高,主要依据与标准是厂家提供的合格证所示各项技术指标。

5.1.3 机电设备验收的常见标准

机电设备验收,应当遵循一定的规范进行。数控机床作为当代机电设备的典型代表,其验收检验标准和手段都具有代表性,因此本教材取用数控机床的验收为例进行说明。针对数控机床的验收标准有很多,通常按性质可以分为两大类,即通用类标准和产品类标准。

1. 通用类标准

此类标准规定了数控机床调试验收的检验方法、测量工具的使用、相关公差的定义、机床设计、制造、验收的基本要求等,如标准《机床检验通则》(GB/T 17421.1—1998)第1部分(在无负荷或精加工条件下机床的几何精度)、《机床检验通则》(GB/T 17421.2—2000)第2部分(数控轴线的定位精度和重复定位精度的确定)、《机床检验通则》(GB/T 17421.4—2003)第4部分(数控机床的圆检验)等同于ISO 230标准。

2. 产品类标准

此类标准规定了具体类型机床的几何精度和工作精度的检验方法,以及机床制造和调试验收的具体要求,如我国的《加工中心技术条件》(JB/T 8801—1998)、《加工中心检验条件》(JB/T 8771.1—1998)第1部分(卧式和带附加主轴头机床几何精度检验)、《加工中心检验条件》(GB/T 18400.6—2001)第6部分(进给率、速度和插补精度检验)等。具体类型的机床应当参照合同约定和相关的中外标准进行具体的调试验收。

在实际的验收过程中,有许多的设备采购方采用德国VDI/DGQ3441标准或日本的JISB6201、JISB6336、JISB6338标准或国际标准ISO 230。不管采用什么样的标准,需要特别注意的是不同的标准对“精度”的定义差异很大，验收时一定要弄清各标准精度指标的定义及计算方法。

5.2　数控机床的验收准备

5.2.1　数控机床的供货检查及外观检查

数控机床是计算机数字控制机床（Computer Numerical Control）的简称，通常简写为CNC。以下几节以数控机床为例，进行机电设备验收的说明。

1. 数控机床的供货检查

用户设备管理部门应及时组织设备管理人员、设备安装人员以及设备采购人员等进行检查。如果是国外进口设备，检查时须有进口商务代理和海关商检人员等参加。检验的主要内容是供需双方按照随机装箱单和合同，对设备逐一进行核对检查，并做记录。

数控机床的主要检查项目如下：

① 机床外观有无明显损坏，是否有锈蚀、脱漆现象。

② 校对应有的随机操作、维修及使用说明书，图样资料，合格证等技术资料是否齐全。

③ 按合同规定，对照装箱单清点附件、备件、工具的数量、规格及完好状况。

④ 核对调整垫铁、地脚螺栓等安装附件的品种、规格和数量。

⑤ 随带刀具（刀片）等的品种、规格和数量。

⑥ 电气元器件的品种、规格和数量是否符合订货要求。

⑦ 检查主机、数控柜、操作台等有无明显碰撞损伤、变形、受潮或锈蚀。

如果发现货物损坏或遗漏，应及时与有关部门或制造商联系解决。特别应注意进口设备的索赔期限，以减少损失。

2. 数控机床的外观检查

① 机床电气检查。打开机床电控箱，检查继电器、接触器、熔断器、伺服电动机驱动控制单元插座等有无松动，如有松动应恢复正常状态，有锁紧机构的接插件一定要锁紧；有转接盒的机床一定要检查转接盒上的插座，接线有无松动，有锁紧机构的应锁紧。

② CNC 数控装置（电箱）检查。打开 CNC 电箱门，检查各类接口插座、伺服电动机的反馈信号线插座、主轴脉冲发生器插座、手摇脉冲发生器插座等。如有松动要重新插好，有锁紧机构的一定要锁紧。按照说明书检查各个印制线路板上的短路端子的设置情况，一定要符合机床生产厂设定的状态，确认有误的应重新设置。如无须重新设置，用户也一定要对短路端子的设置状态做好原始记录。

③ 接线质量检查。检查所有的接线端子，包括强电、弱电部分在装配时机床生产厂自行接线的端子及各电机电源线的接线端子。每个端子都要用工具紧固一次，直到用工具拧不动为止。各电动机插座一定要拧紧。

④ 电磁阀检查。所有电磁阀都要用手推动数次，以防止长时间不通电造成的动作不良，如发现异常，应做好记录，以备日后确认修理或更换。

⑤ 电气开关检查。检查所有限位开关动作灵活性及固定的牢固程度，发现其动作失效或固定不牢应立即处理；检查操作面板上所有按钮、开关、指示灯的接线，发现有误应立即处理；

检查CRT单元上的插座及接线。

⑥ 地线检查。要求有良好的地线。测量机床地线的接地电阻不大于4～7 Ω。

5.2.2 数控机床的场地安装质量检查

数控机床的初就位就是按照技术要求将机床安装、固定在基础上,以获得确定的坐标位置和稳定的运行性能。数控机床的安装质量对其加工精度和使用寿命有直接的影响。选择机床安装位置应避开阳光直射或强电、强磁干扰,选择清洁、空气干燥和温差较小的环境。对小型数控机床来说,初就位工作相对简单,而大中型数控机床由于运输等多种原因,机床厂家在发货时已将机床解体成几个部分,到用户厂家后要进行重新组装和重新调试,难度比较大,其中数控系统的调试比较复杂。

1. 机床的安装环境检查

数控机床安装前应仔细阅读机床安装说明书,按照说明书的机床基础图或《动力机器基础设计规范》做好安装基础。机床安装位置的环境温度应为15～25 ℃,每天温差不得超过5 ℃。当被加工件精度要求低于机床出厂精度时,环境温度范围可放宽至15～35 ℃。检测环境应符合GB/T 17421.2—2 000标准的规定,相对湿度小于75%,空气中粉尘浓度不大于10 mg/m^3,不得含酸、盐和腐蚀气体,且机床应远离热源和热流。机床安装处应保证有足够的空间以满足装卸的需要,并且应留有机床的维修区域以及自由搬运机床的通道。

初步确定数控机床的安装位置后,应仔细确定机床的重心及重心位置;与机床连接的电缆、管道的位置及尺寸;地脚螺栓、预埋件的预留位置。中小型机床安装基础处理可按照《工业建筑地面设计规范》执行,重型、精密机床应安装在单独基础上,精密机床还应加防振措施,应保证振动小于0.5 g(g为重力加速度)。

2. 机床的就位情况检查

机床就位首先要确定床身位置与机床床身安装孔位置的对应关系。在基础养护期满并完成清理工作后,将调整机床水平用的垫铁、垫板逐一摆放到位,然后通过吊装的方法使机床的基础件(或整机)就位,同时将地脚螺栓放进预留孔内,并通过调整垫铁、地脚螺栓将机床安装在准备好的地基上。机床安装时,先用楔形铁将机床垫起在地基之上,通过楔形铁调节机床水平,然后在地脚预留孔处,进行二次灌浆,固定机床。

机床吊装应使用制造商提供的专用起吊工具,不允许采用其他方法。如不需要专用工具,应采用钢丝绳按照说明书的规定部位吊装。机床吊运时应垂直吊运、摆放,确保平衡,避免受到撞击与振动;在机床吊运所用钢丝绳与零部件之间应放置软质毡垫防止擦伤机床。在任何情况下,机床吊装一定要在专业人员监督指导下进行,以免造成不应有的损失。

机床安装后,地基易产生下沉现象。因此,机床验收合格并使用一段时间后,应重新调整机床的安装水平,纵横向水平度误差不超过(0.03/1 000) mm,并按机床合格证明书的精度项目复检机床的几何精度。

3. 机床部件的组装情况检查

机床部件的组装是指将运输时分解的机床部件重新组合成整机的过程。组装前注意做好部件表面的清洁工作,将所有导轨和各滑动面、接触面和定位面上的防锈涂料清洗干净,然后准确可靠地将各部件连接组装成整机。

在组装立柱、数控柜、电气柜、刀具库和机械手的过程中，机床各部件之间的连接定位均要求使用原装的定位销、定位块和其他定位元件。这样，各部件在重新连接组装后，能够更好地还原机床拆卸前的组装状态，保持机床原有的制造和安装精度。

在完成机床部件的组装之后，根据机床说明书中的电气接线图和气压、液压管路图，将有关电缆和管路按标记一一对号连接。连接时特别要注意可靠地插接和密封连接到位，并防止出现漏油、漏气和漏水现象，特别要避免污染物进入液压、气压管路，以避免造成整个液压、气压系统故障。电缆和管路连接完毕后，应做好各管线的固定工作，安装防护罩壳，保证整齐的外观。总之，要力求使机床部件的组装达到定位精度高、连接牢靠、构件布置整齐等良好的安装效果。

完成数控机床组装之后，需要进行水平调整。一般数控机床的绝对水平度误差控制在0.04/1 000 mm的范围之内。对于数控车床，除了水平度和不扭曲度达到要求外，还应进行导轨直线度的调整，确保导轨的直线度为凸的合格水平。对于铣床和加工中心机床，应确保运动水平(工作台导轨不扭曲)也在合格范围内。水平调整合格后，才可以进行机床的试运行。

4. 数控系统的连接情况检查

数控系统的连接包括外部电缆连接、地线连接和电源线连接。

① 外部电缆的连接。外部电缆连接是指数控装置与外部MDI/CRT单元、强电柜、机床操作面板、进给伺服电动机动力线与反馈线、主轴电动机动力线与反馈信号线的连接及与手摇脉冲发生器等的连接。应使其符合随机提供的连接手册的规定。

地线连接一般采用辐射式接地法，即数控单元中的信号地与强电地、机床地等连接到公共接地点上，公共接地点再与大地相连。数控单元与强电柜之间的接地电缆的截面积，一般应大于5.5 mm^2。公共接地点与大地接触要好，接地电阻一般要求不大于4～7 Ω。

② 数控系统电源线的连接。电源线的连接指数控单元电源变压器输入电缆的连接和伺服变压器绕组抽头的连接。应特别注意国外机床生产厂家提供的变压器有多个抽头，连接时必须根据我国供电的具体情况正确地连接。应在切断数控柜电源开关的情况下连接数控柜内电源变压器的输入电缆。

③ 对应设定的确认。数控系统内的印制线路板上有许多用短路棒短路的设定点，需要对其适当设定以适应各种型号机床的不同要求。

④ 输入电源电压、频率及相序的确认。除交流电源外，各种数控系统内部都有直流稳压电源，为系统提供所需的+5 V、±5 V、+24 V等直流电压，应进行必要的检查。在系统通电前，应检查这些电源的负载是否有对地短路现象，可用万用表来确认。

⑤ 检查直流电源单元的电压输出端是否对地短路。

⑥ 接通数控柜电源，检查各输出电压。在接通电源之前，为了确保安全，可先将电动机动力线断开。接通电源之后，首先检查数控柜中各个风扇是否旋转，就可确认电源是否已接通。

⑦ 检查数控系统各种参数的设定。

⑧ 检查数控系统与机床侧的接口。

完成上述步骤，可以认为数控系统已经初步调整完毕，具备了与机床联机通电试车的条件。此时，在数控机床不上电的情况下，连接电动机的动力线，恢复报警设定。

在完成数控机床的连接之后，进行整机调试之前，应按照要求加装规定的润滑油、液压油、切削液，并接通气源。

5.2.3 数控机床验收工具的准备

常用的数控机床检测工具有精密方箱、平行光管、测微仪、精密水平仪、直角规、杠杆式百分表、高精度检验芯棒等。精密花岗石方箱见图5-1(a);平行光管及检测设备见图5-1(b);测微仪见图5-1(c),其中左图为机械式测微仪,右图为电感测微仪;高精度检验芯棒见图5-1(d)。

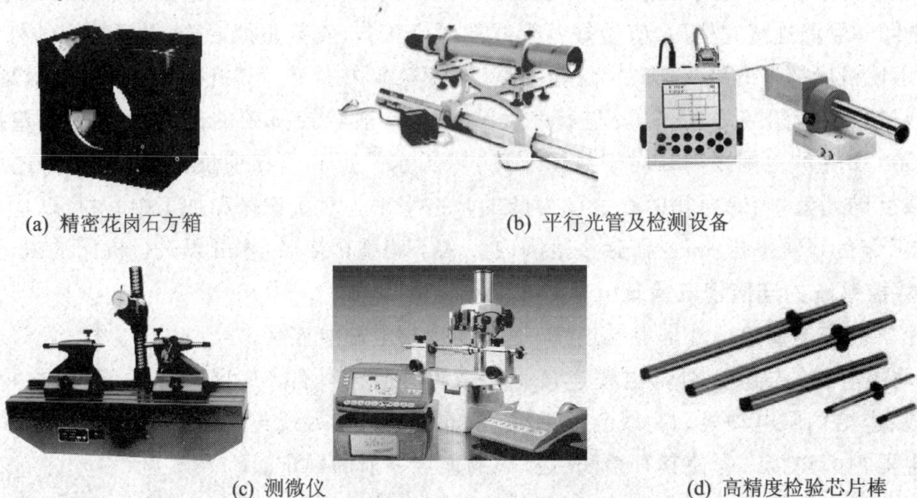

(a) 精密花岗石方箱　(b) 平行光管及检测设备

(c) 测微仪　(d) 高精度检验芯片棒

图5-1　几何精度检测常用工具

检测工具和仪器的精度必须比所测几何精度高一个等级,并应注意检测工具和测量方法造成的误差,如表架的刚性、测微仪的重力、验棒自身的振动和弯曲等造成的误差。

以下重点对杠杆式百分表、精密水平仪、花岗岩直角规和双频激光干涉仪的使用方法加以介绍。

1. 杠杆式百分表

杠杆式百分表由测定子、表盘、固定板和指针等组成,其外形如图5-2所示。常用于狭窄间隙、沟槽内部、孔壁直线度、同轴度、移转高度、外垂直面、工件高度或孔径、多部位工件表面的检测以及狭槽中心对中操作等。

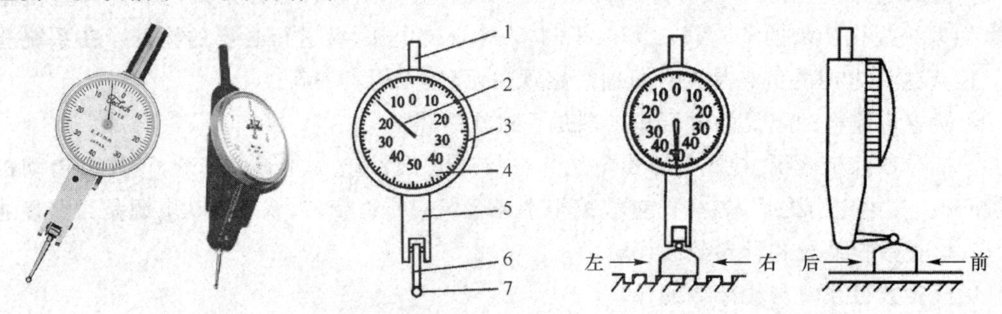

1—固定杆;2—指针;3—刻度;4—表盘;5—固定板;6—测头;7—测定子

(a) 杠杆式百分表外观　(b) 杠杆式百分表的组成　(c) 杠杆式百分表的测量方法

图5-2　杠杆式百分表外形和结构组成

检测前应将百分表安装在辅助工具上，测定子与被测物设定约成 10°夹角，以便使用表 5－1 所列的角度修正系数修正测量结果。修正方法为：正确值＝测点值×修正系数。例如：杠杆式百分表读数为 0.005、设定角度为 10°时，查表得修正系数为 0.98，则正确值＝0.005×0.98＝0.004 9。

正式测量前应移动杠杆式百分表使其有适当的压入量，归零后才能进行检测。例如用读数值为 0.002 mm 的百分表测量，压入量约为 5～6 μm。

表 5－1　角度修正系数

角　度	修正系数	角　度	修正系数
10°	0.98	40°	0.77
20°	0.94	50°	0.64
30°	0.87	60°	0.5

杠杆式百分表的固定方法，如图 5－3 所示。当测量圆形被测物的外圆时，测定子必须布置在逆时针方向以减少测量阻力，同时保持合适的设定角度，如图 5－4 所示。

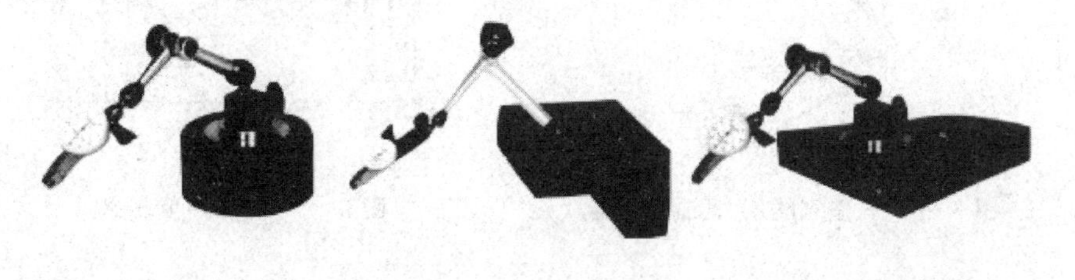

图 5－3　百分表的固定

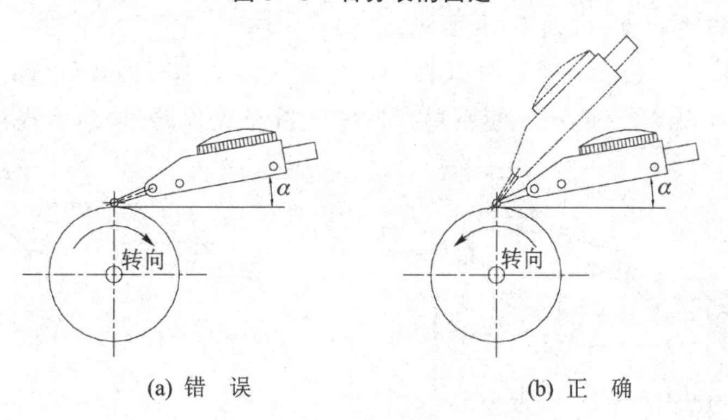

(a) 错　误　　(b) 正　确

图 5－4　外圆测量设定

在使用杠杆式百分表之前，应检查其是否在有效期限之内，并确认各部分机械性能良好。用夹具夹持时应确保固定牢固性，避免掉落。在使用过程中用力应适当，避免碰撞。维持使用环境温度，不要将百分表直接暴露在油或水中，以及灰尘大及肮脏的地方。使用后应谨慎从支架上取下，放置在避免阳光直射的适当位置。整体用干净的绒布擦拭，表心部分擦拭干净后可敷上低黏度量仪油的薄层保养。

① 狭窄及难触及平面的测量。杠杆式百分表可借助测定子的接触测量狭窄间隙，如图 5－5 所示。

② 孔壁直线度、同轴度测量。使用常规百分表常因观察区域的阻碍，以致检验无法进行。内孔面静态孔壁直线度或转动工件同轴度的测量，常用杠杆式百分表进行检验，如图 5－6 所示。

③ 转移高度测量。借助杠杆平移或转移高度到工件表面，可从精密高度规、块规获得标

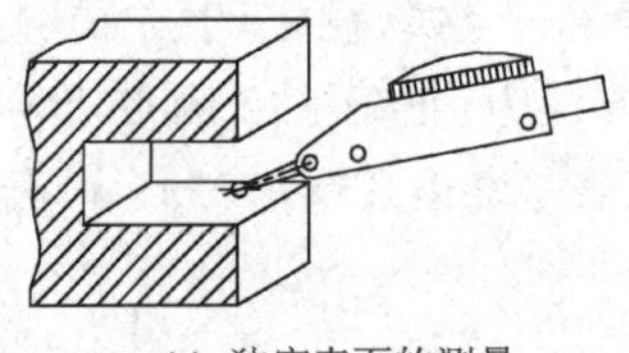

(a) 狭窄表面的测量

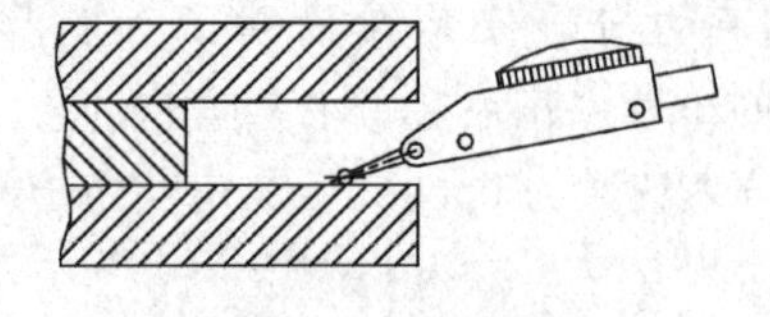

(b) 难触及表面的测量

图5-5　狭窄和难触及平面的测量

准高度。测量时,精密高度规、杠杆式百分表及工件三者均应放在同一平台上,以保证测量精度。测量方法如图5-7所示。

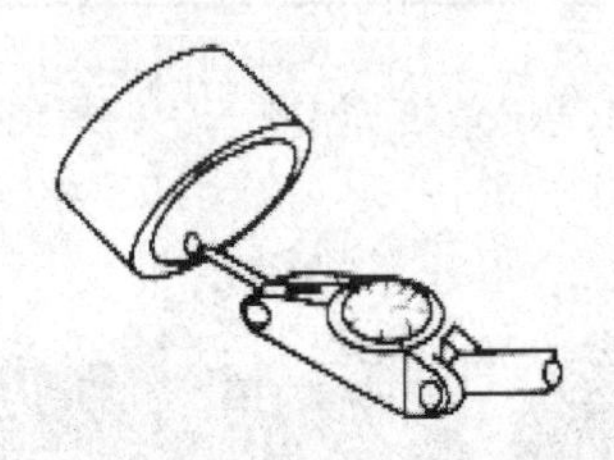

图5-6　孔壁直线度、同轴度测量

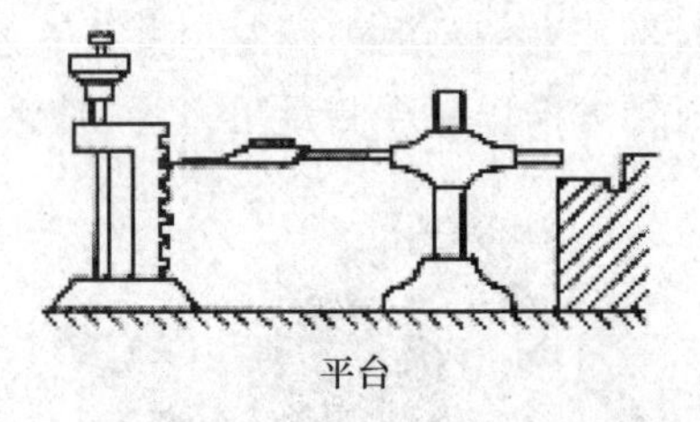

图5-7　转移高度测量

④ 槽内壁检验。采用测杆可调整240°的杠杆百分表,其可弯折的触杆适合探测槽垂直面的直线度、平行度或垂直度,如图5-8所示。

⑤ 外垂直面检验。使用垂直杠杆式百分表检验工件的垂直面,可以确定工作平面与垂直面间的几何关系,如图5-9所示。使用垂直杠杆式百分表检验时,应能提供观察百分表的适宜位置。

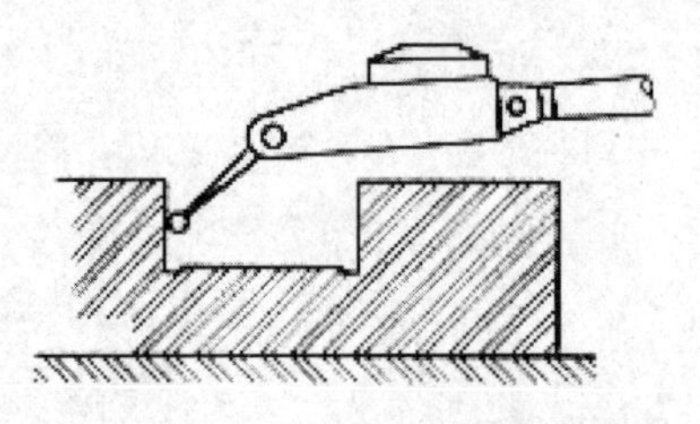

图5-8　槽内壁测量

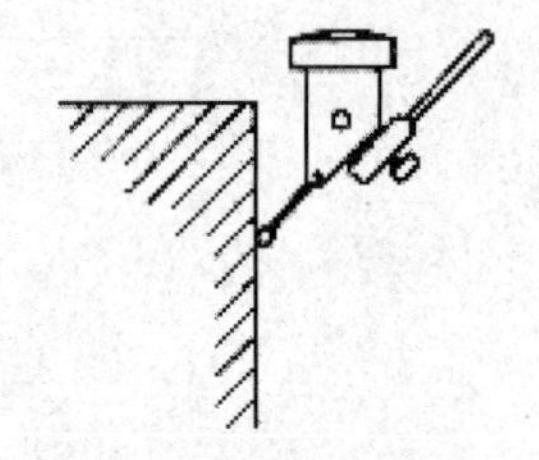

图5-9　外垂直面检验

⑥ 多部位工件面的同时检查。当工件的几处被检表面的位置非常靠近,且必须与工作中心轴比较时,如偏心量与圆度的检验,使用杠杆式百分表所占空间位置较为狭小,可同时使用几个杠杆式百分表并朝向相同方向,实现多部位工件面的一次检验。

2. 精密水平仪

精密水平仪,主要用于机械工作台或平板的水平检验,以及倾斜方向与角度的测量。使用前应将其表面的灰尘、油污等清洁干净;检验外观是否有受损痕迹,再用手沿测量面检查是否有毛刺;检验各零件装置是否稳固。使用中应避免与粗糙面滑动摩擦,不可接近旋转或移动的物件,避免造成意外卷入。使用完毕后应使用酒精将水平仪底部与各部位擦拭干净,将水平仪底部与未涂装的部分涂抹一层防锈油防止生锈造成水平仪底部产生凹凸面,并存放在温度、湿度变化小的场所。

测量时将水平仪放置于待测物上，确认水平仪的基座与待测物面稳固贴合，并等到水平仪的气泡不再移动时读取其数值。被测平面的高度差按如下方法计算：

高度差＝水平仪的读数值(格)×水平仪的基座的长度(m)×水平仪精度(mm/m)

例如：水平仪精度为 0.02 mm/m，水平仪的基座的长度为 1 m，水平仪的读数值为 5 时，高度差＝(5×1×0.02) mm＝0.1 mm。

3. 花岗岩直角规

花岗岩直角规，适用于工件垂直度的测量。使用前应检查其是否在有效期之内，花岗岩直角规各工作部位有无损伤。使用中严防掉落、冲击的状况发生，严禁使用此仪器进行规格以外的测量工作。花岗岩直角规使用后用酒精将灰尘等清除，再以擦拭纸擦拭干净，存放于无灰尘、湿度低及无太阳直射的场所。长时间放置须擦拭保养油保护。

正式检验时应保证工件表面的光滑平整，工件或直角规须放置于花岗岩平台等的精密基础平面上进行测量。使用千分表接触归零后缓缓移动工件或直角规，以比较测量或直接测量的方法测定垂直度是否符合标准。

4. 双频激光干涉仪

双频激光干涉仪常用于精确测量相对位移量，是现代国际机床标准中规定使用的数控机床精度检测验收的测量设备，测量状态如图 5－10 所示。下面以美国惠普公司生产的 HP5528A 双频激光干涉仪为例介绍其工作原理和操作方法。

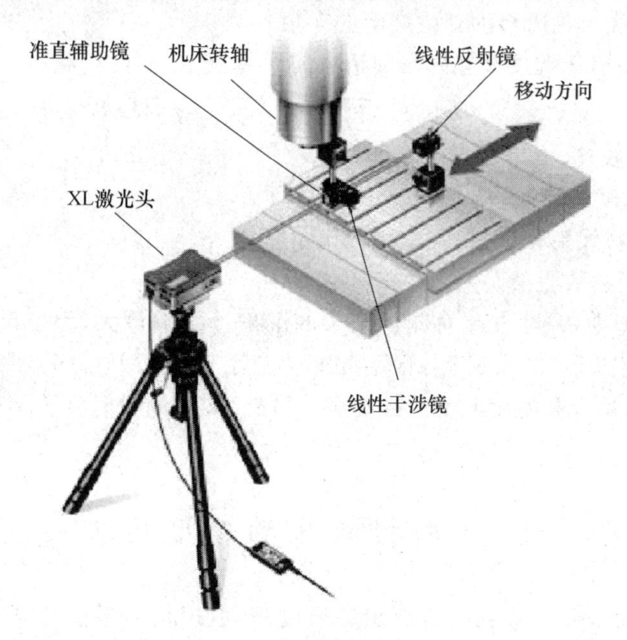

图 5－10　双频激光干涉仪在数控机床定位精度测量中的使用

(1) 测量原理

由激光头激光谐振腔发出的 He-Ne 激光束经激光偏转控制系统分裂为频率分别为 f_1 和 f_2 的线偏振光束，经取样系统分离出一部分光束被光电检测器接收作为参考信号，其余光束经回转光学系统放大和准直，被干涉镜接收反射到光电检测器上。机床运动使干涉镜和反射镜之间发生相对位移，两束光发生干涉效应，产生频移 $\pm\Delta f$，光电检测器接收到的频率信号

$(f_1-f_2\pm\Delta f)$和参考信号(f_1-f_2)被送到测量显示器,经频率放大、脉冲计数,送入数字总线,最后经数据处理系统进行处理,得到所测量的位移量,即可评定数控机床的定位精度。

(2) 测量方法

完成双频激光干涉仪测量系统各组件的连接,然后在需测量的机床坐标轴线方向安装光学测量装置。调整激光头,使双频激光干涉仪的光轴与机床移动的轴线处在一条直线上,即将光路调准直。待激光预热后输入测量参数,按规定的测量程序运动机床进行测量。计算机系统将自动进行数据处理并输出结果。

(3) 测量误差分析

用双频激光干涉仪检验数控机床定位精度的测量误差主要来自双频激光干涉仪的极限误差、安装误差和温度误差。

双频激光干涉仪的极限误差为

$$e_1=\pm 10^{-7}L \tag{5-1}$$

式中:L——测量的长度,m。

安装误差主要是由测量轴线与机床移动的轴线不平行而引起的误差(由于光路准直,θ值趋于0,此项误差忽略不计):

$$e_2=\pm 10L(1-\cos\theta) \tag{5-2}$$

式中:L——测量的长度,m;

θ——测量轴线与机床移动轴线之间的夹角。

温度误差主要由机床温度和线膨胀而造成的误差:

$$e_3=\pm L\sqrt{(\delta_t+a)^2+(\delta_t+\delta_a)^2} \tag{5-3}$$

式中:L——测量的长度,m;

δ_t——机床温度测量误差;

α——机床材料线膨胀系数;

δ_a——线膨胀系数测量误差。

在各项测量误差中,温度误差对测量结果的准确性影响最大,为了保证测量结果的准确性,测量环境温度应满足(20±5)℃,且温度变化应小于±0.2 ℃/h。测量前应使机床等温12 h以上,同时要尽量提高温度测量的准确度。另外,如果测量时安装不得当,所造成的误差也是不可忽略的。

5.3 数控机床的精度验收

数控机床的精度验收比普通机床要求的精度高,数控机床精度的关联指标项较多、较复杂,与普通机床的精度验收存在差异,因此需作重点说明。

数控机床精度验收主要包括几何精度、定位精度和切削精度的验收。

数控机床的几何精度综合反映了机床各关键零部件及其组装后的几何形状误差,许多项目间会产生相互影响。因此,几何精度验收检测工作必须在机床精调后一次完成,不允许调整一项检测一项。若出现某一单项经重新调整才合格的情况,则所有几何精度的验收检测工作必须重做。

数控机床的定位精度是指数控机床各坐标轴在数控装置控制下所达到的运动位置精度。

定位精度取决于数控系统和机械传动误差的大小,能够从加工零件达到的精度反映出来。主要检测内容有直线运动的定位精度和重复定位精度、回转运动的定位精度及重复定位精度、直线运动反向误差(失动量)、回传运动反向误差(失动量)和原点复归精度。

数控机床的切削精度是一项综合精度,它不仅反映机床的几何精度和位置精度,同时还包括试件的材料、环境温度、刀具性能以及切削条件等各种因素造成的误差。切削精度的检测可以是单项加工,也可以加工一个标准的综合性试件。单项加工检查内容主要有孔加工精度、平面加工精度、直线加工精度、斜线加工精度和圆弧加工精度等。

5.3.1　数控机床的几何精度检验

数控机床的几何精度检验与普通机床的检验方法差不多,使用的检测工具和方法也相似。主要检测项目有 x、y、z 轴的相互垂直度;主轴回转轴线对工作台面的平行度;主轴在 z 轴方向移动的直线度、主轴端面圆跳动和径向圆跳动。每项几何精度的具体测量方法可按《金属切削机床精度检测通则》(JB 2674—82)、《数控卧式车床 精度检验》(GB/T 16462—1996)、《加工中心检验条件》(JB/T 8771.1—1998)等有关标准的要求进行,也可按机床生产时的几何精度检测项目要求进行。

根据数控机床的加工特点及使用范围,要求其加工零件外圆的圆度和圆柱度、加工平面的平面度在规定的公差范围之内。对位置精度也要达到一定的精度等级,以保证被加工零件的尺寸精度和形位公差。

数控机床的几何精度综合反映了该机床的各关键零部件及其组装后的几何形状误差。机床的调整将对相关的精度产生一定影响,几何精度中有些项目是相互联系、相互影响的。位置检测元件安装在机床相关部件上,几何精度的调整会对其产生一定的影响。因此,机床几何精度检测必须在机床精调后一次完成,不允许调整一项检测一项。

机床在出厂时都附带一份几何精度测试结果的报告,其中说明了每项几何精度的具体检测方法和合格标准,这份资料是在用户现场进行机床几何精度检测的重要参考资料。依据这些资料和实际现场能够提供的检测手段,部分或全部地测定机床验收资料上的各项技术指标。检测结果作为该机床的原始资料存入技术档案中,作为今后维修时的技术指标依据。

1. 数控立式铣床几何精度检验

数控铣床的三个基本直线运动轴构成了空间直角坐标系的三个坐标轴,因此三个坐标应该互相垂直。铣床几何精度均围绕着“垂直”和“平行”展开。

数控铣床的几何精度检测内容和检测方法如下:

(1) 数控立式铣床的几何精度检测内容

① 机床调平。

② 检测工作台面的平面度。

③ 主轴锥孔轴线的径向跳动、主轴端面跳动、主轴套筒径向跳动。

④ 主轴轴线对工作台面的垂直度。

⑤ 主轴箱垂直移动对工作台面的垂直度。

⑥ 主轴套筒移动对工作台面的垂直度。

⑦ 工作台 x 轴方向或 y 轴方向移动对工作台面的平行度。

⑧ 工作台 x 轴方向移动对工作台基准(T形槽)的平行度。

⑨ 工作台 x 轴方向移动对 y 轴方向移动的工作垂直度。

(2) 数控立式铣床的几何精度检验方法

① 机床调平。机床调平的检验方法如图 5-11 所示。将工作台置于导轨行程的中间位置,将两个精密水平仪分别沿 x 和 y 坐标轴置于工作台中央;调整机床的垫铁高度,使水平仪气泡处于读数中间位置;分别沿 x 和 y 坐标轴全行程移动工作台,观察水平仪读数的变化,调整机床垫铁的高度,使工作台沿 x 和 y 坐标轴全行程移动时水平仪读数的变化范围小于2格,且读数处于中间位置即可。

② 检测工作台面的平面度。检验方法是用平尺检测工作台面的平面度误差,应在规定的测量范围内。当所有被检测点被包含在与该平面的总方向平行并相距给定值的两个平面内时,则认为该平面的平面度符合要求。如图 5-12 所示,首先在检验面上选 A、B、C 点作为零位标记,将 3 个等高量块放在这 3 点上,则此 3 个量块的上表面就确定了测量基准面;将平尺置于 A 点和 C 点的等高量块上,并在检验面上点 E 处放一个可调量块,使其与平尺的小表面接触;此时,量块 A、B、C、E 的上表面均在同一平面上。再将平尺放在 B 点和 E 点上,即可找到 D 点的偏差;在 D 点放一个可调量块,并将其上表面调到由已经就位的量块上表面所确定的平面上;将平尺分别放在 A 点和 D 点及 B 点和 C 点上,即可找到被检面上 A 点和 D 点及 B 点和 C 点之间的偏差。其余各点之间的偏差可用同样的方法找到。

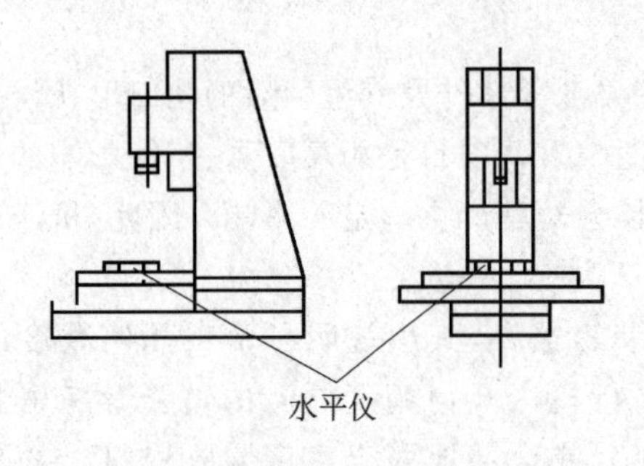

图 5-11 机床调平

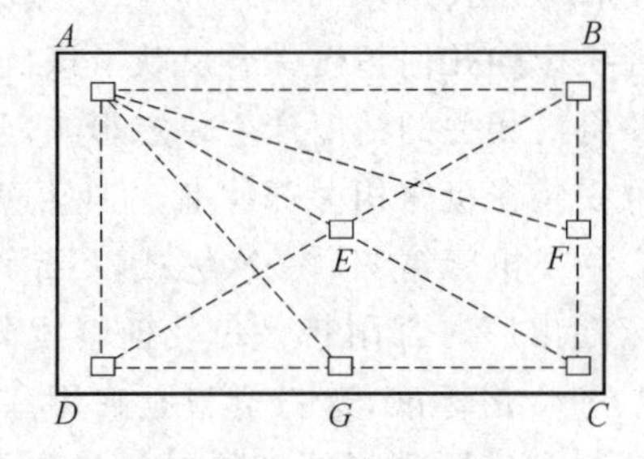

图 5-12 平面度检测

③ 主轴锥孔轴线的径向跳动、主轴端面跳动和主轴套筒径向跳动的检测。检验方法如图 5-13 所示。将验棒插在主轴锥孔内,百分表安装在机床的固定部件上,百分表测头垂直触及被测表面,旋转主轴,记录百分表的最大读数差值,在 a、b 处分别测量。标记验棒与主轴的圆周方向的相对位置,取下验棒,同向分别旋转验棒 90°、180°、270°后重新插入主轴锥孔,在每个位置分别检测,取 4 次检测的平均值作为主轴锥孔轴线的径向跳动误差。

检测主轴端面跳动、主轴套筒径向跳动的方法,如图 5-14 所示。

④ 主轴轴线对工作台面的垂直度。检验工具有平尺、可调量块、百分表和表架,检验方法如图 5-15 所示。将带有百分表的表架装在主轴上,并将百分表的测头调至平行于主轴轴线,被测平面与基准面之间的平行度偏差可以通过百分表测头在被测平面上摆动的检查方法测得。主轴旋转一周,百分表读数的最大差值即为垂直度偏差。分别在 $x-z$、$y-z$ 平面内记录百分表在相隔 180°两个位置上的读数差值。为消除测量误差,可在第一次检验后将验具相对于主轴转过 180°再重复检验一次。

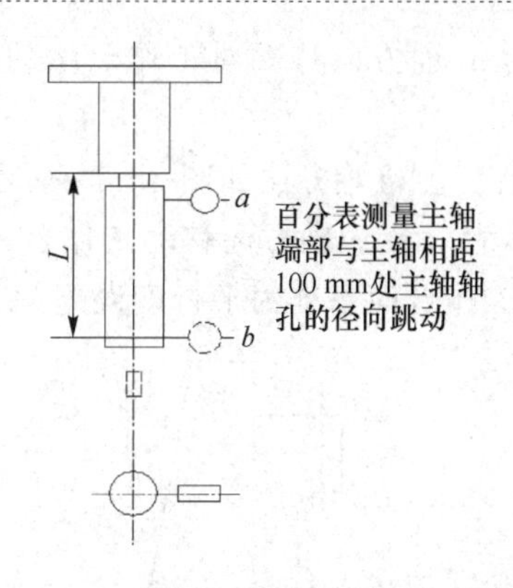

图 5-13　主轴锥孔轴线的径向跳动检测

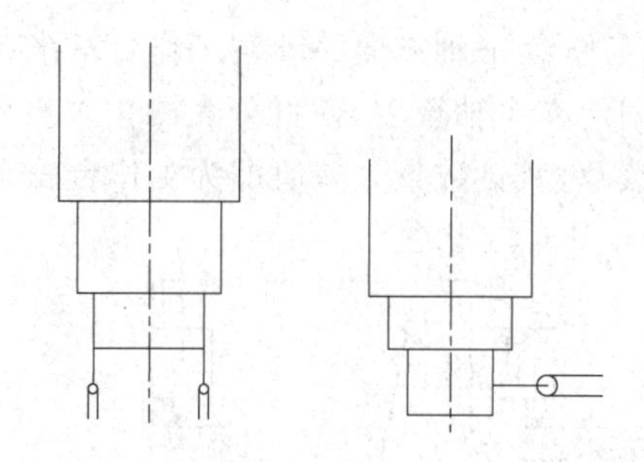

图 5-14　主轴端面跳动和主轴套筒径向跳动检测

⑤ 主轴箱垂直移动对工作台面的垂直度。检验工具有等高块、平尺、角尺和百分表，检验方法如图 5-16 所示。将等高块沿 y 轴方向放在工作台上，平尺置于等高块上，将角尺置于平尺上(在 $y-z$ 平面内)，百分表固定在主轴箱上，百分表测头垂直触及角尺，移动主轴箱，记录百分表读数及方向，其读数最大差值即为在 $y-z$ 平面内主轴箱垂直移动对工作台面的垂直度误差；同理，将等高块、平尺、角尺置于 $x-z$ 平面内重新测量一次，百分表读数最大差值即为在 $x-z$ 平面内主轴箱垂直移动对工作台面的垂直度误差。

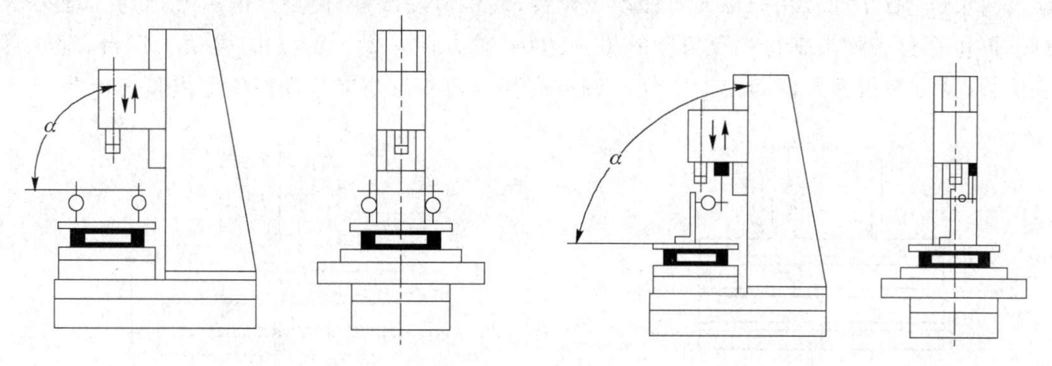

图 5-15　主轴轴线对工作台面的垂直度检测

图 5-16　主轴箱垂直移动对工作台面的垂直度检测

⑥ 主轴套筒移动对工作台面的垂直度。检验工具有等高块、平尺、角尺和百分表，检验方法如图 5-17 所示。将等高块沿 y 轴方向放在工作台上，平尺置于等高块上，将角尺置于平尺上，并调整角尺位置使角尺轴线与主轴轴线重合；百分表固定在主轴上，百分表测头在 $y-z$ 平面内垂直触及角尺，移动主轴，记录百分表读数及方向，其读数最大差值即为在 $y-z$ 平面内主轴套筒垂直移动对工作台面的垂直度误差；同理，百分表测头在 $x-z$ 平面内垂直触及角尺，重新测量一次，百分表读数最大差值为在 $x-z$ 平面内主轴套筒垂直移动对工作台面的垂直度误差。

⑦ 工作台 x 轴方向或 y 轴方向移动对工作台面的平行度。检验工具为等高块、平尺和百分表，检验方法如图 5-18 所示。将等高块沿 y 轴方向放在工作台上，平尺置于等高块上，把百分表测头垂直触及平尺，沿 y 轴方向移动工作台，记录百分表读数，其读数最大差值即为工作台 y 轴方向移动对工作台面的平行度误差；将等高块沿 x 轴方向放在工作台上，沿 x 轴方

向移动工作台,重复测量一次,其读数最大差值即为工作台 x 轴方向移动对工作台面的平行度误差。

⑧ 工作台 x 轴方向移动对工作台基准(T形槽)的平行度。检验方法如图5-19所示,把百分表固定在主轴箱上,使百分表测头垂直触及基准(T形槽),沿 x 轴方向移动工作台,记录百分表读数,其读数最大差值即为工作台 x 轴方向移动对工作台面基准的平行度误差。

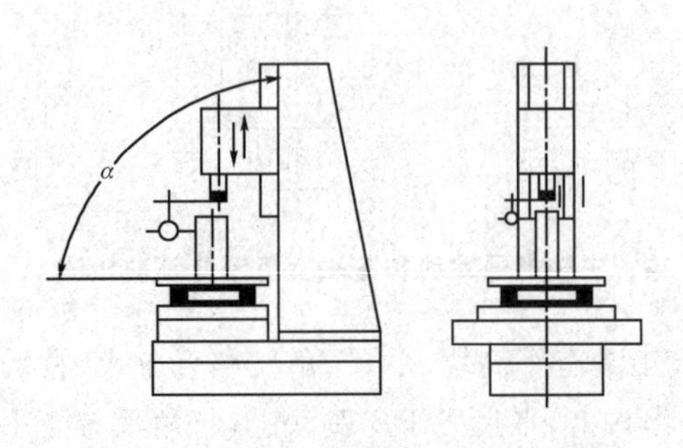

图5-17 主轴移动对工作台面的垂直度检测

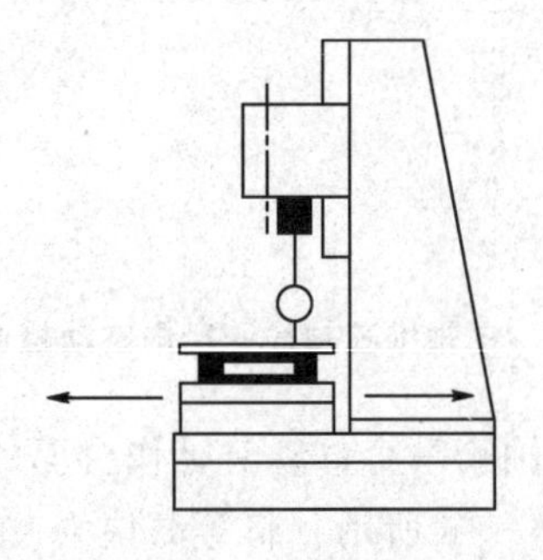

图5-18 工作台移动对工作台面的平行度检测

⑨ 工作台 x 轴方向移动对 y 轴方向移动的工作垂直度。检验方法如图5-20所示,使工作台处于行程的中间位置,将角尺置于工作台上,把百分表固定在主轴箱上,使百分表测头垂直触及角尺(y 轴方向),沿 y 轴方向移动工作台,调整角尺位置,使角尺的一个边与 y 轴轴线平行。再将百分表测头垂直触及角尺的另一边(x 轴方向),沿 x 轴方向移动工作台,记录百分表读数,其读数最大差值即为工作台 x 轴方向移动对 y 轴方向移动的工作垂直度误差。

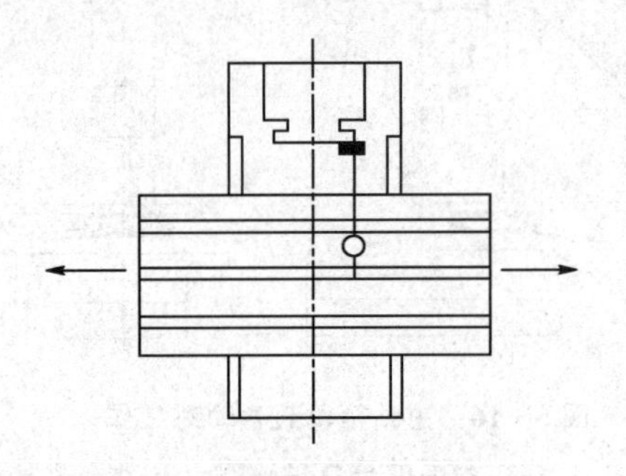

图5-19 工作台 x 轴方向移动对工作台基准的平行度检测

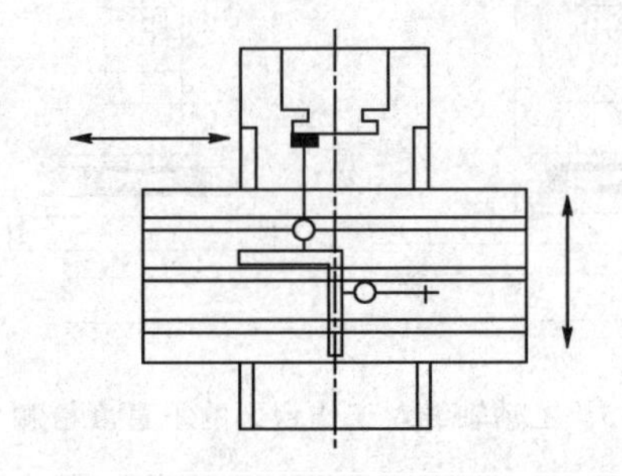

图5-20 工作台 x 轴方向移动对 y 轴方向移动的垂直度检测

将上述各项检测项目的测量结果记入表5-2中。

表5-2 数控机床几何精度检验数据记录表

机床型号	机床编号	环境温度	检验人	检验日期

序 号	检验项目	允差范围/mm	检验工具	实测误差/mm
G0	机床调平	0.06/1 000		
G1	工作台面的平面度	0.08/全长		
G2	靠近主轴端部主轴锥孔轴线的径向跳动	0.01		
	距主轴端部 L=100 mm 处主轴锥孔轴线的径向跳动	0.02		

续表 5－2

序　号	检验项目	允差范围/mm	检验工具	实测误差/mm
G3	$y-z$ 平面内主轴轴线对工作台面的垂直度	0.05/300($\alpha \leqslant 90°$)		
	$x-z$ 平面内主轴轴线对工作台面的垂直度			
	主轴的端面跳动	0.01		
	主轴套筒的径向跳动	0.01		
G4	$y-z$ 平面内主轴箱垂直移动对工作台面的垂直度	0.05/300($\alpha \leqslant 90°$)		
	$x-z$ 平面内主轴箱垂直移动对工作台面的垂直度			
G5	$y-z$ 平面内主轴套筒移动对工作台面的垂直度	0.05/300($\alpha \leqslant 90°$)		
	$x-z$ 平面内主轴套筒移动对工作台面的垂直度			
G6	工作台沿 x 轴方向移动对工作台面的平行度	0.056($\alpha \leqslant 90°$)		
	工作台沿 y 轴方向移动对工作台面的平行度	0.04($\alpha \leqslant 90°$)		
G7	工作台沿 x 轴方向移动对工作台面基准(T形槽)的平行度	0.03/300		
G8	工作台沿 x 轴方向移动对 y 轴方向移动的工作垂直度	0.04/300		
P1	M 面平面度	0.025		
	M 面对加工基面 E 的平行度	0.030		
	N 面和 M 面的相互垂直度	0.030/50		
	P 面和 M 面的相互垂直度			
	N 面对 P 面的垂直度			
	N 面对 E 面的垂直度			
	P 面对 E 面的垂直度			
P2	通过 x、y 坐标的圆弧插补对圆周面进行精铣的圆度	0.04		

2. 数控车床几何精度检验

几何精度检测的项目一般包括直线度、垂直度、平面度、俯仰与扭摆和平行度等。

(1) 数控卧式车床的几何精度检测内容

① 床身导轨的直线度和平行度。

② 拖板在水平平面内移动的直线度。

③ 尾座移动对拖板 z 向移动的平行度。

④ 主轴跳动。

⑤ 主轴定心轴颈的径向跳动。

⑥ 主轴锥孔轴线的径向跳动。

⑦ 主轴轴线对拖板 z 向移动的平行度。

⑧ 主轴顶尖的跳动。

⑨ 尾座套筒轴线对拖板 z 向移动的平行度。

⑩ 尾座套筒锥孔轴线对拖板 z 向移动的平行度。

⑪ 床头和尾座两顶尖的等高度。

⑫ 刀架 x 轴方向移动对主轴轴线的垂直度。

(2) 数控车床的几何精度检验方法

① 床身导轨的直线度和平行度。检验工具为精密水平仪,检验步骤如下:

➢ 纵向导轨调平后,床身导轨在垂直平面内的直线度检验方法,如图5-21所示。水平仪沿 z 轴方向放在拖板上,沿导轨全长等距离地在各位置上检验,记录水平仪的读数,并用作图法计算出床身导轨在垂直平面内的直线度误差。

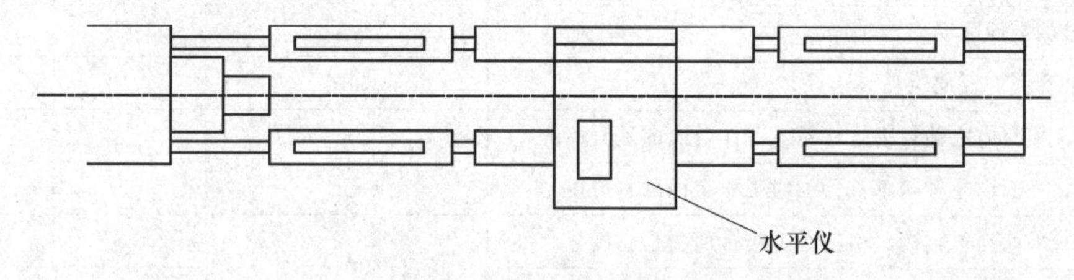

图5-21 在垂直平面内床身导轨的直线度测量

➢ 横向导轨调平后,床身两导轨平行度的检验方法,如图5-22所示。水平仪沿 x 轴方向放在拖板上,在导轨上移动拖板,记录水平仪读数,其读数最大值即为床身导轨的平行度误差。

② 拖板在水平平面内移动的直线度。检验工具是验棒和百分表,检验方法如图5-23所示。将验棒顶在主轴和尾座顶尖上;再将百分表固定在拖板上,百分表水平触及验棒母线;全程移动拖板,调整尾座,使百分表在行程两端读数相等,检测拖板移动在水平平面内的直线度误差。

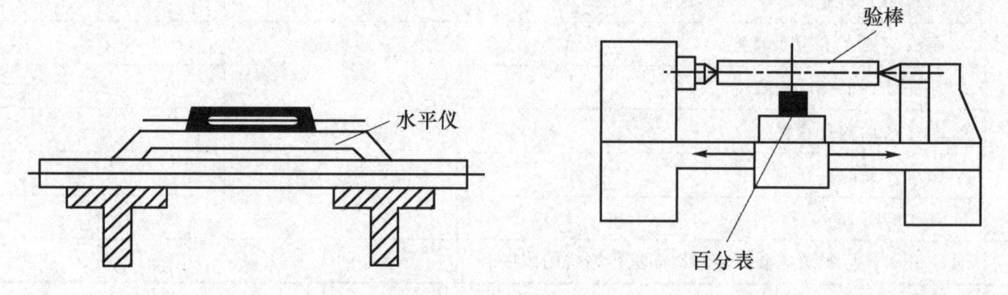

图5-22 横向导轨调平后床身导轨的平行度测量 **图5-23 在水平平面内的拖板直线度测量**

③ 尾座移动对拖板 z 向移动的平行度。分别在垂直平面和水平平面内,检测尾座移动对拖板 z 向移动的平行度。

检验工具是两个百分表,检验方法如图5-24所示。将尾座套筒伸出后,按正常工作状态锁紧,同时使尾座尽可能靠近拖板,把安装在拖板上的第二个百分表相对于尾座套筒的端面调整为零;拖板移动时也要手动移动尾座直至第二个百分表的读数为零,使尾座与拖板相对距离保持不变。按此法使拖板和尾座全行程移动,只要第二个百分表的读数始终为零,则第一个百分表即可指示出相应平行度误差;或沿行程在每隔300 mm处记录第一个百分表读数,百分表读数的最大差值即为平行度误差。第一个百分表分别在图中 a、b 处测量,误差单独计算,即对应在垂直平面、水平平面的平行度。

④ 主轴跳动。主轴跳动包括:主轴的轴向窜动、主轴轴肩支承面的端面跳动。

检验工具是百分表和专用装置,检验方法如图5-25所示。用专用装置在主轴线上加力 F(F 的值为消除轴向间隙的最小值),把百分表安装在机床固定部件上,然后使百分表测头沿主轴轴线分别触及专用装置的钢球和主轴轴肩支承面;旋转主轴,百分表读数最大差值即为主轴的轴向窜动误差和主轴轴肩支承面的端面跳动误差。

⑤ 主轴定心轴颈的径向跳动。检验工具是百分表，检验方法如图 5－26 所示。把百分表安装在机床固定部件上，使百分表测头垂直于主轴定心轴颈，并触及主轴定心轴颈；旋转主轴，百分表读数最大差值即为主轴定心轴颈的径向跳动误差。

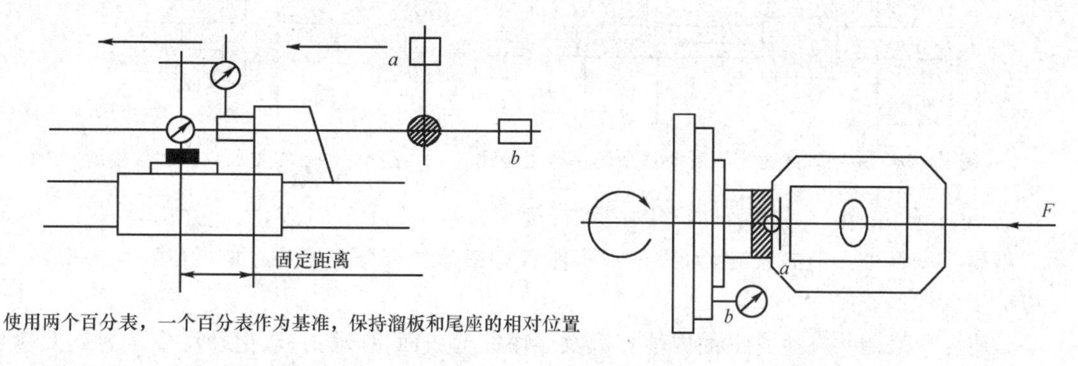

图 5－24　尾座移动对拖板 z 向移动的平行度检测

图 5－25　主轴轴肩支承面的端面跳动和轴向窜动检测

⑥ 主轴锥孔轴线的径向跳动。检验工具是百分表和验棒，检验方法如图 5－27 所示。将验棒插在主轴的锥孔内，把百分表安装在机床固定部件上，使百分表测头垂直触及验棒表面。旋转主轴，记录百分表的最大读数差值。如图在 a、b 处分别测量；标记验棒与主轴圆周方向的相对位置，取下验棒，同向分别旋转验棒 90°、180°、270°后重新插入主轴锥孔，在每个位置分别检测；计算 4 次检测的平均值，即为主轴锥孔轴线的径向跳动误差。

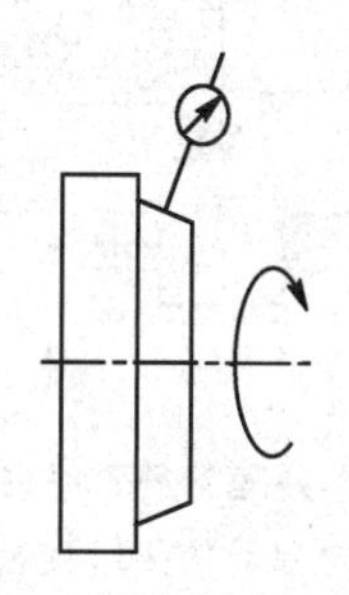

图 5－26　主轴定心轴颈的径向跳动检测

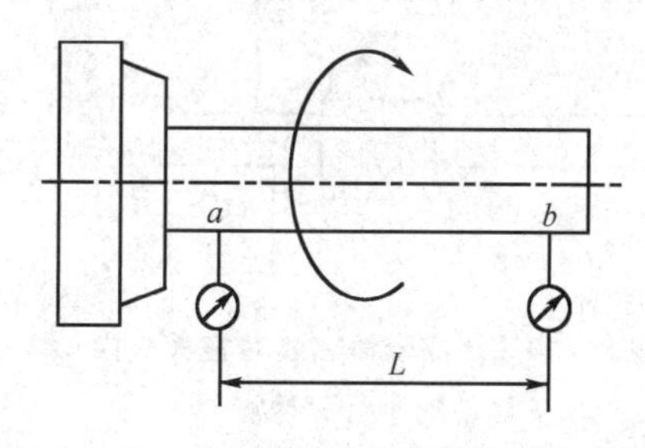

图 5－27　主轴锥孔轴线的径向跳动检测

⑦ 主轴轴线对拖板 z 向移动的平行度。检验工具是百分表和验棒，检验方法如图 5－28 所示。将验棒插在主轴的锥孔内，把百分表安装在拖板（或刀架）上，然后按以下步骤执行：

➢ 使百分表测头在垂直平面内垂直触及验棒表面（a 位置），移动拖板，记录百分表的最大读数差值及方向；旋转主轴 180°，重复测量一次，取两次读数的算术平均值作为在垂直平面内主轴轴线对拖板 z 向移动的平行度误差。

➢ 使百分表测头在水平平面内垂直触及验棒表面（b 位置），按上述方法重复测量一次，即得在水平平面内主轴轴线对拖板 z 向移动的平行度误差。

⑧ 主轴顶尖的跳动。检验工具是百分表和专用顶尖，检验方法如图 5－29 所示。将专用顶尖插在主轴的锥孔内，把百分表安装在机床的固定部件上，使百分表的测头垂直触及被测表面，旋转主轴，记录百分表的最大读数差值，即得主轴顶尖的跳动误差。

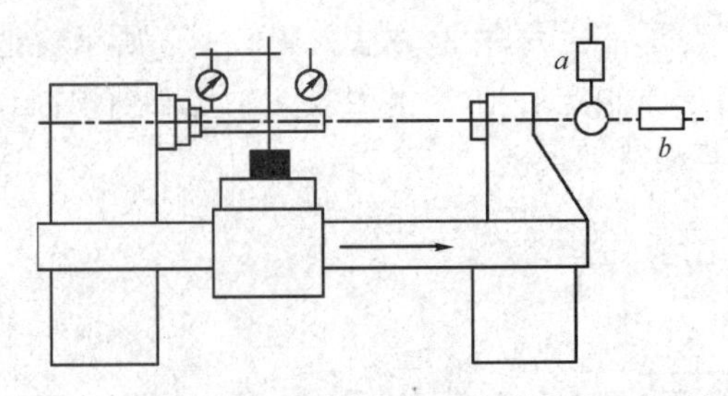

图5-28 主轴轴线对拖板 z 向移动的平行度检测

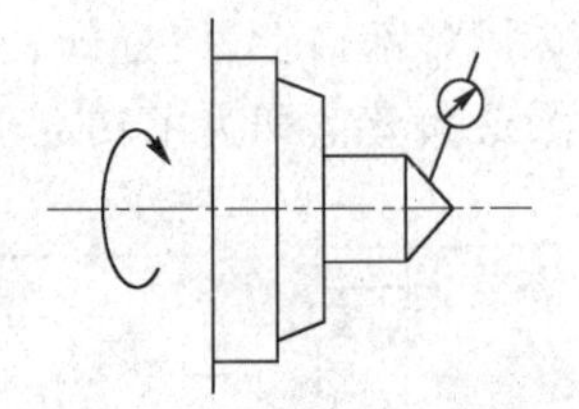

图5-29 主轴顶尖的跳动检测

⑨ 尾座套筒轴线对拖板 z 向移动的平行度。检验工具是百分表,检验方法如图5-30所示。将尾座套筒伸出有效长度后,按正常工作状态锁紧。百分表安装在拖板(或刀架)上,然后按以下步骤执行:

➢ 使百分表测头在垂直平面内垂直触及尾座筒套表面,移动拖板,记录百分表的最大读数差值及方向,即得在垂直平面内尾座套筒轴线对拖板 z 向移动的平行度误差。

➢ 使百分表测头在水平平面内垂直触及尾座套筒表面,按上述方法重复测量一次,即得在水平平面内尾座套筒轴线对拖板 z 向移动的平行度误差。

⑩ 尾座套筒锥孔轴线对拖板 z 向移动的平行度。检验工具是百分表和验棒,检验方法如图5-31所示。尾座套筒不伸出并按正常工作状态锁紧;将验棒插在尾座套筒锥孔内,百分表安装在拖板(或刀架)上,然后按以下步骤执行:

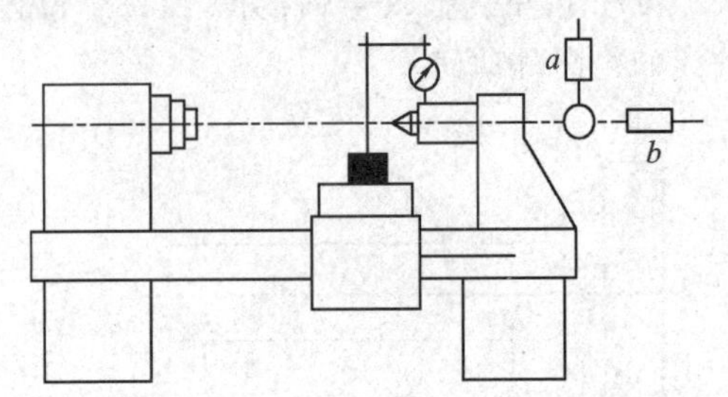

图5-30 尾座套筒轴线对拖板 z 向移动的平行度检测

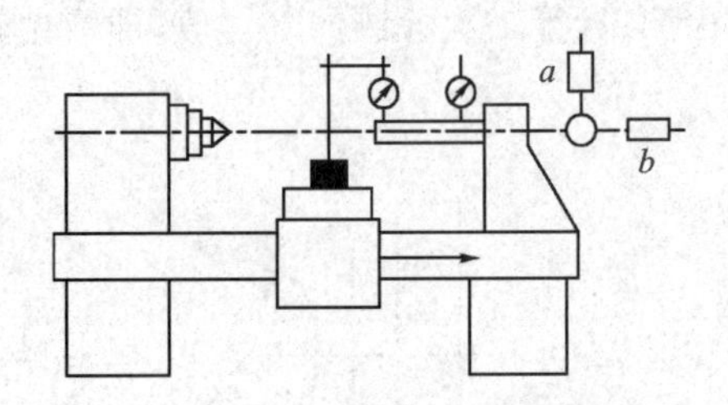

图5-31 尾座套筒锥孔轴线对拖板 z 向移动的平行度检测

➢ 使百分表测头在垂直平面内垂直触及验棒被测表面,移动拖板,记录百分表的最大读数差值及方向;取下验棒,旋转验棒180°后重新插入尾座套筒锥孔,重复测量一次,取两次读数的算术平均值作为在垂直平面内尾座套筒锥孔轴线对拖板 z 向移动的平行度误差。

➢ 使百分表测头在水平平面内垂直触及验棒被测表面,按上述方法重复测量一次,即得在水平平面内尾座套筒锥孔轴线对拖板 z 向移动的平行度误差。

⑪ 床头和尾座两顶尖的等高度。检验工具是百分表和验棒,检验方法如图5-32所示。将验棒顶在床头和尾座两顶尖上,把百分表安装在拖板(或刀架)上,使百分表测头在垂直平面内垂直触及验棒被测表面,然后移动拖板至行程两端,移动小拖板(x 轴),寻找百分表在行程两端的最大读数值,其差值即为床头和尾座两顶尖的等高度误差。测量时应注意方向。

⑫ 刀架 x 轴方向移动对主轴轴线的垂直度。检验工具是百分表、圆盘和平尺,检验方法如图5-33所示。将圆盘安装在主轴的锥孔内,百分表安装在刀架上,使百分表测头在水平平

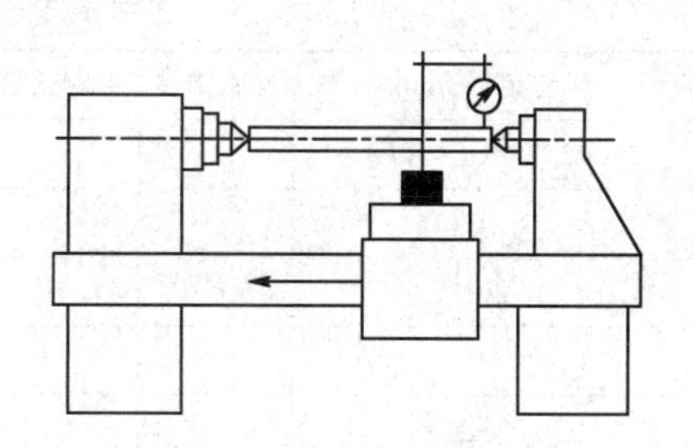

图 5－32　床头和尾座两顶尖的等高度检测

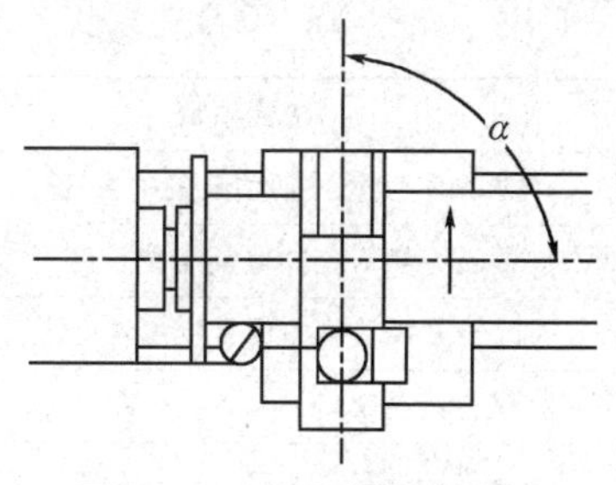

图 5－33　刀架横向移动对主轴轴线的垂直度检测

面内垂直触及圆盘被测表面，再沿 x 轴方向移动刀架，记录百分表的最大读数差值及方向；将圆盘旋转 180°，重新测量一次，取两次读数的算术平均值作为刀架横向移动对主轴轴线的垂直度误差。

将上述数控车车床的各项检测项目的测量结果记入表 5－3 中。

表 5－3　数控车床几何精度检测数据记录表

机床型号	机床编号	环境温度	检验人	检验日期

序　号	检验项目		允差范围/mm	检验工具	实测误差/mm
G1	导轨调平	床身导轨在垂直平面内的直线度	0.020(凸)		
		床身导轨在水平平面内的平行度	0.04/1 000		
G2	拖板在水平平面内移动的直线度		$Dc \leqslant 500$ 时：0.015； $500 < Dc \leqslant 1\ 000$ 时：0.02		
G3	在垂直平面内尾座移动对拖板 z 向移动的平行度		$Dc \leqslant 1\ 500$ 时：0.03； 在任意 500 mm 测量长度上：0.02		
	在水平平面内尾座移动对拖板 z 向移动的平行度				
G4	主轴的轴向窜动		0.010		
	主轴轴肩支承面的端面跳动		0.020		
G5	主轴定心轴颈的径向跳动		0.01		
G6	靠近主轴端面主轴锥孔轴线的径向跳动		0.01		
	距主轴端面 $L=300$ mm 处主轴锥孔轴线的径向跳动		0.02		
G7	在垂直平面内主轴轴线对拖板 z 向移动的平行度		0.02/300 (只许向上向前偏)		
	在水平平面内主轴轴线对拖板 z 向移动的平行度				
G9	在垂直平面内尾座套筒轴线对拖板 z 向移动的平行度		0.015/100 (只许向上向前偏)		
	在水平平面内尾座套筒轴线对拖板 z 向移动的平行度				
G10	在垂直平面内尾座套筒锥孔轴线对拖板 z 向移动的平行度		0.03/300 (只许向上向前偏)		
	在水平平面内尾座套筒锥孔轴线对拖板 z 向移动的平行度				
G11	床头和尾座两顶尖的等高度		0.04(只许尾座高)		

续表 5-3

序　号	检验项目	允差范围/mm	检验工具	实测误差/mm
G12	刀架 x 轴方向移动对主轴轴线的垂直度	0.02/300($\alpha>90°$)		
G13	x 轴方向回转刀架转位的重复定位精度	0.005		
	z 轴方向回转刀架转位的重复定位精度	0.01		
P1	精车圆柱试件的圆度	0.005		
	精车圆柱试件的圆柱度	0.03/300		
P2	精车端面的平面度	直径为300 mm时：0.025(只许凹)		
P3	螺距精度	任意50 mm测量长度 ±0.025		
P4	精车圆柱形零件的直径尺寸精度(直径尺寸差)	±0.025		
	精车圆柱形零件的长度尺寸精度	±0.025		

5.3.2 数控机床的定位精度检验

数控机床定位精度，是指测量机床各坐标轴在数控装置控制下的运动所能达到的实际位置精度。数控机床的定位精度又可以理解为机床的实际运动精度，其误差称为定位误差。定位误差包括伺服系统、检测系统、进给系统等的误差，还包括各移动部件的机械传动误差等。即定位精度由数控系统和机械传动误差决定。

数控机床定位精度检验，主要检测单轴定位精度、单轴重复定位精度和两轴以上联动加工出试件的圆度，见表5-4。

表5-4　数控机床定位精度检验标准

精度项目	普通型数控机床	精密型数控机床
单轴定位精度/mm	0.02/全长	0.005/全长
单轴重复定位精度/mm	<0.008	<0.003
铣削圆精度(圆度)/mm	0.03～0.04/ϕ200圆	0.015/ϕ200圆

单轴定位精度和重复定位精度综合反映了该轴各运动部件的综合精度。单轴定位精度是指在该轴行程内任意一个点定位时的误差范围，直接反映了机床的加工精度能力；重复定位精度反映了该轴在行程内任意定位点定位的稳定性，是衡量该轴能否稳定可靠工作的基本指标。

1. 定位精度和重复定位精度的确定

(1) 国家标准评定方法(GB/T 17421.2—2000)

① 目标位置 P_i：运动部件编程要达到的位置。下标 i 表示沿轴线选择的目标位置中的特定位置。

② 实际位置 P_{ij} ($i=0\sim m, j=1\sim n$)：运动部件第 j 次向第 i 个目标位置趋近时实际测得的到达位置。

③ 位置偏差 X_{ij}：运动部件到达的实际位置减去目标位置之差，$X_{ij}=P_{ij}-P_i$。

④ 单向趋近：运动部件以相同的方向沿轴线(指直线运动)或绕轴线(指旋转运动)趋近某目标位置的一系列测量。符号↑表示从正向趋近所得参数，符号↓表示从负向趋近所得参数，

如：$X_{ij}\uparrow$ 或 $X_{ij}\downarrow$。

⑤ 双向趋近：运动部件从两个方向沿轴线或绕轴线趋近某目标位置的一系列测量。

⑥ 某一位置的单向平均位置偏差 $\overline{x_i}\uparrow$ 或 $\overline{x_i}\downarrow$：运动部件由 n 次单向趋近某一位置 P_i 所得的位置偏差的算术平均值。

$$\overline{x_i}\uparrow=\frac{1}{n}\sum_{j=1}^{n}X_{ij}\uparrow \quad 或 \quad \overline{x_i}\downarrow=\frac{1}{n}\sum_{j=1}^{n}X_{ij}\downarrow \tag{5-4}$$

⑦ 某一位置的双向平均位置偏差 $\overline{x_i}$：运动部件从两个方向趋近某一位置 P_i 所得的单向平均位置偏差 $\overline{x_i}\uparrow$ 和 $\overline{x_i}\downarrow$ 的算术平均值。

$$\overline{x_i}=(\overline{x_i}\uparrow+\overline{x_i}\downarrow)/2 \tag{5-5}$$

⑧ 某一位置的反向差值 B_i：运动部件从两个方向趋近某一位置时，两单向平均位置偏差之差。

$$B_i=\overline{x_i}\uparrow-\overline{x_i}\downarrow \tag{5-6}$$

⑨ 轴线反向差值 B 和轴线平均反向差值 $\overline{B}$：运动部件沿轴线或绕轴线的各目标位置的反向差值的绝对值 $|B_i|$ 中的最大值即为轴线反向差值 B。沿轴线或绕轴线的各目标位置的反向差值的 B_i 的算术平均值即为轴线平均反向差值 $\overline{B}$。

$$B=\max\left[|B_i|\right],\qquad \overline{B}=\frac{1}{m}\sum_{i=1}^{m}B_i \tag{5-7}$$

⑩ 在某一位置的单向定位标准不确定度的估算值 $S_i\uparrow$ 或 $S_i\downarrow$：通过对某一位置 P_i 的 n 次单向趋近所获得的位置偏差标准不确定度的估算值，即

$$S_i\uparrow=\sqrt{\frac{1}{n-1}\sum_{j=1}^{n}(x_{ij}\uparrow-\overline{x_i}\uparrow)^2},\quad S_i\downarrow=\sqrt{\frac{1}{n-1}\sum_{j=1}^{n}(x_{ij}\downarrow-\overline{x_i}\downarrow)^2} \tag{5-8}$$

⑪ 在某一位置的单向重复定位精度 $R_i\uparrow$ 或 $R_i\downarrow$ 及双向重复定位精度 R_i：

$$R_i\uparrow=4S_i\uparrow,\quad R_i\downarrow=4S_i\downarrow \tag{5-9}$$

$$R_i=\max\left[2S_i\uparrow+2S_i\downarrow+|B_i|;R_i\uparrow;R_i\downarrow\right] \tag{5-10}$$

⑫ 轴线双向重复定位精度 R：

$$R=\max\left[R_i\right] \tag{5-11}$$

⑬ 轴线双向定位精度 A：由双向定位系统偏差和双向定位标准不确定度估算值的 2 倍（散差 $\pm 2\sigma$）的组合来确定的范围，即

$$A=\max\left[\overline{x_i}\uparrow+2S_i\uparrow,\overline{x_i}\downarrow+2S_i\downarrow\right]-\min\left[\overline{x_i}\uparrow-2S_i\uparrow,\overline{x_i}\downarrow-2S_i\downarrow\right] \tag{5-12}$$

(2) JISB 6330—1980 标准评定方法（日本）

① 定位精度 A：在测量行程范围内（运动轴）测 2 点，一次往返目标点检测（双向）。测试后，计算出每一点的目标值与实测值之差，取最大位置偏差与最小位置偏差之差除以 2，加正负号（±）作为该轴的定位精度，即

$$A=\pm 1/2\left\{\max\left[(X_{j\max}\uparrow-X_{j\min}\uparrow),(X_{j\max}\downarrow-X_{j\min}\downarrow)\right]\right\} \tag{5-13}$$

② 重复定位精度 R：在测量行程范围内任取左中右3点，在每一点重复测试2次，取每点最大值最小值之差除以2就是重复定位精度，即

$$R=1/2[\max(X_{i\max}-X_{i\min})] \tag{5-14}$$

2. 数控机床定位精度的检验

定位精度和重复定位精度的测量仪器可以用激光干涉仪、线纹尺、步距规。其中步距规因其操作简单而在批量生产中被广泛采用。无论采用哪种测量仪器，其在全行程上的测量点数都不应少于5点，测量间距 $P_i=i\times P+k$。其中，P 为测量间距；k 在各目标位置取不同的值，以获得全测量行程上各目标位置的不均匀间隔，以保证周期误差被充分采样。

(1) 直线运动定位精度检测

① 使用步距规测量位置精度。步距规尺寸如图5-34所示，尺寸 P_1、P_2、…、P_i 按57 mm间距设计(此值视不同使用情况有变化)，加工后测量出 P_1、P_2、…、P_i 的实际尺寸作为定位精度检测时的目标位置坐标(测量基准)。以ZJK2532A铣床 x 轴定位精度测量为例，测量时将步距规置于工作台上，并将步距规轴线与 x 轴轴线校平行，令 x 轴回零；将杠杆千分表固定在主轴箱上(不移动)，表头接触在 P_0 点，表针置零；用程序控制工作台按标准循环图(见图5-35)移动，移动距离依次为 P_1、P_2、…、P_i，表头则依次接触到 P_1、P_2、…、P_i 点，表盘在各点的读数则为该位置的单向位置偏差，按标准循环图测量5次，将各点读数(单向位置偏差)记录在记录表中，按国家标准评定方法对数据进行处理，可确定该坐标的定位精度和重复定位精度。

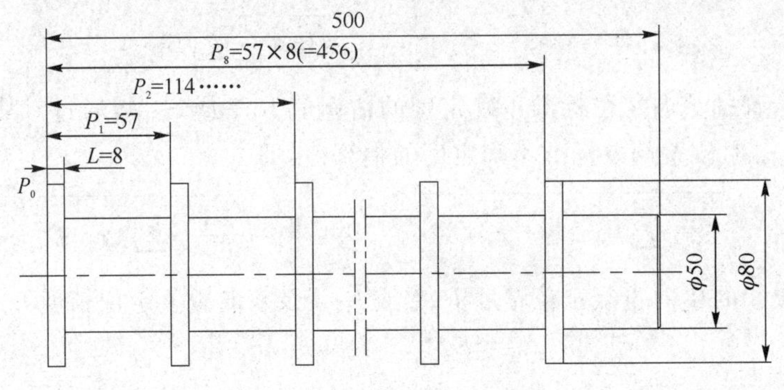

图5-34 步距规尺寸图

② 使用激光干涉仪测量位置精度。目前，数控机床定位精度和重复定位精度的测量一般采用激光测距仪测量。首先编制一个测量运动程序，让机床运动部件每间隔50～100 mm移动一个点，往复运动5～7次，由和测距仪相连的计算机应用软件处理各标准的检测结果。

测量时，首先将反射镜置于机床的不动的某个位置，让激光束经过反射镜形成一束反射光，再将干涉镜置于激光器与反射镜之间，并置于机床的运动部件上，形成另一束反射光，两束光同时进入激光器的回光孔产生干涉；然后根据定义的目标位置编制循环移动程序，记录各个位置的测量值(机器自动记录)；最后进行数据处理与分析，计算出机床的位置精度。

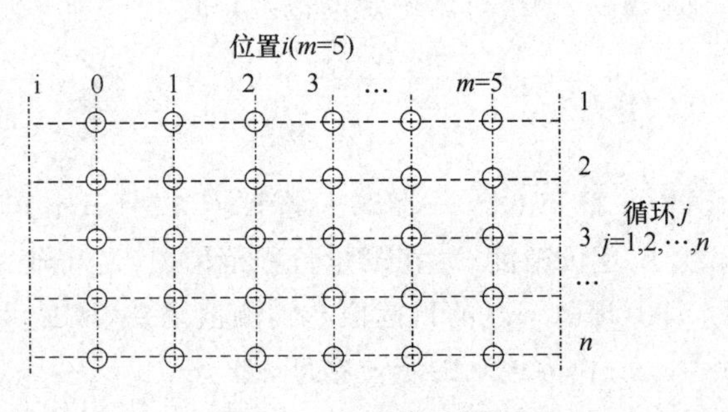

图5-35 标准检验循环图

直线运动定位精度一般都在机床和工作台空载条件下进行。常用检测方法如图5-36所示。对机床所测的每个坐标轴在全行程内，视机床规格分为每20 mm、50 mm或100 mm间距正向和反向快速移动定位，在每个位置上测出实际移动距离和理论移动距离之差。

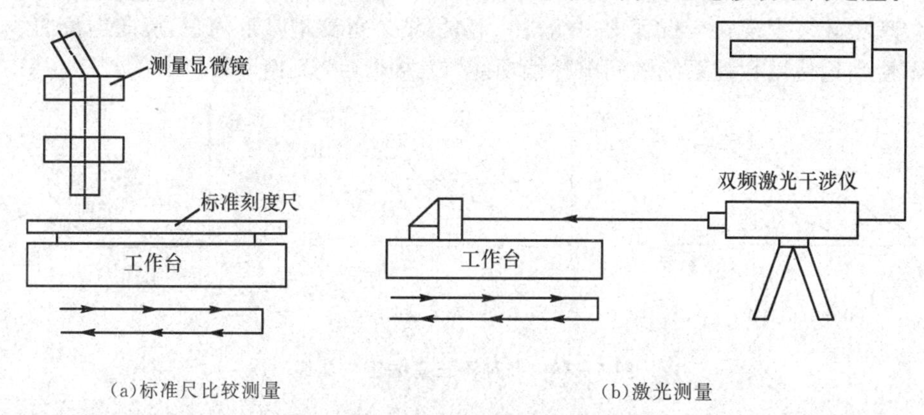

(a)标准尺比较测量　　(b)激光测量

图5-36　直线运动的定位精度检测

按国家标准和国际标准化组织的规定(ISO标准)，对数控机床的检测应以激光测量为准，如图5-36(b)所示。目前，许多数控机床生产厂的出厂检验及用户验收检测还是采用标准尺进行比较测量，如图5-36(a)所示。这种方法的检测精度与检测技巧有关，可控制精度为(0.004～0.005)/1 000 mm之间，而激光测量的测量精度比标准尺检测方法提高一倍。为了反映出多次定位中的全部误差，ISO标准规定每个定位点按5次测量数据算出平均值和散差±3σ。所以，这时的定位精度曲线已不是一条曲线，而是一个由各定位点平均值连贯起来的一条曲线加上±3σ散差带构成的定位点散差带，如图5-37所示。在该曲线上得出正、反向定位时的平均位置偏差与标准偏差S_j，则位置(此式取散差±3σ，与式(5-12)取散差±2σ不同，用户可根据需要选用)为

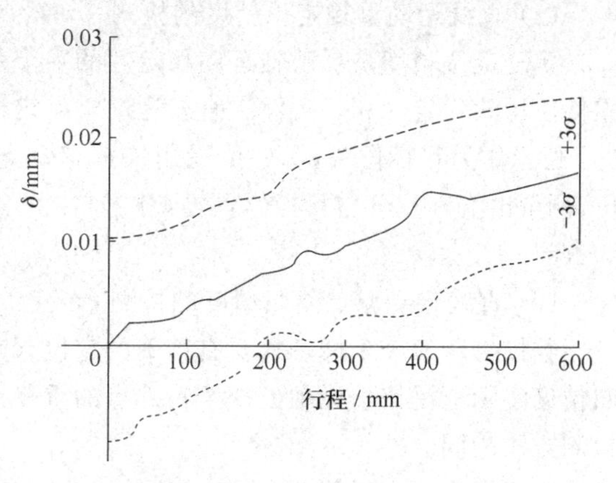

图5-37　直线运动的定位精度

$$A = (\overline{X} + 3S_j)_{\max} - (\overline{X}_j - 3S_j) \tag{5-15}$$

此外，数控机床现有定位精度都是以快速定位测定，这也是不全面的。在一些进给传动链刚性不好的数控机床上，采用各种进给速度定位时会得到不同的定位精度曲线和不同的反向死区(间隙)。因此，对一些质量不高的数控机床，即使有较高的出厂定位精度检查数据，也不一定能成批加工出高精度的零件。

另外，机床运行时正、反向定位精度曲线由于综合原因不可能完全重合，其主要表现为以下两种情况。

➢ 平行型曲线。平行型曲线如图5-38(a)所示，即正向曲线和反向曲线在垂直坐标系上很均匀地拉开一段距离，这段距离反映了该坐标轴的反向间隙。此时，可以用数控系统间隙补偿功能修改间隙补偿值来使正、反向曲线接近。

➢ 交叉型曲线和喇叭形曲线。交叉型曲线和喇叭形曲线,分别如图5-38(b)、(c)所示。这两类曲线都是由于被测坐标轴上各段反向间隙不均匀造成的。滚珠丝杠在行程内各段间隙过盈不一致和导轨副在行程各段的负载不一致等是造成反向间隙不均匀的主要原因。反向间隙不均匀现象较多表现在全行程内一端松一端紧,结果得到喇叭形的正、反向定位曲线。如果此时又不恰当地使用数控系统的间隙补偿功能,就造成了交叉型曲线。

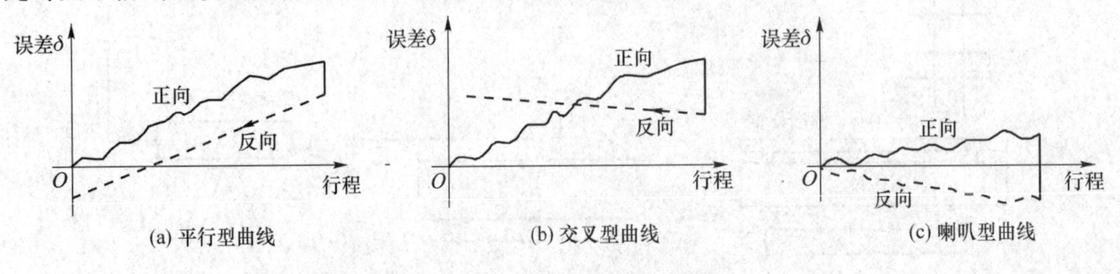

图5-38 几种不正常的定位曲线

测定的定位精度曲线还与环境温度和轴的工作状态有关。目前,大部分数控机床的伺服系统都是半闭环伺服系统,它不能补偿滚珠丝杠的受热伸长量。此伸长量能使定位精度在1 m行程上相差0.01~0.02 mm。因此,有些机床采用预拉伸丝杠的方法来减少热伸长量的影响。

(2) 直线运动重复定位精度的检测

重复定位精度是反映轴运动稳定性的一个基本指标。机床运动精度的稳定性决定了加工零件质量的稳定性和一致性。直线运动重复定位精度的测量可选择行程的中间和两端的任意3个位置作为目标位置,每个位置用快速移动定位,在相同条件下从正向和反向进行5次定位,测量出实际位置与目标位置之差。如各测量点标准偏差最大值为$S_{j\max}$,则重复定位精度为$R=6S_{j\max}$。

(3) 直线运动原点复归精度的检测

数控机床每个坐标轴都要有精确的定位起点,此点即为坐标轴的原点或参考点。原点复归精度实际上是该坐标轴上一个特殊点的重复定位精度,因此其检测方法与重复定位精度的检测方法相同。

为了提高原点返回精度,各种数控机床对坐标轴原点的复归采取了一系列措施,如降速回原点、参考点偏移量补偿等。同时,每次机床关机之后,重新开机都要进行原点复归,以保证机床的原点位置精度一致。因此,坐标原点的位置精度必然比其他定位点精度要高。对每个直线轴,从7个位置进行原点复归,测量出其停止位置的数值,以测定值与理论值的最大差值为原点的复归精度。

(4) 直线运动反向间隙的检测

坐标轴直线运动的反向间隙,又称直线运动反向失动量,是该轴进给传动链上的驱动元件反向死区,以及各机械传动副的反向间隙和弹性变形等误差的综合反映,其测量方法与直线运动重复定位精度的测量方法相似。在所测量坐标轴的行程内,预先向正向或反向移动一个距离,并以此停止位置为基准。再在同一方向给予一定的移动指令值,使之移动一段距离,然后再往相反方向移动相同的距离,测量停止位置与基准位置之差,如图5-39所示。在靠近行程的中点及两端的3个位置分别进行多次测定(一般为7次),求出各个位置上的平均值。如正向位置平均偏差为$\overline{X}\uparrow$,反向位置平均偏差为$\overline{X}\downarrow$,则反向偏差$B=|(\overline{X_j}\uparrow-\overline{X_j}\downarrow)|_{\max}$。这

个误差越大，即失动量越大，定位精度和重复定位精度就越低。一般情况下，失动量是由于进给传动链刚性不足，滚珠丝杠预紧力不够，导轨副过紧或松动等原因造成的。要根本解决这个问题，只能调整或修理相关元件。

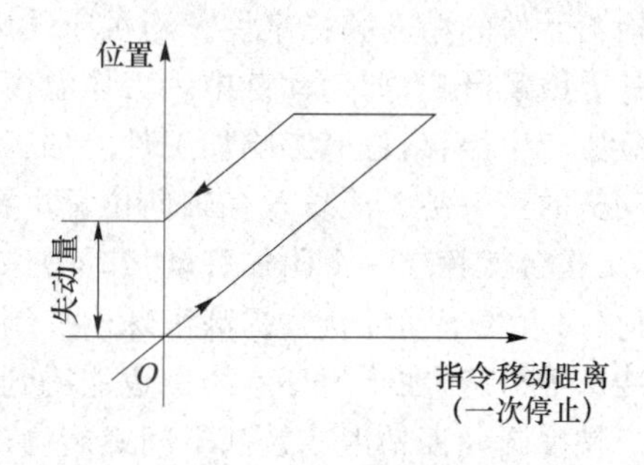

图 5－39　失动量测定

数控系统都有失动量补偿功能(一般称反向间隙补偿)，最大能补偿 0.20～0.30 mm 的失动量，但这种补偿要在全行程区域内失动量均匀的情况下，才能取得较好的效果。就一台数控机床的各个坐标轴而言，软件补偿值越大，表明该坐标轴上影响定位误差的随机因素越多，则该机床的综合定位精度不会太高。

(5) 回转工作台的定位精度检测

回转工作台定位精度检测的测量工具有标准转台、角度多面体、圆光栅及平行光管(准直仪)等，可根据具体情况选用。测量方法是使工作台正向(或反向)转一个角度并停止、锁紧、定位，以此位置作为基准，然后向同方向快速转动工作台，每隔 30°锁紧定位，进行测量。正向转和反向转各测量一周，各定位位置的实际转角与理论值(指令值)之差的最大值为分度误差。如果是数控回转工作台，应以每 30°为一个目标位置，对于每个目标位置从正、反两个方向进行快速定位 7 次，实际达到位置与目标位置之差即位置偏差，再按《数字控制机床位置精度的评定方法》(GB 10931—1989)规定的方法计算出平均位置偏差和标准偏差，所有平均位置偏差与标准偏差最大值的和与所有平均位置偏差与标准偏差最小值的和之差值，就是数控回转工作台的定位精度误差。

考虑到实际使用要求，一般对 0°、90°、180°、270°等几个直角等分点作重点测量，要求这些点的精度较其他角度位置提高一个等级。

(6) 回转工作台的重复分度精度检测

回转工作台的重复分度精度测量方法是在回转工作台的一周内任选 3 个位置重复定位 3 次，分别在正、反方向转动下进行检测。所有读数值中与相应位置的理论值之差的最大值为重复分度精度。如果是数控回转工作台，要以每 30°取一个测量点作为目标位置，分别对各目标位置从正、反两个方向进行 5 次快速定位，测出实际到达的位置与目标位置之差值，即位置偏差，再按 GB 10931—1989 规定的方法计算出标准偏差，各测量点的标准偏差中最大值的 6 倍，就是数控回转工作台的重复分度精度。

(7) 数控回转工作台的失动量检测

数控回转工作台的失动量，又称数控回转工作台的反向差，测量方法与回转工作台的定位精度测量方法一样。如正向位置平均偏差为 $\overline{Q_j}\uparrow$，反向位置平均偏差为 $\overline{Q_j}\downarrow$，则反向偏差 $B=\mid(\overline{Q_j}\uparrow-\overline{Q_j}\downarrow)\mid_{max}$。

(8) 回转工作台的原点复归精度检测

回转工作台原点复归的作用同直线运动原点复归的作用一样。复归时，从 7 个任意位置分别进行一次原点复归，测定其停止位置的数值，以测定值与理论值的最大差值为原点复归精度。

3. 试切加工精度的测量

对于定位精度要求较高的数控机床，一般选用半闭环、甚至全闭环方式的伺服系统，以保证检测元件的精度和稳定性。当机床采用半闭环伺服驱动方式时,其精度和稳定性要受到一些外界因素影响,如传动链中因工作温度变化引起滚珠丝杠长度变化,这必然使工作台实际定位位置产生漂移,进而影响加工件的加工精度。在半闭环控制方式下,位置检测元件放在伺服电动机的另一端。滚珠丝杠轴向位置主要靠一端固定,另一端可以自由伸长,当滚珠丝杠伸长时,工作台就存在一个附加移动量。为保证精度,在一些新型中小数控机床上,采用减小导轨负荷(用直线滚动导轨)、提高滚珠丝杠制造精度、滚珠丝杠两端加载预拉伸和丝杠中心通恒温油冷却等措施,在半闭环系统中也能得到较稳定的定位精度。

铣削圆柱面精度或铣削空间螺旋槽(螺纹)是综合评价数控机床有关数控轴伺服跟随运动特性和数控系统插补功能的指标,评价方法是测量所加工的圆柱面的圆度。也可采用铣削斜方形四边加工法判断两个数控轴的直线插补运动精度。把精加工立铣刀安装到机床主轴上,铣削放置在工作台上的圆形试件,然后把加工完成的试件放到圆度仪上,检测其加工表面的圆度。如果铣削圆柱面上有明显铣刀振纹,则反映该机床插补速度不稳定;如果铣削的圆度有明显圆度误差,则反映插补运动的两个数控轴的系统增益不匹配;在圆形表面上任意数控轴运动换向的点位上,如果有停刀点痕迹,则说明该轴正反向间隙没有调整好。

5.3.3 数控机床的切削精度检验

数控机床切削精度检验又称为动态精度检验,其实质是对机床的几何精度和定位精度在切削时的综合检验。其内容可分为单项切削精度检验和综合试件检验。

单项切削精度检验包括直线切削精度、平面切削精度、圆弧圆度、圆柱度等。卧式加工中心切削精度通常检验镗孔的圆度和圆柱度,端铣刀铣削平面的平面度和阶梯差,端铣刀铣削侧面精度的垂直度和平行度,x 轴方向、y 轴方向和对角线方向的镗孔孔距精度,镗孔孔径偏差,立铣刀铣削四周面的直线度、平行度、厚度差和垂直度,两轴联动铣削的直线度、平行度和垂直度,立铣刀铣削圆弧时的圆度等项目。

综合试件检验是根据单项切削精度检验的内容,设计一个包括大部分单项切削内容的工件进行试切削,来确定机床的切削精度。通常采用带有“圆形－菱形－方形”标志的铸铁或铝合金标准试件,并用高精度圆度仪及高精度三坐标测量仪完成试件的精度检验。

标准试件的大多数切削运动在 $x-y$ 平面上进行的,存在沿 $x-z$ 和 $y-z$ 平面上的精度大部分没有测定的缺陷。因此,ISO 230 和 ANSI B5.54 提出了采用球杆仪和双频激光干涉仪完成数控车床和数控加工中心综合检测的方法,如图 5-40 所示。

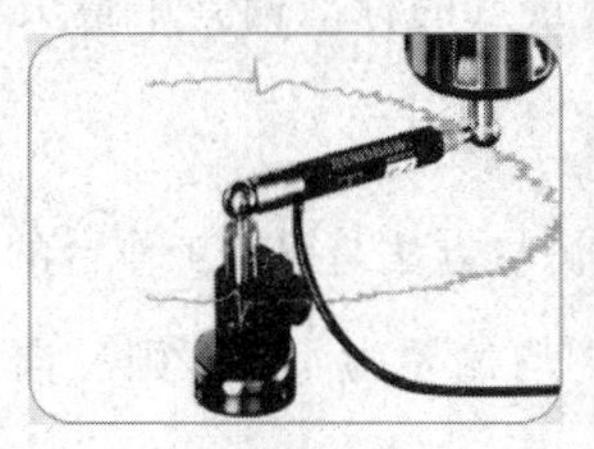
(a) 球杆仪外形

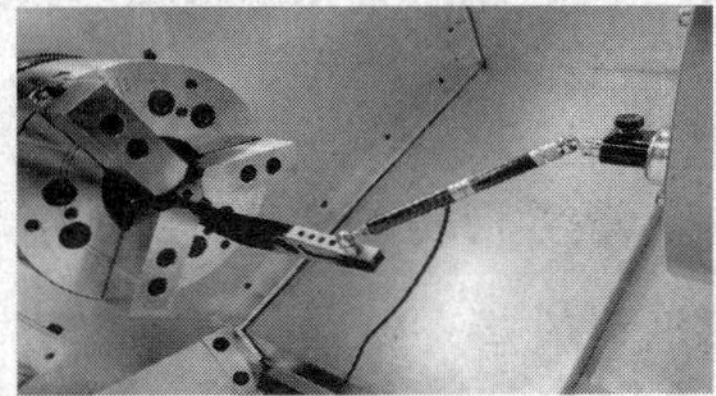
(b) 用球杆仪检测数控车床

(c) 用球杆仪检测数控加工中心

图 5-40 球杆仪的综合检测

1. 加工中心切削精度

卧式加工中心切削精度检测项目及要求见表 5-5。

表 5-5　卧式加工中心切削精度检测项目及要求

单位：mm

序号	检测内容及允许误差		检测方法
1	镗孔精度	圆度 0.01	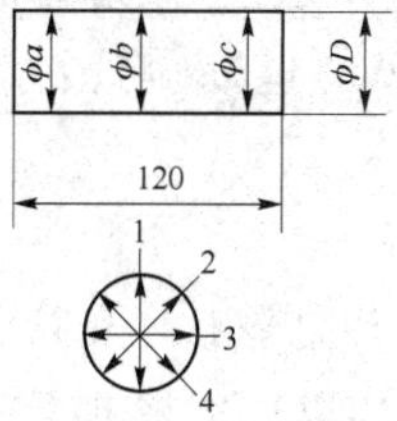
		圆柱度 0.01/100	
2	端铣刀铣平面精度	平面度 0.01	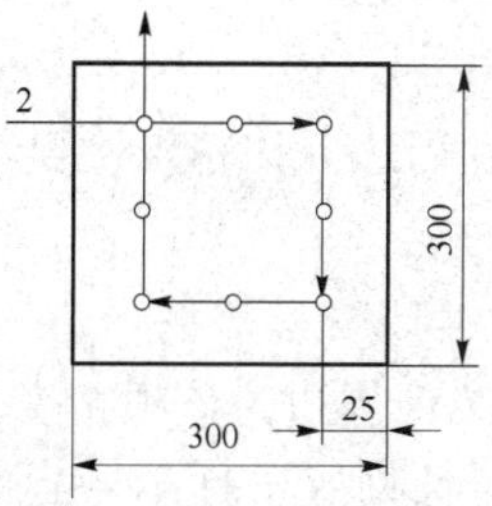
		阶梯差 0.01	
3	端铣刀铣侧面精度	垂直度 0.02/300	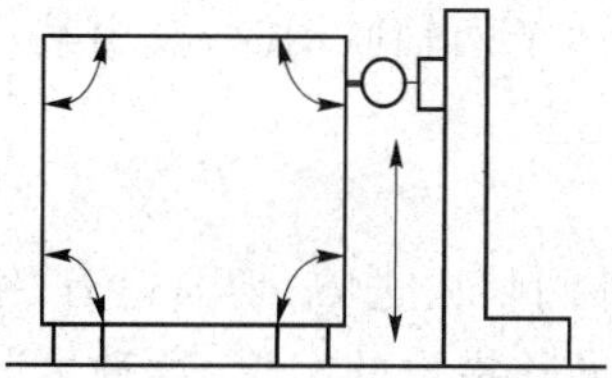
		平行度 0.02/300	
4	镗孔孔距精度	x 轴方向 0.02	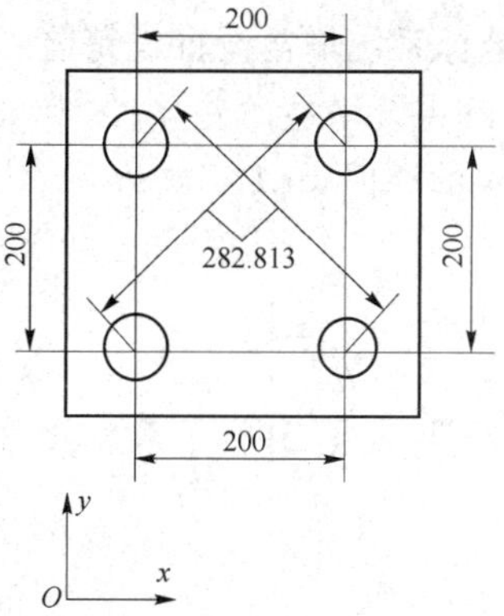
		y 轴方向 0.02	
		对角线方向 0.03	
		孔径偏差 0.01	
5	立铣刀铣削四周面精度	直线度 0.01/300	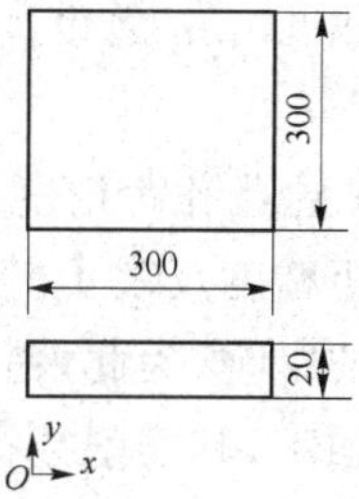
		平行度 0.02/300	
		厚度差 0.03	
		垂直度 0.02/300	
6	两轴联动铣削直线精度	直线度 0.015/300	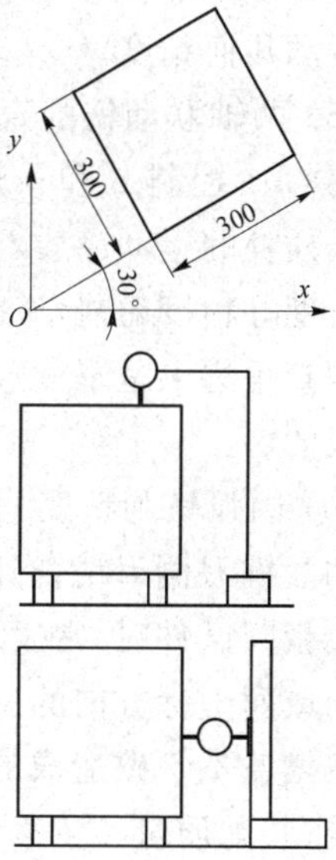
		平行度 0.03/300	
		垂直度 0.03/300	
7	立铣刀铣削圆弧精度	轮廓度 0.02	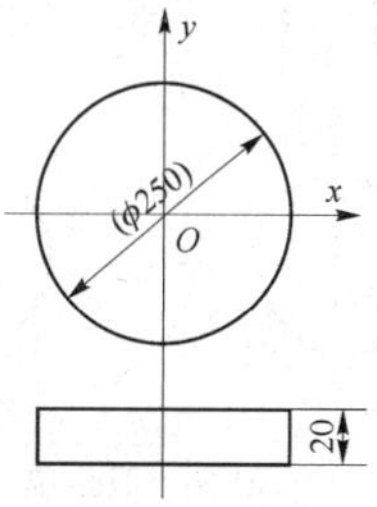

(1) 镗孔精度和同轴度

试件上的孔先粗镗一次，然后按单边余量小于 0.2 mm 进行一次精镗，检测孔全长上各截面的圆度、圆柱度和表面粗糙度。这项指示主要用来考核机床主轴的运动精度及低速走刀时的平稳性。

利用转台180°分度,在对边各镗一个孔,检验两孔的同轴度,这项指标主要用来考核转台的分度精度及主轴对加工平面的垂直度。

(2) 端铣刀铣平面和侧面精度

端铣刀对试件的同一平面按不小于两次走刀方式铣削整个平面,相邻两次走刀切削重叠约为铣刀直径的20%。首次走刀时应使刀具伸出试件表面20%刀具直径,末次走刀应使刀具伸出1 mm之多。通常是通过先沿x轴轴线的纵向运动,后沿y轴轴线的横向运动来完成。

(3) 镗孔孔距精度和孔径分散度

孔距精度反映了机床的定位精度及失动量在工件上的影响。孔径分散度直接受到精镗刀头材质的影响,为此,精镗刀头必须保证在加工100个孔以后的磨损量小于0.01 mm,用这样的刀头加工,其切削数据才能真实反映出机床的加工精度。

(4) 立铣刀铣削四周面精度

使x轴和y轴分别进给,用立铣刀侧刃精铣工件周边。该精度主要考核机床x向和y向导轨运动几何精度。

(5) 两轴联动铣削直线精度

用G01控制x和y轴联动,用立铣刀侧刃精铣工件周边。该项精度主要考核机床的x、y轴直线插补的运动品质,当两轴的直线插补功能或两轴伺服特性不一致时,便会使直线度、对边平行度等精度超差,有时即使几项精度不超差,但在加工面上出现很有规律的条纹,这种条纹在两直角边上呈现一边密,一边稀的状态,这是由于两轴联动时,其中某一轴进给速度不均匀造成的。

(6) 圆弧铣削精度

用立铣刀侧刃精铣外圆表面时,要求铣刀从外圆切向进刀,切向退刀,铣圆过程连续不中断。测量圆试件时,常发现图5-41(a)所示的两半圆错位的图形,这种情况一般都是由一坐标方向或两坐标方向的反向失动量引起的;出现斜椭圆,如图5-41(b)所示,是由两坐标的实际系统增益不一致造成的,尽管在控制系统上两坐标系统增益设置成完全一样,但由于机械部分结构、装配质量和负载情况等不同,也会造成实际系统增益的差异;出现圆周上锯齿形条纹,如图5-41(c)所示,其原因与铣斜四方时出现条纹的原因类似。

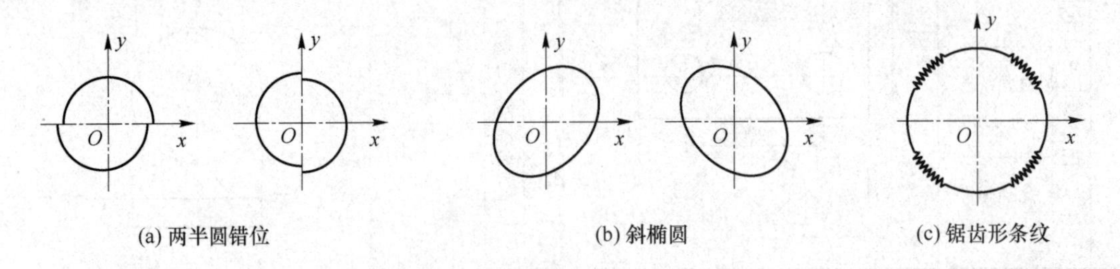

(a) 两半圆错位　(b) 斜椭圆　(c) 锯齿形条纹

图5-41　圆弧铣削精度检测

(7) 过载重切削

在切削负荷大于主轴功率120%~150%的情况下,机床应不变形,主轴运转正常。

要保证切削精度,就必须要求机床的定位精度和几何精度的实际误差要比允差小。例如,一台中小型加工中心的直线运动定位允差为±0.01/300 mm,重复定位允差±0.007 mm,失动量允差 0.015 mm,但镗孔的孔距精度要求为 0.02/200 mm。不考虑加工误差,在该坐标定位时,若在满足定位允差的条件下,只算失动量允差加重复定位允差(0.015 mm+0.014 mm=0.029 mm),即已大于孔距允差 0.02 mm。所以,机床的几何精度和定位精度合格,切削精度不一定合格。只有定位精度和重复定位精度的实际误差远远小于允差,才能保证切削精度合格。因此,当单项定位精度有个别项目不合格时,可以以实际的切削精度为准。一般情况下,各项切削精度的实测误差值为允差值的 50%比较理想。个别关键项目能在允差值的 1/3 左右,可以认为该机床的此项精度是相当理想的。对影响机床使用的关键项目,如果实测值超差,应视为不合格。

2. 数控卧式车床的车削精度

对于数控卧式车床,其单项加工精度有:外圆车削、端面车削和螺纹切削。

(1) 外圆车削

外圆车削试件如图 5-42 所示。试件材料为 45 钢,切削速度为 100～150 m/min,背吃刀量 0.1～0.15 mm,进给量小于或等于 0.1 mm/r,刀片材料 YW3 涂层刀具。试件长度取床身上最大车削直径的 1/2,或最大车削长度的 1/3,最长为 500 mm,直径大于或等于长度的 1/4。精车后圆度小于 0.007 mm,直径的一致性在 200 mm 测量长度上小于 0.03 mm(机床加工直径小于或等于 800 mm 时)。

(2) 端面车削

精车端面的试件如图 5-43 所示。试件材料为灰铸铁,切削速度 100 m/min,背吃刀量 0.1～0.15 mm,进给量小于或等于 0.1 mm/r,刀片材料为 YW3 涂层刀具,试件外圆直径 d 不小于最大加工直径的 1/2。精车后检验其平面度,300 mm 直径上为 0.02 mm,只允许凹。

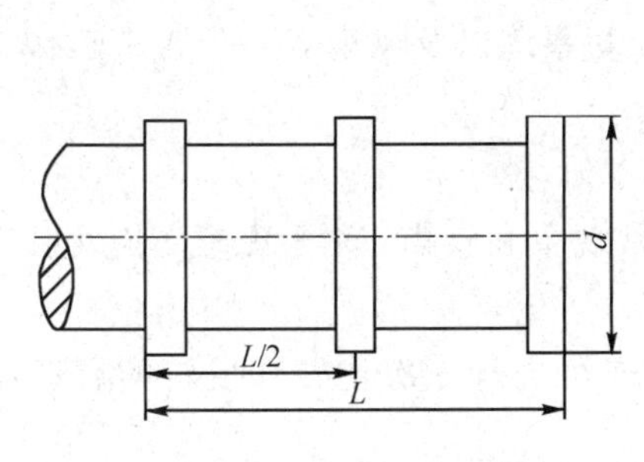

图 5-42　外圆车削试件

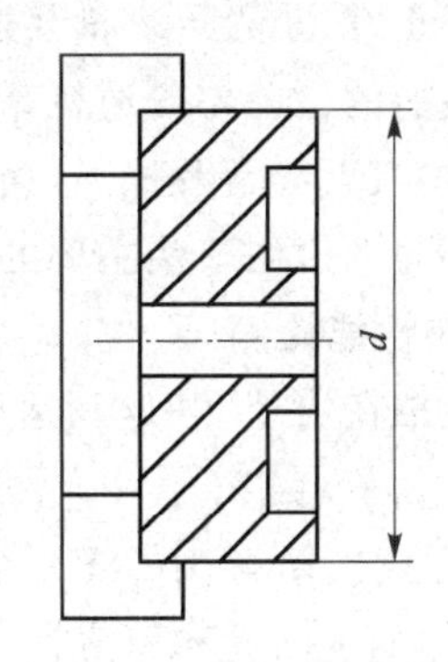

图 5-43　端面车削试件

(3) 螺纹切削

精车螺纹试验的试件如图 5-44 所示。螺纹长度要大于或等于 2 倍工件直径,但不得小于 75 mm,一般取 80 mm。螺纹直径接近 z 轴丝杠的直径,螺距不超过 z 轴丝杠螺距的 1/2,可以使用顶尖。精车 60°螺纹后,在任意 60 mm 测量长度上螺距累积误差的允差为 0.02 mm。

(4) 综合试件切削

综合车削试件如图 5-45 所示。材料为 45 钢,有轴类和盘类零件,加工对象为阶台、圆锥、凸球、凹球、倒角及割槽等内容,检验项目有圆度、直径尺寸精度及长度尺寸精度等。

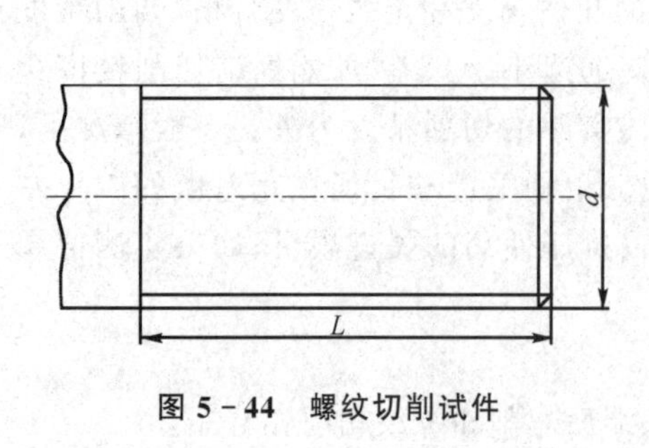

图 5-44 螺纹切削试件

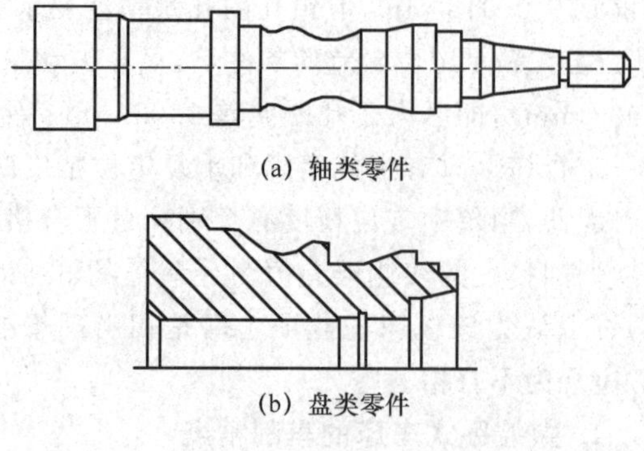

(a) 轴类零件

(b) 盘类零件

图 5-45 综合切削试件

5.4 数控机床的性能与功能验收

数控机床性能和数控功能直接反映了数控机床各个性能指标,并将影响机床运行的可靠性和正确性,对此方面的检验要全面和细致。

5.4.1 数控机床的性能检验

不同类型的机床,机床性能检验的项目有所不同。机床性能主要包括主轴系统、进给系统、电气装置、安全装置、润滑系统及各附属装置等的性能。如有的机床具有自动排屑装置、自动上料装置、接触式测头装置等,加工中心有刀库及自动换刀装置、工作台自动交换装置等,这些装置工作是否正常、是否可靠都要进行检验。

数控机床性能的检验与普通机床相似,主要通过试运转检查各运动部件及辅助装置在启动、停止和运行中有无异常及噪声,润滑系统、油冷却系统以及风扇等是否正常工作。现以一台立式加工中心为例说明一些主要的检验项目。

1. 主轴系统性能检测

检测机床主轴在启动、停止和运行中有无异常现象和噪声,润滑系统及各风扇工作是否正常。

① 用手动方式选择高、中、低 3 个主轴转速,连续进行 5 次正转和反转的启动和停止动作,检验主轴动作的灵活性和可靠性。

② 用数据输入方式,主轴从最低一级转速开始运转,逐级提到允许的最高转速,实测各级转速数,允差为设定值的±10%,同时观察机床的振动情况。

③ 主轴在长时间(一般取 2 h)高速运转后,允许温升为 15 ℃。

④ 主轴准停装置连续操作 5 次,检验动作的准确性和灵活性。

2. 进给系统性能检测

检测机床各运动部件在启动、停止和运行中有无异常现象和噪声,润滑系统及各风扇工作是否正常。

① 在各进给轴全部行程上连续做工作进给和快速进给试验,快速行程应大于 1/2 全行程,正、负方向和连续操作不少于 7 次。检测进给轴正、反向的高、中、低速进给和快速移动的

启动、停止、点动等动作的平稳性和可靠性。

② 在 MDI 方式下测定 G00 和 G01 下的各种进给速度，允差为设定值的±5%。

③ 在各进给轴全行程上做低、中、高进给量变换试验。

④ 检查数控机床升降台防止垂直下滑装置是否起作用。检查方法是在机床通电的情况下，在床身固定千分表表座，用千分表测头指向工作台面，然后将工作台突然断电，通过千分表观察工作台面是否下沉，允许变化 0.01～0.02 mm。下滑太多会影响批量加工零件的一致性，此时需调整自锁器。

3. 自动换刀或转塔刀架系统性能检测

① 转塔刀架进行正、反方向转位试验以及各种转位夹紧试验。

② 检测自动换刀的可靠性和灵活性。如手动操作及自动运行时，在刀库装满各种刀柄条件下运动的平稳性，所选刀号到位的准确性。

③ 测定自动交换刀具的时间。

4. 气压、液压装置检测

① 检查定时定量润滑装置的可靠性，以及各润滑点的油量分配等功能的可靠性。

② 检查润滑油路有无渗漏。

③ 检查压缩空气和液压油路的密封、调压性能及压力指示值是否正常。

5. 机床噪声检测

由于数控机床大量采用了电气调速装置，所以各种机械调速齿轮往往不是最大的噪声源，而主轴伺服电动机的冷却风扇和液压系统液压泵的噪声等可能成为最大的噪声源。机床空运转时的总噪声不得超过标准(85 dB)。

6. 安全装置检测

① 检查对操作者的安全防护装置以及机床保护功能的可靠性。如各种安全防护罩，机床各进给方向行程极限的软件限位、限位开关、死挡铁限位的保护功能，各种电流、电压过载保护和主轴电动机过载保护功能等。

② 检查电气装置的绝缘可靠性，检查接地线的质量。

③ 检查操作面板各指示灯、电气柜散热扇工作是否正常、可靠。

7. 辅助装置检测

① 进行卡盘夹紧、松开试验，检查其灵活性和可靠性。

② 检查自动排屑装置的工作质量。

③ 检查冷却防护罩有无泄漏。

④ 检查工作台自动交换装置工作是否正常，试验带重负载时工作台自动交换动作。

⑤ 检查配置接触式测头的测量装置能否正常工作，有无相应的测量程序。

5.4.2 数控机床的功能检验

数控系统的功能随所配机床类型而有所不同，同型号的数控系统所具有的标准功能是一样的，但是一台较先进的数控系统所具有的控制功能更为齐全。对于一般用户来说并不是所有的功能都需要，有些功能可以由用户根据本单位生产上的实际需要和经济状况选择，这部分功能称为选择功能。当然，选择功能越多价格越高。数控功能的检测验收要按照机床配备的数控系统的说明书和订货合同的规定，用手动方式或用程序的方式检测该机床应该具备的主要功能。

数控功能检验主要内容有：

① 运动指令功能。检验快速移动指令和直线插补、圆弧插补指令的正确性。

② 准备指令功能。检验坐标系选择、平面选择、暂停、刀具长度补偿、刀具半径补偿、螺距误差补偿、反向间隙补偿、镜像功能、极坐标功能、自动加减速、固定循环及用户宏程序等指令的准确性。

③ 操作功能。检验回原点、单程序段、程序段跳读、主轴和进给倍率调整、进给保持、紧急停止、主轴和冷却液的起动和停止等功能的准确性。

④ CRT显示功能。检验位置显示、程序显示、各菜单显示以及编辑修改等功能准确性。

5.4.3 数控机床的空载运行检验

使数控机床按特定程序长时间连续运行，是综合检验整台数控机床各种自动运行功能可靠性最好的方法。数控机床在出厂前，一般都要经过96 h的自动连续运行，用户在调整验收时，只要做8～16 h的自动连续空载运行就可以了。一般来说，机床8 h连续运行不出故障，表明其可靠性已基本合格。

空载运行就是让机床在空载条件下，运行一个考机程序，这个考机程序应包括：

① 主轴转动要包括标称的最低、中间和最高转速在内5种以上速度的正转、反转及停止等运行。

② 各坐标运动要包括标称的最低、中间和最高进给速度及快速移动，进给移动范围应接近全行程，快速移动距离应在各坐标轴全行程的1/2以上。

③ 一般自动加工所用的一些功能和代码应尽量使用。

④ 自动换刀应至少交换刀库中2/3以上的刀号，而且都要装上重量在中等以上的刀柄进行实际交换。

⑤ 必须使用的特殊功能，如测量功能、APC交换和用户宏程序等。

用上述程序连续运行，检查机床各项运动、动作的平稳性和可靠性，并且要强调在规定时间内不允许出故障，否则要在调试后重新开始规定时间考核，不允许分段叠加运行时间。

5.5 数控系统的验收

完整的数控系统应包括各功能模块、CRT、系统操作面板、机床操作面板、电气控制柜(强电柜)、主轴驱动装置和主轴电动机、进给驱动装置和进给伺服电动机、位置检测装置及各种连接电缆等。

数控系统验收工作是数控机床交付使用前的重要环节，虽然新机床在出厂时已做过检验，但验收并不是简单现场安装、机床调平和试件加工合格便能通过。验收必须经过对机床的几何、位置及加工精度做全面检验。必须在对机床进行性能和功能检验后，才能确保机床的工作性能，完成验收工作。

对于一般的数控机床用户，数控机床验收工作主要根据机床出厂验收技术资料上规定的验收条件，以及实际现场能够提供的检测手段，来部分或全部地测定机床验收资料上的各项技术指标，尤其是机床用户关心的技术指标。检测结果作为该机床的原始资料存入技术档案中，作为今后维修时的技术指标依据。

5.5.1　控制柜内元器件的紧固检查

控制柜(箱)内元器件的线路连接有三种形式,即针型插座、接线端子和航空插头。对于接线端子,适用于各种按钮、变压器、接地板、伺服装置、接线排端子、继电器、接触器及熔断器等元器件的接线,应检查它们接线端子的紧固螺钉是否都已拧紧。检查电气设备中,接线端子的压线垫圈及螺钉是否处置不当,是否脱落。以上情况会造成电器机件卡死或电气短路等故障,不容忽视。

5.5.2　输入电源的确认

1. 输入电源电压和频率的确认

我国供电制式是交流 380 V,三相;交流 220 V,单相,频率为 50 Hz。有些国家的供电制式与我国不同,不仅电压幅值不一样,频率也不一样。例如日本,交流三相的线电压是 200 V,单相是 100 V,频率是 60 Hz。他们出口的设备为了满足各国不同的供电情况,一般都配有电源变压器。变压器上设有多个抽头供用户选择使用。电路板上设有 50 Hz、60 Hz 频率转换开关。所以,对于进口的数控机床或数控系统一定要先看懂随机说明书,按说明书规定的方法连接。通电前一定要仔细检查输入电源电压是否正确,频率转换开关是否已置于“50 Hz”位置。

2. 电源电压波动范围的确认

检查用户的电源电压波动范围是否在数控系统允许的范围之内。一般数控系统允许电压波动范围为额定值的 85%～110%,而欧美的一些系统要求更高一些。由于我国供电质量不太好,电压波动大,电气干扰比较严重,所以如果电源电压波动范围超过数控系统的要求,需要配备交流稳压器。实践证明,采取了稳压措施后会明显地减少故障,提高数控机床的稳定性。

3. 输入电源电压相序的确认

目前数控机床的进给控制单元和主轴控制单元的供电电源,大都采用晶闸管控制元件,如果相序不对,接通电源,可能会使进给控制单元的输入熔丝烧断。

检查相序的方法主要有以下两种:

① 相序表法。用相序表测量的方法,如图 5-46(a)所示。当相序接法正确时相序表按顺时针方向旋转,否则表示相序错误,这时可将 R、S、T 中任意两条线对调一下就行了。

② 示波器法。用双线示波器来观察二相之间的波形,方法如图 5-46(b)所示,二相在相位上相差 120°。

4. 确认直流电源输出端是否对地短路

各种数控系统内部都有直流稳压电源单元,为系统提供所需的+5 V,±15 V,±24 V 等直流电压。因此,在系统通电前应当用万用表检查其输出端是否有对地短路现象。如有短路现象必须查出原因,排除问题之后方可通电,否则会烧坏直流稳压单元。

5. 接通数控柜电源,检查各输出电压

在接通电源之前,为了确保安全,可先将电动机动力线断开。这样,在系统工作时不会引起机床运动。但是,应根据维修说明书的介绍对速度控制单元作一些必要性的设定,不致因断开电动机动力线而造成报警。接通数控柜电源后,首先检查数控柜中各风扇是否旋转,这也是

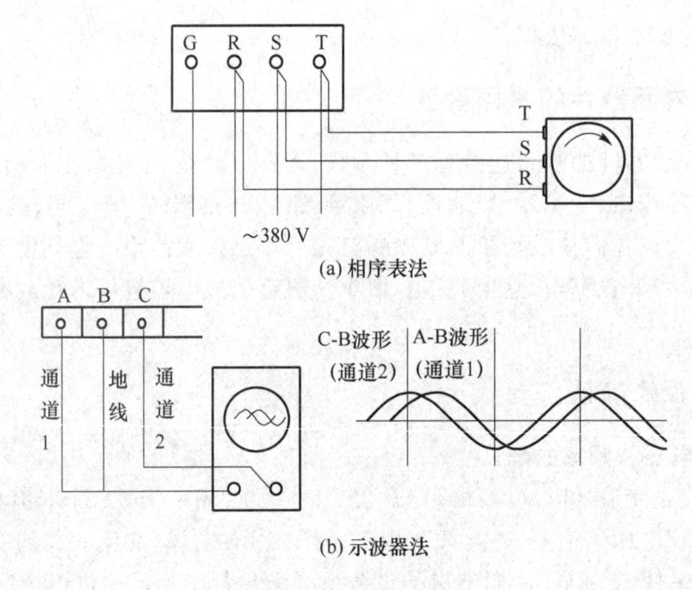

图5-46 相序测量

判断电源是否接通最简便办法。随后检查各印制电路板上的电压是否正常,各种直流电压是否在允许的波动范围之内。一般来说±24 V允许误差±10%左右,±15 V的误差不超过±10%,对+5 V电源要求较高,误差不能超过±5%,因为+5 V是供给逻辑电路用的,波动太大会影响系统工作的稳定性。

6. 检查各熔断器

熔断器的地位相当重要,时时刻刻保护着设备及操作人员的安全。除供电主线路上有熔断器外,几乎每一块电路板或电路单元都装有熔断器,当过负荷、外电压过高或负载端发生意外短路时,熔断器能马上被熔断而切断电源,起到保护设备的作用,所以一定要检查熔断器的质量和规格是否符合要求。

5.5.3 数控系统与机床的接口确认

现代的数控系统一般都具有自诊断的功能,在CRT画面上可以显示出数控系统与机床接口以及数控系统内部的状态。在带有可编程控制器(PLC)时,可以反映出从NC到PLC,从PLC到MT(机床),以及从MT到PLC,从PLC到NC的各种信号状态。至于各个信号的含义及相互逻辑关系,随每个PLC的梯形图(即顺序程序)而异。用户可根据机床厂提供的梯形图说明书(内含诊断地址表),通过自诊断画面确认数控系统与机床之间的接口信号状态是否正确。

完成上述步骤,可以认为数控系统已经调整完毕,具备了机床联机通电试车的条件。此时,可切断数控系统的电源,连接电动机的动力线,恢复报警设定,准备通电试车。

5.5.4 数控系统的参数设定确认

1. 短路棒的设定

数控系统内的印制电路板上有许多用短路棒短路的设定点,需要对其适当设定以适应各种型号机床的不同要求。一般来说,对于用户购买的整台数控机床,这项设定已由机床厂完成，用户只需确认一下即可。但对于单体购入的数控装置，用户则必须根据需要自行设定。因为数控装置出厂时是按标准方式设定的，不一定适合具体用户的要求。不同的数控系统设定的内容不一样，应根据随机的使用和维修说明书进行设定和确认。

主要设定内容有以下三个部分：

① 控制部分印制电路板上的设定。包括主板、ROM板、连接单元、附加轴控制板、旋转变压器或感应同步器的控制板上的设定。这些设定与机床回基准点的方法、速度反馈用检测元件、检测增益调节等有关。

② 速度控制单元电路板上的设定。在直流速度控制单元和交流速度控制单元上都有许多设定点，这些设定用于选择检测元件的种类、回路增益及各种报警。

③ 主轴控制单元电路板上的设定。无论是直流或是交流主轴控制单元上，均有一些用于选择主轴电动机电流极性和主轴转速等的设定点。但数字式交流主轴控制单元上已用数字设定代替短路棒设定，故只能在通电时才能进行设定和确认。

2. 参数的设定

设定系统参数，包括设定PC(PLC)参数，是当数控装置与机床相连接时，能使机床具有最佳的工作性能。即使是同一种数控系统，其参数设定也随机床而异。数控机床在出厂前，生产厂家已对所采用的CNC系统设置了许多初始参数来配合、适应相配套的数控机床的具体状况，但部分参数还需要经过调试才能确定。数控机床交付使用时都随机附有一份参数表。参数表是一份很重要的技术资料，必须妥善保存，当进行机床维修，特别是当系统中的参数丢失或发生错乱，需要重新恢复机床性能时，参数表是不可缺少的依据。

对于整机购进的数控机床，各种参数已在机床出厂前设定好，无须用户重新设定，但有必要对照参数表进行一次核对。显示已存入系统存储器的参数的方法，随各类数控系统而异，大多数可以通过按压MDI/CRT单元上的"PARAM"(参数)键来进行。显示的参数内容应与机床安装调试完成后的参数一致，如果参数有不相符，可按照机床维修说明书提供的方法进行设定和修改。

不同的数控系统参数设定的内容也不一样，主要包括：

① 有关轴和设定单位的参数，例如设定数控坐标轴数、坐标轴名及规定运动的方向。

② 各轴的限位参数。

③ 进给运动误差补偿参数，例如运动反向间隙误差补偿参数、螺距误差补偿参数等。

④ 有关伺服的参数，例如设定检测元件的种类、回路增益及各种报警的参数。

⑤ 有关进给速度的参数，例如回参考点速度、切削过程中的速度控制参数。

⑥ 有关机床坐标系、工件坐标系设定的参数。

⑦ 有关编程的参数。

如果所用的进给和主轴控制单元是数字式的，那么它的设定也都是用数字设定参数，而不用短路棒。此时须根据随机所带的说明书逐一确认。

5.5.5 接通电源状态下的机床状态检查

系统工作正常时，应无任何报警。通过多次接通、断开电源或按下急停按钮的操作来确认系统是否正常。

机床通电前应按照机床说明书的要求给机床润滑油箱、润滑点灌注规定的油液或油脂，清洗液压油箱及过滤器,灌入规定标号的液压油,接通气源等。然后再调整机床的水平,粗调机床的主要几何精度。若是大中型设备,在完成初就位和初步组装的基础上,应调整各主要运动部件与主轴的相对位置,如机械手、刀库及主轴换刀位置的校正,自动托盘交换装置与工作台交换位置的找正等。

机床通电操作可以是一次同时接通各部分电源(全面供电),或各部分分别供电,然后再作总供电试验。对于大型设备,为了更加安全,应采取分别供电。通电后首先观察各部分有无异常,有无报警故障,然后用手动方式依次起动各部件。检查安全装置是否起作用,能否正常工作,能否达到额定的工作指标。起动液压系统时应先判断液压泵电动机转动方向是否正确,液压泵工作后液压管路中是否形成油压,各液压元件是否正常工作,有无异常噪声,各接头有无渗漏,液压系统冷却装置能否正常工作等等。总之,根据机床说明书资料初步检查机床主要部件,功能是否正常、齐全,使机床各部分都能操作运动起来。

在数控系统与机床联机通电试车时,虽然数控系统已经确认,工作正常无任何报警,但为了预防万一,应在接通电源的同时,作好按压急停按钮的准备,以便随时准备切断电源。例如:伺服电动机的反馈信号线接反了或断线,均会出现机床“飞车”现象,这时就需要立即切断电源,检查接线是否正确。在正常情况下,电动机首次通电的瞬时,可能会有微小的转动,但系统的自动漂移补偿功能会使电动机轴立即返回。此后,即使电源再次断开、接通,电动机轴也不会转动。可以通过多次通、断电源或按急停按钮的操作,观察电动机是否转动,从而确认系统是否有自动漂移补偿功能。

5.5.6 手轮进给检查各轴运转情况

用手轮进给操作,使机床各坐标轴连续运动,通过 CRT 显示的坐标值来检查机床移动部件的运动方向和距离是否正确;另外,用手轮进给低速移动机床各坐标轴,并使移动的轴碰到限位开关,用以检查超程限位是否有效、机床是否准确停止、数控系统是否在超程时发生报警;用点动或手动快速移动机床各坐标轴,观察在最大进给速度时,是否发生误差过大报警。

5.5.7 机床精度检查

此项检查首先要依据采购合同中的技术协议执行,执行原则是在现场条件允许的情况下尽可能执行所有项检查,至少也要检查对主轴、进给轴的相应项。具体执行方法参见 5.3 节相关内容。

5.5.8 机床性能及数控功能检查

此项检查首先要依据采购合同中的技术协议执行,执行原则同样是在现场条件允许的情况下尽可能执行所有项检查,至少也要保证机床的基本性能、系统功能和协议中的用户要求。

5.5.9 验收记录

对现场验收过程中的所有检查结果必须一一记录,对验收出现的所有问题更应做翔实记录,包括问题现象、处理过程、处理结果和遗留问题的处理协议。验收记录上要有机床供需双方的责任代表签字,相关方应保留此记录以备日后使用。

单元测试

思考与练习题

1. 机电设备验收如何分类？验收的内容各是什么？
2. 数控机床的精度检验有哪些内容？
3. 机械设备的验收所需依据的标准有哪些？
4. 数控机床的验收与普通机电设备有哪些区别？其验收所用检验工具有哪些？
5. 简述杠杆式百分表的使用方法和注意事项。
6. 数控铣床的几何精度检验的内容和方法是什么？
7. 数控车床的定位精度检验的内容和方法是什么？
8. 简述激光干涉仪测量位置精度的方法和步骤。
9. 数控机床的切削精度如何检验？使用球形仪和双频激光干涉仪如何进行综合测量？
10. 数控机床的性能与功能检验的内容和方法是什么？
11. 简述数控机床数控系统验收的步骤和方法。

第6章　机电设备安装调试的注意事项

教学目的和要求

了解机电设备安装与调试的常见问题，掌握机电设备在安装调试中的注意事项。学会机械、气动、液压、电气系统安装及程序调试的故障分析方法。初步具备正确安装机电设备的能力。

教学内容摘要

① 机械部分安装调试的注意事项。

② 数控机床液压、气动系统安装调试的注意事项。

③ 数控机床数控系统安装调试的注意事项。

④ 数控机床机电联调的注意事项。

教学重点、难点

重点：掌握机电设备安装调试过程中的常见问题及注意事项。

难点：设备调试过程中的故障排除方法。

教学方法和使用教具

教学方法：讲授法，案例法。

建议教学时数

4学时理论课；2学时实践课。

6.1　机械部分安装调试的注意事项

机电设备的安装调试质量直接影响机电设备的应用效果和平均无故障工作时间，较好的安装调试质量可减少设备在使用过程中的故障停机时间和维修成本。本章有关机电设备的机械零部件、液压系统、气动系统、数控系统安装调试的注意事项，以及设备的机电联调和安装环境注意问题，对从事机电设备的安装、调试与维修的技术人员有一定的参考价值。为了提高装配质量，并保证在一定的生产条件下，多、快、好、省地装配出合格的产品，就要研究机床的装配工艺过程、装配精度、达到装配精度的方法以及装配的结构工艺性等问题。

另外，机电设备的装配过程也是对设备设计和设备零件加工质量的综合检验，设计和加工中的问题通过装配会显露出来，从而可对机电设备在装配过程中存在的问题提出改进设计和工艺方案，进一步提高产品质量。

6.1.1　主轴箱安装调试的注意事项

1. 部件装配前对零件的质量要求

在部件装配前对零件进行认真清洗，一般可用干净的棉布、棉纱擦布清洗，除去油泥、污物、毛刺等。轴承不能用擦布，只可以清洗，对主轴上的轴承，在装配前应用90＃以上汽油清洗，待放于清洁处自然晾干后方能装配，然后涂上少许清洁润滑油。细心检查零件的工作表面，不许有任何伤痕、硬点，如果发现应及时处理，不严重者可用刮刀、细油石除去硬点及伤痕，否则应及时更换。

2. 掌握主轴箱结构及主轴传动原理

装配图用来表达零件相互间的位置及传动关系，通过装配图就可以知道某零件在机构中的位置、重要性和零件之间的相互关系，这样才能更好地进行零件的装配，装配出合格的机构和整机。

机床主轴箱是一个比较复杂的传动部件，它的装配图包括展开图、各种向视图和剖面图。展开图是按照传动轴传递运动的先后顺序，沿其中各个传动轴的轴心线剖开，并将其展开而形成的图。在展开图中通常主要表示各传动件（轴、齿轮、带传动和离合器等）的传动关系、各传动轴及主轴上有关零件的结构形状、装配关系和尺寸，以及箱体有关部分的轴向尺寸和结构。

要表示清楚主轴箱部件的结构，仅有展开图还是不够的，因为它不能表示出各传动件的实际空间位置及其他机构（如操纵机构、润滑装置等）的结构，所以，装配图中还需要有必要的向视图及剖面图来补充说明。例如，对于车床来说，要掌握其主轴箱结构及其传动原理，就必须从下面几方面入手：

① 认知图中的零件结构。

② 认知图中各传动轴的装配结构。

③ 认知图中操纵机构的装配结构。其中，主轴变挡、变速的操纵原理是掌握的重点。

④ 认知图中主轴装配结构图。

⑤ 认知主轴箱传动系统图。

为便于了解和分析设备的机械运动和传动情况，通常要使用设备的传动系统图。传动系统图是表示设备全部运动关系的示意图。对于机床，主运动传动链的功用是把动力源（电动机）的运动传给主轴，机床的主轴应该能够实现变速和换向。

3. 分析图中各传动轴的装配结构和装配步骤

对以上各种零件和各种结构的认知，对于机床主轴箱的装配过程来说是很重要的。装配一个结构复杂的主轴箱，应从何处先装，采取什么样的方法，如何将复杂的装配图进行分解，使其简单化，这些都需要有较好的识图能力。通过装配图可以分析哪些结构可以先进行分装，形成一个组件，哪些结构可以先进行分装，形成一个结构单元；然后再将这些组件或结构单元进行组合装入箱体中。在装配中一般采用分解法进行装配，就是将图中的某个复杂结构进行分解，先将零件装配成一个个小组件，然后再组成一个结构单元，最后将这些结构单元装入箱体中。采取这种方法能提高装配效率，提高零件的装配精度。

4. 采用分解法将各图中的结构进行分解并装配

按照动力传递顺序进行分解装配，对于机床可参考以下分解结构：

① 带轮轴的装配。带轮轴是通过传动带接收电动机动力的第一根轴，首先分清带轮轴结构及其装配关系。

② 传动轴的装配。主轴箱中的传动轴是带轮轴与机床主轴之间的动力传递轴，并起到主轴有级变速的作用。

③ 有级变速、变挡机构的装配。

④ 主轴转速变挡操纵结构的装配。

6.1.2 滚珠丝杠螺母副安装调试的注意事项

滚珠丝杠螺母副的各零件在装配前必须进行退磁处理,否则在使用时容易吸附微小的铁屑等杂物,会使丝杠副卡阻、不动,甚至损坏。经退磁的滚珠丝杠副各零件需要做清洗处理,清洗时要将各个部位彻底清洗干净,如退刀槽、螺纹底沟等。

滚珠丝杠螺母副安装应注意以下几方面:

① 预紧力和轴向间隙的调整。滚珠丝杠螺母副一般仅用于承受轴向负荷。径向力、弯矩会使滚珠丝杠副产生附加表面接触应力等不良负荷,从而可能造成丝杠的永久性损坏,装配时关键的一项任务就是预紧力的调整和轴向间隙的调整。

预紧力一般要大于最大轴向力的1/3。但预紧力过大时,摩擦力会增大,发热过多,导致寿命和精度的下降。一般来说,预紧力最大不能超过额定动载荷的10%。对于双螺母垫片预紧滚珠丝杠副来说,首先要调整单个螺母安装到丝杠上的间隙,轴向间隙一般调整到0.005 mm左右,若单个螺母的间隙太大,将会导致滚珠丝杠副的空回转量增大。调整轴向间隙的方法是更换滚珠,通常一个型号的滚珠都配备了范围为−0.010～+0.010 mm的滚珠,每0.001 mm为一挡。以3.969 mm滚珠举例,供选配的滚珠为3.959、3.960、3.961、…、3.979。

② 滚珠螺母应在有效行程内运动,必须在行程两端配置限位,避免螺母越程脱离丝杠轴而使滚珠脱落。

③ 由于滚珠丝杠螺母副传动效率高,不能自锁,在用于垂直方向传动时,如部件质量未加平衡,则必须防止传动停止或电机失电后,因部件自重而产生的逆传动。防止逆传动的方法可采用蜗轮蜗杆传动机构、制动器等。

④ 丝杠轴线必须和与之配套导轨的轴线平行,机床两端轴承座的中心与螺母座的中心必须三点成一线。

⑤ 将滚珠丝杠螺母副在机床上安装时,不要将螺母从丝杠轴上卸下来。当必须卸下来时,要使用辅助套,否则装卸时滚珠有可能脱落。

⑥ 螺母装入螺母座安装孔时,要避免撞击和偏心。

⑦ 为防止切屑进入,磨损滚珠丝杠螺母副,可加装防护装置如折皱保护罩、螺旋钢带保护套等,将丝杠轴完全保护起来。另外,浮尘多时可在丝杠螺母两端增加防尘圈。

各零件装配好后需要进行综合检查,检查项目包括螺母外圆径向跳动、法兰安装面垂直度、丝杠轴端安装轴承外圆的跳动、轴承靠面的垂直度、连接螺纹、转矩、外观等。检查合格后涂润滑脂或防锈油。

6.1.3 直线滚动导轨安装调试的注意事项

直线滚动导轨副存在的水平方向和垂直方向的安装误差,会对运动精度、使用寿命和附加摩擦三个方面产生影响。若安装误差过大,将形成滑块撬力,引起滚动体与滚道之间接触角变化,使摩擦力增大,导致寿命降低,并使刚性降低,进而影响到直线滚动导轨副的运动精度和性能稳定性。

直线滚动导轨的安装方法可参考3.3节。安装直线滚动导轨应该注意以下几个方面:

① 对于带有靠山面的导轨安装面来说,注意检查靠山面与安装面应以退刀槽隔开,并检查导轨倒角尺寸,以保证导轨侧基准面与安装基准面同时接触机床的靠山面和安装面。

② 安装前注意清理、清洗导轨安装接触面，不能有毛刺、防锈油和表面微小变形，注意辨识导轨基准面。

③ 在保证导轨底面及侧基准面完全与床体安装面紧密贴合后，用螺钉预紧固，拧紧力不要过大；并且注意从中间开始按交叉顺序向两端逐步拧紧所有螺钉，然后进行精度检验和另一根轨道的安装。

④ 对于没有靠山面轨道的安装，首先使用床身上导轨安装面附近能作为基准的边或面，从一端开始找出导轨平行度，但要注意必须将两个滑块靠紧固定在检验用的平板上。其次以直线量块为基准，从导轨的一端开始，通过千分表，一边找出基准导轨侧面基准面的直线度，一边将螺钉紧固。

⑤ 安装成对导轨应根据导轨成对编号进行。编号末尾有“J”的为基准导轨。例如：36006009J 为基准导轨，36006009 为非基准导轨。

⑥ 接长导轨成对安装时，应注意接长处的编号，按编号接长导轨。

⑦ 对于精密滚动直线导轨等功能部件，若厂方在制造完成后已经进行了精度及滚动性能调试，则用户不得自行拆装，以免损失原有精度及灵活性。当用户需要将滑块拆离导轨时，为防止异物进入，请向厂方要求提供“过渡导轨”。

⑧ 安装时轻拿轻放，避免因磕碰而影响导轨的直线精度。

⑨ 不允许将滑块拆离导轨或超过行程又推回去。若因安装困难需要拆下滑块，则须使用引导轨。

6.2　数控机床液压系统的安装调试注意事项

6.2.1　清洗液压系统的注意事项

液压系统在制造、试验、使用和储存中都会受到污染，而清洗是清除污染，并使液压油、液压元件和管道等保持清洁的重要手段。在实际生产中，液压系统的清洗通常有主系统清洗和全系统清洗。全系统清洗是指对液压装置的整个回路进行清洗，在清洗前应将系统恢复到实际运转状态。清洗介质可用液压油，清洗时间一般为 2～4 h，特殊情况下也不超过 24 h，清洗效果以回路滤网上无杂质为标准。

清洗液压系统时的注意事项如下：

① 液压系统清洗时，采用工作用的液压油或试车油。不能用煤油、汽油、酒精、蒸汽或其他液体，以防止液压元件、管路、油箱和密封件等受腐蚀。

② 清洗过程中，液压泵运转和清洗介质加热同时进行。当清洗油液的温度为 50～80 ℃时，系统内的橡胶渣较容易被除掉。

③ 清洗过程中，用非金属锤棒敲击油管，可连续敲击，也可不连续敲击，以利清除管路内的附着物。

④ 液压泵间歇运转有利于提高清洗效果，间歇时间一般为 10～30 min。

⑤ 在清洗油路的回路上，应装过滤器或滤网。刚开始清洗时，因杂质较多，可采用 80 目滤网，清洗后期改用 150 目以上的滤网。

⑥ 清洗时间根据系统复杂程度、过滤精度要求和污染程度等因素决定。

⑦ 为防止外界湿气引起锈蚀,清洗结束时,液压泵还要连续运转,直到温度恢复正常为止。

⑧ 清洗后要将回路内的清洗油排除干净。

6.2.2 安装液压件的注意事项

1. 安装油管的注意事项

① 各接头要紧牢和密封好,吸油管不应漏气,不同连接材质采用合适力度,避免滑扣。

② 吸油管道处应设置过滤器,并检查过滤器状态。

③ 回油管应插入油箱的油面以下,以防止飞溅泡沫和混入空气。

④ 电磁换向阀内的泄漏油液,必须单独为其设回油管,以防止泄漏回油时产生背压,避免阻碍阀芯运动。

⑤ 溢流阀回油口不许与液压泵的入口相接。

⑥ 全部管路应进行两次安装,第一次试装,第二次正式安装。试装后,拆下油管,用20%的硫酸或盐酸溶液酸洗,再用10%的苏打水中和,最后用温水清洗,待干燥后涂油进行二次安装。注意安装时清洁度的控制,不得有铁屑、氧化皮、杂质等。

⑦ 液压系统管路连接完毕后,要做好各管路的就位固定,管路中不允许有死弯。

2. 安装液压元件时的注意事项

① 在元件安装前,应将单件逐个进行清洁,首先要用清洁的低黏度液压油清洗,清洗过程中,一边冲洗一边用非金属锤棒(如胶皮槌)敲击,以利清除管路内的附着物,清洁后的元件油孔用堵塞密封,并用清洁的软塑料布包装、包扎后待装。

② 购买的元件应进行耐压值和流量等的确定。自制的重要元件应进行密封和耐压试验,由于液压系统的执行元件不在试装现场,所以密封和耐压试验需要制作必要的工装,对于试验压力,可取工作最高使用压力的1.5~2倍。试验时要分级进行,不要直接升到试验压力,每升一级检查一次。

③ 方向控制阀应保证轴线呈水平位置安装,以减少阀芯的运动附加力。

④ 板式元件安装时,要检查进、出油口处的密封圈是否合乎要求,安装前密封圈应突出安装平面,保证安装后有一定的压缩量,以防泄漏。

⑤ 板式元件安装时,固定螺钉的拧紧力要均匀,使元件的安装平面与元件底板平面能很好地接触。

3. 安装液压泵时的注意事项

① 液压泵传动轴与电动机驱动轴同轴度偏差小于0.02 mm,并在装配前进行复检,采用挠性联轴器连接,不允许产生轴向或径向载荷,以防泵轴受径向力过大,影响泵的正常运转。

② 液压泵的旋转方向和进、出油口应按标识要求进行安装。

③ 各类液压泵的吸油高度一般要小于0.5 m。

6.2.3 液压系统调试的注意事项

由于液压传动平稳,便于实现频繁平稳的换向以及可以获得较大的力和力矩,且在较大范围内可以实现无级变速,因此在数控机床的主轴内、刀具自动夹紧与松开、主轴变速、换刀机械手、工作台交换、工作台分度等机构中得到了广泛应用。

液压系统联机调试除按客户要求外,应遵守以下要求:

① 系统加油前,整个系统必须清洗干净,液压油需过滤后才能加入油箱。注意新旧油不可混用,因为旧油中含有大量的固体颗粒、水分、胶质等杂质。

② 启动前注意检查各类元件是否连接可靠,油箱中所注油品的名称、规格、型号及加油量是否满足技术要求。

③ 调试过程中,应保证拆装过程中液压元件的清洁,防止异物进入液压系统,造成液压系统故障。在调试过程中,长期不安装的液压元件,如各类油管、阀块及其他连接部位应用防尘堵塞等封牢。

④ 调试过程中要观察系统中泵、缸、阀等元件工作是否正常,有无泄漏,油压、油温、油位是否在允许值范围内。

⑤ 检查各油管连接处是否有渗漏现象;在制造厂已成套制造的部分,也应予以检查,防止由于运输中颠簸造成的油管连接处松动现象。

⑥ 压力的调整必须从低压开始逐步升压,禁止在高压状态下直接启动液压系统。

⑦ 调试过程顺序必须按工艺要求进行,有关液压管道按照设计和装配工艺要求合理连接。

6.2.4　包装与运输要求

① 液压系统在运输之前,清洗之后,将各类油管、阀块及其他连接部位用防尘堵塞堵死,防止有灰尘或其他污物进入。

② 运输中应采取适当的防护,防止沙尘或雨水进入。液压系统在运输中应采取固定措施,防止损坏元件。

③ 运输前,应将油箱内的油排出。

6.3　数控机床气动系统的安装调试注意事项

6.3.1　气动系统安装的注意事项

1. 安装的总体要求

① 全面检查气动阀、电磁阀、气缸等气动系统元件的标签型号、参数规格,必须符合现场技术要求。

② 检查气动阀、气缸、行程开关、电磁阀的线圈和电缆插座等,确保没有损伤。

③ 安装前应对无连接口密封的元件进行清洗,必要时要进行密封试验。如压缩空气中有杂质,在阀前管道上应加装过滤器。同时,必须保证高压气源没有杂质,否则,电磁阀的 P 口前必须加装过滤器。

④ 配管直径及气动设备(如空气过滤器、调压阀、油雾器、换向阀等)的口径应与气动执行元件的空气消耗量相匹配。若使用过细的配管或口径小的气动设备,则压力损失大,并且可能无法获得所需的输出。使用气口直径大一级的配管为宜。

⑤ 气动元件(空气过滤器、调压器、油雾器、方向切换阀等)应尽量安装在气动执行元件附近。

⑥ 气动元件体上箭头指示的方向应与高压气体的流动方向一致,把气动元件接口与管道连接上,并确保连接处的密封良好。

⑦ 必须保证高压气源的洁净度,以防堵塞电磁阀或气缸活塞。

⑧ 气动马达的润滑油应使用无添加剂透平油(ISO VG32)或同等产品;注油量以1分钟2滴为宜。

2. 电磁阀安装的注意事项

① 把两位五通电磁阀(或三位五通电磁阀)的A、B口通过接管与气动阀或气缸口相连,P口与高压流体相连,R、S口接消声器(或直接)通大气,注意连接处确保密封良好,电磁阀多采用排气节流方式安装。

② 电磁阀的安装一般保持阀体水平,线圈垂直向上,以增长使用寿命。

③ 安装时,严禁把换向电磁阀的线圈、电磁管当作扳手使用。

④ 需要焊接连接时,避免高温传到气动阀的膜片、填料、电磁阀的线圈、膜片等处。

⑤ 在确认电源电压后,把电源的电缆线接在电磁阀的线圈插座中,线圈可根据需要接地保护。

⑥ 电磁阀线圈、插座、电磁管及连接部分,严禁击打碰撞,以免损坏。电磁阀露天安装时,必须加装保护罩,以延长使用时间。电磁阀在结冰场所重新工作时应加热处理,或设置保温措施。

⑦ 电磁阀线圈带电工作时,如发热较高,则应禁止使用,以防过热烧毁;实际电源电压不能超出规定范围。

3. 气源供给装置安装的注意事项

① 安装气动马达时,应注意防止轴前端作用弯曲载荷,以免造成动作不良。实际存在的径向载荷或轴向载荷,应在马达允许的载荷允许范围内。

② 压缩空气供给一侧的空气过滤器应使用过滤度为40 μm以下的滤芯。

③ 沙尘、铁屑等异物是造成气动设备故障的主要原因,进行配管前,应使用0.2 MPa压缩空气清洗管道内部,注意防止切屑、密封胶带的碎片、锈屑等进入通道内。

4. 气缸安装的注意事项

① 移动缸的中心线与负载作用力的中心线要同轴,否则将产生侧向力,使密封件加速磨损,活塞杆弯曲。

② 气缸在垂直安装时,其输出压力较水平安装时减小,此值可参考相应厂家的产品样本。

③ 为保证气缸运动的平稳性,应采用出口节流方式进行单向节流阀的安装。

6.3.2 气动系统调试的注意事项

① 气动马达在调试时,应在运转推荐的转速范围内。若在大幅超过最大输出时的转速下使用,会严重缩短气动马达的寿命。而若在低速旋转下使用,效率会变低。在高速下使用时,回路的构成应注意防止背压上升。

② 压缩气体的工作压力、工作温度和黏度不得超出规定的范围。系统压力要调整适当,一般设定在0.5~0.6 MPa,并应低于外供气压。

③ 确认装置启动时,从低压缓慢升至供给压力,且装置动作顺畅。若气动执行元件输出速度超过最大输出速度,则可能会造成破损,因此务必检查输出速度。

④ 气缸上必须安装速度控制器，如单向节流阀等，以便从低速侧缓慢地调整至工作速度。

6.3.3 气动系统维护的注意事项

① 拆卸或分解设备时，应采取防跌落和防失控措施，应将系统内的压缩空气排出，确认安全后再进行拆解。

② 应定期进行气动系统的排水。

③ 应定期进行气动设备检查，发现异常应立即停止使用，并采取相应措施。

④ 气动阀拆卸前，必须排除空气缸中的高压气体，泄去阀门内介质的压力。

⑤ 电磁阀在拆卸前，必须切断电源、泄去高压气体的压力，以防人身、设备受到意外伤害。

6.4 数控机床数控系统的安装调试注意事项

数控系统信号电缆的连接包括数控装置与MDI/CRT单元、电气柜、机床控制面板、主轴伺服单元、进给伺服单元、检测装置反馈信号线的连接等，这些连接必须符合随机提供的连接手册的规定。

6.4.1 数控系统安装调试的注意事项

① 数控机床地线的连接。良好的接地不仅对设备和人身的安全十分重要，同时能减少电气干扰，保证机床的正常运行。地线一般都采用辐射式接地法，即数控系统电气柜中的信号地、框架地、机床地等连接到公共接地点上，公共接地点再与大地相连。数控系统电气柜与强电柜之间的接地电缆要足够粗。

② 数控系统元件的接线。在机床通电前，根据电路图连接各模块的电路，依次检查线路和各元器件的连接。重点检查变压器的初次级，开关电源的接线，继电器、接触器的线圈和触点的接线位置等。

③ 断电情况下的检测。三相电源对地电阻测量、相间电阻的测量；单相电源对地电阻的测量；24 V直流电源的对地电阻、两极电阻的测量。如果发现问题，在未解决之前，严禁机床通电试验。

④ 数控系统的引入电源检查。数控机床在通电之前要使用相序表，检查三相总开关上口引入电源线相序是否正确，还要将伺服电机与机械负载脱开，否则一旦伺服电机电源线相序接错，会出现“飞车”故障，极易产生机械碰撞，损坏机床。应在接通电源的同时，做好按压急停按钮的准备。

⑤ 数控系统的内设电源检查。在电气检查未发现问题的情况下，依次按下列顺序进行通电检测：接通三线电源总开关，检查电源是否正常，观察电压表，电源指示灯；依次接通各断路器，检查电压；检查开关电源（交流220 V转变为直流24 V）的输入及输出电压。如果发现问题，在未解决之前，严禁进行下一步试验。

⑥ 若上述各项均正常，则可进行NC启动，观察数控系统。一切正常后可输入机床系统参数、伺服系统参数，传入PLC程序。关闭机床，然后将伺服电机与机械负载连接，进行机械与电气联调。

6.4.2 电气接线注意事项

随着电子技术的发展,数控系统的集成度越来越高,其体积也越来越小,系统与外部设备之间的电缆连接使用了更多的串行通信接口。为此,在数控机床的电气设计过程中,数控系统对干扰的抑制就显得尤为重要,如果处理得不好,经常会发生数控系统和电动机反馈的异常报警。在机床电气设备完成装配之后,再处理这类问题就会非常困难,为了避免此类故障的发生,在机床设计时要求电气设计人员全方面考虑系统的布线、屏蔽和接地问题。同时,在进行机床的强电装配时,要严格按照设计的要求进行装配,从而提高数控系统的抗干扰能力,为数控机床可靠、安全地运行打下基础。

1. 数控系统电缆的分类和接地

在FANUC各系统的连接(硬件)说明书中,对数控系统所使用的电缆进行了分类,即分为A、B、C三类。A类电缆是导通交流/直流动力电源的电缆,一般用做工作电压为380 V/220 V/110 V的强电电器、接触器和电动机的动力电缆,它会对外界产生较强的电磁干扰,特别是电动机的动力电缆,对外界干扰很大。因此,A类电缆是数控系统中较强的干扰源。B类电缆用于导通以24 V电压信号为主的开关信号,这种电缆因为电压较A类电缆低,电流也较小,一般比A类电缆干扰小。C类电缆的电源工作负载是5 V,主要用做显示电缆、I/O－Link电缆、手轮电缆、主轴编码器电缆和电动机的反馈电缆。因为此类电缆在5 V的逻辑电平下工作,并且工作信号的频率较高,极易受到干扰,所以在机床布线时要特别注意采取相应的屏蔽措施。

一台机床的总地线应该由接地板分别连接到机床床身、强电柜和操作面板三个部分上。控制系统单元、电源模块、主轴模块和伺服模块的地线端子,应该通过地线分别连接到设在强电柜中的地线板上,并与接地板相连。连接到操作面板的信号电缆都必须通过电缆卡子将C类电缆中的屏蔽线固定在电缆卡子支架上,屏蔽才能产生效果。

应该尽量避免将A、B、C三类电缆混装于一个导线管内。如分装有困难,也应将B、C类电缆通过屏蔽板与A类电缆隔开。在FANUC系统中,每个单元均配有用于屏蔽的电缆卡子。在装配过程中,使用电缆卡子将B、C类电缆固定在支架上。

2. 浪涌吸收器的使用

为了防止来自电网的干扰,且在异常输入时起到保护作用,电源的输入应该设有保护措施,通常采用的保护装置是浪涌吸收器。浪涌吸收器包括两部分,一个为相间保护,另一个为线间保护。

浪涌吸收器除了能够吸收输入交流的干扰信号以外,还可以起到对电路的保护作用。当输入的电网电压超出浪涌吸收器的钳位电压时,会产生较大的电流,该电流即可使5A断路器断开,而输送到其他控制设备的电流随即被切断。

3. 伺服放大器和电动机反馈电缆的地线处理

FANUC伺服放大器与I系列系统间用光纤(FSSB)连接,大大减少了系统与伺服放大器之间的信号干扰。但是,由于伺服放大器和伺服电动机之间的反馈电缆仍然会受到干扰,还是容易造成伺服放大器和编码器的相关报警。所以,伺服放大器和电动机反馈电缆之间的接地处理非常重要。按照前面介绍的接地要求,将伺服放大器和电动机间的地线连接。

根据动力电缆与反馈电缆分开的原则,动力电缆和反馈电缆使用两个接地端子板。

FANUC 提供的动力电缆为屏蔽电缆，也可以进行动力电缆屏蔽。电动机的接地线需从接地端子板上连接到电动机一侧，接地线铜芯截面积通常应大于 1.2 mm^2。

当接地线出现问题时，FANUC 的 I 系列产品通常会发出计数错误 SV0367(count miss)、串行数据错误 SV0368(serial data error)和数据传输错误 SV0369(data trans. error)伺服报警。当机床出现以上报警时，可以从抗干扰入手，采取上述措施能有效地减少干扰，提高系统抗干扰的能力。

4. 导线捆扎处理

在配线过程中，通常将各类导线捆扎成圆形线束，线束的线扣节距应尽量均匀，导线线束的规定见表 6-1。

表 6-1　导线线束的规定

单位：mm

项　目	线束直径 D			
	5～10	>10～20	>20～30	>30～40
捆扎带长度 L	50	80	120	180
线扣节距 L_1	50～100	100～150	150～200	200～300

线束内的导线超过 30 根时，允许加一根备用导线并在其两端头进行标记。标记采用回插的方式以防止脱落。线束在跨越活动门时，其导线数不应超过 30 根，超过 30 根时，应再分离出一束线束。

随着机床设备的智能化，遥感、遥测等技术越来越多地在机床设备中使用，绝缘导线的电磁兼容问题越来越突出。目前，电气回路配线已经不局限在一般绝缘导线，屏蔽导线也开始广泛地被采用。因此，在配线时应注意：

① 不要将大电流的电源线与低频的信号线捆扎成一束。

② 没有屏蔽措施的高频信号线不要与其他导线捆成一束。

③ 高电平信号线与低电平信号线不能捆扎在一起，也不能与其他导线捆扎在一起。

④ 高电平信号输入线与输出线不要捆扎在一起。

⑤ 直流主电路线不要与低电平信号线捆扎在一起。

⑥ 主回路线不要与信号屏蔽线捆扎在一起。

5. 行线槽的安装与导线在行线槽内的布置

电气元件应与行线槽统一布局、合理安装、整体构思。与元器件的横平竖直要求相对应，行线槽的布置原则是每行元器件的上下都安放行线槽，整体配电板两边加装行线槽。当配电板过宽时，根据实际情况在配电板中间加装纵向行线槽。根据导线的粗细、根数多少选择合适的行线槽。导线布置后，不能使槽体变形，导线在槽体内应舒展，不要相互交叉。允许导线有一定弯度，但不可捆扎，不可影响上槽盖。

6.5　数控机床机电联调的注意事项

在数控机床通电正常后，进行机械与电气联调时应注意：

① 先在 JOG 方式下进行各坐标轴正、反向点动操作，待动作正确无误后，再在 AUTO 方

式下试运行简单程序。

② 主轴和进给轴试运行时,应先低速后高速,并进行正、反向试验。

③ 先按下超程保护开关,验证其保护作用的可靠性,然后再进行慢速的超程试验,验证超程撞块安装的正确性。

④ 待手动动作正确后,再完成各轴返参操作。各轴返参前应反向远离参考点一段距离,不要在参考点附近返参,以免找不到参考点。

⑤ 进行选刀试验时,先调空刀号,观察换刀动作正确与否,待正确无误后再交换真刀。

⑥ 自行编制一个工件加工程序,尽可能多地包括各种功能指令和辅助功能指令,位移尺寸以机床最大行程为限。同时进行程序的增加、删除和修改操作。最后,运行该程序观察机床工作是否正常。

6.6 数控机床安装环境的注意事项

6.6.1 工作环境的要求

为了保持稳定的数控机床加工精度,工作环境必须满足以下几个条件:

① 稳定的机床基础。做机床基础时一定要将基础表面找平抹平。若基础表面不平整,机床调整时会增加不必要的麻烦。做机床基础的同时预埋好各种管道。

② 适宜的环境温度,一般为10~30 ℃。

③ 空气流通、无尘、无油雾和金属粉末。

④ 适宜的湿度,不潮湿。

⑤ 电网满足数控机床正常运行所需总容量的要求,电压波动范围为85%~110%。

⑥ 良好的接地,接地电阻不大于4~7 Ω。

⑦ 抗干扰,远离强电磁干扰,如焊机、大型吊车、高中频设备等。

⑧ 远离振动源。为高精度数控机床做基础时,要有防震槽,防震槽中一定要填充砂子等。

6.6.2 数控机床就位的注意事项

按照工艺布局图,选择好机床在车间内的安装位置,然后按照机床厂家提供的机床基础图和外形图,按1∶1比例进行现场实际放线工作,在车间地面上画出机床基础和外形轮廓。检查机床与周边设备、走道、设施等有无干涉,并注意桥式起重机的行程极限。若有干涉需将机床移位再重新放线,直至无干涉为止。

思考与练习题

1. 简述机械部分安装调试的注意事项。
2. 数控机床液压系统的安装调试注意事项有哪些?
3. 气动系统的安装调试注意事项有哪些?
4. 机床数控系统的安装调试注意事项有哪些?
5. 数控机床通电后的机电联调注意事项内容是什么?
6. 数控机床安装的工作环境应注意哪些方面?

附　　录

附录1　螺栓的拧紧力矩值

螺栓公称直径/mm	螺栓性能等级					
	4.8	**5.8**	**6.8**	**8.8**	**10.9**	**12.9**
	保证应力/MPa					
	310	**380**	**440**	**600**	**830**	**970**
	拧紧力矩/(N·m)					
M6	5～6	7～8	8～9	10～12	14～17	17～20
M8	13～15	16～18	18～22	25～30	34～41	41～48
M8X1	14～17	17～20	20～23	27～32	37～43	43～52
M10	26～31	31～36	36～43	49～59	68～81	81～96
M10X1	28～34	35～41	41～48	55～66	76～90	90～106
M12	45～53	55～64	64～76	86～103	119～141	141～167
M12X1.5	47～56	57～67	67～79	90～108	124～147	147～174
M14	71～85	87～103	103～120	137～164	189～224	224～265
M14X1.5	77～92	94～110	110～131	149～179	206～243	243～289
M16	111～132	136～160	160～188	214～256	295～350	350～414
M16X1.5	118～141	144～170	170～200	228～273	314～372	372～441
M18	152～182	186～219	219～259	294～353	406～481	481～570
M18X1.5	171～205	210～247	247～291	331～397	457～541	541～641
M20	216～258	264～312	312～366	417～500	576～683	683～808
M20X1.5	239～287	294～345	345～407	463～555	640～758	758～897
M22	293～351	360～431	416～499	568～680	786～941	918～1 099
M22X1.5	322～386	395～473	458～548	624～747	863～1 034	1 009～1 208
M24	373～446	457～547	529～634	722～864	998～1 195	1 167～1 397
M24X2	406～486	497～595	576～689	785～940	1 086～1 300	1 269～1 520
M27	546～653	669～801	774～801	1 056～1 264	1 461～1 749	1 707～2 044
M27X2	589～706	723～865	837～1 002	1 141～1 366	1 578～1 890	1 845～2 208
M30	741～887	908～1 087	1 052～1 259	1 434～1 717	1 984～2 375	2 318～2 775
M30X2	820～982	1 005～1 203	1 164～1 393	1 587～1 900	2 196～2 629	2 566～3 072
M36	1 295～1 550	1 587～1 900	1 838～2 200	2 506～3 000	3 466～4 150	4 051～4 850
M36X3	1 371～1 641	1 680～2 011	1 946～2 329	2 653～3 176	3 670～4 394	4 289～5 135
M42	2 071～2 479	2 538～3 039	2 939～3 519	4 008～4 798	5 544～6 637	6 479～7 757
M42X3	2 228～2 667	2 731～3 269	3 162～3 786	4 312～5 162	5 965～7 141	6 921～8 345
M48	3 110～3 723	3 813～4 564	4 415～5 285	6 020～7 207	8 327～9 969	9 732～11 651
M48X3	3 387～4 055	4 152～4970	4 807～5 755	6 556～7 848	9 069～10 857	10 598～12 688

附录2 《机械设备安装工程施工及验收通用规范》注解

作为机械设备安装及施工的重要依据,对自2009年10月1日开始施行的《机械设备安装工程施工及验收通用规范》(GB 50231—2009)的常用标准、规范的重点内容进行总结和解读。规范中的强制执行条文(以下简称强条)为必须依照执行的部分,不同于其他参考执行条文。此附录中未详尽的规范内容及其数据作为重要参考和理论依据,已编入本书的各章节中,读者可参看本教材的相应章节或此规范的原文(扫码阅读)。

《机械设备安装工程施工及验收通用规范》(GB 50231—2009)

附录3 装配操作考核题

根据国家职业技能鉴定的要求,请扫码阅读并选做装配操作考核题。

普通车床的主轴部件装配与检验

普通金属切削机床尾座部件装配与检验

减速器装配与检验

参考文献

[1] 中国机械工业联合会. 机械设备安装工程施工及验收通用规范(GB 50231—2009)[S]. 北京:中国计划出版社,2009.
[2] 人力资源和社会保障部. 机械设备安装工[M]. 北京:中国劳动社会保障出版社,2010.
[3] 国家职业资格培训教材编审委员会,朱照红. 电气设备安装工(中级)[M]. 2版. 北京:机械工业出版社,2017.
[4] 孙慧平,陈子珍,翟志永. 数控机床装配、调试与故障诊断[M]. 北京:机械工业出版社,2011.
[5] 刘治伟. 装配钳工工艺学 [M]. 北京:机械工业出版社,2009.
[6] 候会喜. 液压与气动技术[M]. 北京:北京理工大学出版社,2010.
[7] 郝东华,魏立仲. 装配钳工操作技能考试手册[M]. 北京:中国财政经济出版社,2014.
[8] 何晓凌. 装配钳工[M]. 北京:中国劳动社会保障出版社,2014.
[9] 胡瑞琳,刘宇凌,李祥文. 金属切削机床装配通用技术条件[S]. 北京:中国标准出版社,2011.
[10] 贾晓雯,刘佼,朱峰,等. 工程机械装配通用技术条件[S]. 北京:机械工业出版社,2019.